中国科学院规划教材

运筹学(II 类)

(第二版)

徐玖平　胡知能　李　军　编著

教育部高等学校优秀青年教师科研奖励计划资助

科学出版社

北　京

内 容 简 介

本书系统地介绍运筹学中的主要内容，重点陈述应用最为广泛的线性规划、整数规划、非线性规划、运态规划、图与网络、决策分析、对策论、库存论、排队论、可靠论、预测以及模拟等定量分析的理论和方法。阅读本书只需微积分、线性代数与概率统计的一些基本知识。

本书是教学改革项目"基于信息平台的运筹学立体化教材"的成果，配备有完整的教学支持系统，包括教师手册、多媒体课件、习题案例答案、补充习题及其答案、教学案例库、考试测评系统、在线支持等。

本书作为教材，适用于文科背景的管理类专业本科生，理工科背景的管理类和工程类专业专科生，以及要求相对全面地掌握运筹学知识的经济管理类研究生、MBA、MPA 和工程硕士。

图书在版编目（CIP）数据

运筹学：Ⅱ类／徐玖平，胡知能，李军编著 .—2 版 .—北京：科学出版社，2008

中国科学院规划教材

ISBN 978-7-03-021929-9

Ⅰ．①运… Ⅱ．①徐…②胡…③李… Ⅲ．①运筹学–教材 Ⅳ．O22

中国版本图书馆 CIP 数据核字（2008）第 066602 号

责任编辑：陈 亮 张 兰／责任校对：陈玉凤
责任印制：徐晓晨／封面设计：耕者设计工作室

科 学 出 版 社 出版
北京东黄城根北街 16 号
邮政编码：100717
http://www.sciencep.com

北京东华虎彩印刷有限公司 印刷
科学出版社发行 各地新华书店经销
*
2003 年 11 月第 一 版 开本：B5（720×1000）
2008 年 7 月第 二 版 印张：27 3/4
2018 年 5 月第七次印刷 字数：505 000
定价：58.00 元
（如有印装质量问题，我社负责调换）

序

运筹学研究人类对各种资源的运用及筹划活动,其目的在于了解和发现这种运用及筹划活动的基本规律,以便发挥有限资源的最大效益,达到总体、全体最优化的目标. 这里所说的"资源"是广义的,既包括物质材料,也包括人力配备;既包括技术装备,也包括社会结构. 自 20 世纪 50 年代以来,运筹学的研究与实践得到长足的发展,在工程、管理、科研以及国民经济发展的其他诸多方面都发挥了巨大的作用. 随着计算机等信息技术的发展,作为一门优化与决策的学科,运筹学受到了前所未有的重视. 运筹学课程逐渐成为管理科学、应用数学、系统科学、信息技术、工程管理、交通运输等专业的基础课程之一. 为此,在教育部优秀青年教师教学科研奖励计划的支持下,我们在参考和借鉴国内外大量运筹学优秀教材、学习并融会诸多运筹学课程优秀教师的经验的基础上,推出了"基于信息技术平台的立体化运筹学教材系列". 从 2001 年起,经过充分的酝酿和编写,实际讲授与修订,这套运筹学教材面世,它基本体现了我们对于如何建设 21 世纪运筹学教学体系的一些想法,包含了我们在教学改革中所获得的一些经验和成果.

■ 学科进展

运筹学是一门新兴的应用科学,基于不同研究的对象与侧面,有不同的说法. 对于处理实际问题,1976 年美国运筹学会定义 "运筹学是研究用科学方法来决定在资源不充分的情况下如何最好地设计人 – 机系统,并使之最好地运行的一门学科". 对于强调数字解又注重数学方法的研究,1978 年联邦德国的科学辞典上定义 "运筹学是从事决策科学模型的数字解法的一门学科". 对于生产、管理等实际中出现的一些带普遍性的运筹问题,英国运筹学杂志认为 "运筹学是运用科学方法 (特别是数学方法) 来解决那些在工业、商业、政府部门、国防部门中有关人力、机器、物资、金钱等大型系统的指挥和管理方面所出现的问题,其目的是帮助管理者科学地决定其策略和行动". 从实践方面来看,运筹学的发展是为了满足社会的需要而发展的. 从教育教学的历史发展脉络来看, 运筹学能成为大多数专业学科的基础是逻辑与历史的辨证统一.

历史脉络

运筹学已渗透到诸如服务、库存、搜索、人口、对抗、控制、时间表、资源分配、厂址定位、能源、设计、生产、可靠性、设备维修和更换、检验、决策、规划、管理、行政、组织、信息处理及回复、投资、交通、市场分析、区域规划、预测、教育、医疗卫生的各个方面. P. M. Morse 与 G. E. Kimball 将运筹学视为一种科学方法, 提供执行者处理有关他们管辖下运作事务的一些计量性的决策基础. 而 R. L. Ackoff 与 E. L. Arnoff 把运筹学看成将科学的方法、技术与工具应用于系统的作业上使管辖下的作业问题获得最佳的解决. S. Beer 则认为运筹学是研究人、机器、材料与资金在其周围环境中发生的有关管理与控制的几率性承担意外风险问题, 其独特的技术是根据具体情况, 利用科学模式, 经由量测、比较以及对可能行为的预测而提出一个管制策略. 然而就历史角度来看, 运筹学在不同的时期具有不同的时代特征, 一切所谓规范的模式均可以还原为事物的物理原形, 并展现其源发地的历史印记.

追溯源头

朴素的运筹思想在中国古代历史发展中源远流长. 早在公元前 6 世纪春秋时期, 著名的军事家孙武所著的《孙子兵法》就是当时军事运筹思想的集中体现. 公元前 4 世纪战国时期的孙膑 "斗马术" 是中国古代运筹思想的另一著名例子, 其思想体现为不争一局的得失, 而务求全盘的胜利, 是争取全局最优的经典. 公元前 3 世纪楚汉相争中, 刘邦称誉张良 "运筹帷幄之中, 决胜千里之外", 是对其运筹思想的高度评价. 北宋时期的沈括关于军事后勤问题的分析计算则是更具有现代意义的运筹范例.

除军事运筹思想的成功运用之外, 中国古代农业、运输、工程技术等方面也有大量的运筹典籍与应用典范. 北魏时期贾思勰《齐民要术》记载的古代劳动人民在生产中如何根据天时、地利和生产条件合理筹划农事的经验就体现了运筹要义, 例如播种时间和作物连作中的 "谷田不可连作, 必须岁易" 可视为现代运筹学中二阶段决策问题的雏形. 《管子》一书曾经提出的 "高毋近旱而水用足, 下毋近水而沟防省" 的城市选址的运筹思想, 在西汉首都长安市址的选择、水陆枢纽的设计及对宫殿、街道、市井等的统筹布局等方面得到充分体现. 公元前 54 年汉宣帝时, 对首都长安的粮食供应与存储问题的考虑充分体现了现代运筹学中早期研究的合理物流问题. 宋真宗祥符年间对失火宫廷进行重建的过程, 采用了一个取土、弃土、材料运输以及施工次序统筹安排的综合方案, 展示了统筹方法. 宋仁宗庆历年间, 黄河决口封堵过程接受了高超提出的分阶段作业方案, 把该方案从经济、人力和效果各方面与旧方案进行比较, 论证了分阶段作业优于一次作业.

明代著作《增广智囊补》记有颇具运筹思想的物资合理运输的物流问题. 1738 年 D. Bernoulli 提出了效用的概念, 以此作为决策的准则. 1777 年 D. Buffon 发现了用随机投针试验来计算 π 的方法, 是随机模拟方法 (Monte-Carlo 法) 最古老的试验. 1896 年 V. Pareto 从数学角度给出了 Pareto 最优的概念, 予以解决多目标优化问题.

独显魅力

运筹学作为一门独立学科, 是从 20 世纪 30 年代才逐渐发展形成的. 奠定和构成现代运筹学发展基础和雏形的早期先驱性工作, 可追溯到 20 世纪初. 1909 年丹麦电话工程师 A. K. Erlang 开展了电话局中继线数目话务理论的研究, 发表将概率论应用于电话话务理论的研究论文《概率论与电话会话》, 开现代排队论研究之先河. 1915 年 F. W. Harris 对商业库存问题的研究是库存论模型早期的工作, H. C. Levinson 关于最优发货量的研究是对现代库存论和决策论发展的最初启示. 1916 年 F. W. Lanchester 关于战争中兵力部署的理论, 是现代军事运筹规范的战争模型. 1921 年 E. Borel 在 E. Zermelo (1912年) 用数学方法来研究博弈问题的基础上, 引进了现代博弈论中最优策略的概念, 对某些对策问题证明了最优策略的存在性. 1926 年 T. H. Boruvka 发现了拟阵与组合优化算法之间的关系. 1932 年 A. Ya. Shinchin 研究了机器维修问题, 是可靠性数学理论最早的工作.

1935 年开始, 英国空军针对防御德国飞机的空袭研制了新雷达系统. 但是, 由雷达送来的常常是相互矛盾的信息, 需要加以协调和关联, 以改进作战效能. 因此, 英国在皇家空军中组织了一批科学家, 成立了运筹学小组, 对新战术试验和战术效率评价进行研究, 取得了满意的效果. 美国人受到英国运筹学对作战指挥成功运用的启发, 在自己的军队中也逐渐建立起各种运筹学小组, 美国人称这种工作为 "Operations Research". 运筹学工作者在第二次世界大战中研究并解决了许多战争的课题, 例如通过适当配备护航舰队减少了船只受到潜艇攻击的损失; 通过改进深水炸弹投放的深度, 使德国潜艇的死亡率提高; 以及根据飞机出动架次做出维修安排, 提高飞机的作战效率; 等等. 他们的工作对反法西斯战争的胜利起到积极的作用, 同时也为运筹学学科的发展做出了不可磨灭的历史贡献.

在第二次世界大战时期, Leonid V. Kantorovich 于 1939 年总结其研究工作而成的《生产组织与计划中的数学方法》, 是线性规划对工业生产问题的典型应用; J. von Neumann 与 O. Morgenstern 于 1944 年出版《博弈论与经济行为》一书, 标志着系统化与公理化的博弈论分支的形成, 发展了近代的决策效用理论,为决策分析中的效用函数奠定了公理基础.

强立学科

第二次世界大战结束后, 英国、美国和加拿大军队中运筹学工作者已超过 700 人. 他们中的一部分人不但在军事部门继续予以保留, 研究队伍进一步得到扩大和发展, 而且在政府和工业部门也开始推行运筹学方法, 筹建各类运筹学小组. 另一部分人在英国民间组织的 "运筹学俱乐部" 中, 定期讨论如何将运筹学转入民用工业, 并取得了可喜进展. 20 世纪 40 年代后期, 由于大规模的新兴工业的出现, 同行业间的竞争加剧, 迫切需要对大型工业的复杂的生产结构和管理关系进行研究, 做出科学的分析和设计; 产品的更新换代的加速, 使得生产者必须密切注意市场情况和消费者的心理分析; 快速的计算机的出现, 使一些复杂的问题能得到及时解决而使运筹学具有现实意义. 1953 年 R. Bellman 阐述了动态规划的最优化原理. 同年, L. S. Shaply 研究了 Markov 决策过程的一种基本型, 成为该分支发源性的工作. 1953 年 J. Kiefer 首次提出优选的分数法与黄金分割法. 1954 年, D. R. Dantzig 等研究旅行推销员问题时提出了分解的思想, 萌芽了整数规划中两大方法 —— 割平面法与分枝定界法; L. J. Savage 把效用理论与主观概率结合成整体来研究统计决策问题, 建立了严格的公理基础; 等等. 在这样的强势下, 运筹学得到了迅速发展.

在军用或民用的运筹学研究中, 得到了很多大学的支持, 签订了不少协作研究的合同. 大批专门从事研究的公司也逐渐成立, 如 RAND 公司就成立于 1949 年. 世界上第一份运筹学杂志于 1950 年出现, 第一个运筹学会 "美国运筹学会" 于 1952 年成立. 到 20 世纪 50 年代末期, 英美两国几乎所有工业部门都建立了相应的运筹学组织, 从事运筹学的研究. 各国运筹会从 50 年代起也先后成立, 1959 年由英美法三国运筹学会发起成立了国际运筹学会联合会 (IFORS), 进入 21 世纪, 已有 48 个国家或地区的运筹学组织作为其正式会员.

在中国, 现代运筹学的研究是从 20 世纪 50 年代后期开始的. 在钱学森、华罗庚、许国志等老一辈科学家的推动下, Operational Research 被引入中国, 正式译名为 "运筹学", 融合中国优秀的运筹学思想与成功范例, 使其研究与实践得到长足的发展. 运筹学中的 "打麦场的选址问题" 和 "中国邮递员问题" 就是在那个时期提出并研究解决的典型问题. 华罗庚先生在 1965 年起的 10 年中走出中国科学院研究所, 在全国推广 "优选法" 和 "统筹法", 对中国现代运筹学的研究和应用起到了巨大的推动作用. 1980 年, 中国在山东济南成立了中国数学学会运筹学分会, 1982 年加入国际运筹学会联盟并创刊《运筹学杂志》. 1991 年中国运筹学会具有法人资格的全国性学会正式成立, 1992 年以独立法人资格在当时的成都科技大学召开了第一届全国学术会议.

运筹学研究的快速发展使得全世界运筹学出版物的种类和数量每年都在以惊人的速度增加. 直接以运筹学或其分支命名的期刊全世界共有 40 多种; 另外, 与运筹学密切相关的期刊还有 40 多种. 若将那些与运筹学论题相关或包含运筹学个别论文的期刊都考虑在内的话, 那么总数将会达到几百种.

研究范式

早期的研究者们清楚地看到, 从事运筹学工作新颖之处产生于正在经受科学研究的那些运行系统的现象, 并为了使所找到的方法立即付之实用而做出的合理安排, 它本质上是一项复杂的系统工程. 运筹学强调研究过程的完整性, 从问题的形成开始, 到构造模型、提出解案、进行检验、建立控制, 直到付诸实施为止的所有环节构成了实现目标的系统流程. 因此, 它涉及的不仅是方法论, 且与社会、政治、经济、军事、科学、技术各领域都有密切的关系. 它是一个组织从上到下对质量和数量的贯彻, 其衡量标准就是在一定的资源约束条件下按时、按质、按量完成既定任务.

运筹学作为一门用来解决实际问题的学科, 在处理千差万别的各种实际问题中, 一般应该从确定目标、制定方案、建立模型、制定解法等方面来考虑. 虽然不大可能存在处理对象极为广泛的运筹学问题的统一途径, 但是在运筹学的发展过程中形成的某些抽象模型却可以得出一些算法和结论, 并用于实际之中. 其基本的、常用的数学模式有分配模式 (allocation)、竞赛模式 (competition)、等候模式 (queuing)、库存模式 (inventory) 以及生产模式 (production) 等. 运筹学的内容庞杂, 应用涉及面广, 它有许多分支学科, 一个大型复杂的运筹学问题不一定仅属于某一分支, 往往可以分解为许多分支问题. 从发展趋势来看, 不仅已发展成为一个独立学科包含的一些分支; 也有发展成为一些独立学科的趋向, 而又相互交错, 相互渗透. 因此, 运筹学首先是对问题加以提炼并形成规范的模型, 然后利用数学与计算机寻找技术方法, 为解决实际问题提供科学的依据. 它是理论、技术、工程的集成.

集成理论

从理论基础来看, 运筹学是系统综合集成理论. 运筹学先驱者们始终把他们的工作看做科学工作, 1941 年 P. M. S. Blackett 在他备忘录中就强调他们的工作是 "作战的科学分析", 必须创造适合于这种工作的条件, "所需气氛是一种第一流纯科学研究机构的气氛, 人员配备必须与此相称". 基于运用筹划活动的不同类型, 描述各种活动的不同模型逐渐建立, 从而发展了各种理论, 形成了不同分支, 研究优化模型的规划论、研究排队模型的排队论以及研究对策模型的博弈论是运筹学最早的三个重要分支, 被称为运筹学早期的三大支柱. 随着学科的发展, 现在分支更细、名目更多, 例如线性规划、整数规划、组合优化、非线性规划、多目标规划、动态规划、不确定规划、博弈论、排队论、库存论、可靠论、决策论、搜索论、模拟论等基础学科分支; 计算运筹学、工程技术运筹学、管理运筹学、工业运筹学、农业运筹学、交通运输运筹学、军事运筹学等交叉和应用学科分支都已先后形成. 为解决实际运筹学问题, 通常需要对实际问题的深刻把握, 分析事物本质提出概念模型, 解析运行机理建立物理模型, 利用数学工具抽象数学模型, 为奠定研究规范模型的理论基础形成系统综合集成理论.

集成技术

从实践方法来说, 运筹学是系统综合集成技术. 运筹学的发展过程已充分表现出多学科的交叉结合, 物理学家、化学家、数学家、经济学家、工程师等联合组织成研究队伍, 各自从不同学科的角度出发提出对实际问题的认识和见解, 促使解决大型复杂现实问题的新途径、新方法、新理论的技术路线更快地形成. 因此, 在运筹学的研究方法上显示出各学科研究方法的综合, 其中特别值得注意的是数学方法、统计方法、逻辑方法、模拟方法等. 应当指出, 数学方法, 或者说构造数学模型的方法, 是运筹学中最重要的方法, 它对运筹学的重要性决不亚于它对力学、理论物理所起的作用. 所以, 从强调方法论, 特别是数学方法论的观点而言, 可以把运筹学中反映数学研究内容的那部分, 看成运筹学与数学的交叉分支, 称之为运筹数学, 犹如生物数学、经济数学、数学物理等作为生物学、经济学、物理学与数学的交叉而存在. 但是, 运筹学本身的独立学科性质是由它特定的研究对象所决定的, 也正像生物学、经济学、力学、物理学等作为数学以外的独立学科那样勿庸置疑. 为解决实际运筹学问题, 往往利用数学与计算机, 对求解提炼规范模型形成系统综合集成技术.

集成工程

从实现方式来讲, 运筹学是系统综合集成工程. 运筹学研究强调理论与实践的结合, 这在运筹学的创建时期就已经表现出来, 不论是武器系统的有效使用问题, 还是生产组织问题或电信问题, 都是与当时的社会实践密切联系的. 它研究范围遍及工农业生产、经济管理、科学技术、国防事业等各方面, 诸如生产布局、交通运输、能源开发、最优设计、经济决策、企业管理、城市建设、公用事业、农业规划、资源分配、军事对策等问题. 在各个历史阶段, 运筹学始终遵循理论与实践结合的基本方针. 因而, 在发展理论的同时, 也开展了大量的实践活动, 从而对社会进步起到了积极的推动作用. 在解决实际问题的同时, 运筹学逐渐形成了自己解决问题的独特实现方式: "大统筹, 广优选, 联运输, 精统计, 抓质量, 理数据, 建系统, 策发展, 利工具, 巧计算, 重实践, 明真理." 这就是针对实际运筹学问题实现方式, 从确定目标、制定方案、建立模型、制定解法等系统流程而形成的系统综合集成工程.

人才培养

运筹学与其他成熟科学相比不及它们成熟. 以规划论为例来说, 线性规划的理论和方法比较系统和完整, 以美国 D. R. Dantzig 的著作和前苏联 H. B. Kahtopob 的著作为代表, 而非线性规划虽然近十几年有了较大的发展, 但求整体最优问题, 则还缺乏好的通用算法和理论, 更不用说有效解存在性的一般性充要条件. R. E. Gomory 在 1958 年、1963 年的工作被誉为线性整数规划的一个突破, 但实际求解时问题很多, 尚缺乏有效算法. 第二次世界大战后, 重点转向研究工业、商业和运输业等的生产组织与管理的问题, 发展了一些理论与方法, 如计划评审方法、系统分析和管理科学等. 从英美两国的情况来看, 由于拥有一批数学水平较高的人员, 如提出博弈论的数学家 J. von Neumann 等, 所以发展较快.

普适教育

由于历史原因, 早期的运筹学专业工作者是从其他学科转过来的. 多数来自数学、工程、物理、行为和生命科学, 也有少数来自其他方面, 但他们有一定的代表性. 面临的情况复杂, 便形成了跨学科的小组, 其成员都是能够处理被指定问题的不同侧面的专家. 在解决实际问题时, 运筹学工作者迅速地得到的 “好” 解, 比经过广泛研究才得到的 “最优” 解更有用. 实际应用部门宁可要善于利用现成知识和经验的运筹学工作者, 而不要那些对于扩大知识基础的创造性研究更加爱好和更有才能的人.

但是, 运筹学实际应用工作者可能比理论工作者更需要受宽广的运筹学基础教育, 他们应该能够阅读并利用几乎所有运筹学专业方面的成果. 对于技术性强的成果, 应该认识到能否从请教一个专家中得到益处, 能够把专家的意见变成可用的程序, 是一个运筹学实践者的基本素质. 由于运筹学模型的普适性, 对于会计师、统计学家、计算机科学家、行为科学家和许多工程师来说, 获得有关的运筹学的理论与方法是有用并吸引人的. 因此, 对非运筹学专业开设运筹学课程应该有两个目的, 一是提高学习者的基本素质与修养, 二是为他们提供解决实际问题的有效工具与技术. 非运筹学专业的运筹学工作者, 大多数在他们自己学科方面得到过学位, 其学位是有别于运筹学专业学位的. 对于一个实业管理硕士, 有关运筹学的训练可能是一两门带有运筹学标记的课程, 加上统计学、模拟、会计学等辅助课程, 但这是远远不够的.

专业教育

近年来, 运筹学出现了专业化与实用化之间的两极分化, 使得运筹学人才培养受到影响且复杂化. 运筹学发展的广度和深度以及运筹学人才培养的性质, 说明了运筹学人才培养需要采取多侧面的办法. 这种两极分化并不是运筹学独有的, 大多数应用科学均是如此. 对运筹学专业的人才培养来讲, 应该是理论与实践并重. 但是, 对一个运筹学专业个人研究者来讲, 理论与实践相结合有些困难. 因此, 不少运筹学学术机构, 倾向于奖励创造性研究成果的发表. 这样, 一些专家的终生工作是向某一侧面不断深入, 例如库存论、模拟或数学规划. 理论研究需要抽象思维、逻辑演绎、基础知识的专门的训练; 应用实践研究同样需要这些综合素质, 只是侧重点不同而已, 两者之间的水平孰高孰低难以断定.

不同正规教育水平的运筹学专业工作者之间的适当平衡, 对于运筹学的健康成长和发展是必要的. 培养运筹学专业博士太多或太少, 或者只在运筹学理论研究上做文章, 这对运筹学专业的人才培养都是有害的. 因此, 运筹学专业人才培养的合适数量和性质应该根据职业目标而定. 对理论物理学或基础数学等专业的博士生, 由于求职的困难, 选修一些运筹学方面的课程, 培养自己的第二种本领, 是完全可以接受的. 原因是他们的天赋、聪明与智慧, 在愿意参加与运筹学结合的工作的前提下, 定能在不同的专业学科中成为第一流的运筹学专业工作者. 对他们运筹学水平的评价也应该有双重意义, 一是在他们自己学科中应用运筹学达到什么样的水平, 二是在专业运筹学教育中达到的水准.

课程建设

进入 21 世纪, 科技进步与社会发展提出了培养信息社会高素质人才的要求, 高等教育改革不断深化, 运筹学教育面临着新的挑战和问题, 表现为在培养目标上对学生解决实际问题能力的强调和课时总体压缩及多样化的趋势. 这就要求教师, 一方面要摒弃过去那种只讲理论而轻视甚或忽视实践的教学模式, 把引导学生在理解运筹学的基本理论和方法的基础上大幅度提高其运用运筹学方法构建优化决策的能力作为教学的首要目标; 另一方面必须着力提高运筹学教学的效率, 以更加新颖、有效的教学手段实现教学目标. 迎接这些挑战, 意味着我们必须重新对运筹学原有的教学体系做全面的审视和思考, 根据 21 世纪的人才培养需要, 从教学目标、教学内容体系和教学手段三个方面对运筹学教学进行新的定位和改革是非常必要的.

基于此要求, 本套教材最大的特点是把教材作为实现教学目标、承载教学内容和融会教学手段的一个基本载体来看待, 构建出一个包括教学方案、教师手册、习题案例集、考试测评系统、多媒体教学课件、运筹学软件使用手册、在线教学支持等在内的内容丰富、结构严密、支持完备的教学体系. "掌握理论、强化应用、突出能力" 作为 "信息时代的运筹学课程" 的培养目标贯穿整个教学体系的建设过程之中.

本套系教材期望的学术目的: 构筑运筹学系统知识体系; 提供运筹学实践技术方法; 引至运筹学应用研究前沿; 创建运筹学新型教材套系.

本套系教材搭建的教学内容: 追溯运筹学的发展历程, 有助于学生全面地感悟运筹学的魅力; 窥视运筹学的未来趋势, 有助于学生更好地把握运筹学的发展; 构建运筹学的教材套系, 有助于学生有效地解读运筹学的精髓; 集成运筹学的技术方法, 有助于学生系统地提高运筹学的技能.

本套系教材推出的导学理念: 教学合一, 厚基础; 学练合一, 强能力; 练想合一, 重实践; 想干合一, 精应用; 古今合一, 明真谛; 内外合一, 建方法.

内容系统, 全面论述

目前, 在各个层次的院校中, 相当多专业都开设了运筹学课程. 不同办学层次、专业背景、学校类型的人才培养目标不同, 学生素质及其知识结构也存在差异, 因而要求运筹学教师在教学内容的选择、难度深浅、教学侧重点等一系列问题上必须做到 "量身定做、因材施教". 有必要分析和归纳不同的人才培养目标, 分类设置不同的运筹学教学目标和要求, 构建出不同的教学内容和结构体系, 以立体化教材系列和支持体系来代替过去的单一教材.

解析问题, 构筑知识模块

我们力图通过对教学内容的模块化, 和强调教师选用教学内容的自主性等个性化定制策略, 以便教师能够根据实际的教学问题来选择相近的教学方案和教学模块. 在各册教材的编写过程中, 我们以模块思路组织课程内容, 通过加注星号的方式标注出选用内容, 并配以针对不同选择的多种教案、供选讲的习题案例以及繁简不同、可快速调整组合的多媒体教学课件, 构造出一个基本框架相对稳定的教学体系, 但具体教学内容和课时在很大程度上可依教师和教学目标需要进行个性化的调整, 从而提高了教学效率, 加强了教学针对性.

剖析对象, 构建教材体系

我们力图通过教材及支持体系的立体化, 构筑出具弹性又特色鲜明的教学体系, 以便教师能够根据实际的教学对象来选择相近的教学方案和教材. 本套系列教材分成五册:《运筹学 (I 类)》、《运筹学 (II 类)》、《运筹学 —— 数据·模型·决策》、《中级运筹学》、《高级运筹学》. 具体来说, 各教材的具体特点和适用对象如下:

《运筹学 (I 类)》厚基础, 重硬性计算. 适用于理工科背景的管理类、工程类专业的本科生, 少数对运筹学要求较严格的专科生, 部分本科未学过运筹学但目前又要求具备较全面运筹学知识的研究生.

《运筹学 (II 类)》厚基础, 重软性计算. 适用于文科背景的管理类专业的本科生, 理工背景的管理类与工程类专业的专科生, 以及要求具备相对全面运筹学知识的 MBA、MPA 与工程硕士.

《运筹学 —— 数据·模型·决策》厚基础, 重实践应用. 是教材系列中最突出培养目标的实践操作性、最强调运筹学作为解决实际问题的 "工具性" 的一种教材. 从这个意义上讲, 它非常适合那些希望 "最经济地" 掌握运筹学知识以尽快地使每一点所学都 "见到实效" 的学生. 我们推荐 MBA、MPA、工程硕士与在职研究生班的学员, 以及学时较少的经济管理类专业的本科生使用这种教材.

《中级运筹学》厚基础, 重理论算法. 适合于需要在运筹学上知道得 "比一般人更多一点, 更深入一点" 的学生. 该书侧重于讲述运筹学更高级、更复杂一些的理论、方法与应用, 适用于对数量方法有一定程度要求的研究生, 如应用数学、管理科学、系统科学、信息技术与工程类等专业的研究生, 或者学过其他前三册书之一、对运筹学感兴趣并希望进一步深造的其他读者. 不过, 对于学过《运筹学 (II 类)》或《运筹学 —— 数据·模型·决策》的读者, 建议在阅读《中级运筹学》之前, 最好再翻阅一下《运筹学 (I 类)》.

《高级运筹学》厚基础, 重前沿问题. 适合于需要应用运筹学的理论与方法对研究问题进行创造性研究的学生. 该书以专题研究形式讲述运筹学的一般化理论、方法与应用, 并对运筹学研究的一些最新进展和最新应用进行讨论, 适用于对数量方法有一定程度要求的博士研究生. 建议在阅读《高级运筹学》之前, 先翻阅一下《中级运筹学》.

强化应用, 突出能力

运筹学真正的价值和魅力在于为解决各个领域中的优化与决策问题提供一套切实可行的解决办法. 我们认为, 运筹学教材应照顾到学科体系的完整性, 为学生打牢理论基础, 但在信息时代对学生动手解决实际问题的能力要求提高的背景下, 更应根据人才培养目标, 突出培养学生的实践能力.

立于理论, 还于实践应用

作为教材设计的一个基本原则, "强化应用, 突出能力" 的要求贯穿于整套教材的编写中. 在每册教材中, 我们通过精选的例题和案例来复原典型运筹问题的情景, 在讲解这些从实践中抽取并经过精心改造和设计的例题和案例的过程中, 逐步地建立起学生应该掌握的运筹学理论框架. 例题具有充分的代表性, 尽量做到算法有效而互不重复, 并基本覆盖各自的教学对象在实践中最常见的运筹学问题的各个类型, 从而为学生实际求解提供足够的启示和指导.

尽管计算过程仍然作为教学的一个基本而重要的内容, 但从实际应用角度出发, 我们更强调运用运筹学软件来解决计算问题. 套系教材中讲解了 Lindo, Lingo, Cplex, Opl, Matlab 或者 WinQSB 等常用软件的使用方法. 另外, 我们非常注意运筹学教材与其他课程的衔接问题, 对于涉及其他课程的一些概念, 予以简明的讲解, 使之不成为理解和实际运用的障碍.

始于学习, 终于能力提升

"能力提升" 就是要训练学生的思维能力, 尤其是用运筹学思维模式去认识问题的分析能力; 训练学生的操作能力, 尤其是用运筹学技术方法去解决问题的实践能力; 训练学生的创新能力, 尤其是用运筹学理论范式去研究问题的创造能力. 为此, 本套系教材从编写体例、教师讲授、学生训练等众多方面, 尽力做到: 以案例剖析、问题探讨等方式训练学生的分析能力, 为得 "感性认识打基础、理性分析见真谛"; 以习题练习、模拟应用等模式训练学生的实践能力, 求得 "练习模拟可操作、解决问题有办法"; 以分析前沿、讨论专题等形式训练学生的创造能力, 谋得 "掌握前沿为理事、创新理论建方法".

为实现 "强化应用、突出能力", 我们将 "厚基础、重算法、精应用" 的要求作为一个基本原则贯穿于整个套系教材的编写中. 为此, 力求做到: 在学生每完成一部分的学习后, 能够掌握分析和解决某方面问题的必需知识, 形成完整的运筹学思维框架; 能够掌握基本的运筹学工具, 具备解决现实问题的实践能力.

易教好学, 支持完备

运筹学源于实践, 其理论方法较广, 定量分析居多, 实践应用要求较高. 这就导致运筹学课程教与学的不易. 为此, 我们以 "易教好学" 作为本套系教材编写的目标之一, 同时以多类型的平台支撑作为该目标实现的手段与方式.

提供支撑, 便于教师易教

要达到 "易教好学" 的教学目标, 首先就要使教师得到更多的教学 "装备"、更多的教学支持和指导, 使他们从繁忙的科研教学任务和备课的重负中解脱出来, 把精力集中到现场教学的组织和控制上. 为此, 我们为每册书准备了包括教学大纲、教学建议、教学难点和重点提示等在内的教师手册, 以及书中所有习题和案例的详细解法, 作为对书中内容的补充与扩展的习题案例集, 可根据教师要求灵活定制的个性化的多媒体教学课件, 包含大型题库的考试测评系统以及随时更新、内容丰富的在线教学支持站点与运筹学教学论坛等.

建立平台, 有助学生好学

除了精心设计、可供自由选择的教材系列之外, 我们还特别注意了教学形式的互动性和多样化. 在教材编写体例上, 借鉴了国外优秀教材的编写规范, 同时吸收了国内教材简洁明了的优点, 力图做到内容的设置和阶梯难度符合学生的认知规律, 强调知识的传授与启发式教学的结合. 以实际问题来引发学生的学习兴趣, 以简明扼要的讲解来构建学生的知识与逻辑体系, 以活跃的思维想象与迂回的教学技巧帮助学生掌握教学难点, 以精选的习题来巩固学生的课堂认知, 以经典案例的讨论来激发学生的学习热情和主动性, 以参考文献的标注来引导学有余力的学生深入探索, 最终目的是要通过多样化的教学形式更加鲜明、生动、有效地实现教学的预设目标.

　　总之, 在这套教材中, 我们紧紧围绕信息时代人才培养目标的特殊性, 以信息技术为平台, 在运筹学教学上努力做出一些新的探讨和实践, 希望能够对新世纪的运筹学教学的进步有所裨益. 当然, 事物总是在不断革新和进步中发展, 本书的不足之处也有待于广大读者和同行的指正. 我们真诚地期待您的批评和建议, 来信请发至: xujiuping@scu.edu.cn 或 huzn@scu.edu.cn.

徐玖平

2008 年 1 月

前　言

运筹学的重要性，自 20 世纪 90 年代以来，在国内逐渐得到普遍认可. 目前，初级的运筹学书籍已经很多，但是对运筹学问题进行比较完整的、系统性介绍的入门类书籍还不多见. 在当今的运筹学教学中，尤其需要既适合本科生教学，又能与本科教学相联系，还能为运筹学实际应用做准备的教材. 为此，根据国内非运筹与控制类专业教学的需要，针对本科学生，我们在多年从事运筹学教学和研究的基础上编写了《运筹学 (II) 类》.

■ 教材目的

作为基于信息技术平台的立体化运筹学教材系列的第二本，本书在整个套系教材中起着普及性的作用. 由于其所针对的目标读者是刚刚接触运筹学的本科学生，因此其编写目的主要有以下几方面：

(1) 在兼顾实际应用能力的培养的同时，试图运用数学语言向读者全面深入地介绍运筹学的理论与算法基础. 作为本科生教材，所针对的目标读者仅要求具备基本的大学数学水平，因此本书将尽量以具体化的方式推导和讨论运筹学的基本原理，对各个运筹学问题的算法，不但都给出了具体的问题背景，也给出了相应算例的具体程序实现. 在解释运筹学的相关问题时，特别注意所有理论的完整性和自封闭性.

(2) 尽力促进读者形成分析和解决运筹学问题的有效思路. 读者在学习《运筹学 (II 类)》后，应该能够对运筹学问题初步形成自己的运筹学思维框架，掌握解决运筹学问题的基本原理、方法与技巧，形成分析和解决管理问题的运筹学思路.

(3) 熟悉运筹学研究的各类问题. 本书内容涵盖丰富，特别对一些扩展丰富的学科方向，介绍了基本知识框架和内容体系，但并不过多涉及理论准备. 另外，在计算方面，本书注重软性计算，即在软件实现方面仅进行基本性的介绍. 而各类算法的手工计算, 实践表明, 这是成功地应用运筹学技术解决实际问题的必备能力, 为《运筹学 (I) 类》预留了空间. 当然, 运用运筹学技术解决实际问题时, 也需要对各项决策进行经济释义, 这也是运筹学能力培养的重要方面, 这些工作留给了《运筹学 —— 数据·模型·决策》.

教材内容

作为一本初级运筹学教材, 本书在知识体系上力求做到完整, 并将其与管理实践的内容相揉合.

本书首先在 "引言" 中对运筹学的基本研究思路和实际应用予以了简要说明, 概要地表明了为什么需要运用运筹学技术以及怎么运用运筹学技术. 自 21 世纪以来, 运筹学得到极大重视和成功应用的一个关键之处在于其软件化, 因此, 本书将现今应用最为成功的线性规划作为首先讨论的内容. 在给出的线性规划、整数规划与非线性规划的算法理论体系中, 包括了 LIGNO 与 Ilog CPLEX 软件的核心算法技术. 在动态规划中初步介绍了常见的处理技巧. 在图与网络中, 不但介绍了各个问题的常用算法, 而且对其数学规划模型的建立进行了详细讨论, 并建立了一般化模型. 在决策分析中, 除了讨论了经典性的内容外, 也详细地讨论了多目标决策和多属性决策. 另外, 本书不但对对策论、排队论与可靠论的经典性内容进行了完整的和系统性的讨论, 而且对在现有运筹学教学体系中尚未得到重视的, 但是作为解决实际运筹学问题所需的数据处理的预测方法也给予了完整的和系统性的介绍. 在对前面所有章节讨论的许多实际问题往往无法求得解析解的情形下, 作为一类重要的数值计算技术的模拟论可能是最为有效的解决手段, 因此, 本书从实际研究需要出发介绍了随机模拟理论. 至此, 本书比较全面地给出了初级运筹学的基本理论与方法.

教材特点

作为初级水平的运筹学教材, 本书充分体现了针对本科生学习的特点. 在语言运用上, 符合本科生的阅读习惯; 在内容构成上, 方便本科生的自主学习; 在知识体系上, 贴合本科生的问题解决需要; 在教材组织上, 适应本科生的教学方式.

为了提高学生的实际应用能力, 本书在给出各类问题的数学模型的同时, 也给出了相应的软件实现实例. 为了方便读者阅读与研习, 本书具有完整的自封闭性. 对于所需运用的基本数学工具, 基本上都是大学本科中的通课内容; 对于基本的定理、推论和性质等, 为方便学生无障碍地阅读, 基本上都略去了证明过程. 一般地, 具有一定大学数学基础知识的读者, 无需参考其他书籍, 应该能顺利地完成本书研习.

　　作为套系教材中起着普及性作用的教材, 本书基本上遵循了《运筹学 (I) 类》的框架, 在组织结构与内容安排上充分考虑本科教学的特点与要求; 在基本问题讲解上进行了实例化的讨论,《运筹学 (I) 类》给出了本书的手工算例, 而《中级运筹学》给出了本书中所有算法的理论准备.

　　本书在编写时已考虑到不同专业的备课与授课需要, 注意了多类教学课时的实际要求. 本书采用模块式结构, 各章内容具有相对独立性, 教师可根据自身授课需要, 选讲相应内容. 因此, 若采用幻灯片进行多媒体教学, 本书适合 34 学时、51 学时乃至 68 学时的授课安排.

　　通过精心组织的内容和多种教学方式, 本书希望能够全面阐述运筹学的基本原理与应用. 作为一名本科生或其他自学者, 通过学习此书, 除了可以打下扎实的运筹学理论基础, 还可以将此看做是自己进一步研究运筹学前沿问题的准备.

徐玖平　　胡知能　　李军

2008 年 1 月

常用符号

$\boldsymbol{x} = (x_1, x_2, \cdots, x_n)$	n 维行向量 (或点)
$\boldsymbol{x} = (x_1, x_2, \cdots, x_n)^T$	n 维列向量 (或点)
x_i	n 维向量 $\boldsymbol{x}$ 的第 i 个分量
$\alpha, \alpha_i, \beta, \beta_i, \gamma, \gamma_i$	实数
$[\alpha, \beta]/(\alpha, \beta)$	闭区间 $\alpha \leqslant \xi \leqslant \beta$/ 开区间 $\alpha < \xi < \beta$
$S = \{x \mid x \text{ 所满足的性质}\}$	满足某种性质的 x 的全体 (集合)
$S = \{x^1, x^2, \cdots, x^n\}$	由 $x^1, x^2, \cdots, x^n$ 组成的有限集合
$\varnothing$	空集
$\Re, \Re^n$	1 维/n 维欧氏空间
$x \in S \ (x \notin S)$	x 属于 (不属于) 集合 S
$X \cup Y \ (X \cap Y, X \setminus Y)$	X 与 Y 之并集 (交集、余集)
$X \subseteq (\subset) Y$	Y 包含 (完全包含) X
$\boldsymbol{x} < \boldsymbol{y}$	$x_i < y_i \ (i = 1, 2, \cdots, n)$
$\boldsymbol{x} \leqslant \boldsymbol{y}$	$x_i \leqslant y_i \ (i = 1, 2, \cdots, n)$
$\boldsymbol{x} \lneqq \boldsymbol{y}$	$\boldsymbol{x} \leqslant \boldsymbol{y}$ 但 $\boldsymbol{x} \neq \boldsymbol{y}$
$\|\boldsymbol{x}\|$	$\boldsymbol{x}$ 的范数
$\boldsymbol{x}^T \boldsymbol{y} = x_1 y_1 + \cdots + x_n y_n$	两个 n 维列向量的内积
$\boldsymbol{A} = [a_{ij}]_{m \times n}$	$m \times n$ 矩阵
$\boldsymbol{A}^T$	矩阵 $\boldsymbol{A}$ 的转置
$\boldsymbol{A}^{-1}$	满秩方阵 $\boldsymbol{A}$ 的逆矩阵
$|\boldsymbol{A}| = \det \boldsymbol{A}$	方阵 $\boldsymbol{A}$ 的行列式
$\operatorname{tr} \boldsymbol{A}$	方阵 $\boldsymbol{A}$ 的迹
$f(\boldsymbol{x})$	向量 $\boldsymbol{x}$ 的函数 (或 n 元函数)

$\max\limits_{x \in S} f(x)\ (\min\limits_{x \in S} f(x))$	$f(x)$ 在集合 S 上的最大 (最小) 者
$\exists$	存在
$\forall$	任意的
$\Rightarrow$	可推出
x', x''	x 的一阶 (二阶) 导数
$x_t, x(t)$	x 是时间 t 的函数
$<, >, \ll, \gg$	小于, 大于, 远小于, 远大于
$\leqslant, \geqslant, \neq$	小于等于, 大于等于, 不等于
$\prec, \preccurlyeq$	严格地次于 (严格地不优于), 次于 (不优于)
$\succ, \succcurlyeq$	严格地优于 (严格地不次于), 优于 (不次于)
f^*	f 的最优值或最优解
$\lceil x \rceil$	不小于 x 的最小整数
$\lfloor x \rfloor$	不大于 x 的最大整数
$E[x], \mathrm{Var}(x), \mathrm{Cov}(x)$	随机变量 x 的数学期望、方差和协方差

目 录

引言

运筹学、决策科学与管理科学 (management science, MS) 常常被当作同义词来使用, 国际上就常用 "OR/MS" 来指代这一学科. 不过, 运筹学更多地指一般方法论意义上的定量化决策方法, 而管理科学则通常偏向于指管理中特别是工商管理中的定量决策方法. 此外, 运筹学与工业工程 (industrial engineering) 也有非常密切的关系. 尽管, 工业工程更多地从工程的角度来研究问题, 但运筹技术依然是工业工程最基本、最重要的研究工具之一.

■ 应对挑战

今天, 组织以及组织赖以生存的世界都在以一种令人眩目的速度变得越来越复杂. 无数的选择、无尽的时间压力和无止境的边际利润追求使得我们在做出决策时变得更加困难和为难. 与此同时, 新的企业管理手段及其软件为我们提供了巨量的数据, 而要把这些数据转化成对于组织未来的洞察力和行动计划则成为一件具有决定性意义却又似乎难以完成的任务.

但是, 正是所有这些数据的存在以及计算能力越来越强大并且越来越廉价的趋势为决策者们提供了一个重要的机遇 —— 运筹学终于能够摆脱数据缺乏与计算能力有限的束缚来为管理实践服务! 面对数量众多的变量、复杂的系统和巨大的风险, 运筹学专业人士不再一筹莫展. 在以变化与复杂性为特点的信息化社会里, 拥有强大数据支持和空前的计算能力的他们正在成为组织中最具有价值并且最受重视的成员之一.

运用运筹学知识, 他们能够协助今天的管理者迎接各种特殊的挑战, 例如:

- 决定向什么领域投资以实现增长;
- 从 ERP、CRM 以及其他软件系统的使用中获得更多的利润;
- 找到运营呼叫中心的最好方法;

- 预测从未面市的新产品的销售量;
- 解决复杂的日程安排问题;
- 为恐怖袭击、强传染性疾病等突发性公共安全事件制定应急预案;
- 决定什么时候贴现, 贴现多少;
- 加快生产设备的周转速度;
- 优化投资组合, 不管它包含的是金融证券还是医疗器械产品库存;
- 决定预算中的多大比例用于互联网销售, 多大比例用于传统销售;
- 指导农作物种植以战胜天气、市场需求等不确定性;
- 缩短反应时间 —— 无论是回应消费者的请求还是回应 119 或 110 的出警请求; 等等.

综上所述, 可以说, 信息社会为运筹学提供了一个广阔的天地, 运筹学已经迎来了发展的黄金时期.

事实证明, 采用运筹学为无数的组织和管理者带来了巨大的价值 —— 这些价值既体现在战略层次上, 也体现在策略层次上. 无论是在世界上的哪一个角落, 无论是商业企业还是军队、卫生组织与公共部门, 越来越多的组织正在意识到应用运筹学能为它们带来无法估量的价值, 主要体现在如下方面:

- 增强洞察力. 运筹学为解决复杂性问题提供了定量化的商业洞察力.
- 提高绩效. 运筹学把以数学模型为核心的情报机制嵌入组织的信息系统, 从而为组织的决策提供了更有力的支持, 大大提高了组织的绩效.
- 减少成本. 运筹学能够发现削减成本或进行投资的众多机会.
- 辅佐决策. 运筹学能够对不同决策方案的可能结果进行评估并发现更好的决策方法.
- 支持预测. 运筹学能够为更准确的预测以及更科学的计划提供坚实的基础.
- 改善日程. 运筹学能够制定更有效率的人员、设备、工序等的日程安排.
- 制定计划. 运筹学为制定行动计划、战术计划和战略计划提供了技术工具.
- 动态定价. 运筹学使对产品和服务的动态定价成为可能.
- 提高单产. 运筹学能够帮助组织找到更有效地组织流程和人员的方法, 从而提高生产率.
- 增加利润. 运筹学能够提高投资回报或收益, 增加市场份额.
- 保证质量. 运筹学能够改善质量, 还能够定量化各种定性指标并使之达到整体最优.
- 扭亏为盈. 运筹学能够提高控制能力, 并更快地扭亏为盈.
- 利用资源. 运筹学能够使有限的设备、设施、资金和人员得到更充分的利用.

- 风险管理. 运筹学能够定量化地衡量风险并发现减少风险的关键因素.
- 增加产量. 运筹学能够加快运作速度或增加产量, 同时减少运作迟延.

管理决策

"管理就是决策", 决策是一种选择行为, 最简单的选择是回答是与否, 较为复杂的决策是从多种方案中选一. 实践证明, 当管理问题较为复杂时, 决策者在保持与自身判断及偏好一致的条件下处理大量信息的能力将减弱. 而运筹学技术与方法的应用可以让决策者在面临较为复杂且不确定的决策环境时, 在保持自身判断及偏好一致的条件下, 进行辅助决策. 注意, 不是代替决策者进行决策.

一般地, 应用运筹学解决问题的规范过程一般分为五个阶段, 见图 0.1. 对这些研究步骤, 文献 [1] 更为详细地讨论了运筹学的实际应用研究范式.

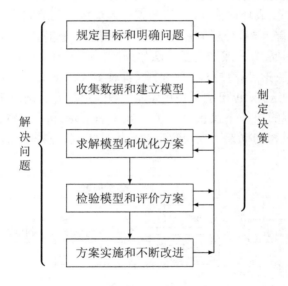

图 0.1　解决问题与制定决策过程

第一步, 规定目标和明确问题. 包括把整个问题分解成若干子问题, 确定问题的尺度、有效性度量、可控变量和不可控变量.

第二步, 收集数据和建立模型. 包括定量关系、经验关系和规范关系.

第三步, 求解模型和优化方案. 包括确定求解模型的数学方法、程序设计、调试运行和方案选优.

第四步, 检验模型和评价方案. 包括检验模型在主要参数变动时的结果是否合理, 输入发生微小变化时输出变化的相对大小是否合适以及模型是否容易解出等方面的检验和评价方案.

第五步, 方案实施和不断改进. 包括应用所得的结果解决实际问题, 并在方案实践过程中发现新的问题不断改进.

上述五个阶段在实际过程中往往交叉重复进行, 不断反复.

在运筹学技术的应用中, 实际上困难不在于确定如图 0.1 所示的分析步骤, 而在于帮助实践者把这些步骤变成适宜于研究的行动[2].

从图 0.1 的解决问题与制定决策过程中可以发现运用运筹学技术进行决策的分析阶段包括两种基本方式: 定性分析和定量分析. 定性分析主要依赖于决策者的主观判断和经验, 靠的是决策者的直觉, 这种方式与其说是科学不如说是艺术. 在进行决策时, 若决策者有相似的经历或遇到的问题比较简单, 也许应该首推这种分析方式. 但是, 若决策者缺乏经验或问题很复杂, 定量分析方式就显得非常重要了, 决策者在进行决策时应该予以重视. 例如, 在完成阿波罗登月的工程中, 运用定量分析的方式, 成功地使 40 多万名工作人员按计划地完成了 30 多万项工作.

对决策者而言, 定量分析方法是服务于决策的, 是提高科学决策水平的工具, 离开决策来理解定量方法或把定量方法作为解决问题的独立是不恰当的. 实际上, 应用定量方法是决策过程中的一种选择, 而对实际决策而言, 尤其是问题的结构不强时, 存在多种选择, 也可能不使用定量方法. 定量方法是决策过程中的可用工具. 当然, 这里讲的决策不仅仅是有了方案以后的选择, 而是指解决问题的全过程. 可以在决策过程的框架下来理解定量分析技术, 参见图 0.2.

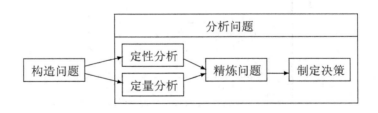

图 0.2   定量分析与定性分析的应用

在运用定量分析的方法时, 分析者首先从问题中提取量化资料和数据, 对其进行分析, 再运用数学表达式的形式把问题的目标、约束条件和其他关系表示出来. 最后, 分析者依靠一种或多种定量的方法提出建议, 这种建议应该是建立在定量分析的基础上. 下面举一个简单的例子来说明这一点, 本书后面的章节将会针对不同类型的问题对此过程做更加详细的分类陈述.

例 0.1 (盈亏平衡分析) ①   一些非常成功的定量分析模型, 通常都包括一定

---

① 习题 2.2 要求给出本例的模型. 详细的问题背景以及深入分析请看例 12.1.

变量的关系, 如产量或销售额与成本、收益和利润之间的关系. 通过使用此模型, 决策者可以根据定好的产量或销售额来决定项目的成本、收益以及利润. 这为制定财务计划、生产计划与销售额提供了帮助. 现假设某公司研发部推出一最新产品计划, 而公司管理部门需要决定是否生产这个新产品, 若生产, 则需要确定生产多少?

为描述这一问题, 先引入代数变量: x 为该产品的数量, 这个 x 就是模型的决策变量. 若 x 为 0 表示不生产该产品. 既然产品的数量不会少于 0, 则

$$x \geqslant 0$$

就是一个约束条件. 对 x 的另一个限制是它不能超过市场的需求数量. 因销售预测还未做出, 故用符号 s 表示现在未知的需求预测数量, 即

$$x \leqslant s$$

是另一个约束变量, s 是一个值, 是还没有确定的模型参数.

若该公司生产该产品, 则生产或制造产品的成本是生产数量的函数. 通常将成本分成两部分: 固定成本和可变成本. 固定成本是指不随产量变化的那部分成本; 而可变成本随产量的变化而变化. 不妨设生产该产品的固定成本为 1000 万元, 而且每生产一个单位产品的成本为 1350 元. 总成本 ($C(x)$) 为

$$C(x) = \begin{cases} 0, & \text{若 } x = 0 \\ 10000000 + 1350x, & \text{若 } x > 0 \end{cases}$$

这就是成本数量模型, 并且可以看到其边际成本 (再多生产一个单位的成本) 为 1350 元.

当销售出一件产品时, 就会给公司带来 2490 元的销售收入, 即收益数量模型应为

$$P(x) = 2490x$$

其中, $P(x)$ 表示卖出 x 件产品的总收益.

可以发现, 边际收益为 2490 元, 即多卖出一件产品时, 总收益的增量是 2490 元. 注意, 边际收益是不随总卖出量变化的. 但在比较复杂的模型中, 当总卖出量变化时, 边际收益可能也会改变, 后面的章节中将会对此进行讨论.

决策中最重要的量就是利润. 决策者会依据利润进行决策. 若假设生产的产品全都卖出去了, 产量就等于销售量. 即在给定的产量下, 公司的利润数量模型为

$$R(x) = P(x) - C(x) = \begin{cases} 0, & \text{若 } x = 0 \\ 2490x - (10000000 + 1350x), & \text{若 } x > 0 \end{cases}$$

　　决策者面临的问题为是否引入新产品, 若引入, 要生产多少单位产品. 这个问题的全部数学模型就是要找到决策变量 x 的取值, 使得最大化利润. 利润的代数表达式称为模型的目标函数. 求解模型 x 取值取决于参数 s 的设置 (预测的销售数量). 1140 单位是公司产品新方案既不赢利也不亏损的生产和销售量, 这个数量称为盈亏平衡点. 下面表示的是解 x 是如何依赖于参数 s 的:

$$x = \frac{10000000}{2490 - 1350} = 1140$$

若 $s \leqslant 1140$, 则设置 $x = 0$; 若 $s > 1140$, 则设置 $x = s$

即只有在销售数量超过盈亏平衡点时企业才值得引入新产品.

　　对于上面的整个决策过程, 也可以将总成本、总收益、盈亏平衡点的位置在图上形象地表示出来, 见图 0.3.

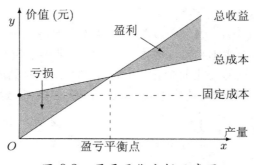

图 0.3　盈亏平衡分析示意图

　　盈亏平衡分析问题的扩展分析包括:

- 产品类型的增加.
- 每类产品均有一定深度的产品线.
- 除了市场需求为约束条件, 生产能力、原材料等因素也成为约束条件.
- 边际收益可能变化.
- ……

　　若考虑其他因素的影响, 盈亏平衡分析方法就不能解决产品决策问题.

　　结合前面解决问题的思路, 从例 0.1 的分析过程可以看出: 许多管理问题与生产数量、收入、成本和资源的可得数量因素有关. 通过把这些定量因素编入数学模型然后应用数学程序对模型进行求解, 运筹学提供了一个独特的功能强大的分析此类管理问题的方法. 尽管运筹小组能考虑组织的实际管理, 包括相应的定性因素, 但它特殊的贡献在于处理定量问题的独特能力. 在此过程中, 还需注意的是, 决策者应该继续对模型进行跟踪. 很可能在实施过程中, 需要扩大或简化模型, 这都会使小组返回到运筹学定量分析的早期阶段.

一般地, 可以说决策者的定性分析能力是天生的, 并随着决策者经验的增长而提高, 但定量分析能力则不同, 它只能通过对管理问题假设条件和学习方法理论来获得. 决策者若学了一些运筹学的方法理论, 并对其作用也很了解, 将大大提高决策效率. 若对定量分析的决策过程很了解, 他会更好地分析和比较所提供的定性与定量的信息资源, 将这两种资源结合起来, 制定出最佳的决策方案.

需要注意的是, 定性分析是定量分析的基础, 定量分析是定性分析的支持, 运筹学技术对问题的分析只是更进一步的描述而已. 运用这些运筹学技术得到的求解结果只作为决策的参考, 不应不假思索地就接受这个结果. 而必须对其作出评价和分析, 以决定是否接受, 或者再需做进一步的研究. 也就是说, 从数学模型中求出的解不是问题的最终答案, 而仅仅是为实际问题的系统处理提供有用的可以作为决策基础的信息.

■ 管理方法

下面简要介绍一下在实际管理中所使用的一般运筹学方法, 而更详细的、更多的方法将逐一在本书后续章节中加以介绍. 经过多年的发展, 这些方法已大量地成功应用于实际管理工作中.

1) 线性规划

若目标函数的表述式是线性的, 约束条件也是线性的, 要求目标函数实现最大化或最小化, 这时可以用线性规划方法对其求解.

2) 线性规划扩展

若要求线性规划模型的部分或全部解答是整数, 即为整数规划; 若要求线性规划模型的目标函数或约束条件是非线性的, 即为非线性规划.

3) 动态规划

动态规划是将大问题分解为小问题, 一旦将所有的小问题都解决了, 那么大问题也就解决了.

4) 网络计划

很多时候, 决策者都需要对工程进行计划, 列出时间表, 并对其管理, 而工程往往是巨大的, 包含很多工种、部门与员工等. 网络计划可以帮助决策者完成工程时间表的制定与控制.

5) 网络优化

网络优化主要是用图形来描述问题, 图形是由一些点以及一些点之间的连线来表示的. 这类模型可以帮助决策者很快地解决运输设计、信息系统的设计以及工程时间表的设计.

6) 决策分析

当遇到有多种备选方案或不确定的情况, 可以用决策分析的方法来选择最满意的战略. 包括了允许在决策方案中加入一些主观因素的层次分析法, 以及直接应用数据进行效率评价的数据包络分析方法.

7) 对策论

当在决策过程中考虑竞争对手的情况时, 就需要应用对策论方法.

8) 库存论

库存模型所解决的问题是, 一方面必须保证库存量以满足需求, 另一方面必须尽量降低库存以压缩开支.

9) 排队论

排队模型通过研究各种服务系统在排队等待现象中的概率特性, 从而解决服务系统最优设计与最优控制的问题.

10) 可靠论

产品、工程的可靠性问题就需要可靠性模型来解决.

11) 预测

预测是预测商业未来的技术, 主要讨论了本书中各类运筹学问题中的数据处理方法.

12) 模拟

模拟是用来模拟系统运转的技术, 是对本书中各类运筹学模型的深化. 这项技术使用计算机程序模拟运转过程, 得出模拟结果.

在后面的章节中, 详细讲述了如何应用运筹学模型解决管理问题. 特别地, 在计算机求解过程中, 考虑到软件的实用性与通用性, 主要选择了 LINGO 进行介绍. 这些软件的基本界面与操作方法可以参见附录 A 中的软件简介部分.

应该强调, 本书所讨论内容的根本目的是运筹学如何帮助管理者 (决策者) 更好地进行决策. 重点是制定决策的过程和运筹学扮演的角色, 主要研究了在制定决策过程中会遇到的问题, 并且对数学模型如何工作有了比较完整的认识. 而后续章节的重点就是将管理者和运筹学家联系起来, 我们相信通过加强管理者对运筹学的具体理解, 运筹学应用的障碍就会大大减少. 后续章节将告诉你, 哪些运筹学方法是有用的, 如何使用它们, 还有最重要的, 它们是如何帮助你进行决策的.

第1章

线性规划

数学规划是运筹学的一个重要分支, 其基本思想出现在 19 世纪初. 第二次世界大战后, 由于生产发展的需要和电子计算机的应用, 出现了许多数学规划方法, 如线性规划、非线性规划、整数规划与动态规划等. 数学规划的基本内容包括各种不同类型规划存在最优解的充要条件、对偶定理和有效算法等. 数学规划中最简单的一种问题就是线性规划, 是数学规划最基本最重要的分支. 这里仅介绍线性规划的一些基本内容, 主要关注于有效算法的软件实现, 参见文献 [1, 3].

1.1 基本问题

本节先介绍线性规划模型的基本形式, 然后给出规划问题的一些基本概念.

1.1.1 基本模型

例 1.1 (产品组合问题) 某公司现有三条生产线来生产两种新产品, 其主要数据如表 1.1 所示 (时间单位为小时, 利润单位为百元). 请问如何生产可以使公司每周利润最大?

表 1.1 产品组合问题的生产消耗参数表

生产线	生产每批产品所需时间		每周可用时间	资源单位成本
	产品甲	产品乙		
生产线一	1	0	4 小时	1 百元/小时
生产线二	0	2	12 小时	1 百元/小时
生产线三	3	2	18 小时	1 百元/小时
产品售价/百元	7	9		

显然, 此问题是在生产线可利用时间受到限制的情形下来寻求每周利润最大化, 其决策方案是决定每周产品甲和产品乙各自的产量为多少才最佳?

1) 变量的确定

变量 $\boldsymbol{x} = (x_1, x_2, \cdots, x_n)^T$ 是运筹学问题或系统中待确定的某些量, 在实际问题中常常把变量 $\boldsymbol{x}$ 叫决策变量. 在例 1.1 中, 就可以记 x_1 为每周生产产品甲的产量; x_2 为每周生产产品乙的产量.

2) 约束条件

求目标函数极值时的某些限制称为约束条件. 在例 1.1 中, 每周的产品生产要受到三条生产线的可用生产时间的约束, 全为 "$\leqslant$" 的不等式约束.

3) 目标函数

在例 1.1 中, 生产计划安排的 "最优化" 要有一定的标准或评价方法, 目标函数就是这种标准的数学描述, 这里的目标是要求每周的生产利润 (可记为 z, 以百元为计量单位) 为最大.

根据以上讨论, 例 1.1 的产品组合问题可抽象地归结为一个数学模型:

$$\max z = 3x_1 + 5x_2 \tag{1.1a}$$

$$\text{s.t.} \begin{cases} x_1 & \leqslant 4 & \text{(1.1b)} \\ & 2x_2 \leqslant 12 & \text{(1.1c)} \\ 3x_1 + 2x_2 \leqslant 18 & \text{(1.1d)} \\ x_1 \geqslant 0, x_2 \geqslant 0 & \text{(1.1e)} \end{cases}$$

其中, max 是最大化 (maximize) 的英文简称, s.t. 是受约束于 (subject to) 的英文简称; $\boldsymbol{x} = (x_1, x_2)^T \in \Re^2$ 为 2 维向量.

在上面的数学模型中, 决策变量为可控的连续变量, 目标函数和约束条件都是线性的, 称为线性规划问题. 线性规划问题是最基本的数学规划问题, 其模型隐含了如下假定:

(1) 比例性假定. 意味着每种经营活动对目标函数的贡献是一个常数, 对资源的消耗也是一个常数.

(2) 可加性假定. 每个决策变量对目标函数和约束方程的影响是独立于其他变量的, 目标函数值是每个决策变量对目标函数贡献的总和.

(3) 连续性假定. 决策变量应取连续值.

(4) 确定性假定. 所有参数都是确定的参数, 不包含随机因素.

上述隐含的假定条件是很强的, 因此, 在使用线性规划时必须注意问题在什么程度上满足这些假定. 当不满足的程度较大时, 应考虑使用其他方法.

继续考虑例 1.1, 表 1.2 给出线性规划原问题与一般问题的对应关系.

对于最大化利润的一般产品组合问题, 不妨设有 m 种资源用于生产 n 种不同产品, 各种资源的拥有量分别为 $b_i\ (i = 1, 2, \cdots, m)$. 又生产单位第 j 种产品

表 1.2　线性规划的原始问题与一般问题

原始问题	一般问题
3 条生产线	m 类资源
2 种产品	n 类活动
产品 j 的生产量 x_j	活动 j 的水平 x_j
利润 z	活动的总度量 z

$(j = 1, 2, \cdots, n)$ 时将消费第 i 种资源 a_{ij} 单位, 利润为 c_j 元. 表 1.3 给出线性规划模型的所需数据.

表 1.3　线性规划模型所需数据

资源	单位活动对资源的使用量				资源可利用量
	1	2	$\cdots$	n	
1	a_{11}	a_{12}	$\cdots$	a_{1n}	b_1
2	a_{21}	a_{22}	$\cdots$	a_{2n}	b_2
$\vdots$	$\vdots$	$\vdots$		$\vdots$	$\vdots$
m	a_{m1}	a_{m2}	$\cdots$	a_{mn}	b_m
单位活动对 z 的贡献	c_1	c_2	$\cdots$	c_n	

仍用 $x_j\,(j = 1, 2, \cdots, n)$ 代表第 j 种产品的生产数量, 则线性规划模型为

$$\max z = c_1 x_1 + c_2 x_2 + \cdots + c_n x_n$$
$$\text{s.t.} \begin{cases} a_{11}x_1 + a_{12}x_2 + \cdots + a_{1n}x_n \leqslant b_1 \\ a_{21}x_1 + a_{22}x_2 + \cdots + a_{2n}x_n \leqslant b_2 \\ \quad\cdots\cdots\cdots\cdots\cdots \\ a_{m1}x_1 + a_{m2}x_2 + \cdots + a_{mn}x_n \leqslant b_m \\ x_1 \geqslant 0, x_2 \geqslant 0, \cdots, x_n \geqslant 0 \end{cases} \tag{1.2}$$

其中, 目标函数可以是 min 的形式, 函数约束中 "$\leqslant$" 可以是 "$=$" 或 "$\geqslant$", 变量的非负性限制也可以取消.

以上模型的简写形式为

$$\max z = \sum_{j=1}^{n} c_j x_j$$
$$\text{s.t.} \begin{cases} \displaystyle\sum_{j=1}^{n} a_{ij} x_j \leqslant b_i & (i = 1, 2, \cdots, m) \\ x_j \geqslant 0 & (j = 1, 2, \cdots, n) \end{cases} \tag{1.3}$$

用向量形式表达时, 上述模型可写为

$$\max z = \boldsymbol{c}\boldsymbol{x}$$
$$\text{s.t.} \begin{cases} \sum\limits_{j=1}^{n} \boldsymbol{p}_j x_j \leqslant \boldsymbol{b} \\ \boldsymbol{x} \geqslant \boldsymbol{0} \end{cases}$$

其中, $\boldsymbol{c} = (c_1, c_2, \cdots, c_n)$, $\boldsymbol{x} = (x_1, x_2, \cdots, x_n)^T$, $\boldsymbol{p}_j = (a_{1j}, a_{2j}, \cdots, a_{mj})^T$, $\boldsymbol{b} = (b_1, b_2, \cdots, b_m)^T$.

用矩阵式来表示可写成:

$$\max z = \boldsymbol{c}\boldsymbol{x}$$
$$\text{s.t.} \begin{cases} \boldsymbol{A}\boldsymbol{x} \leqslant \boldsymbol{b} \\ \boldsymbol{x} \geqslant \boldsymbol{0} \end{cases}$$

其中, $\boldsymbol{A} = (a_{ij})_{m \times n}$ 被称为约束方程组变量的系数矩阵 (或简称约束变量的系数矩阵).

为求解方便, 需要把模型 (1.3) 变成标准形式, 即模型的目标函数为求极大值, 约束条件全为等式, 约束条件右端常数项为非负值, 变量取值为非负[①].

$$\max z = \sum_{j=1}^{n} c_j x_j \tag{1.4a}$$

$$\text{s.t.} \begin{cases} \sum\limits_{j=1}^{n} a_{ij} x_j = b_i & (i = 1, 2, \cdots, m) \\ x_j \geqslant 0 & (j = 1, 2, \cdots, n) \end{cases} \tag{1.4b}$$

对非标准形式的线性规划问题, 可通过下列方法化为标准形式.

(1) 目标函数求极小值. 即 $\min z = \sum\limits_{j=1}^{n} c_j x_j$, 令 $z' = -z$ 即可.

(2) 约束条件为不等式. 当 "$\leqslant$" 时, 如 $x_1 \leqslant 4$, 可令 $x_3 = 4 - x_1$ 或 $x_1 + x_3 = 4$, 则 $x_3 \geqslant 0$. 当 "$\geqslant$" 时, 如 $0.6x_1 + 0.4x_2 \geqslant 6$, 令 $x_4 = 0.6x_1 + 0.4x_2 - 6$, 则 $x_4 \geqslant 0$.

x_3 和 x_4 是新加入的变量, 取值均为非负, 加到原约束条件中去的目的是使不等式转化为等式. 其中, x_3 称为松弛变量, x_4 一般称为剩余变量, 其实质与 x_3 相同, 故也有统称为松弛变量的. 松弛变量或剩余变量在目标函数中的系数均为 0.

(3) 变量 $x_j \leqslant 0$. 令 $x_j' = -x_j$ 即可.

(4) 取值无约束的变量. 令 $x_j = x_j' - x_j''$, 其中, $x_j' \geqslant 0, x_j'' \geqslant 0$.

---

① 有些书上规定是求极小值, 参见文献 [1, 4]. Lindo 与 Lingo 中关于线性规划问题的结论是以这里的标准化形式进行计算.

1.1.2 基本概念

下面的讨论是针对 (1.4) 进行的.

定义 1.1 (可行解)   满足约束条件 (1.4b) 的解 $x = (x_1, x_2, \cdots, x_n)^T$, 称为线性规划问题的可行解. 全部可行解的集合称为可行域.

定义 1.2 (最优解)   使目标函数 (1.4a) 达到最大值的可行解称为最优解, 对应的目标函数值称为最优值.

定义 1.3 (基)   设 $A_{m \times n}$ $(n > m)$ 为约束方程组 (1.4b) 的系数矩阵, 其秩为 m. $B_{m \times m}$ 是矩阵 A 中的满秩子矩阵, 则称 B 是线性规划问题的一个基 (基矩阵). 设

$$B = (a_{ij})_{m \times m} = (p_1, p_2, \cdots, p_m)$$

则称 B 中的每一个列向量 p_j $(j = 1, 2, \cdots, m)$ 为基向量. 与基向量 p_j 对应的变量 x_j 称为基变量 (basic variables), 其他变量称为非基变量 (nonbasic variables).

定义 1.4 (基解)   在约束方程组 (1.4b) 中, 令非基变量 $x_{m+1}, x_{m+2}, \cdots, x_n$ 为 0, 则称由约束方程确定的唯一解 $x = (x_1, x_2, \cdots, x_m, 0, \cdots, 0)^T$, x 为线性规划问题的基解.

基解中变量取非零值的个数不大于方程数 m, 且其总数不超过 C_n^m 个.

定义 1.5 (基可行解)   满足约束条件 (1.4b) 的基解称为基可行解.

定义 1.6 (可行基)   对应于基可行解的基称为可行基.

定义 1.7 (退化基可行解与非退化基可行解)   称含零值基变量的基可行解为退化基可行解, 对应的基为退化基. 称基变量都不为 0 的基可行解为非退化基可行解, 对应的基为非退化可行基.

由此可知, 退化基可行解中的非零分量一定小于 m, 非退化解中非零分量一定等于 m. 若有关线性规划问题的所有基可行解都是非退化解, 则该问题为非退化线性规划问题; 否则, 称为退化线性规划问题.

例 1.2   写出例 1.1 的标准形式, 及其基、基变量、基解、基可行解和可行基.

解   显然, 标准形式为

$$\max z = 3x_1 + 5x_2 + 0x_3 + 0x_4 + 0x_5$$

$$\text{s.t.} \begin{cases} x_1 & + x_3 & & & = 4 \\ & 2x_2 & + x_4 & & = 12 \\ 3x_1 & +2x_2 & & + x_5 & = 18 \\ x_j \geqslant 0 & (j = 1, 2, \cdots, 5) \end{cases}$$

由此, 可写出约束方程组的系数矩阵

$$\boldsymbol{A} = \begin{bmatrix} 1 & 0 & 1 & 0 & 0 \\ 0 & 2 & 0 & 1 & 0 \\ 3 & 2 & 0 & 0 & 1 \end{bmatrix}$$

矩阵 $\boldsymbol{A}$ 的秩不大于 3, 而

$$(\boldsymbol{p}_3, \boldsymbol{p}_4, \boldsymbol{p}_5) = \begin{bmatrix} 1 & 0 & 0 \\ 0 & 1 & 0 \\ 0 & 0 & 1 \end{bmatrix}$$

是一个 3×3 的满秩矩阵, 故 $(\boldsymbol{p}_3, \boldsymbol{p}_4, \boldsymbol{p}_5)$ 是一个基, 对应的变量 x_3, x_4, x_5 是基变量, x_1, x_2 是非基变量. 令 $x_1 = x_2 = 0$, 解得 $x_3 = 4$, $x_4 = 12$, $x_5 = 18$, 则 $\boldsymbol{x} = (0, 0, 4, 12, 18)^T$ 是一个基解. 因该基解中所有变量取值为非负, 故又是基可行解, 对应的基 $(\boldsymbol{p}_3, \boldsymbol{p}_4, \boldsymbol{p}_5)$ 是一个可行基.

1.2　几何思路

本节先给出线性规划问题的图解法, 然后在此基础上给出线性规划问题的几何意义.

1.2.1　图解法

考虑例 1.1 的求解.

1) 约束条件

例 1.1 中只有两个变量 x_1 和 x_2. 以 x_1 和 x_2 为坐标轴作直角坐标系. 从图 1.1 中可知, 同时满足约束条件的点必然落在由两个坐标轴与上述三条直线所围成的多边形内及该多边形的边界上. 并可以看到这个多边形是凸的.

2) 目标函数

目标函数是参量为 z, 斜率为 $-\dfrac{3}{5}$ 的一族平行的直线. 离 $(0,0)$ 点越远的直线, z 的值越大. 但 x_1, x_2 取值范围是限定 z 有限.

3) 最优解

最优解必须是满足约束条件要求, 并使目标函数达到最优值. 因此 x_1, x_2 的取值范围只能从凸多边形内去寻找. 从图 1.1 可知目标函数直线与凸多边形的切点是点 $(2, 6)$. 将其代入目标函数得 $z = 36$, 即该企业生产产品的最佳方案是: 生产 2 批产品甲, 6 批产品乙, 能获取利润 36000 元.

在例 1.1 中, 用图解法得到的问题的最优解是唯一的. 但在计算中, 解的情况还可能出现下列几种:

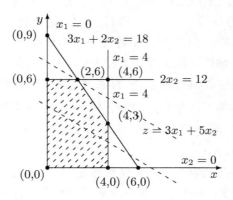

图 1.1　产品组合问题

(1) 无穷多最优解. 若将例 1.1 中的目标函数改变为 $\max z = 3x_1 + 2x_2$, 则该线性规划问题有无穷多最优解.

(2) 无界解. 若例 1.1 中的约束条件只剩下 (1.1b) 和 (1.1e), 其他条件 (1.1c) 与 (1.1d) 不再考虑, 则问题具有无界解.

(3) 无可行解. 若例 1.1 加上限制条件 $3x_1 + 5x_2 \geqslant 50$, 则问题无可行解.

无界解和无可行解统称为无最优解.

1.2.2　几何意义

定义 1.8 (凸集)　设 $K \subset \Re^n$ 是一点集, 若任意两点 $\boldsymbol{x}^{(1)} \in K$, $\boldsymbol{x}^{(2)} \in K$ 的连线上的一切点 $\alpha \boldsymbol{x}^{(1)} + (1 - \alpha) \boldsymbol{x}^{(2)} \in K, (0 \leqslant \alpha \leqslant 1)$, 则称 K 为凸集.

定义 1.9 (凸组合)　设 $\boldsymbol{x}^{(1)}, \boldsymbol{x}^{(2)}, \cdots, \boldsymbol{x}^{(k)}$ 是 n 维欧氏空间 $\Re^n$ 中的 k 个点. 若存在 $\mu_1, \mu_2, \cdots, \mu_k$, 且 $0 \leqslant \mu_i \leqslant 1 \, (i = 1, 2, \cdots, k)$; $\sum\limits_{i=1}^{k} \mu_i = 1$ 使

$$\boldsymbol{x} = \mu_1 \boldsymbol{x}^{(1)} + \mu_2 \boldsymbol{x}^{(2)} + \cdots + \mu_k \boldsymbol{x}^{(k)}$$

则称 $\boldsymbol{x}$ 为 $\boldsymbol{x}^{(1)}, \boldsymbol{x}^{(2)}, \cdots, \boldsymbol{x}^{(k)}$ 的凸组合.

定义 1.10 (顶点)　设 K 是凸集, $\boldsymbol{x} \in K$. 若 $\boldsymbol{x}$ 不能用不同的两点 $\boldsymbol{x}^{(1)} \in K$ 和 $\boldsymbol{x}^{(2)} \in K$ 的线性组合表示为

$$\boldsymbol{x} = \alpha \boldsymbol{x}^{(1)} + (1 - \alpha) \boldsymbol{x}^{(2)} \quad (0 < \alpha < 1)$$

则称 $\boldsymbol{x}$ 为 K 的一个顶点 (或极点).

图 1.1 中的 $(0,0),(0,6),(2,6),(4,3),(4,0)$ 与 $(0,9),(4,6),(6,0)$ 等就是例 1.1 的 8 个顶点. 前 5 个顶点位于可行域边界上, 是可行解, 这 5 个点被称为顶点可行解; 而后 3 个点位于可行域之外, 称为顶点非可行解.

由图解法可直观地理解以下结论 (证明过程参见文献 [1]):

引理 1.1 若线性规划问题 (1.4) 存在可行域 D, 则其可行域是凸集.

定理 1.1 线性规划问题 (1.4) 的基可行解 x 对应于可行域 D 的顶点.

引理 1.2 若 K 是一有界凸集, 则任何一点 $\boldsymbol{x} \in K$ 可表示为 K 的顶点的凸组合.

定理 1.2 若可行域有界, 线性规划问题 (1.4) 的目标函数一定可以在其可行域的顶点上达到最优, 即一定存在一个基可行解是最优解.

对于目标函数可能在多个顶点处达到最大值的情形, 不妨设 $\widehat{\boldsymbol{x}}^{(1)}, \widehat{\boldsymbol{x}}^{(2)}, \cdots, \widehat{\boldsymbol{x}}^{(k)}$ 是目标函数达到最大值的顶点, 若 $\widehat{\boldsymbol{x}}$ 是这些顶点的凸组合, 即

$$\widehat{\boldsymbol{x}} = \sum_{i=1}^{k} \alpha_i \widehat{\boldsymbol{x}}^{(i)} \quad \left(\alpha_i \geqslant 0, \sum_{i=1}^{k} \alpha_i = 1 \right)$$

设 $\boldsymbol{c}\widehat{\boldsymbol{x}}^{(i)} = z_0^* \ (i = 1, 2, \cdots, k)$, 于是

$$\boldsymbol{c}\widehat{\boldsymbol{x}} = \boldsymbol{c} \sum_{i=1}^{k} \alpha_i \widehat{\boldsymbol{x}}^{(i)} = \sum_{i=1}^{k} \alpha_i \boldsymbol{c}\widehat{\boldsymbol{x}}^{(i)} = \sum_{i=1}^{k} \alpha_i z_0^* = z_0^*$$

即这些顶点的凸组合上也达到最大值, 线性规划问题 (1.4) 有无穷多个最优解.

另外, 若可行域为无界, 则可能无最优解, 也可能有最优解, 若有也必定在某顶点上得到.

从以上分析可以看到, 虽然顶点数目是有限的 (对标准形式的线性规划, 其个数不大于 C_n^m 个), 若采用 "枚举法" 找所有基可行解, 最终可能找到最优解, 但效率低下. 但当 n, m 的数较大时, 就需要有效地找到最优解的方法 —— 单纯形法.

1.3 单纯形法

单纯形法首先是由 George Dantzig 于 1947 年提出来的, 这里仅对 (1.3) 的线性规划介绍单纯形法的基本思想. 在实际问题求解中, 对线性规划其他形式的求解还涉及另外一些技巧, 这些方法都是单纯形法的进一步讨论, 参见文献 [3].

1.3.1 几何语言

例 1.1 中顶点可行解是 $(0,0),(0,6),(2,6),(4,3),(4,0)$; 顶点非可行解是 $(0,9),(4,6),(6,0)$. 于是, 一个求解线性规划的直观的方法, 就是按一种规则的

方式, 从一个顶点向相邻的一个顶点转换, 直至找到一个最优解为止. 这是单纯形法及其变形的基本概念.

对应图解法的基本思想, 不加证明地给出一个最优检测条件, 参见文献 [5]. 即对于任意的至少有一个最优解的线性规划, 若一个顶点可行解没有更优的相邻顶点可行解 (以 z 值来度量), 则这个顶点可行解一定是最优解.

例 1.1 点 $(2,6)$ 处的 $z_0 = 36$ 为最优值, 因为在点 $(0,6)$ 处, 有 $z = 30$; 在点 $(4,3)$ 处, 有 $z = 27$. 现求解例 1.1 的线性规划模型.

(1) 初始化: $(0,0)$ 为原始顶点可行解, 由最优性检测知 $(0,0)$ 不是最优的.

(2) 迭代 1: 因为 x_2 的系数 5 大于 x_1 的系数 3, 所以沿着 x_2 轴移动增加 z 之值; 在第一个新的约束边界 $2x_2 = 12$ 处停止; 从两个约束条件 $x_1 = 0$ 和 $2x_2 = 12$ 求得顶点可行解 $(0,6)$. 由最优检测知 $(0,6)$ 不是最优的.

(3) 迭代 2: 现在只有向右移动, 在第一个新的约束边界处 $3x_1 + 2x_2 = 12$ 停下; 从约束条件 $2x_1 = 12$ 和 $3x_1 + 2x_2 = 18$ 求得顶点可行解 $(2,6)$; 经最优性检测可知 $(2,6)$ 是最优的.

上面的简单迭代给出单纯形法的基本求解过程: 在迭代开始时, 除非原点违背函数约束, 一般选择原点为初始点; 然后在迭代中只从相邻顶点可行解中选择较优顶点可行解, 以 z 的增加速度最快方向移动来决定选择哪一个相邻顶点可行解, 并以最优性检测来决定是否继续进行迭代.

1.3.2 代数形式

继续考虑例 1.1, 其模型原形和标准形式如表 1.4 所示. 表 1.4 中松弛变量 (x_3, x_4, x_5) 可作如下解释: 若一个松弛变量等于 0, 则目前之解位于对应函数约束 (限制性) 的边界上; 若一个松弛变量大于 0, 意味着解位于可行域之内; 若一个松弛变量小于 0, 意味着解位于可行域之外.

表 1.4　产品组合问题原始模型的原形和标准形式

原形	增广形式
$\max z = 3x_1 + 5x_2$	$\max z = 3x_1 + 5x_2$
s.t.　　　　$x_1 \leqslant 4$	s.t.　(1) $x_1 + x_3 = 4$
$2x_2 \leqslant 12$	(2) $2x_2 + x_4 = 12$
$3x_1 + 2x_2 \leqslant 18$	(3) $3x_1 + 2x_2 + x_5 = 18$
和 $x_1 \geqslant 0, x_2 \geqslant 0$	和 $x_j \geqslant 0 \, (j = 1, 2, \cdots, 5)$

因此, 基解与基可行解有如下性质:

(1) 每一个变量是非基变量或基变量, 二者必居其一.

(2) 基变量个数等于方程之个数, 为 m, 则非基变量个数为 $n \, (= n + m - m)$.

(3) 非基变量被令为 0.

(4) 同时由方程组可以得到基变量之值.

(5) 若基变量满足非负性约束, 则基解就是一个基可行解.

对应地, 两个基可行解相邻: 在基变量集合之中, 除了一个基变量以外, 其他基变量全是相同的, 只是数值可能不相同而已. 则从一个基可行解移向另外一个基可行解, 需将一个非基变量换成基变量, 把一个基变量换成非基变量, 同时调整基变量之值以满足方程组. 且基可行解的每次更新, 均能确保目标函数值有所改进, 直到获得最优解为止, 这就是线性规划问题单纯形法的基本思想. 例如, 在一对相邻的顶点可行解 $(0,0)$ 与 $(0,6)$ 中, 其相应增广解是 $(0,0,4,12,18)$ 与 $(0,6,4,0,6)$, 在前一个解中的非基变量 (x_1, x_2) 就变成后一个解中的 (x_1, x_4), 这里 x_2 就是换入变量, x_4 是换出变量.

1.3.2.1   确定初始基可行解

例 1.1 可变为

$$(0) \ z - 3x_1 - 5x_2 = 0$$
$$(1) \ x_1 + x_3 = 4$$
$$(2) \ 2x_2 + x_4 = 12$$
$$(3) \ 3x_1 + 2x_2 + x_5 = 18$$
$$和 \ x_j \geqslant 0 \quad (j = 1, 2, \cdots, 5)$$

则初始化时, 令 $x_1 = x_2 = 0$, 有

$$(0) \ z - 3x_1 - 5x_2 = 0 \qquad \Rightarrow z = 0$$
$$(1) \ x_1 + x_3 = 4 \qquad \Rightarrow x_3 = 4$$
$$(2) \ 2x_2 + x_4 = 12 \qquad \Rightarrow x_4 = 12$$
$$(3) \ 3x_1 + 2x_2 + x_5 = 18 \qquad \Rightarrow x_5 = 18$$

则初始基可行解是 $(0, 0, 4, 12, 18)$.

因此, 当线性规划问题的约束条件全部为 "$\leqslant$" 时, 模型为

$$\max z = \sum_{j=1}^{n} c_j x_j$$
$$\text{s.t.} \begin{cases} \sum\limits_{j=1}^{n} a_{ij} x_j \leqslant b_i & (i = 1, 2, \cdots, m) \\ x_j \geqslant 0 & (j = 1, 2, \cdots, n) \end{cases} \tag{1.5}$$

首先给第 i 个约束条件加上松弛变量 x_{si} $(i = 1, 2, \cdots, m)$, 化为标准形式的线性规划问题:

$$\max z = \sum_{j=1}^{n} c_j x_j$$

$$\text{s.t.} \begin{cases} \sum_{j=1}^{n} a_{ij} x_j + x_{si} = b_i & (i = 1, 2, \cdots, m) \\ x_j \geqslant 0 & (j = 1, 2, \cdots, n) \end{cases} \tag{1.6}$$

写成方程组的形式为

$$(0) \quad z - \sum_{j=1}^{n} c_j x_j = 0$$

$$(1) \quad \sum_{j=1}^{n} a_{1j} x_j + x_{s1} = b_1$$

$$(2) \quad \sum_{j=1}^{n} a_{2j} x_j + x_{s2} = b_2$$

$$\cdots\cdots\cdots\cdots$$

$$(m) \quad \sum_{j=1}^{n} a_{mj} x_j + x_{sm} = b_m$$

$$\text{和} \quad x_j \geqslant 0 \quad (j = 1, 2, \cdots, n)$$

由于以上方程组中含有一个单位矩阵, 以这个单位矩阵作为基, 将 (1.6) 每个等式移项得

$$\begin{cases} x_{s1} = b_1 - a_{11} x_1 - \cdots - a_{1n} x_n \\ x_{s2} = b_1 - a_{21} x_1 - \cdots - a_{2n} x_n \\ \cdots\cdots\cdots\cdots \\ x_{sm} = b_1 - a_{m1} x_1 - \cdots - a_{mn} x_n \end{cases} \tag{1.7}$$

令 $x_1, x_2, \cdots, x_n$ 为 0, 解出变量值 $x_{si} = b_i$ $(i = 1, 2, \cdots, m)$, 因为 $b_i \geqslant 0$ $(i = 1, 2, \cdots, m)$, 因此, $\boldsymbol{x} = (0, \cdots, 0, b_1, \cdots, b_m)$ 是一个基可行解.

1.3.2.2 最优性检测和解的判别

由 Eq(0) 知增加 x_1 或 x_2 会增加 z 值, 即此解不是最优解. 记 x_1 和 x_2 之前的系数为 σ, 则当所有 $\sigma_j \geqslant 0$ 时, 基可行解即为最优解, 当 $\sigma < 0$ 时, 需要进入迭代过程 —— 迭代 1. 由此, σ_j 被称为检验数.

1.3.2.3 基可行解的转换

具体做法是从原可行解基中找一个列向量 (要保证线性独立), 得到一个新的基可行解基, 称为基变换. 为了换基, 先要确定换入变量, 再确定换出变量, 让它们相应的系数列向量进行对换, 就找到一个新的基可行解.

1) 换入变量的确定

在例 1.1 的迭代 1 中, 根据目标函数值增加的快慢, 首先选择非基变量 x_2 换到基变量中去 (称为换入变量).

对这些有两个以上 $\sigma_j < 0$ 的情形, 为使目标函数值增加得快, 从直观上一般选 $|\sigma_j| > 0$ 中的大者, 即

$$\max_j (|\sigma_j| > 0) = |\sigma_k|$$

对应的 x_k 为换入变量.

2) 换出变量的确定

在例 1.1 的迭代 1 中, 确定 x_2 为换入变量, 则在可行域内尽量增加 x_2, 同时保持其他非基变量为 $0(x_1 = 0)$, 有

(1) $x_1 + x_3 = 4$, $x_3 = 4 \Rightarrow x_2$ 无上界

(2) $2x_2 + x_4 = 12$, $x_4 = 12 - 2x_2 \Rightarrow x_2 \leqslant \dfrac{12}{2} = 6 = \min$

(3) $3x_1 + 2x_2 + x_5 = 18$, $x_5 = 18 - 2x_2 \Rightarrow x_2 \leqslant \dfrac{18}{2} = 9$

最小比值原则决定基变量 x_4 最先到达 0, 变为非基变量, 故换出变量为 x_4.

这样, 新的基变量是 Eq(1) 的 x_3, Eq(2) 的 x_2, Eq(3) 的 x_5. 在 Eq(1)~(3) 用 Gauss 消元法 (基本代数运算: 一行乘以一个数, 或一行乘上一个数加到另外一行中去) 可解出新的基可行解, 同时在 Eq(0) 中消去基变量, 可得到目标函数的值, 即

(0) $z - 3x_1 + \dfrac{5}{2}x_4 = 30$ $\Rightarrow z = 30$

(1) $x_1 + x_3 = 4$ $\Rightarrow x_3 = 4$

(2) $x_2 + \dfrac{1}{2}x_4 = 6$ $\Rightarrow x_2 = 6$

(3) $3x_1 - x_4 + x_5 = 6$ $\Rightarrow x_5 = 6$

此时, $\boldsymbol{x} = (0, 6, 4, 0, 6), z = 30$. 最优检测 Eq(0): $z = 30 + 3x_1 - \dfrac{5}{2}x_4$ 表明增加 x_1 会增加 z, 由此须进入到迭代 2.

在一般情形下, 当确定 x_k 为换入变量后, 由于其他的非基变量仍然为非基变量, 即 $x_j = 0$ $(j = 1, 2, \cdots, n$ 且 $j \neq k)$, 则由约束方程组 (1.7) 有

$$x_{si} = b_i - a_{i1}x_1 - \cdots - a_{ik}x_k - \cdots - a_{in}x_n \geqslant 0$$

$$\Rightarrow x_k \to \infty \quad (a_{ik} \leqslant 0, i = 1, 2, \cdots, m)$$

$$x_{si} = b_i - a_{i1}x_1 - \cdots - a_{ik}x_k - \cdots - a_{in}x_n \geqslant 0$$

$$\Rightarrow x_k \leqslant \frac{b_i}{a_{ik}} \quad (a_{ik} > 0, i = 1, 2, \cdots, m)$$

由于所有的 $x_j \geqslant 0$, 所以若令

$$\theta = \min_i \left\{ \frac{b_i}{a_{ik}} \, \bigg| \, a_{ik} > 0 \quad (i = 1, 2, \cdots, m) \right\} = \frac{b_r}{a_{rk}}$$

则 x_k 的增加不能超过 θ, 此方程相应的变量 x_r 即为换出变量. 这时的 θ 值是按最小比值来确定的, 称为最小比值原则; 与此相应的 a_{rk} 称为基元 (或主元素).

由前面的分析可知, 在 (1.6) 的等价形式中, 以这 m 个新的基变量 (须注意基变量在哪些方程中) 为轴进行 Gauss 消元法, 则可得到一个新的基可行解.

3) 迭代 2

由 Eq(0) 知选择 x_1 为换入变量. 保持非基变量 $x_4 = 0$, 有

$$x_3 = 4 - x_1 \geqslant 0 \quad \Rightarrow x_1 \leqslant \frac{4}{1} = 4$$
$$x_2 = 6 \geqslant 0 \qquad\qquad \Rightarrow x_1 \text{ 无上界限制}$$
$$x_5 = 6 - 3x_1 \geqslant 0 \quad \Rightarrow x_1 \leqslant \frac{6}{3} = 2 \leftarrow \min$$

于是 x_1 代替 x_5 成为一个基变量, 进行 Gauss 消元法有

$$(0) \quad z + \frac{3}{2}x_4 + x_5 = 36$$

$$(1) \quad x_3 + \frac{1}{3}x_4 - \frac{1}{3}x_5 = 2$$

$$(2) \quad x_2 + \frac{1}{2}x_4 = 6$$

$$(3) \quad x_1 - \frac{1}{3}x_4 + \frac{1}{3}x_5 = 2$$

这时新的基可行解 $\boldsymbol{x}^* = (2, 6, 2, 0, 0)^T$, $z = 36$, 最优检测 $z = 36 - \frac{3}{2}x_4 - x_5$ 通过, 迭代停止. 所以最优解为 $\boldsymbol{x}^* = (2, 6, 2, 0, 0)^T$, 最优值为 $z_0 = 36$.

表 1.5 给出单纯形法几何语言和代数语言的对比形式. 从中可以看到, 单纯形法的代数求解过程与图解法的求解过程完全一致.

1.3.2.4　单纯形法表格形式

综合以上分析, 可得例 1.1 线性规划问题代数形式的单纯形法表格 (单纯形表), 见表 1.6. 此例最优解为 $\boldsymbol{x}^* = (2, 6, 2, 0, 0)$, 最优值为 $z_0^* = 36$.

表 1.5　单纯形法两种形式的对比

方法步骤	几何解释	代数解释
初始化	$(0,0)$	$(0,0,4,12,18)$ 非基变量
最优检测	否, 从边界移动增加 z	增加 x_1 或 x_2 会增加 z
迭代 1. (1)	沿 x_2 轴移动	增加 x_2 同时保持其他变量满足方程组
(2)	在第一个新约束条件处停下 $(2x_2 = 12)$	在第一个基变量为 0 时停下 $(x_4 = 0)$
(3)	$(0,6)$ 为新的基可行解	解出新的基可行解 $(0,6,4,0,6)$
最优检测	否, 向右移会增加 z	否, 增加非基变量 x_1 会增加 z
迭代 2. (1)	沿着直线向右移动	增加 x_1
(2)	在第一个新约束条件处停下 $(3x_1 + 2x_2 = 18)$	在第一个基变量到达 0 时停止 $x_5 = 0$
(3)	新的基可行解为 $(2,6)$	新的基可行解 $(2,6,2,0,0)$
最优检测	最优	最优

表 1.6　单纯形法的表格形式

迭代	BV.	Eq.	系 数						右边	比值
			z	x_1	x_2	x_3	x_4	x_5		
$(0)\ z - 3x_1 - 5x_2 = 0$	z	(0)	1	-3	-5	0	0	0	0	
$(1)\ x_1 + x_3 = 4$	x_3	(1)	0	1	0	1	0	0	4	
$(2)\ 2x_2 + x_4 = 12$	x_4	(2)	0	0	2	0	1	0	12	$\dfrac{12}{2}$
$(3)\ 3x_1 + 2x_2 + x_5 = 18$	x_5	(3)	0	3	2	0	0	1	18	$\dfrac{18}{2}$
1:	z	(0)	1	-3	0	0	$\dfrac{5}{2}$	0	30	
	x_3	(1)	0	1	0	1	0	0	4	4
	x_2	(2)	0	0	1	0	$\dfrac{1}{2}$	0	6	
	x_5	(3)	0	3	0	0	-1	1	6	2
2:	z	(0)	1	0	0	0	$\dfrac{3}{2}$	1	36	
	x_3	(1)	0	0	0	1	$\dfrac{1}{3}$	$-\dfrac{1}{3}$	2	
	x_2	(2)	0	0	1	0	$\dfrac{1}{2}$	0	6	
	x_1	(3)	0	1	0	0	$-\dfrac{1}{3}$	$\dfrac{1}{3}$	2	

在实际求解过程中, 初始化表格中的几个方程没有必要写出. 这里给出的形式仅用于解释代数形式和表格形式的对应关系.

根据以上讨论结果, 可得求解线性规划问题的单纯形法.

算法 1.1 (单纯形法)　其求解步骤为

步 0: 初始化. 引入松弛变量变 "$\leqslant$" 为 "$=$" 形式, 把原始决策变量作为非基变量并令为 0, 松弛变量为初始基变量.

步 1: 换入变量的确定. 在 Eq(0) 中对所有负系数的变量进行检测, 选择有最小负系数的变量 (或选负系数绝对值最大的变量) 为换入变量.

步 2: 换出变量的确定. 应用最小比值原则选择换出变量: 在换入变量所在的列中考虑严格大于 0 的系数, 以此数除右边的相应系数, 应用最小比值原则选择具有最小比值的那一行, 此行对应的基变量为换出变量.

步 3: 变为恰当形式. 用 Gauss 消元法对行进行行运算, 使得基变量除了其所在方程中的系数为 1 以外, 其他方程中系数均为 0, 并进行最优检测, 决定是否返回步 1 继续进行迭代.

在实际问题中, 线性规划问题并不一定都具有如例 1.1 那样的形式. 例如, 约束条件为 "⩾" 等, 变量不全为非负等等, 对于这些非标准形式的线性规划的求解, 文献 [3] 进行了详细讨论. 另外, 对于线性规划在软件中的算法选择实现问题, 文献 [1] 进行了较为详细的讨论.

1.4 对偶理论

1.4.1 对偶问题

对于一般产品组合问题的线性规划问题 (1.2), 现在从另一角度提出问题: 假定有另一公司欲将该公司所拥有的资源收买过来, 至少应付出多少代价, 才能使该公司愿意放弃生产活动, 出让资源? 显然, 前一公司放弃自己组织生产活动的条件是: 对同等数量资源出让的代价应不低于该公司自己组织生产活动时的利润. 设用 y_i 代表收买该公司一单位 i 种资源时付给的代价, 则总收买价为

$$w = b_1 y_1 + b_2 y_2 + \cdots + b_m y_m$$

该公司出让相当于生产一单位第 j 种产品的资源消耗的价值应不低于第 j 种产品的单位利润价值 c_j 元, 因此又有

$$a_{1j} y_1 + a_{2j} y_2 + \cdots + a_{mj} y_m \geqslant c_j$$

后一公司来希望用最小代价把前一公司所有资源收买过来, 即有模型

$$\min w = b_1 y_1 + b_2 y_2 + \cdots + b_m y_m$$
$$\text{s.t.} \begin{cases} a_{11} y_1 + a_{21} y_2 + \cdots + a_{m1} y_m \geqslant c_1 \\ a_{12} y_1 + a_{22} y_2 + \cdots + a_{m2} y_m \geqslant c_2 \\ \qquad \cdots\cdots\cdots\cdots \\ a_{1n} y_1 + a_{2n} y_2 + \cdots + a_{mn} y_m \geqslant c_n \\ y_i \geqslant 0 \quad (i = 1, 2, \cdots, m) \end{cases} \tag{1.8}$$

问题 (1.8) 是从不同角度出发阐述问题 (1.2) 的. 若称问题 (1.2) 为线性规划原问题, 则称问题 (1.8) 为它的对偶问题. 从上面的分析可知, 任一线性规划问题都存在另一与之伴随的线性规划问题, 它们从不同角度提出一个实际问题并进行描述, 组成一对互为对偶的线性规划问题.

线性规划的原问题与对偶问题的关系可用表 1.7 来表示. 表 1.7 中右上角是原问题, 左下角部分旋转 90° 就是对偶问题.

表 1.7   线性规划原问题与对偶问题的比较

		原问题 (求极大)				
		c_1	c_2	$\cdots$	c_n	右边
		x_1	x_2	$\cdots$	x_n	
对偶问题 (求极小)	b_1 y_1	a_{11}	a_{12}	$\cdots$	a_{1n}	$\leqslant b_1$
	b_2 y_2	a_{21}	a_{22}	$\cdots$	a_{2n}	$\leqslant b_2$
	$\vdots$ $\vdots$	$\vdots$	$\vdots$		$\vdots$	$\vdots$
	b_m y_m	a_{m1}	a_{m2}	$\cdots$	a_{mn}	$\leqslant b_m$
右边		$\geqslant c_1$	$\geqslant c_2$	$\cdots$	$\geqslant c_n$	

若将上述线性规划的原问题化成标准形式并用矩阵向量表达, 则也可以得出与 (1.8) 一样的对偶问题, 即

$$\max z = \boldsymbol{cx} \qquad\qquad \min w = \boldsymbol{yb}$$
$$\text{s.t.} \begin{cases} \boldsymbol{Ax} \leqslant \boldsymbol{b} \\ \boldsymbol{x} \geqslant \boldsymbol{0} \end{cases} \Rightarrow \quad \text{s.t.} \begin{cases} \boldsymbol{yA} \geqslant \boldsymbol{c} \\ \boldsymbol{y} \geqslant \boldsymbol{0} \end{cases}$$

这一对问题由于结构的对称性, 故被称为对称型对偶问题. 而下面的一对问题由于约束类型和变量取值范围的不对称而被称为不对称型对偶问题:

$$\max z = \boldsymbol{cx} \qquad\qquad \min w = \boldsymbol{yb}$$
$$\text{s.t.} \begin{cases} \boldsymbol{Ax} = \boldsymbol{b} \\ \boldsymbol{x} \geqslant \boldsymbol{0} \end{cases} \Rightarrow \quad \text{s.t.} \; \boldsymbol{yA} \geqslant \boldsymbol{c}$$

例 1.3   在例 1.1 产品组合问题的线性规划问题中, 根据表 1.7 所示关系, 其对偶问题可写为

$$\min w = 4y_1 + 12y_2 + 18y_3$$
$$\text{s.t.} \begin{cases} y_1 + 3y_3 \geqslant 3 \\ 2y_2 + 2y_3 \geqslant 5 \\ y_1 \geqslant 0, y_2 \geqslant 0, y_3 \geqslant 0 \end{cases}$$

现求这个线性规划问题的对偶问题.

解 上述线性规划的对偶问题可以由以下步骤解出:

第一步: 将例 1.1 线性规划问题的对偶问题改写为

$$\max(-z') = -4y_1 - 12y_2 - 18y_3$$
$$\text{s.t.} \begin{cases} -y_1 & -3y_3 \leqslant -3 \\ & -2y_2 -2y_3 \leqslant -5 \\ y_1 \geqslant 0, y_2 \geqslant 0, y_3 \geqslant 0 \end{cases}$$

第二步: 按从原问题写出对偶问题的方法写出其对偶问题

$$\min z'' = -3x_1 - 5x_2$$
$$\text{s.t.} \begin{cases} -x_1 & \geqslant -4 \\ & -2x_2 \geqslant -12 \\ -3x_1 & -2x_2 \geqslant -18 \\ x_1 \geqslant 0, x_2 \geqslant 0 \end{cases}$$

第三步: 将约束条件两端均乘上 (-1), 又因 $\min z''$ 等价于求 $\max(-z'')$, 即

$$\max(-z'') = 3x_1 + 5x_2$$
$$\text{s.t.} \begin{cases} x_1 & \leqslant 4 \\ & 2x_2 \leqslant 12 \\ 3x_1 & +2x_2 \leqslant 18 \\ x_1 \geqslant 0, x_2 \geqslant 0 \end{cases}$$

这就是例 1.1 公司线性规划中的原问题, 由此可见, 线性规划的对偶问题与原问题互为对偶, 线性规划的原问题与对偶问题地位具有对称关系.

对于其他形式的原问题, 可先把变量与约束条件等变成如表 1.7 所要求的标准形式, 再按以上步骤就可写出其对偶问题. 事实上, 此时可依据表 1.8 中给出的对应关系, 直接从原 (对偶) 问题写出对偶 (原) 问题. 在写对偶问题时, 需要注意的是原问题是最大化形式还是最小化的形式, 这对对偶问题的变量与限制条件的对应关系影响很大. 在 Lingo 11.0 以上版本中, 可以自动地写出对偶问题, 相应的命令为 Lingo|Generate|Dual.

假定线性规划原问题为 (1.2), 相应的对偶问题为 (1.8). 则可以很容易地证明以下结论 (证明过程参见文献 [1]):

定理 1.3 (弱对偶性) 若 $x_j (j = 1, 2, \cdots, n)$ 是原问题的可行解, $y_i (i = 1, 2, \cdots, m)$ 是其对偶问题的可行解, 则恒有

$$\sum_{j=1}^{n} c_j x_j \leqslant \sum_{i=1}^{m} b_i y_i$$

表 1.8　线性规划原问题与对偶问题的对应关系

原问题 (对偶问题)	对偶问题 (原问题)
目标函数 max	目标函数 min
变量 $\begin{cases} n\text{个} \\ \geqslant 0 \\ \leqslant 0 \\ \text{无约束} \end{cases}$	$\begin{cases} n\text{个} \\ \geqslant \\ \leqslant \\ = \end{cases}$ 约束条件
目标函数中变量的系数	约束条件右边
约束条件 $\begin{cases} m\text{个} \\ \leqslant \\ \geqslant \\ = \end{cases}$	$\begin{cases} m\text{个} \\ \geqslant 0 \\ \leqslant 0 \\ \text{无约束} \end{cases}$ 变量
约束条件右边	目标函数中变量的系数

定理 1.4 (最优性)　若 $x_j\,(j = 1, 2, \cdots, n)$ 是原问题的可行解, $y_i\,(i = 1, 2, \cdots, m)$ 是其对偶问题的可行解, 且有

$$\sum_{j=1}^{n} c_j x_j = \sum_{i=1}^{m} b_i y_i$$

则 x_j 是原问题的最优解, y_i 是其对偶问题的最优解.

定理 1.5 (无界性)　若原问题 (对偶问题) 具有无界解, 则其对偶问题 (原问题) 无可行解.

但须注意这个性质的逆不成立. 因为当原问题 (对偶问题) 无可行解时, 其对偶问题 (原问题) 或无可行解或具有无界解.

定理 1.6 (强对偶性)　强对偶性也称为对偶定理. 若原问题有最优解, 则其对偶问题也一定具有最优解, 且目标函数值相同.

定理 1.7 (互补松弛性)　在线性规划问题的最优解中, 有以下结论成立:

(1) 若 $y_i > 0$, 则 $\sum\limits_{j=1}^{n} a_{ij} x_j = b_i$.

(2) 若 $\sum\limits_{j=1}^{n} a_{ij} x_j < b_i$, 则 $y_i = 0$.

将互补松弛性质应用于其对偶问题时可以类似可得:

若 $x_j > 0$, 则 $\sum\limits_{i=1}^{m} a_{ij} y_i = c_j$; 若 $\sum\limits_{i=1}^{m} a_{ij} y_i > c_j$, 则 $x_j = 0$.

对互补松弛性作一个直观性的解释是: 若 y_i 在单纯形表行 0 中之值大于 0, 则该列所在的松弛变量为非基变量, 一定等于 0, 所以对应的约束条件为严格等式. 1.4.2 节对此性质的经济解释进行了详细说明.

例 1.4   已知线性规划问题

$$\min w = 2x_1 + 3x_2 + 5x_3 + 2x_4 + 3x_5$$
$$\text{s.t.} \begin{cases} x_1 + x_2 + 2x_3 + x_4 + 3x_5 \geqslant 4 \\ 2x_1 - x_2 + 3x_3 + x_4 + x_5 \geqslant 3 \\ x_j \geqslant 0 \quad (j = 1, 2, \cdots, 5) \end{cases}$$

其对偶问题的最优解为 $y_1^* = \dfrac{4}{5}, y_2^* = \dfrac{3}{5}, z = 5$, 试找出原问题的最优解.

解   先写出其对偶问题

$$\max z = 4y_1 + 3y_2$$
$$\text{s.t.} \begin{cases} y_1 + 2y_2 \leqslant 2 \\ y_1 - y_2 \leqslant 3 \\ 2y_1 + 3y_2 \leqslant 5 \\ y_1 + y_2 \leqslant 2 \\ 3y_1 + y_2 \leqslant 3 \\ y_1 \geqslant 0, y_2 \geqslant 0 \end{cases}$$

将 y_1^*, y_2^* 的值代入约束条件, 得第 2~4 个约束条件为严格不等式; 由互补松弛性得 $x_2^* = x_3^* = x_4^* = 0$. 因 $y_1, y_2 > 0$, 原问题的两个约束条件应取等式, 即

$$x_1^* + 3x_5^* = 4$$
$$2x_1^* + x_5^* = 3$$

求解后得到 $x_1^* = 1, x_5^* = 1$. 故原问题的最优解为 $\boldsymbol{x}^* = (1, 0, 0, 0, 1)^T, w^* = 5$.

在线性规划问题单纯形法中, 每次迭代过程中行 0 给出原问题及其对偶问题的所有信息: 原问题中每一个基解在对偶问题中对应着一个互补基解, 且目标函数值相等. 给定原始基解后的单纯形表格行 0 就表明了对偶问题的一个初始基解, 即对偶问题的互补对偶基解. 当原问题最优解给定时, 此时的单纯形表格行 0 中同时给定互补最优对偶解 $(\boldsymbol{y}^*, \boldsymbol{z}^* - \boldsymbol{c}^*)$, 见表 1.9.

表 1.9   单纯形表行 0 中原问题与对偶问题的对应

迭代	BV	Eq.	系 数									右边
			z	x_1	x_2	$\cdots$	x_n	x_{n+1}	x_{n+2}	$\cdots$	x_{n+m}	
	z	(0)	1	$z_1 - c_1$	$z_2 - c_2$	$\cdots$	$z_n - c_n$	y_1	y_2	$\cdots$	y_m	w_0

1.4.2　经济解释

从对偶问题的基本性质可以看出, 在单纯形法的每次迭代中有目标函数

$$z = \sum_{j=1}^{n} c_j x_j = \sum_{i=1}^{m} b_i y_i \tag{1.9}$$

其中, b_i 是线性规划原问题约束条件的右边项, 它代表第 i 种资源的可用量.

对偶变量 y_i 的意义是在当前的基解中对一个单位的第 i 种资源的估价 (或对目标函数的利润贡献). 这种估价不是资源的市场价格, 而是根据资源在生产中做出的贡献而作的估价, 为区别起见, 称为影子价格 (shadow price), 在 Lingo 与 Cplex 中称为对偶价格 (max 型问题).

在目标函数中将 z 对 b_i 求偏导数得 $\frac{\partial z}{\partial b_i} = y_i$, 可知影子价格是一种边际价格, 这说明 y_i 的值相当于在给定的生产条件下, b_i 每增加一个单位时目标函数 z 的增量. 由于资源的市场价格是已知数, 相对比较稳定, 而它的影子价格则有赖于资源的利用情况, 是未知数. 所以系统内部资源数量和价格的任何变化都会引起影子价格的变化. 从这种意义上讲, 影子价格是一种动态价格. 从另一个角度上讲, 资源的影子价格实际上又是一种机会成本.

在实际应用中, 对偶价格的经济含义要根据模型构造的方法来确定.

例 1.5　继续考虑例 1.1, 模型 (1.1) 是将成本函数隐性地包含在模型中, 即目标函数直接使用计算好的销售利润. 现要求将成本函数显性地包含在模型中进行建模, 并分析两种情形下的影子价格有何异同.

解　本问题可用线性规划进行求解, 但是有两种建模方法.

在第一种模型中, 目标函数使用未经过处理的数据, 成本数据直接反映在模型中. 仍设产品甲与乙的生产水平为 x_1 与 x_2 单位; 三条生产线的实际利用时间分别为 x_3, x_4, x_5 小时, 则模型为

$$\max z = 7x_1 + 9x_2 - x_3 - x_4 - x_5$$
$$\text{s.t.} \begin{cases} x_1 = x_3 \\ 2x_2 = x_4 \\ 3x_1 + 2x_2 = x_5 \\ x_3 \leqslant 4 \\ x_4 \leqslant 12 \\ x_5 \leqslant 18 \\ x_j \geqslant 0 \quad (j = 1, 2, \cdots, 5) \end{cases}$$

解得最优解 $\boldsymbol{x} = (2, 6, 2, 12, 18)^{\mathrm{T}}$, $z = 36$, 对偶价格 $\boldsymbol{y} = (1, 2.5, 2, 0, 1.5, 1)$.

在第二种模型中, 即 (1.1), 成本数据不直接反映在模型中, 成本函数隐性地包含在模型中. 求解可得最优解 $\boldsymbol{x} = (2, 6)^T$, $z = 36$, 对偶价格 $\boldsymbol{y} = (0, 1.5, 1)$.

可以看到, 建模的方法不同使得求得的对偶价格也不相同. 在第一个模型中, 前三个资源约束的对偶价格 1, 2.5 和 2 是真正意义上的影子价格. 第一个约束的对偶价格 1 表明该原料在系统内的真正价值是 100 元, 与其成本 100 元相等, 即每多增加 1 小时生产线一的可得时间时, 公司净收入增加值为 0 元. 类似地, 每多增加 1 小时生产线二的可得时间时, 公司净收入增加值为 150 元. 每多增加 1 小时生产线三的可得时间时, 公司净收入增加值为 100 元. 这三个对公司利润增加值的贡献恰好为后三个限制条件的对偶价格.

在第二种模型中, 三个资源约束的对偶价格为 0, 1.5, 1. 表明三条生产线每增加单位可得时间供应时, 公司可分别增加 0 元, 150 元, 100 元的净利润. 这些值与第一个模型中的分析结果相同, 但并不是真正意义上的影子价格.

因此, 当 c_j 表示单位利润时, y_i 可以相应地称为影子利润; 而当 c_j 表示单位产值时, y_i 才称为影子价格.

由讨论可知, 若用影子价格指导经营, 则可按以下原则考虑企业的经营策略.

(1) 若某资源的影子价格大于 0, 表明该资源在系统内有获利能力, 应买入该资源.

(2) 若某资源的影子价格小于 0, 表明该资源在系统内无获利能力, 留在系统内使用不合算, 应卖出该资源.

(3) 若某资源的影子价格等于 0, 表明该资源在系统内处于平衡状态, 既不用买入, 也不用卖出.

下面从影子价格的含义上再来考察单纯形法的计算, 以此表明对偶问题的解释为原始问题的单纯形法提供了全部的经济解释.

1) 基变量的经济解释

在单纯形法的每一次迭代过程中, 对任意给定的基可行解 $(x_1, x_2, \cdots, x_n, x_{n+1}, \cdots, , x_{n+m})$ 来说, 基变量在行 0 里的系数一直为 0, 即

$$\sigma_j = \boldsymbol{y}\boldsymbol{A}_j - c_j = \sum_{i=1}^{m} a_{ij} y_i - c_j = 0, \text{ 若 } x_j > 0 \ (j = 1, 2, \cdots, n)$$

$$y_i = 0, \qquad\qquad\qquad \text{若 } x_{n+i} > 0 \ (i = 1, 2, \cdots, m)$$

上述两式就是定理 1.7 的结论. 前一式子表明无论何时活动水平 j 处于一个正的水平时, $x_j > 0$, 所消耗的资源的边际价值必须等于该活动的单位利润. 后一式子表明若某种资源 i 未被活动耗尽时, $x_{n+i} > 0$, 该种资源的边际价值为 0 (即 $y_i = 0$). 从经济术语上讲, 这种资源是一种 "自由物品", 由供给和需求规律知这

些过度供给的物品价格一定会回落到 0. 对对偶问题目标函数的解释来说, 这个事实表明资源配置的说法比最小化所消耗资源总的隐含价值的说法更为恰当一些.

2) 非基变量的经济解释

当原始决策变量 x_j 是一个非基变量时, 则有:

若 $\sum_{i=1}^{m} a_{ij}y_i - c_j < 0$, 则单纯形表格行 0 的 $z_j - c_j < 0$, 表明用这些资源来生产这种产品更为有利可图些.

若 $\sum_{i=1}^{m} a_{ij}y_i - c_j > 0$, 则表明已经在其他地方以更为有利可图的方式使用这些资源, 没有必要在活动 j 上使用这些资源.

类似地, 若松弛变量 x_{n+i} 是一个非基变量, 则资源 i 的使用量已经是 b_i, 这时必须用资源的边际术语 y_i 并结合表 1.9 来解释这个非基变量.

在对偶问题的互补松弛性质中, 当 $\sum_{j=1}^{n} a_{ij}x_j < b_i$ 时, 有 $y_i = 0$; 当 $y_i > 0$ 时, 有 $\sum_{j=1}^{n} a_{ij}x_j = b_i$. 这表明生产过程中若某种资源 b_i 未得到充分利用时, 该种资源的影子价格为 0, 这就是前面已经表明的其边际价值为 0; 反过来, 当资源的影子价格不为 0 时, 表明该种资源在生产中已耗费完毕.

因此, 单纯形法就是在基可行解中检验所有非基变量, 看谁能在增加使用量的情形下, 会提出更为有利可图的使用方式来增加目标函数利润. 这样直至无法发现类似非基变量为止, 就得到最优解. 此即单纯形法中各个检验数的经济意义.

一般地, 线性规划问题的求解是确定资源的最优分配方案, 对偶问题的求解是确定对资源的恰当估价, 这种估价直接涉及资源的最有效利用. 在公司内部, 可借助资源的影子价格确定一些内部结算价格, 以便控制有限资源的使用和考核下属企业经营的好坏. 从宏观调控层面看, 对于一些紧缺的资源, 可借助于价格机制规定使用一单位这种资源时必须上交的利润额, 以控制一些经济效益低的公司自觉地节约使用紧缺资源, 使有限资源发挥更大的经济效益.

1.4.3 敏感分析

敏感分析 (敏感性分析, 或灵敏度分析) 是指系统或事物对因周围条件变化而显示出来的敏感程度的分析.

在这以前讲的线性规划问题中, 都假定问题中的 a_{ij}, b_i, c_j 是已知常数. 在实际应用过程中, 常常要解答以下问题: 当这些参数中的一个或几个发生变化时, 最优解会有什么变化? 或者, 这些参数在一个多大范围内变化时, 最优解不变? 而这就是敏感分析所要研究解决的问题. 敏感分析的手工计算比较复杂, 需要借助于软件进行计算, 参见 1.5 节, 其理论分析可以参见文献 [3].

1.5 软件求解

考虑到实际问题求解和对单纯形法理解的需要, 这里选择介绍 Lindo 公司的 Lindo 与 Lingo, 参见文献 [6, 7].

1.5.1 Lindo

Lindo 可以用来求解线性规划问题, 以例 1.1 来加以说明.

1.5.1.1 标准形式

Lindo 软件的数据输入要求变量的线性组合形式全在不等式约束左边, 而常数在右边, 每一行只能输入一种命令或一个函数说明. 例 1.1 的输入为

```
title Production mixed problem !model title
max 3x1+5x2 ! Max profit
st
! Here is the constraint on time availability
x1<4
2x2<12
3x1+2x2<18
end
```

在输入中, < 等价于 ⩽, st 可以是全名 subject to, 大小写均可.

若按下 report|, 则可得此时线性规划模型的表格形式, 其为

```
THE TABLEAU
ROW (BASIS)     X1      X2   SLK 2   SLK 3   SLK 4
1    ART     -3.000  -5.000  0.000   0.000   0.000    0.000
2    SLK 2    1.000   0.000  1.000   0.000   0.000    4.000
3    SLK 3    0.000   2.000  0.000   1.000   0.000   12.000
4    SLK 4    3.000   2.000  0.000   0.000   1.000   18.000
```

可以看到这和表 1.6 中的第一个单纯形表格是完全类似的. 注意, 此软件方程行序号从 1 开始, 所以, 软件的行号减少 1 后就是表 1.6 中的行 0.

求解时, 只需按一下快捷命令面板中形如打靶形状的快捷键, 这时就会弹出一个对话窗口 —— DO RERANGE (SENSITIVITY) ANALYSIS. 若先选择 NO, 则马上可以在一个新开窗口 reports windows 中得到结果, 为

```
LP OPTIMUM FOUND AT STEP        2
        OBJECTIVE FUNCTION VALUE
     1)       36.00000
  VARIABLE          VALUE              REDUCED COST
```

```
        X1          2.000000            0.000000
        X2          6.000000            0.000000
       ROW    SLACK OR SURPLUS    DUAL PRICES
        2)          2.000000            0.000000
        3)          0.000000            1.500000
        4)          0.000000            1.000000
NO. ITERATIONS=        2
```

结果表明问题迭代两次, 最优目标值为 36. 限制条件的影子价格表明增加一个单位的资源时, 生产系统利润会增加的数量. 例如, 增加生产线 2 的可用时间量为 1 单位, 则生产系统利润会增加 1.5 单位, 这和 1.4.2 小节的解释是一致的. 同样, 可以看到原始决策变量、松弛变量值以及对偶变量值完全和表 1.6 中结果相一致.

再一次地, 若选择下拉式菜单中的 reports|tableau, 则可得到类似于前面所陈述的单纯形法的表格形式.

```
THE TABLEAU
  ROW  (BASIS)   X1      X2    SLK 2   SLK 3   SLK 4
  1     ART    0.000   0.000   0.000   1.500   1.000   36.0
  2     SLK 2  0.000   0.000   1.000   0.333  -0.333    2.0
  3     X2     0.000   1.000   0.000   0.500   0.000    6.0
  4     X1     1.000   0.000   0.000  -0.333   0.333    2.0
```

可以看到这和表 1.6 中最后一个单纯形表格的分析是一致的.

1.5.1.2 敏感分析

重复以上操作, 在下拉式菜单的 report|solution 命令中, 若对对话窗口 —— DO RERANGE (SENSITIVITY) ANALYSIS 的问题选择 YES, 则有

```
VARIABLE      VALUE          REDUCED COST
    X1        2.000000          0.000000
    X2        6.000000          0.000000
   ROW   SLACK OR SURPLUS    DUAL PRICES
    2)        2.000000          0.000000
    3)        0.000000          1.500000
    4)        0.000000          1.000000
NO. ITERATIONS=    2
RANGES IN WHICH THE BASIS IS UNCHANGED:
              OBJ COEFFICIENT RANGES
VARIABLE   CURRENT      ALLOWABLE      ALLOWABLE
            COEF        INCREASE       DECREASE
```

| X1 | 3.000000 | 4.500000 | 3.000000 |
| X2 | 5.000000 | INFINITY | 3.000000 |

RIGHTHAND SIDE RANGES

ROW	CURRENT RHS	ALLOWABLE INCREASE	ALLOWABLE DECREASE
2	4.000000	INFINITY	2.000000
3	12.000000	6.000000	6.000000
4	18.000000	6.000000	6.000000

这时, 除了能够得到同上面一样的变量结果以外, 还可以得到在最优基不变时的目标函数中的系数和右边项系数变化的范围. 这就是 1.4.3 节中的敏感分析内容 (对于非标准形式线性规划问题的敏感分析解释可参见 5.4.2 节).

1) 右边系数变化.

例 1.6　继续考虑例 1.1. 若改变可用于生产新产品的生产时间, 则分析结果将如何?

解　例如, 对于第 1 个限制条件来说, 此时右边系数为 4, 则最优基不变 (即最优基集合不变, x_1, x_2, x_3 仍为基变量, 但其具体的数值可能会发生变化) 的前提下系数可以变化的范围是 $[2, +\infty]$. 注意, 在临界值处也可能出现奇异性.

例如, 若把生产线 2 的时间可用量从 12 小时增加到 24 小时, 即 x_2 右边的系数从 12 变为 24, 则求解后有如下结果:

```
LP OPTIMUM FOUND AT STEP        1
        OBJECTIVE FUNCTION VALUE
        1)      45.00000
VARIABLE        VALUE           REDUCED COST
    X1          0.000000            4.500000
    X2          9.000000            0.000000
    ROW     SLACK OR SURPLUS    DUAL PRICES
    2)          4.000000            0.000000
    3)          6.000000            0.000000
    4)          0.000000            2.500000
NO. ITERATIONS=         1
```

此时产品组合问题的最优基发生变化, x_1 从基变量变成了非基变量.

2) 目标函数系数变化.

例 1.7　继续考虑例 1.1. 若公司对产品一的单位利润估计值是不精确的, 结果会如何?

解　在例 1.1 中, 变量 x_1 在目标函数中的系数为 3, 在最优解中 x_1 为基变量, 则在最优基不变 (即最优解不变) 的前提下 x_1 的系数可以变化的范围是 $[0, 7.5]$. 注意, 在临界值可能会出现奇异性. 由此可见, 产品一单位利润估计值在这个范围内偏离实际值时, 不会产生错误的最优方案.

现在再看一下例 1.6 中的有关结果, 此时 x_1 是非基变量, 其缩减成本 (reduced cost) 为 4.5. 其经济含义是: 相对而言, 产品 1 的单位利润太低, 不值得进行生产. 若要使得该产品进入生产系统进行生产, 则应该提高该产品的单位利润. 但是产品价格一般主要由市场决定, 所以, 企业应主要从内部降低产品成本着手, 即该产品的单位成本应该减少的最少量为 4.5.

3) 多系数同时变化.

例 1.8　继续考虑例 1.1. 若公司对两种产品单位利润的估计值都是不精确的, 将会对分析结果产生什么影响?

由于计算机有关敏感分析方面的信息是基于单函数系数变化的情况, 它假设所有其他的系数都不变. 因此, 对于多系数改变的问题, 需要借助于定理 1.8, 参见文献 [8, 9].

定理 1.8 (百分之百法则)　定义 "可行增加" 和 "可行减少" 是指系数的最大增量不超过最优范围的上限, 可行减少是指系数的最大减少量不超过最优范围的下限. 则有

① 对于所有变化的目标函数系数, 求其占可行增加和可行减少的百分率的绝对值之和. 若和没有超过 100%, 则最优解不变.

② 对于所有变化的约束条件右侧的值, 求这些值占可行增加和可行减少的百分率的绝对值之和. 若没有超过 100%, 则对偶价格不变.

在使用百分之百法则进行灵敏度分析时, 要注意:

(1) 当允许增加量 (允许减少量) 为无穷大时, 则对任意增加量 (减少量), 其允许增加 (减少) 百分比均看作 0.

(2) 百分之百法则是充分条件, 但非必要条件.

(3) 百分之百法则不能用于目标函数决策变量系数和约束条件右边常数值同时变化的情况. 这种情况下, 只有重新求解.

4) 系数系统性变化.

当需要分析约束条件右边某一资源连续变化的影响, 即系统性的敏感 (参数规划) 时, 则在优化原问题后, 选择 reports|parametric 进行分析即可.

例 1.9　继续考虑例 1.1. 现由于其他产品的生产调整, 使得公司可以对生产线 2 时间的供应量有所增加, 因此, 公司需要对此进行系统性变化的影响分析, 以决定如何增加此生产线的生产时间投入.

解　在此例中, 需要先求出例 1.1 的线性规划问题, 再点击 reports|parametric, 就会弹出参数规划的对话框. 选择生产线 2 的资源变化分析, 让其新的右边数值

为 24, 见图 1.2.

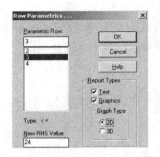

图 1.2   参数规划的数据输入

点击 OK 后就可以得到结果, 见图 1.3.

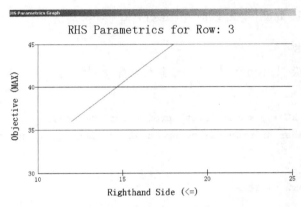

图 1.3   参数规划的实现

从图 1.3 可知, 随着生产线 II 的时间可用量的增加, 生产系统的利润在增加. 但是, 当量增加到某个程度后, 利润就不能进一步地增加了. 这个临界值可以在和图 1.3 同时产生的文本结果窗口中看出来, 即为

```
RIGHTHANDSIDE PARAMETRICS REPORT FOR ROW: 3
  VAR    VAR   PIVOT   RHS      DUAL PRICE       OBJ
  OUT    IN    ROW     VAL      BEFORE PIVOT     VAL
                       12.0000     1.50000       36.0000
  X1     SLK 3   4     18.0000     1.50000       45.0000
                       24.0000     0.000000E+00  45.0000
```

上面结果的经济含义是: 当右边系数在 [12, 18] 之间变化时, 生产线 2 的影子价格为 1.5; 当右边系数在 [18, 24] 之间变化时, 生产线 2 的影响子价格为 0, 即这

时单一增加此类资源可用量并不能增加生产系统的收益. 类似地, 在临界值处可能出现奇异性, 上面的结果已表明了这一点.

当需要对目标函数中的系数进行参数规划分析时, 只需要按 1.4.1 小节中的方法, 先把此问题写成对偶问题后进行类似分析即可.

1.5.1.3　其他形式

Lindo 默认变量约束是非负的, 其他非标准变量在模型 "end" 后面要加上变量说明, 常用的有

- free 变量名　　　　　变量可以自由取任何数值
- gin　变量名　　　　　一个非负的整数值
- int　变量名　　　　　0-1 变量数值
- slb　变量名　数值　　变量的一个下界
- sub 变量名　数值　　变量的一个上界

1.5.2　Lingo

与 1.5.1 节类似, Lingo 中模型的输入也有以下形式:

```
MODEL:
    MAX = 3 * x1 + 5 * x2; !Total profit for the week;
 !The total number of productions produced is  limited by the supply;
    x1 <= 4;
    2*x2 <=12;
    3*x1+ 2 *x2 <= 18;
END
```

从上面模型可以看出, 逐个约束条件、逐个变量地建立一个大型线性规划模型容易出错. 实际的模型几乎总具有某种非常确定的结构, 从而使很多约束条件和变量都有类似式样. 这对命名模型结构重复部分自动化以及对集中从事结构研究都有好处. 矩阵生成程序就是为实现这个目的而设计的计算机程序. 用这种程序辅助建立模型的优点是:

(1) 能够用更真实的、便于实用的形式对矩阵生成程序输入数据;

(2) 能自动列出公式的重复部分;

(3) 很少可能发生列公式的错误;

(4) 用新数据修改模型比较简便.

矩阵生成程序有时是为特定结构中使用的特种模型而设计的. 这样做是有充分理由的, 因为这种程序能够满足应用和结构两方面的要求. Lingo 就是具有此特点的软件, 下面以例 1.1 进行说明.

例 1.1 的 Lingo 模型包括目标函数、限制条件、定义集合与数据输入四部分. 其中数据是直接输入的, 数据之间的间隔是空格或 "," 号. 注意: 也可以单独以文本格式输入数据, 或是 EXCEL 中的数据.

```
MODEL: !A 3 Product Lines 2 Product Product Mix Problem;
SETS:
    Product_lines/ PL1 PL2 PL3/: B;
    Product/ P1 P2/: X,C;
    LINKS(Product_lines, Product): A;
ENDSETS
!The objective;
MAX = @SUM(Product(J): C(J)*X(J));
!The constraints;
@FOR(Product_lines(I): @SUM(Product(J): A(I, J)*X(J))<=B(I));
!Here is the data;
DATA:
    B = 4,12,18;
    C = 3,5;
    A = 1,0,0,2,3,2;
ENDDATA
END
```

要注意的是, 在 Lingo 中也可以进行灵敏性分析的, 其分析结果和 Lindo 的完全相同. 灵敏性分析是在求解模型时做出的, 因此在求解模型时灵敏性分析是激活状态, 但是默认是不激活的. 为了激活灵敏性分析, 运行 **Lingo|Options**, 选择 **General Solver Tab**, 在 **Dual Computations** 列表框中, 选择 **Prices and Ranges** 选项.

1.6 模型讨论

这里对 1.1 节的线性规划模型作更为深入的讨论, 参见文献 [10]. 显然, 所有规划模型考虑的因素和线性规划模型是类似的, 因此, 这里的建模讨论也适合于后续章节中其他规划模型的建立.

1.6.1 单一模型

本节介绍在常见情形下一般线性规划模型的建模思想.

1.6.1.1 目标函数

一般来说, 在一组给定的约束条件下, 不同目标函数可能导致不同的最优解; 两个不同的目标函数有可能得到相同的运算结果; 其运算结果也有可能与目标无关, 问题的约束条件可能限定只有唯一解. 因此, 一般都假定在研究的问题中, 恰当规定目标函数对其具有极其重大的影响.

1) 单目标

在大多数实际数学规划模型中, 不是求最大利润, 就是求最低成本, 通常把求最大值的利润称为 "利润贡献额", 把求最小值的成本称为 "可变成本". 当求最低成本时, 列入目标函数中的成本通常只应是可变成本. 把管理费或设备投资费等固定成本包括在内, 通常是不正确的, 但是某些整数规划模型本身可以决定是否应承担一定的固定成本. 建立模型时常见的错误是采用平均成本而未采用边际成本. 类似地, 当计算利润系数时, 正确的做法是从收入中减去可变成本. 因此, 采用 "利润贡献额" 可能比较适当.

通常, 求最低成本所涉及的是在最低成本条件下去配置生产能力以满足特定的已知需要量或其他类似条件, 即

$$\sum_j x_{ij} = D_i, \quad 对全部 \ i \tag{1.10}$$

其中, x_{ij} 是按制法 j 生产产品 i 的数量; D_i 是对产品 i 的需要量.

若没有这样的约束条件, 那么, 得到的最低成本解往往表示为不必生产任何产品. 反之, 若建立的是求最大利润模型, 那就使得人们期望更大的利润. 若不将需要量 D_i 定为常值, 就有可能让模型去确定每种产品的最优生产量. 于是, D_i 就变成代表这些产品产量的变量 d_i. 约束条件 (1.10) 就变成

$$\sum_j x_{ij} - d_i = 0, \quad 对全部 \ i$$

为使此模型能确定变量 d_i 的最优值, 在目标函数中必须将这些变量加上适当的单位利润贡献系数 p_i. 于是, 该模型才能从比较不同的生产计划与其所付成本中估量利润, 从而确定出最优的作业标准. 显然, 这样的模型比只简单地求最低成本模型的作用要大些. 实际上, 一般地, 应该从求最低成本模型着手, 并在把它扩充成求最大利润模型之前, 使它作为一种规划工具.

在一个求最大利润的模型中, 单位利润贡献系数 p_i 可能取决于变量 d_i 的值. 这样, 目标函数中的 $p_i d_i$ 项就不再是线性的. 若能够把 p_i 表示为 d_i 的函数, 就建成一个非线性模型.

当模型所代表的作业活动超过一个时间周期, 必须找到对照现在并能估计未来的利润或成本的某种方法. 最常用的方法是, 按照所考虑的利率对未来的货币进行折现. 于是, 就要把未来的目标系数适当降低. 相应的模型将在 1.6.2 节中的 "周期模型" 进行讨论.

2) 多目标或冲突目标

各种建立模型的方法和求解策略都能用于这类问题, 它们都涉及把这种模型简化成单目标模型的问题, 参见 6.6 节.

3) Minimax 型或 maximin 型目标

例如, 在某些线性约束条件下, 其目标函数是

$$\min \left(\max_i \sum_j a_{ij} x_j \right) \tag{1.11}$$

引入变量 z 表示(1.11) 中的 max 型目标, 则除了其他原始约束条件外, 模型等价于

$$\min z$$
$$\text{s.t.} \ \sum_j a_{ij} x_j - z \leqslant 0 \quad \text{对全部 } i$$

则在这些新约束中, 最小化 z 会使得其最终下降到这些表达式的最大值. 一个应用例子是矛盾约束条件的处理.

Maximin 型目标可类似地进行处理. 但是, 对 (2.6) 中的 maximax 型或 minimin 型目标来说, 不能类似地直接进行处理, 此时需要应用整数规划的建模方法.

4) 比率型目标

这类目标函数中的分子与分母均为线性函数, 而约束条件仍为线性约束, 此时模型即是 3.3.1 节介绍的分式线性规划问题.

1.6.1.2　约束条件

1) 生产能力约束条件

如某一生产工序中所用资源供应的限制, 比如加工能力或劳力等.

2) 原材料可获量

如某项活动 (如产品的生产) 用原材料的供应受到限制.

3) 销售需要量和限额

如对能够销售的某种产品在数量上有一个限额, 很可能使该产品所生产的数量比其他约束条件所允许的数量少, 即

$$x \leqslant u \tag{1.12}$$

其中, x 是变量, 表示所生产产品的数量; u 是销售的限额.

若有必要至少应制造一定数量的某种产品以满足某种需要量, 就可以采用最低销售限额, 即

$$x \geqslant l \tag{1.13}$$

当必须精确地符合某个需要量时, 则 (1.12) 和 (1.13) 可用 "=" 来代替.

4) 材料平衡约束条件

又称为连续性条件, 例如, 在配料问题中, 往往需要表示由 x_j 变量所代表的投入某一生产过程的材料总量等于由 y_j 变量所代表的产出的总量相等, 即

$$\sum_j x_j - \sum_k y_k = 0$$

有时在这类约束条件中的某些系数不是 1, 而是某一个数值, 这时表示在特定过程中重量或体积的损失或获益.

5) 品质条件

配料问题中有些成分具有某些可测品质, 则要求配出的成品品质必须在一定限度之内. 如食品中营养物的含量、石油的辛烷值、材料的强度等.

6) 硬/软约束条件

一般地, 称不能违背的约束条件

$$\sum_j a_{ij}x_j \leqslant b_i \tag{1.14}$$

为硬约束条件. 而在实际建模中, 通常所需要的是在一定代价下可以违背的软约束条件. 这时, 只需将 (1.14) 改写成

$$\sum_j a_{ij}x_j - u_i \leqslant b_i$$

并为最小化 (最大化) 问题赋予 u_i 一个适当的正 (负) 价格系数 c_i 即可. 为了防止这样的增加超过规定值, 尽可能地给这个 "盈余" 变量 u_i 一个上界.

若 (1.14) 是 "$\geqslant$" 约束条件, 用一个 "松弛" 变量就能得到类似的结果. 若 (1.14) 是个等式约束条件, 则可以将它写成

$$\sum_j a_{ij}x_j + u_i - v_i = b_i \quad (u_i \geqslant 0, v_i \geqslant 0)$$

并在目标函数中给 u_i 和 v_i 适当的权系数, 使其能超过或不超过右边项系数 b_i.

另外一个替代处理方法是应用模糊集理论, 通过隶属函数来反映约束条件被违背的程度, 相应的模型被称为模糊线性规划, 参见文献 [1]. 此时可以应用 minimax 目标函数把这类规划问题转化为一般的线性规划问题.

7) 机会约束

这类约束就是文献 [1] 介绍的不确定约束环境. 即有时希望某些约束以一定的概率 β 成立, 此时有

$$P\left\{\sum_j a_j x_j \leqslant b\right\} \geqslant \beta \qquad (1.15)$$

在一定满意度下, (1.15) 可以等价为

$$\sum_j a_j x_j \leqslant b' \qquad (1.16)$$

其中, $b' > b$ 且使 (1.16) 能推出 (1.15).

8) 矛盾约束条件

有时问题包含若干个不能同时全部得到满足的约束条件, 而目标尽可能接近地满足所有的约束条件. 例如, 若希望均成立如下条件:

$$\sum_j a_{ij} x_j = b_i \quad \text{对全部 } i$$

因这些约束条件不可能都同时精确地成立, 故以软约束代替, 为

$$\sum_j a_{ij} x_j + u_i - v_i = b_i$$

则使得这些条件尽可能都得到满足的处理方法有很多, 典型的两个方法是:

(1) 最小化这些约束条件的偏差之和, 即 6.6.3 节介绍的目标规划模型.

(2) 最小化这些约束条件的最大偏差. 即引入一个变量表示这些约束条件的最大偏差, 为

$$z - u_i \geqslant 0, \quad z - v_i \geqslant 0 \qquad \text{对全部 } i$$

则目标函数为 $\min z$. 这类问题就是常说的瓶颈问题, 其实质是 minimax 型目标函数方法的应用.

9) 多余约束条件

对于约束条件 (1.14) 来说, 若在最优解中, $\sum_j a_{ij} x_j < b_i$, 就称此约束条件为非紧约束条件 (影子价格为 0). 这种条件对最优解无影响, 在模型中可以完全略去. 但在一个模型中, 含有这种多余的约束条件, 是有一定原因的. 首先, 在解出模型之前, 看不出哪些是多余的约束条件. 因此, 模型中就要包括这样的约束条件, 以防它是紧约束. 其二, 若模型是随数据的改变而被定期地采用, 那么, 对尚未被采用的某些数据来说, 该约束条件也许变成紧约束. 因此, 保留这些约束条件, 以

避免将来重建模型. 其三, 1.4.3 节中所讨论的信息依赖于这样一些约束条件, 这些约束条件从不影响最优解的意义上来说, 很可能是多余的.

因此, 应该注意类似 (1.14) 的约束条件, 即使 $\sum_j a_{ij}x_j = b_i$, 也可能是非紧束约. 这时只需根据在最优解中约束条件的影子价格为 0 与否就能识别出这样的非紧约束条件. 影子价格将在 1.4.2 节中讨论. 对于 "$\geqslant$" 的约束条件来说, 也有类似的结果. 最后应该指出, 对于整数规划来说, 不能认为只要 $\sum_j a_{ij}x_j$ 小于 (1.14) 中的 b_i, (1.14) 就是非紧约束. (1.14) 很可能是紧约束, 因此不是多余的.

10) 简单界和广义上界

在 (1.12) 或 (1.13) 中, 销售约束条件是特别简单的形式. 这样一些变量的简单界用改进单纯形法来处理更为有效. 因此, 不用这种界作为通常的约束条件, 而只作为对相应变量的简单界. 所谓广义上界是简单的推广, 约束条件为 $\sum_j x_j = b$, 称变量 x_j 的集合有一个广义上界 b. 识别广义上界约束条件, 对计算很有好处.

11) 非常约束条件

例如, 第 2 章整数规划问题中讨论的限制条件, 这时需要引入整数变量建立模型.

1.6.2 组合模型

这里介绍了如何将较小的线性规划模型组成大型线性规划模型, 几乎所有大型模型都是用此方法构成的, 采用这样的大型模型作为决策工具更加有效.

例 1.10 (多工厂模型) 一家公司有 A 和 B 两个工厂. 每个工厂生产两种同样的产品, 一种是普通的, 一种是精制的. 普通产品每件可盈利 10 元, 精制产品每件可盈利 15 元. 两厂采用相同的加工工艺 —— 研磨和抛光来生产这些产品. A 厂每周的研磨能力为 80 小时, 抛光能力为 60 小时. B 厂每周的研磨能力为 60 小时, 抛光能力为 75 小时. 两厂生产各类单位产品所需的研磨和抛光工时 (以小时计) 如表 1.10 所示. 另外, 每类每件产品都消耗 4 千克原材料, 该公司每周可获得原料 120 千克. 问应该如何制定生产计划?

表 1.10 多工厂模型生产数据

工厂	A		B	
产品	普通	精制	普通	精制
研磨	4	2	5	3
抛光	2	5	5	6

解 先假定每周分配给 A 厂 75 千克原料, B 厂 45 千克原料. 设 x_1 为 A 厂生产的普通产品产量; x_2 为 A 厂生产的精制产品产量; x_3 为 B 厂生产的普通产品产

量; x_4 为 B 厂生产的精制产品产量. 则最终的模型为

A 厂模型

$$\max z = 10x_1 + 15x_2$$

$$\text{s.t.} \begin{cases} 4x_1 + 4x_2 \leqslant 75 & \text{原料 A} \\ 4x_1 + 2x_2 \leqslant 80 & \text{研磨 A} \\ 2x_1 + 5x_2 \leqslant 60 & \text{抛光 A} \\ x_1 \geqslant 0, x_2 \geqslant 0 \end{cases}$$

B 厂模型

$$\max z = 10x_3 + 15x_4$$

$$\text{s.t.} \begin{cases} 4x_3 + 4x_4 \leqslant 45 & \text{原料 B} \\ 5x_3 + 3x_4 \leqslant 60 & \text{研磨 B} \\ 5x_1 + 6x_4 \leqslant 75 & \text{抛光 B} \\ x_3 \geqslant 0, x_4 \geqslant 0 \end{cases}$$

现在假设建立一个公司模型, 让模型去确定原材料的分配. 则模型为

$$\max z = 10x_1 + 15x_2 + 10x_3 + 15x_4$$

$$\text{s.t.} \begin{cases} 4x_1 + 4x_2 + 4x_3 + 4x_4 \leqslant 120 \\ 4x_1 + 2x_2 \leqslant 80 \\ 2x_1 + 5x_2 \leqslant 60 \\ 5x_3 + 3x_4 \leqslant 60 \\ 5x_3 + 6x_4 \leqslant 75 \\ x_j \geqslant 0 \quad (j = 1, 2, \cdots, 4) \end{cases} \tag{1.17}$$

求解以上模型, 可知 A 厂模型的最优解为: $x_1 = 11.25$, $x_2 = 7.5$, 利润为 225 元, 剩余 20 小时研磨工时. B 厂模型的最优解为: $x_3 = 11.25$, 利润为 168.75 元, 剩余 26.25 小时研磨工时和 7.5 小时抛光工时.

公司模型的最优解为: $x_1 = 9.17$, $x_2 = 8.33$, $x_4 = 12.5$, 总利润为 404.15 元; A 厂和 B 厂分别有 26.67 和 22.5 小时的剩余研磨工时. 把这个解与 A, B 两厂各自所得的解进行对比, 可得到若干有价值的论据.

(1) 总利润达 404.15 元, 大于 A, B 二厂各自获得的利润之和 393.75 元.

(2) 在总利润中, 虽然 A 厂只占 187.5 (以前是 225 元), 但 B 厂却占 216.5 元 (以前只有 168.75 元).

(3) 现在 A 厂消耗 70 千克原料, B 厂消耗 50 千克原料.

显然, 该公司模型对于 B 厂的生产比以前重视. 这就是把 50 千克而不是过去的 45 千克原料分配给 B 厂, 同时把 A 厂的供应减少 5 千克. 若在建立公司模型之前已能决定按 70 对 50 的比例分配原料, 那就没有建立公司模型的必要.

这种讨论也适合于更巨大的、更实际的多工厂模型, 使得不但协助各厂制定本厂的决策而且解决工厂之间的分配问题. 在普通结构的多工厂模型中是一个非常简单的例子, 这种结构叫做块角结构. 若分离公司模型中的系数并以图解形式表示这个问题, 就得到图 1.4.

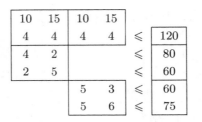

图 1.4

前两行叫做公共行. 在公共行中, 总有一行是目标行. 两个对角排列的系数块叫做子模型. 对于具有若干种待分配的资源和 n 个工厂的更一般的问题来说, 就有如图 1.5 所示的一般块角结构.

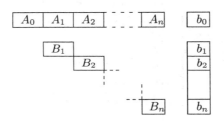

图 1.5

$A_0, A_1, \cdots, B_1, B_2, \cdots$ 等都是系数数块. $b_0, b_1, \cdots$ 等都是由右边项构成的系数列. 块 A_0 是可有可无的, 但是有时给出它是方便的. $A_0, A_1, \cdots$ 等代表公共行. 多工厂模型中的公共约束条件通常包括工厂要分配的紧缺资源 (如原料、加工定额、劳力等). 有时它们可以代表工厂之间的运输关系. 例如, 在某些情况下, 把半成品从一个工厂运送到另一个工厂是有利的. 假设只要求考虑从 A 厂到 B 厂的运输, 即有

$$x_1 - x_2 = 0 \tag{1.18}$$

其中, x_1 是由 A 厂运往 B 厂的量; x_2 是 B 厂从 A 厂收到的量.

除 (1.18) 外, x_1 只在与 A 厂子模型有关的约束条件中出现, x_2 只在与 B 厂子模型有关的约束条件中出现. 约束条件 (1.18) 给出一个公共行约束条件.

若一个块角结构问题没有公共行约束条件, 求这种问题的最优解就相当于求与目标函数相应部分的每一个子问题的最优解. 对例 (1.10) 来说, 若没有原料约束条件, 就能单独求解每一个工厂模型, 从而得到全公司的最优解, 实际上已经完全承认每个工厂都是独立核算单位. 然而, 一旦采用公共约束条件, 公共约束条件越多, 各个工厂之间的相互关系就必定越多.

如图 1.5 所示的块角结构不只是在多工厂模型中出现, 在配料问题的多产品模型中也很常见. 假定配料问题只是该公司制造的许多种产品 (包括各种品牌) 中的一种. 若不同的产品采用某些相同的配料和加工方法, 就有可能用一个组合模型来考虑它们的供应限额. 例如, 以 $B_1, B_2, \cdots$ 等代表每种产品单独的配料约束条件. 设 $x_{ij} = j$ 号产品中的 i 号配料的配料量, 则若 i 号配料是限量供应的, 就要加上一个公共约束条件:

$$\sum_j x_{ij} \leqslant i \text{ 号配料的可获量}$$

若在 j 号产品配料中, i 号配料花费 a_{ij} 单位特定加工定额, 就有公共约束条件:

$$\sum_j \alpha_{ij} x_{ij} \leqslant i \text{ 号配料可获的总加工量}$$

产生图 1.5 所示块角结构的另一途径是多周期模型. 假设在配料问题中, 不仅需要决定某个月份怎样配料, 而且需要决定每个月怎样为以后的消耗和存储进行采购. 就有必要把当前购买、当前消耗和当前存储区分开来. 对每一种配料成分均有这样三种相应的变量. 下述关系式能把这些变量连接起来:

$$第 (t-1) 周期末的存储量 + 第 t 周期的采购量$$

$$= 第 t 周期的消耗量 + 第 t 周期末的存储量 \qquad (1.19)$$

把这些约束条件作为连接相邻时间周期的公共行, 就产生如图 1.5 所示的块角结构. 每个子问题 B_i 由只含 “消耗” 变量的原配料约束条件构成.

对多周期模型来说, 若简单地把最后一个周期结束时出现在约束条件 (1.19) 中的库存量列为变量, 则最优解几乎总是判定库存量为 0. 因此, 一种较好的处理办法是对最后的库存量规定一个符合实际的常量. 或者以某种方式对最后库存 “作价”, 就是说在求模型最大值时, 使相应变量具有正 “利润”, 在求模型最小值时, 使相应变量具有负 “成本”. 实际上, 假如这样一种估价法被采纳, 那么, 为获得最优解就得将生产用的最后库存卖掉. 虽然该机构总不打算将最后库存也卖掉, 但是把最后库存量进行作价, 这件事恰能把这些库存量保持在合理水平上.

例 1.11 (多周期动态生产计划问题) 考虑某厂配套生产产品问题. 今年头四个月收到的订单数量分别为 3000 件、4500 件、3500 件、5000 件. 该厂在正常生产情况下, 每月可生产产品 3000 件, 利用加班还可生产 1500 件. 正常生产成本为每件 5000 元, 加班生产还要追加 1500 元成本, 库存成本为每件每月 200 元.

问该厂如何组织生产才能使生产成本最低?

解 设 x_i 为第 i 月正常生产的产品数, y_i 为第 i 月加班生产的产品数, z_i 为第 i 月月初产品的库存数. 若令 d_i 为第 i 月的需求, 第一个月期初的库存为 0, 则模型的目标函数为

$$\min \sum_{i=1}^{4} (5000x_i + 6500y_i + 200z_i)$$

约束的一般形式为

$$x_i + y_i + z_i - z_{i+1} = d_i \quad (i = 1, 2, \cdots, 4)$$

模型的详细形式如下:

$$\min z = 5000(x_1 + x_2 + x_3 + x_4) + 6500(y_1 + y_2 + y_3 + y_4)$$
$$+ 200(z_2 + z_3 + z_4)$$

$$\text{s.t.} \begin{cases} x_1 + y_1 - z_2 = 3000 \\ x_2 + y_2 + z_2 - z_3 = 4500 \\ x_3 + y_3 + z_3 - z_4 = 3500 \\ x_4 + y_4 + z_4 = 5000 \\ 0 \leqslant x_i \leqslant 3000 \quad (i = 1, 2, \cdots, 4) \\ 0 \leqslant y_i \leqslant 1500 \quad (i = 1, 2, \cdots, 4) \\ z_i \geqslant 0 \quad (i = 2, 3, 4) \end{cases}$$

例 1.12 (设备维修) 考虑某厂的设备维修问题, 其计划期分为 n 个阶段 (一个阶段可以是三天、五天、十天或一个月等). 在第 j $(j = 1, 2, \cdots, n)$ 个阶段, 生产上要用 r_j 个专用工具. 到阶段末, 凡在这个阶段内使用过的工具都应送去修理后才能再使用. 修理可分两种方式进行:

一种称为慢修, 就是等某种规格工具积压到一定批量后集中修, 费用便宜些 (每修一个需 b 元), 时间长一些 (需 p 个阶段才能取回).

另一种修理方式就是送去后不管件数多少, 立即修, 需要费用贵一些, 每件为 c 元 $(c > b)$, 时间快一些, q 个阶段后就能取回 $(q < p)$.

若新购一个工具需 a 元 $(a > c)$.

试综合考虑决策使得总的维修费用为最小.

解 用 x_j 表示第 j 个计划阶段新购的工具数; y_j 表示第 j 阶段末送去慢修的工具数; z_j 表示第 j 阶段末送去快修的工具数. 并非所有工具都在 j 阶段内使用, 故用 s_j 表示 j 阶段末工具的储存数. 对每个阶段需用工具数 r_j, 有

$$r_j = y_j + z_j + s_j - s_{j-1} \quad (j = 1, 2, \cdots, n)$$

每个阶段需要的工具应分别由新购、快修与慢修后取回来的数满足. 第一阶段送去快修的工具, 要到 $(q+1)$ 阶段末取回, 到 $(q+2)$ 阶段开始才能用上, 送去慢修的到 $(p+1)$ 阶段末取回, 到 $(p+2)$ 阶段开始才能用上. 故有

$$r_j = x_j \qquad\qquad (j = 1, 2, \cdots, q+1)$$

$$r_j = x_j + z_{j-q-1} \qquad (j = q+2, \cdots, p+1)$$

$$r_j = x_j + z_{j-q-1} + y_{j-p-1} \quad (j = p+2, \cdots, n)$$

$(n-p)$ 阶段后送去慢修的工具到计划期末才能送回, $(n-q)$ 阶段后送去快修的工具就不再送去. 故又有

$$y_{n-p} = y_{n-p+1} = \cdots = y_n = 0,$$

$$z_{n-q} = z_{n-q+1} = \cdots = z_n = 0$$

计划期内新购、快修与慢修的总费用为 $\sum_{j=1}^{n} (ax_j + by_j + cz_j)$. 可得此问题的线性规划模型为

$$\min z = a \sum_{j=1}^{n} x_j + b \sum_{j=1}^{n-p-1} y_j + c \sum_{j=1}^{n-q-1} z_j$$

$$\text{s.t.} \begin{cases} x_j + z_{j-q-1} = r_j & (j = q+2, \cdots, p+1) \\ x_j + y_{j-p-1} + z_{j-q-1} = r_j & (j = p+2, \cdots, n) \\ y_j + z_j + s_j - s_{j-1} = r_j & (j = 1, 2, \cdots, n) \\ r_j = x_j & (j = 1, \cdots, q+1) \\ y_{j=0} & (j \geqslant n-p) \\ z_j = 0 & (j \geqslant n-q) \\ x_j, y_j, z_j, s_j \geqslant 0 & (j = 1, 2, \cdots, n) \end{cases}$$

思考题

1.1 总共只有 1200 发火箭弹的两火箭发射组, A 组和 B 组每分钟各能发射 30 发和 40 发火箭弹; 平均两组每发各能覆盖敌阵面积分别为 1.2 和 0.8 平方米; 战斗上要求两组同时发射, 且时间分别不能超过 20 分钟和 35 分钟. 为了对敌阵达到尽可能大的覆盖, 问 A, B 组各应该发射多少分钟?

1.2 某厂生产 I, II, III 三种产品, 其所需劳动力、材料等数据见表 1.11.

要求:

(1) 确定获利最大的产品生产计划;

表 1.11

	I	II	III	可用量/单位
劳动力	6	3	5	45
材料	3	4	5	30
产品利润/(元/件)	3	1	4	

(2) 产品 I 的利润在什么范围内变动时, 上述最优计划不变;

(3) 若设计一种新产品 IV, 单件劳动力消耗为 8 单位, 材料消耗为 2 单位, 每件可获利 3 元, 问该种产品是否值得生产?

(4) 若劳动力数量不增, 材料不足时从市场购买. 问该厂是否购进原材料扩大生产, 如果可以购买, 则最多应购入多少?

1.3 某厂生产甲、乙、丙三种产品, 都分别经 A, B 两道工序加工. A 工序在设备 A_1 或 A_2 上完成, B 工序在 B_1, B_2, B_3 三种设备上完成. 已知产品甲可在 A, B 任何一种设备上加工; 产品乙可在任何规格的 A 设备上加工, 但完成 B 工序时, 只能在 B_1 设备上加工; 产品丙只能在 A_2 与 B_2 设备上加工. 加工单位产品所需要工序时间及其他数据见表 1.12, 试安排使该厂获利最大的最优生产计划. 并按要求分别完成下列分析:

(1) 乙产品的售价在何范围内变化时最优生产计划不变?

(2) B_1 设备有效台时数在何范围内变化时最优基不变?

(3) 设备 A_2 的加工费在何范围内变化时最优生产计划不变?

(4) 产品的生产量至少为 80 件时的最优生产计划.

表 1.12

设备	产品			设备有	设备加
	甲	乙	丙	效台时	工费/(元/小时)
A_1	5	10		6000	0.05
A_2	7	9	12	10000	0.03
B_1	6	8		4000	0.06
B_2	4		11	7000	0.11
B_3	7			4000	0.05
原料费/(元/件)	0.25	0.35	0.50		
售价/(元/件)	1.25	2.00	2.80		

1.4 一个农民需要决定如何在他的 20 亩菜地和 30 亩小麦地中施用肥料, 农业技术员通过对土壤的分析已经建议每亩菜地最少需要施 6 公斤氮, 2 公斤磷和 1.5 公斤钾, 每亩小麦地最少需要施 8 公斤氮, 1 公斤磷和 3 公斤钾. 市场上有两种

可用的肥料. 第一种是 40 公斤一袋的 A 种复合肥料, 价格为每袋 60 元. 它含有 20% 的氮、5% 的磷和 20% 的钾. 第二种是 60 公斤一袋的 B 种复合肥料, 价格为每袋 50 元. 它含有 10% 的氮、10% 的磷和 5% 的钾, 请构造一个在满足养分需求的前提下购买化肥成本最小的线性规划模型.

1.5 某公司需要对某产品决定未来 4 个月内每个月的最佳存储量, 在满足需求量条件下使总费用最小. 已知各月对该产品的需求量和单位订货费用、存储费用如表 1.13 所示. 假定月初定货并入库, 月底销售, 并且 1 月初并无存货, 至 4 月末亦不准备留存.

表 1.13

月份 (k)	1	2	3	4
需求量 (d_k)	50	45	40	30
单位订货费用 (c_k)	850	850	775	825
单位存储费用 (p_k)	35	20	40	30

第 2 章

整数规划

若线性规划模型中某些变量要求为整数, 则问题变为线性整数规划. 类似地, 由第 3 章非线性规划模型的概念又有非线性整数规划. 二者统称为整数规划.

本章仅介绍线性整数规划的基本求解方法, 参见文献 [5, 10]. 非线性整数规划的求解思想与此类似. 其他更一般的理论陈述可参见文献 [1].

■ 2.1 数学模型

整数变量有两类, ① 如汽车产量或人力数量等形式的离散变量; ② 0-1 形式的离散变量. 根据变量取值的限制形式, 整数规划可分为:

(1) 纯整数规划 (integer programming, IP): 所有决策变量取整数值.

(2) 混合整数规划 (mixed programming, MIP): 部分决策变量取整数值.

(3) 0-1 整数规划 (binary programming, BIP): 整数变量只能取 0 或 1, 0-1 整数规划又可分为 0-1 纯整数规划和 0-1 混合整数规划.

显然, 放松整数约束的整数规划就成为线性规划, 此线性规划问题被称之为整数规划的线性规划松弛问题. 这样, 任何一个整数规划可以看成是一个线性规划问题再加上整数约束构成的.

2.1.1 变量设置

对于是否执行某些决策等 "是 − 否" 或 "有 − 无" 问题, 可借助整数规划中的 0-1 整数变量. 由于它的特殊性质, 0-1 变量也被称为决策变量、指标变量或逻辑变量, 一般表示为

$$x_j = \begin{cases} 1, & \text{若决策 } j \text{ 为是} \\ 0, & \text{若决策 } j \text{ 为否} \end{cases}$$

对于两个 0-1 决策变量 x_1 与 x_2 之间相互依赖的逻辑关系, 若假设其发生, 取值为 1, 则其基本形式为

(1) "或" 关系, "∧", 有: $x_1 \wedge x_2$ 等价于 $x_1 + x_2 \geqslant 1$.

(2) "与" 关系, ".", 有: $x_1.x_2$ 等价于 $x_1 = 1$, $x_2 = 1$.

(3) "非" 关系, "∼", 有: $\sim x_1$ 等价于 $x_1 = 0$ 或 $1 - x_1 = 1$.

(4) "蕴含" 关系, "→", 有: $x_1 \rightarrow x_2$ 等价于 $x_1 - x_2 \leqslant 0$.

(5) "当且仅当" 关系, "↔", 有: $x_1 \leftrightarrow x_2$ 等价于 $x_1 - x_2 = 0$.

例 2.1 (选址决策问题)   一家公司进行生产扩张, 打算在甲地、乙地或者两地建新工厂, 并且至多建一个仓库, 仓库的位置随工厂地点而定, 总资本可用量为 10 (百万元), 数据见表 2.1, 问一个最大化总的净现值收益的决策是什么?

表 2.1   选址决策问题的数据

决策序号	是或否	决策变量	净现值收益/百万元	资本需求/百万元
1	工厂在甲地	x_1	9	6
2	工厂在乙地	x_2	5	3
3	仓库在甲地	x_3	6	5
4	仓库在乙地	x_4	4	2

解   根据表中变量设置, 数学模型为

$$\max z = \boldsymbol{c}\boldsymbol{x} = 9x_1 + 5x_2 + 6x_3 + 4x_4$$
$$\text{s.t.} \begin{cases} 6x_1 + 3x_2 + 5x_3 + 2x_4 \leqslant 10 \\ \qquad\qquad\; x_3 + x_4 \leqslant 1 \\ -x_1 \qquad\; + x_3 \qquad \leqslant 0 \\ \qquad -x_2 \qquad + x_4 \leqslant 0 \\ x_j \text{ 是 0-1 变量 } (j = 1, 2, \cdots, 4) \end{cases} \qquad (2.1)$$

其中, 最后一行的条件可换为 $x_j \leqslant 1$, $x_j \geqslant 0$, 且 x_j 是整数 $(j = 1, 2, \cdots, 4)$.

有时, 变量的选择取值为连续变量的区间取值, 如 $x = 0$, 或 $a \leqslant x \leqslant b$, 或 $x = c$, 其中 $0 < a < b < c$. 若设 δ_1 与 δ_2 为 0-1 变量, y_1 与 y_2 为连续变量, 则 x 的取值等价于

$$x = ay_1 + by_2 + c\delta_2, \quad \delta_1 + y_1 + y_2 + \delta_2 = 1$$

特别地, 若 x 为半连续变量, 即 $x = 0$ 或 $x \geqslant a$ $(a > 0)$, 令 δ 为 0-1 变量, y_1 与 y_2 为连续变量, 且设 M 为 x 的上界, 则有

$$x = ay_1 + My_2, \quad \delta + y_1 + y_2 = 1$$

通过逻辑条件的设置, 可以把含 0-1 变量的多项式转化为线性表达式. 例如, 若模型中含有 $\delta_1\delta_2$ 项, 则可以通过如下步骤进行转换:

(1) 以 0-1 变量 δ_3 代替 $\delta_1\delta_2$.

(2) 应用逻辑条件 $\delta_3 = 1 \leftrightarrow \delta_1 = 1.\delta_2 = 1$, 产生附加约束为

$$-\delta_1 + \delta_3 \leqslant 0, \quad -\delta_2 + \delta_3 \leqslant 0, \quad \delta_1 + \delta_2 - \delta_3 \leqslant 1$$

进一步地, 对模型中连续变量 x 与 0-1 变量 δ 的乘积 $x\delta$ 也可线性化, 其转换步骤为:

(1) 以连续变量 y 代替 $x\delta$.

(2) 应用逻辑条件 $\delta = 0 \rightarrow y = 0$ 与 $\delta = 1 \rightarrow y = x$ 产生附加约束为

$$y - M\delta \leqslant 0, \quad -x + y \leqslant 0, \quad x - y + M\delta \leqslant M$$

其中, M 是 x 与 y 的上界.

2.1.2　特殊约束

在实际的管理中, 很多问题无法归结为线性规划的数学模型, 但却可以通过设置逻辑变量建立起整数规划的数学模型.

1) 变量的状态选择

在这种情形下, $x = 0$ 表示一种状态, $x > 0$ 表示另一种状态, 则逻辑条件 $x > 0 \rightarrow \delta = 1$ 的约束条件为

$$x - M\delta \leqslant 0$$

其中, M 是 x 的上界.

对逻辑条件 $x = 0 \rightarrow \delta = 0$ 或 $\delta = 1 \rightarrow x > 0$ 来说, 仅使用一个约束条件来表示完全不可能. 更为现实一点的方法是设 $m > 0$ 表示 x 的一个不可行的下界, 则有约束条件为

$$x - m\delta \geqslant 0$$

例 2.2 (固定费用)　用以表示含固定费用的函数: 用 x_j 代表产品 j 的生产数量, k_j 是同产量无关的生产准备费用, 问题是使所有产品总生产费用为最小.

解　生产费用函数通常为

$$C_j(x_j) = \begin{cases} k_j + c_j x_j, & x_j > 0 \\ 0, & x_j = 0 \end{cases}$$

则为表达上式, 需设置一个逻辑变量 δ_j, 当 $x_j = 0$ 时, $\delta_j = 0$; 当 $x_j > 0$ 时, $\delta_j = 1$. 为此, 引进约束条件 $x_j \leqslant M\delta_j$. 显然, 当 $x_j > 0$ 时, $\delta_j = 1$. 又因为

目标函数是 $\min z = \sum\limits_{j=1}^{n} C_j(x_j)$, 则在 $x_j = 0$ 时, 产生最优解的算法将一直选择 $\delta_j = 0$. 即模型为

$$\min z = \sum_{j=1}^{n} (c_j x_j + k_j \delta_j)$$

$$\text{s.t.} \begin{cases} \text{其他原始限制条件} \\ x_j - M\delta_j \leqslant 0 \\ x_j \geqslant 0, \delta_j = 0 \text{ 或 } 1 \end{cases}$$

在变量的状态选择中, 进一步地, 可以用 $f(x)$ 代替 x 来产生其他状态选择, 如用 $\delta = 1$ 表示 $\sum\limits_{j=1}^{n} a_j x_j \leqslant b$, 此时约束条件为

$$\sum_{j=1}^{n} a_j x_j + M\delta \leqslant M + b \tag{2.2}$$

其中, M 是 $f(x) = \sum\limits_{j=1}^{n} a_j x_j - b$ 的上界.

下面考虑相反逻辑条件的情形, 即考虑 $\sum\limits_{j=1}^{n} a_j x_j \leqslant b \rightarrow \delta = 1$, 此逻辑条件等价于 $\delta = 0 \rightarrow \sum\limits_{j=1}^{n} a_j x_j > b$. 与 (2.2) 的推导类似, 需要把 $\sum\limits_{j=1}^{n} a_j x_j > b$ 表示为 $\sum\limits_{j=1}^{n} a_j x_j \geqslant b + \varepsilon$, 其中 ε 为使等号不成立的一个非常小的数, 则有如下附加约束

$$\sum_{j=1}^{n} a_j x_j - (m - \varepsilon)\delta \geqslant b + \varepsilon \tag{2.3}$$

其中, m 是 $\sum\limits_{j=1}^{n} a_j x_j \leqslant b$ 的下界.

对如 "$\geqslant$" 形式的成立与否的逻辑条件, 在两边同乘 -1 后可以类似讨论, 对应于 (2.2) 与 (2.3) 的约束条件为

$$\sum_{j=1}^{n} a_j x_j + m\delta \geqslant m + b \tag{2.4}$$

$$\sum_{j=1}^{n} a_j x_j - (M + \varepsilon)\delta \leqslant b - \varepsilon \tag{2.5}$$

用 δ 来表示 "$=$" 的情形比较复杂. 此时, 可以用 $\delta = 1$ 表示 "$\leqslant$" 与 "$\geqslant$" 同时成立, 即 (2.2) 与 (2.4). 若用 $\delta = 0$ 来使得 "$\leqslant$" 或 "$\geqslant$" 不成立, 则可引入 δ' 与

δ'' 分别替代 (2.3) 与 (2.5) 中的 δ, 此时如下的附加约束就表示了所需条件:

$$\delta' + \delta'' - \delta \leqslant 1$$

例 2.3 x_1 与 x_3 是不超过 1 的非负连续变量, 试用 0-1 变量 δ 表示约束:

$$2x_1 + 3x_2 \leqslant 1$$

解 设 $M = 4\,(= 2 + 3 - 1)$ 表示 $2x_1 + 3x_2 - 1$ 的上界, 则 $\delta = 1 \rightarrow 2x_1 + 3x_2 \leqslant 1$ 的约束条件为

$$2x_1 + 3x_2 + 4\delta \leqslant 5$$

设 $m = -1\,(= 0 + 0 - 1)$ 表示 $2x_1 + 3x_2 - 1$ 的下界, 取 $\varepsilon = 0.1$, 则 $2x_1 + 3x_2 \leqslant 1 \rightarrow \delta = 1$ 的约束条件为

$$2x_1 + 3x_2 + 1.1\delta \geqslant 1.1$$

2) 变量的特殊有序集

变量的特殊有序集 (special ordered sets of variables, SOS) 包括三类:

(1) SOS1. (连续或整数) 变量集合中仅有一个变量是非零的.

(2) SOS2. 变量集合中至多有两个变量是非零的, 并且这个变量在集合中给定序时是相邻的.

(3) SOS3. 变量集合中所有变量之和为 1.

假定 $(x_1, x_2, \cdots, x_n)$ 在 SOS1 集中, 则可引入 0-1 变量 $\delta_1, \delta_2, \cdots, \delta_n$ 表示 x_i 发生 $(\delta_i = 1)$ 与否 $(\delta_i = 0)$, 即

$$x_i - M_i\delta_i \leqslant 0, \; x_i - m_i\delta_i \geqslant 0 \quad (i = 1, 2, \cdots, n)$$

此时, 附加约束为

$$\delta_1 + \delta_2 + \cdots + \delta_n = 1$$

假定 $(x_1, x_2, \cdots, x_n)$ 在 SOS2 集中, 引入 0-1 变量 $\delta_1, \delta, \cdots, \delta_n$, 则产生附加约束为

$$x_1 - \delta_1 \leqslant 0$$

$$x_2 - \delta_1 - \delta_2 \leqslant 0$$

$$x_3 - \delta_2 - \delta_3 \leqslant 0$$

$$\vdots$$

$$x_{n-1} - \delta_{n-2} - \delta_{n-1} \leqslant 0$$

$$x_n - \delta_{n-1} \leqslant 0$$

$$\delta_1 + \delta_2 + \cdots + \delta_{n-1} = 1$$

最后一式表示了 SOS1 集与 SOS2 集之间的关系, 这是因为当 δ_i 取上界为 1 时, 可以将 δ_i 看为 SOS1 集中的元素.

SOS 集的一个应用是案例 B.1 中限制混合物中配料的种数; 其他应用情形是如希望限制某种产品的产量; 离散生产能力的扩大, 即常常可能在某一价格下违背某一约束条件; 工厂等设施的设点选择; 以及非线性函数离散化等.

2.1.3 建模举例

整数规划在实践中广泛应用, 例如第 5 章介绍的分配问题、旅行推销商问题与布点问题都是整数规划问题. 这里给出在线性规划模型的附加条件建模中的一些应用举例.

1) 选择约束

设 R_i 为第 $i\,(i = 1, 2, \cdots, N)$ 类约束条件, 记 $\delta_i = 1 \rightarrow R_i$, 则对至少有一类约束发生的情形, 即 $R_1 \vee R_2 \vee \cdots \vee R_N$ 表示有附加约束为

$$\delta_1 + \delta_2 + \cdots + \delta_N \geqslant 1$$

进一步地, $(R_1, R_2, \cdots, R_N)$ 中至少有 k 类约束成立会产生附加约束为

$$\delta_1 + \delta_2 + \cdots + \delta_N \geqslant k$$

类似地, 至多有 k 类约束成立会产生附加约束为

$$\delta_1 + \delta_2 + \cdots + \delta_N \leqslant k$$

作为这种条件的一种应用就是利用整数规划给出非凸域的限制条件, 这种域可能产生于所研究的问题或代表以曲线为界的非凸域之逐段线性逼近. 当然, 这种方法也可处理可行域不相连的情况.

2) Maximax 型目标函数

例如, 在线性约束条件下, 目标函数是

$$\max \left(\max_i \left(\sum_j a_{ij} x_j \right) \right) \tag{2.6}$$

此时, 引入一辅助变量 z, 则除了其他原始线性约束条件以外, 模型可等价为

$$\begin{aligned} &\max z \\ &\text{s.t.} \sum_j a_{1j} x_j - z = 0 \ \text{或} \ \sum_j a_{2j} x_j - z = 0 \ \text{或} \cdots\cdots \end{aligned}$$

3) 分段线性化

这种方法经常用于经济规模问题, 例如在商业销售中经常会遇到根据购买数量打折扣的情况就是这种情形, 见图 2.1.

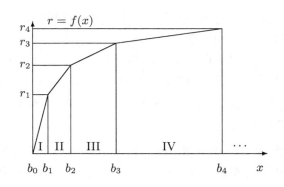

图 2.1   函数的分段线性关系

单位边际利润为

$$\frac{r_1}{b_1} > \frac{r_2 - r_1}{b_2 - b_1} > \frac{r_3 - r_2}{b_3 - b_2} \cdots$$

引入 0-1 变量 λ_i $(i = 0, 1, 2, \cdots, n)$ 表示区域 I, II, $\cdots\cdots$ 中线段端点的权重, 则 x 和 $f(x)$ 可表示为

$$x = \sum_{i=1}^{n} b_i \lambda_i, \quad f(x) = \sum_{i=1}^{n} r_i \lambda_i$$

其中, 变量集 $(\lambda_0, \lambda_1, \cdots, \lambda_n)$ 是 SOS2 集.

4) 连续相关决策

例如, 考虑一个多周期的设施问题, 设 γ_t 表示如下决策: $\gamma_t = 0$ 表示设施永远关闭, $\gamma_t = 1$ 表示设施 (在本周期内) 临时关闭, $\gamma_t = 2$ 表示设施 (在本周期内) 使用, 则逻辑条件

$$\gamma_t = 0 \rightarrow (\gamma_{t+1} = 0).(\gamma_{t+2} = 0)...(\gamma_n = 0)$$

会产生如下约束条件:

$$-2\gamma_1 + \gamma_2 \leqslant 0$$

$$-2\gamma_2 + \gamma_3 \leqslant 0$$

$$\vdots$$

$$-2\gamma_{n-1} + \gamma_n \leqslant 0$$

在此情形下, 与通常取 0-1 变量不同, 可以看到决策变量 γ_t 有三个取值. 这种情形的一个应用是案例 B.6.

2.2　模型求解

在介绍求解方法之前, 先指出与整数规划求解相关的两个问题[10]:

(1) IP 问题没有 LP 问题那么明显的经济含义, 因此一个可行的变通方法是在模型中把所有的整数变量都固定在最优水平上, 然后仅考虑连续变量的边际效应. 这样做的一个根本原因是整数变量通常都表示主要的运作决策, 在决定这些基本决策后, 则在相应的基本运作模式下来考虑经济的边际效应也许会让决策者更感兴趣. 一个应用是案例 B.13 中对电费的不同比率的讨论.

(2) 有时, 为了建立一个使得最优解比较稳定的 IP 模型, 可以在含整数变量的约束条件中加入一个松弛变量, 然后在目标函数中增加一个惩罚函数. 这样做的一个好处是: ① 最优的目标函数值可以变为右边系数的连续函数; ② 当右边系数变化时, 最优解不会发生突变, 即最优解是右边系数的半连续函数.

下面介绍整数规划的分枝定界法, 整数规划的割平面法以及其他模型求解的最新进展等可见文献 [1].

2.2.1　MIP 问题

考虑问题

$$\max z = \sum_{j=1}^{n} c_j x_j$$
$$\text{s.t.} \begin{cases} \sum\limits_{j=1}^{n} a_{ij} x_j \leqslant b_i & (i = 1, 2, \cdots, m) \\ x_j \geqslant 0 & (j = 1, 2, \cdots, n) \\ x_j \text{ 是整数} & (j = 1, 2, \cdots, I; I \leqslant n) \end{cases}$$

其中, $I = n$ 时, MIP 问题就是 IP 问题.

对目标为最大化的整数规划问题来说, 参见文献 [1] 有如下结论: 若求解一个整数规划的线性规划松弛问题时得到一个整数解, 这个解一定也是整数规划的最优解, 只是这种巧合的概率很小; 若得到的解不是一个整数解, 则线性规划松弛问题的解值是整数规划目标函数值的一个上界; 若找到一个整数解, 则该整数解是最优整数解的一个下界.

若能找到一种方法, 不断降低上界, 提高下界, 最后使得下界等于上界, 就可以搜索到最优整数解, 分枝定界法就是按这一原理设计的. 其迭代步骤为:

1) 初始化

求给定整数规划问题的线性规划松弛问题, 若解是整数解, 则其为整数规划的最优解. 否则, 作为该问题最优整数解的初始上界, 初始下界设为 $-\infty$.

2) 分枝与分枝树

在任何一个问题或子问题中, 从不满足整数要求的变量里面选择其中一个进行处理的过程称为分枝. 分枝通过加入一对互斥的约束将一个 (子) 问题分解为两个受到进一步约束的子问题, 强迫不为整数的变量进一步逼近整数值, 以此分枝去掉两个整数之间的非整数域, 缩小搜索的区域.

子问题若不满足整数要求则继续向下分枝, 分枝可以形成一个分枝树.

3) 定界与剪枝

通过不断分枝和求解各个子问题, 不断修正其上下界的过程称为定界. 上界由还没有求解过的子问题中最大目标函数值确定, 下界由已经得到的最好整数解确定. 求解一个子问题会出现以下结果:

(1) 得到一个非整数解时, 并且当该子问题目标函数值大于剪枝值时, 才继续向下分枝. 否则, 该子问题被剪枝, 记为 $F(1)$.

(2) 子问题无可行解, 此时无需继续向下分枝, 该子问题被剪枝, 记为 $F(2)$.

(3) 得到一个整数解, 则不必继续向下分枝, 该子问题被剪枝, 记为 $F(3)$. 若该整数解是目前得到的最好整数解, 则用其值作为新的下界.

4) 搜索迭代

每完成一次分枝过程即完成一次搜索. 在搜索过程中, 当修改下界后, 要检查所有还未求解过的子问题并剪去目标函数值小于新下界的子问题. 若此时没有找到整数解, 则该问题没有整数解; 否则, 搜索过程中已得到的最好整数解是该问题的最优解.

例 2.4　求下述整数规划问题的最优解:

$$\max z = 3x_1 + 2x_2$$
$$\text{s.t.} \begin{cases} 2x_1 + 3x_2 \leqslant 14 \\ x_1 + 0.5x_2 \leqslant 4.5 \\ x_1 \geqslant 0, x_2 \geqslant 0, \text{ 且均取整数值} \end{cases}$$

解　此例的松弛问题是一个线性规划问题, 记作 L_0.

$$L_0: \quad \max z = 3x_1 + 2x_2$$
$$\text{s.t.} \begin{cases} 2x_1 + 3x_2 \leqslant 14 \\ x_1 + 0.5x_2 \leqslant 4.5 \\ x_1 \geqslant 0, x_2 \geqslant 0 \end{cases}$$

其最优解为 $(3.25, 2.5)$, 不是原问题的可行解, 因此转第二步.

$x_1 = 3.25$, $x_2 = 2.5$ 均不是整数, 则需要进行分枝. 可任选一个, 设以 x_2 进行分枝. 在 L_0 中分别加上约束 $x_2 \leqslant 2$ 和 $x_2 \geqslant 3$ 分成两个子问题 L_1 和 L_2.

$$L_1 : \max z = 3x_1 + 2x_2 \qquad L_2 : \max z = 3x_1 + 2x_2$$
$$\text{s.t.} \begin{cases} 2x_1 + 3x_2 \leqslant 14 \\ x_1 + 0.5x_2 \leqslant 4.5 \\ x_2 \leqslant 2 \\ x_1 \geqslant 0, x_2 \geqslant 0 \end{cases} \qquad \text{s.t.} \begin{cases} 2x_1 + 3x_2 \leqslant 14 \\ x_1 + 0.5x_2 \leqslant 4.5 \\ x_2 \geqslant 3 \\ x_1 \geqslant 0 \end{cases}$$

L_1 的最优解为 $(3.5, 2)$, $z = 14.5$; L_2 的最优解为 $(2.5, 3)$, $z = 13.5$. 由于两个子问题的最优解仍非原问题的可行解, 故选取边界值较大的子问题 L_1 继续分枝. 在 L_1 中分别加上约束 $x_1 \leqslant 3$ 和 $x_1 \geqslant 4$ 得 L_{11} 和 L_{12}.

$$L_{11} : \max z = 3x_1 + 2x_2 \qquad L_{12} : \max z = 3x_1 + 2x_2$$
$$\text{s.t.} \begin{cases} 2x_1 + 3x_2 \leqslant 14 \\ x_1 + 0.5x_2 \leqslant 4.5 \\ x_2 \leqslant 2 \\ x_1 \leqslant 3 \\ x_1 \geqslant 0, x_2 \geqslant 0 \end{cases} \qquad \text{s.t.} \begin{cases} 2x_1 + 3x_2 \leqslant 14 \\ x_1 + 0.5x_2 \leqslant 4.5 \\ x_2 \leqslant 2 \\ x_1 \geqslant 4 \\ x_2 \geqslant 0 \end{cases}$$

L_{11} 的最优解为 $(3, 2)$, $z = 13$; L_{12} 的最优解为 $(4, 1)$, $z = 14$. 两个最优解均属原问题的可行解, 保留可行解中较大的一个 $z = 14$.

由于 L_2 分枝的边界值小于可行解值 $z = 14$, 应剪去. 子问题 L_{12} 的最优解 $x_1 = 4$, $x_2 = 1$, $z = 14$ 为最优解. 其计算过程见图 2.2.

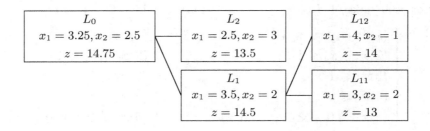

图 2.2　MIP 问题的分枝定界法

2.2.2　BIP 问题

和分枝定界法解 MIP 问题的思想相类似, 分枝定界法解 BIP 问题的求解过程中不同的变化只是在产生子问题时, 分枝变量的选择为自然序 $x_1, x_2, \cdots, x_n$; 在确定变量之值以产生两个分枝子问题时, 变量是被固定为 0 或 1, 而不是两个范围之值的形式.

例 2.5　考虑用分枝定界法求解原始模型例 2.1.

解　求解原问题的松弛问题 (只放宽条件 (5), 但 $0 \leqslant x_j \leqslant 1$), 有 $x = \left(\frac{5}{6}, 1, 0, 1\right)$, $z = 16\frac{1}{2}$, 上界为 16. 则初始化 $z^* = -\infty$ 后进入迭代.

迭代 1: 对变量 x_1 进行分枝, 有子问题 L_1 与 L_2.

$L_1: x_1 = 0$ 时
$$\max z = 5x_2 + 6x_3 + 4x_4$$
s.t. $\begin{cases} (1)3x_2 + 5x_3 + 2x_4 \leqslant 10 \\ (2)x_3 + x_4 \leqslant 1 \\ (3)x_3 \leqslant 0 \\ (4)-x_2 + x_4 \leqslant 0 \\ (5)x_j \text{ 是 0-1 变量 } (j = 2, 3, 4) \end{cases}$

$L_2: x_1 = 1$ 时
$$\max z = 9 + 5x_2 + 6x_3 + 4x_4$$
s.t. $\begin{cases} (1)3x_2 + 5x_3 + 2x_4 \leqslant 4 \\ (2)x_3 + x_4 \leqslant 1 \\ (3)x_3 \leqslant 1 \\ (4)-x_2 + x_4 \leqslant 0 \\ (5)x_j \text{ 是 0-1 变量 } (j = 2, 3, 4) \end{cases}$

定界: 子问题 L_1 的松弛问题中, $x = (0, 1, 0, 1)$, $z = 9$, 上界为 9. 子问题 L_2 的松弛问题中, $x = \left(1, \frac{4}{5}, 0, \frac{4}{5}\right)$, $z = 16\frac{1}{2}$, 上界为 16.

剪枝: 由 $x = (0, 1, 0, 1)$ 是整数解知 $z^* = 9$, 剪去子问题 L_1.

迭代 2: 固定 $x_1 = 1$ 后, 对变量 x_2 进行分枝有子问题 L_3 与 L_4.

$L_3: x_1 = 1, x_2 = 0$
$$\max z = 9 + 6x_3 + 4x_4$$
s.t. $\begin{cases} (1)5x_3 + 2x_4 \leqslant 4 \\ (2)x_3 + x_4 \leqslant 1 \\ (3)x_3 \leqslant 1 \\ (4)x_4 \leqslant 0 \\ (5)x_j \text{ 是 0-1 变量 } (j = 3, 4) \end{cases}$

$L_4: x_1 = 1, x_2 = 1$
$$\max z = 14 + 6x_3 + 4x_4$$
s.t. $\begin{cases} (1)5x_3 + 2x_4 \leqslant 1 \\ (2)x_3 + x_4 \leqslant 1 \\ (3)x_3 \leqslant 1 \\ (4)x_4 \leqslant 1 \\ (5)x_j \text{ 是 0-1 变量 } (j = 3, 4) \end{cases}$

子问题 L_3 的松弛问题: $x = \left(1, 0, \frac{4}{5}, 0\right)$, $z = 13\frac{4}{5}$, 上界为 13. 子问题 L_4 的松弛问题: $x = \left(1, 1, 0, \frac{1}{2}\right)$, $z = 16$, 上界为 16.

迭代 3: L_4 上界大于 L_3 上界, 下一个节点是 $(x_1, x_2) = (1, 1)$, 继续分枝.

$L_5: x_1 = x_2 = 1, x_3 = 0$　　　　　$L_6: x_1 = x_2 = x_3 = 1$

$\max z = 14 + 4x_4$　　　　　　　　　$\max z = 20 + 4x_4$

s.t. $\begin{cases} (1)2x_4 \leqslant 1 \\ (2), (4)x_4 \leqslant 1 \ (两次) \\ (5)x_j \ 是 \ 0\text{-}1 \ 变量 \ j = 4 \end{cases}$　　s.t. $\begin{cases} (1)2x_4 \leqslant -4 \\ (2)x_4 \leqslant 0 \\ (4)x_4 \leqslant 1 \\ (5)x_j \ 是 \ 0\text{-}1 \ 变量 \end{cases}$

子问题 L_5 的松弛问题: $x = \left(1, 1, 0, \frac{1}{2}\right), z = 16$, 上界为 16. 子问题 L_6 的松弛问题: 无可行解. 子问题 L_6 因松弛问题无可行解而被剪枝, 子问题 L_5 的松弛问题在表明下一个节点就是 $(1, 1, 0)$ 和子问题 L_3 的 $(1, 0)$, 进入迭代 4.

迭代 4: 节点是 $(1, 0)$, 或 $(1, 1, 0)$, 考虑 (x_4), 但最后一个节点是最近产生的, 所以选择出来作下次分枝, $x_4 = 0$ 产生一个单一解, 而不是子问题.

$$x_4 = 0: x = (1.1, 0, 0), \ 是可行的, \ 并且 \ z = 14$$
$$x_4 = 1: x = (1, 1, 0, 1), \ 不可行$$

因为 $14 > 9$, 由此新的最优值 $z^* = 14$. 用此解来判断剩余子问题, 子问题 L_3 被去枝. 即 BIP 最优解 $x^* = (1, 1, 0, 0)$; 最优值 $z^* = 14$, 其求解过程见图 2.3.

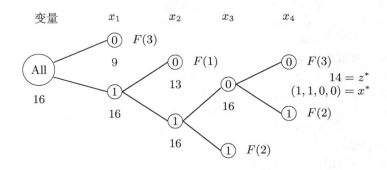

图 2.3　BIP 问题的分枝定界法

2.2.3　软件求解

整数规划的软件求解方法主要就是上面介绍的分枝定界法与割平面法. 当然, 软件在求解时, 还有其他一些处理技术, 参见文献 [1].

例 2.1 在 Lindo 中的实现为

```
max 9x1+5x2+6x3+4x4
st
6x1+3x2+5x3+2x4<10
x3+x4<1
-x1+x3<0
-x2+x4<0
end
int x1
int x2
int x3
int x4
```

求解结果为

```
LP OPTIMUM FOUND AT STEP        4
OBJECTIVE VALUE =    16.5000000
NEW INTEGER SOLUTION OF     14.0000000
AT BRANCH       0 PIVOT        4
RE-INSTALLING BEST SOLUTION...
        OBJECTIVE FUNCTION VALUE
    1)      14.00000
  VARIABLE        VALUE         REDUCED COST
        X1      1.000000        -9.000000
        X2      1.000000        -5.000000
        X3      0.000000        -6.000000
        X4      0.000000        -4.000000
      ROW    SLACK OR SURPLUS    DUAL PRICES
      2)      1.000000          0.000000
      3)      1.000000          0.000000
      4)      1.000000          0.000000
      5)      1.000000          0.000000
NO. ITERATIONS=       4
BRANCHES=      0 DETERM.=  1.000E    0
```

■ 思考题

2.1 试利用 0-1 变量分别表示下列情形.

(1) 变量 x 只能取值 $0, 3, 5$ 或 7 中的一个.

(2) 产品 A 或产品 B (或两者均) 生产时, 则产品 C, D 与 E 至少生产一种.

(3) 若 $x_1 \leqslant 2$, 则 $x_2 \geqslant 1$, 否则 $x_2 \leqslant 4$.

(4) 如图 2.4 所示的非凸域 $0ABCDEFG$ 的限制条件, 其中 $A, B, \cdots, G$ 的坐标分别为 $(0,3)$, $(1,3)$, $(2,2)$, $(4,4)$, $(3,1)$, $(1,5)$, $(5,0)$.

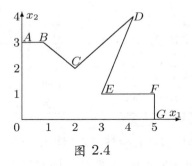

图 2.4

2.2 试给出例 0.1 的数学模型.

2.3 某钻井队要从以下 10 个可供选择的井位中确定 5 个钻井探油, 目的是使总的钻探费用最小. 若 10 个井位代号为 $S_1, S_2, \cdots, S_{10}$, 相应的钻探费用为 c_1, $c_2, \cdots, c_{10}$, 并且井位的选择上要满足下列条件:

(1) 或选择 S_1 和 S_7, 或选择钻探 S_8.

(2) 选择 S_3 或 S_4 就不能选 S_5, 或反过来也一样.

(3) 在 S_2, S_6, S_9, S_{10} 中最多只能选两个.

试建立这个问题的数学模型.

2.4 某汽车厂生产微型轿车、中级轿车和高级轿车. 每种轿车需要的资源和销售利润见表 2.2, 其中钢材单位为吨, 人工单位为小时. 为达到经济规模, 每种汽车月产量必须达到一定数量时才可进行生产. 工厂规定经济规模为微型车 1500 辆, 中级车 1200 辆, 高级车 1000 辆, 请构造一个整数规划使该厂利润最大.

2.5 某公司有资金 400 万元, 可向 A, B, C 三个项目投资, 已知各项目不同投资的相应效益值 (单位: 百万) 如表 2.3 所示. 问如分配资金可使总效益最大?

表 2.2

	微型车	中级车	高级车	资源量
钢材	1.5	2	2.5	6000
人工	30	40	50	55000
利润	2	3	4	

表 2.3

项目\投资	0	1	2	3	4
A	0	41	48	60	66
B	0	42	50	60	66
C	0	64	68	78	76

2.6 某公司主要生产和销售复印机, 影响复印机销售量的主要因素之一是公司能否提供快捷的维修服务. 根据历年统计表明, 若维修服务机构的距离在 200 千米之内, 销售量将会明显的提高, 表 2.4 是华北地区四个主要城市在不同服务条件下

一年销售复印机数量 (台) 的预测. 每台复印机的销售利润为 1 万元, 在每个城市设立一个服务机构每年的平均费用为 80 万元, 各个城市之间距离见表 2.5.

表 2.4

服务机构	北京	天津	石家庄	太原
在 200 千米之内	1000	800	600	500
不在 200 千米之内	700	600	400	300

表 2.5

城市	北京	天津	石家庄	太原
北京	0	130	200	350
天津	130	0	330	480
石家庄	200	330	0	150
太原	350	480	150	0

请构造能使该公司年利润最大的整数规划模型.

2.7 为解决污水对河流的污染问题, 某市计划修建污水处理站. 备选的站址有三个, 其投资等技术经济参数见表 2.6, 表中的投资已折算到年. 按环保部门要求, 每年要从污水中清除 8 万吨污染物 I 和 6 万吨污染物 II. 请构造一个整数规划模型, 在满足环保要求的前提下使投资和运行费用最小.

表 2.6

备选站址	投资 /万元	处理能力 /(万吨/年)	污水处理成本 /(元/万吨)	污水处理指标/(吨/万吨) 污染物 I	污染物 II
站址 1	400	800	200	80	60
站址 2	300	500	300	50	40
站址 3	250	400	400	40	50

2.8 一名学生要从 4 个系中挑选 10 门选修课程. 他必须从每个系中至少选 1 门课, 其目的是把 10 门课分到 4 个系中, 使得在 4 个领域中的 "知识" 最多. 由于对课程内容的理解力和课程的内容的重复, 他认为若在某一个系所选的课程超过一定数目时, 知识就不能显著的增加. 为此采用 100 分作为衡量学习能力, 并以此作为在每个系选修课程的依据. 经过详细调查分析得到表 2.7. 试确定这名学生选修课程的最优方案.

表 2.7

	1	2	3	4	5	6	7	8	9	10
I	25	50	60	80	100	100	100	100	100	100
II	20	70	90	100	100	100	100	100	100	100
III	40	60	80	100	100	100	100	100	100	100
IV	10	20	30	40	50	60	70	80	90	100

第 3 章

非线性规划

若线性规划模型中目标函数或约束条件出现非线性情形, 则问题变为非线性规划. 非线性规划是是线性规划的进一步发展和继续. 本章仅介绍非线性规划问题的数学模型和软件实现思路, 其他一般性理论等内容可参见文献 [1, 3].

3.1 数学模型

非线性规划模型的建模考虑与线性规划的完全相类似. 下面只是简单地给出两个问题来表明非线性规划模型的一些基本特征.

例 3.1 某工厂生产三种产品, 单位成本分别为 5 元, 12 元, 9 元. 设 x_j $(j = 1, 2, 3)$ 为产品 j 的月销售量 (单位: 千), p_j 为产品 j 的单位售价 (元), 则需求关系式为 $x_1 = 18 - p_1$, $x_2 = 9 + \frac{1}{3}p_1 - p_2$, $x_3 = 13 - p_3$. 表 3.1 列出有关制造过程的资源需求. 现假定所有产品都可完全销售, 试求使得生产利润最大的生产方案?

表 3.1　制造过程的资源需求 (单位: 小时)

	产品 1	产品 2	产品 3	每月可用量
机器时间	0.3	0.4	0.6	1500
劳工时间	0.4	1.0	0.7	2800

解　令 x_j $(j = 1, 2, 3)$ 表示产品的产量, z 表示生产利润, 则模型为

$$\max z = 13x_1 - x_1^2 + 3x_2 - \frac{1}{3}x_1 x_2 - x_2^2 + 4x_3 - x_3^2$$
$$\text{s.t.} \begin{cases} 3x_1 + 4x_2 + 6x_3 \leqslant 15 \\ 4x_1 + 10x_2 + 7x_3 \leqslant 28 \\ x_1 \geqslant 0, x_2 \geqslant 0, x_3 \geqslant 0 \end{cases}$$

例 3.2 (可靠性问题)   若某机器的工作系统由 n 个部件串联组成, 为提高系统工作的可靠性, 在每一个部件上均装有主要元件的备用件, 并且设计备用元件自动投入使用装置. 但备用元件多了, 系统的成本、重量、体积均相应加大, 工作精度也降低. 现问应如何选择各部件的备用元件数, 使系统工作可靠性最大?

解   设部件 $i\,(i = 1, 2, \cdots, n)$ 上装有 u_i 个备用件时, 它正常工作的概率为 $p_i(u_i)$. 整个系统正常工作的可靠性为

$$P = \prod_{i=1}^{n} p_i(u_i)$$

设装一个部件 i 备用元件费用为 c_i, 重量为 w_i, 要求总费用不超过 c, 总重量不超过 w, 则这个问题有两个约束条件, 其规划模型为

$$\max P = \prod_{i=1}^{n} p_i(u_i)$$
$$\text{s.t.} \begin{cases} \sum_{i=1}^{n} c_i u_i \leqslant c \\ \sum_{i=1}^{n} w_i u_i \leqslant w \\ u_i \geqslant 0 \text{ 且为整数} \quad (i = 1, 2, \cdots, n) \end{cases}$$

一般地, 非线性规划的模型为

$$\min_{\boldsymbol{x} \in X} f(\boldsymbol{x}) \tag{3.1}$$

其中, $X \subseteq \Re^n$, X 称为可行域.

当 $X = \Re^n$ 时, 非线性规划模型 (3.1) 为无约束问题; 当 $X \subset \Re^n$ 时, 模型 (3.1) 为有约束问题. 可行域中的点 $\boldsymbol{x} = (x_1, x_2, \cdots, x_n)^T$ 称为可行点, 或说点 $\boldsymbol{x}$ 对模型 (3.1) 是可行的. $f(\boldsymbol{x})$ 称为目标函数, 使 $f(\boldsymbol{x})$ 在 X 上取到最小值的点 $\boldsymbol{x}^*$ 称为最优解, 对应的目标函数值称为最优值.

由于问题 $\max\limits_{\boldsymbol{x} \in X} f(\boldsymbol{x})$ 可以转化为等价的模型 $\min\limits_{\boldsymbol{x} \in X}[-f(\boldsymbol{x})]$, 故以下仅考虑极小化问题. 为统一起见, 称以下模型:

$$\min\ f(\boldsymbol{x})$$
$$\text{s.t.} \begin{cases} g_i(\boldsymbol{x}) \leqslant 0 & (i = 1, 2, \cdots, m) \\ h_j(\boldsymbol{x}) = 0 & (j = 1, 2, \cdots, l) \end{cases} \tag{3.2}$$

为标准的非线性规划. 其中, $f(\boldsymbol{x}), g_i(\boldsymbol{x}), h_j(\boldsymbol{x})$ 都是定义在 $\Re^n$ 上的实值函数; $g_i(\boldsymbol{x})\,(i = 1, 2, \cdots, m)$ 及 $h_j(\boldsymbol{x})\,(j = 1, 2, \cdots, l)$ 称为约束函数, 称 $g_i(\boldsymbol{x}) \leqslant 0$ 为不等式约束, $h_j(\boldsymbol{x}) = 0$ 为等式约束.

3.2　模型求解

当一个非线性规划问题只有一个或两个决策变量时, 全局最优解及局部最优解具有直观的几何意义. 图 3.1 给出 $n = 1$ 时的直观图示. 可以看出, x_1, x_2, x_3 是局部最优解, 而且 x_2 还是全局最优解, x_1 是严格局部最优解, 而 x_3 不是严格局部最优解. 实际上, 在非线性规划模型中, 局部最优解不一定是全局最优解, 而全局最优解一定为局部最优解. 因此, 找出使得局部最优解成为全局最优解的条件非常关键.

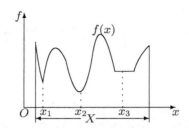

图 3.1　一元函数的全局及局部最优解

3.2.1　图解法

与线性规划的图解法类似, 当一个非线性规划模型中只含有两个决策变量时, 也有图解法可以利用.

例 3.3　考虑用图解法求解如下非线性规划问题:

(1) $\max f_1(\boldsymbol{x}) = 3x_1 + 5x_2$

　　 s.t. $\begin{cases} x_1 \leqslant 4 \\ 9x_1^2 + 5x_2^2 \leqslant 216 \\ x_1 \geqslant 0, x_2 \geqslant 0 \end{cases}$

(2) $\max f_2(\boldsymbol{x}) = 54x_1 - 9x_1^2 + 78x_2 - 13x_2^2$

　　 s.t. $\begin{cases} x_1 \leqslant 4 \\ 2x_2 \leqslant 12 \\ 3x_1 + 2x_2 \leqslant 18 \\ x_1 \geqslant 0, x_2 \geqslant 0 \end{cases}$

解　(1) 可行域 X_1 如图 3.2(a) 中阴影区域所示. 点 $(x_1, x_2)^T = (2, 6)^T$ 为最优解, 且最优解落在可行域的边界上 (但它不是可行域 X 的顶点或极点).

(2) 可行域 X_2 如图 3.2(b) 中阴影区域所示. 点 $(x_1, x_2)^T = (3, 3)^T$ 为最优解, 落在可行域内部.

以上求解过程表明了非线性规划的求解不像线性规划那样有普适性的算法, 因此对特定问题, 需要特殊的算法进行求解.

在例 3.3 中, (1) 之模型被称为二次约束规划, (2) 之模型被称为二次规划, 这是 Lingo, Cplex 或 Opl 等软件中的基本非线性规划问题, 参见 3.3.3 节.

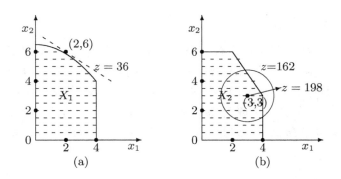

图 3.2　二元函数的全局最优解

3.2.2　软件求解

由于非线性规划的手工计算比较复杂, 因此一般使用软件来求解, 这里只就 Lingo 进行介绍, 详细的理论推导可参见文献 [1, 3]. 当然, WinQSB 也能实现非线性规划问题, 但不推荐使用, 原因在于模型的维护方面, 特别是对于大型问题, 更是如此. 例 3.1 的输入为

```
max=13*x1-x1^2+3*x2-(1/3)*x1*x2-x2^2+4*x3-x3^2;
3*x1+4*x2+6*x3<=15;
4*x1+10*x2+7*x3<=28;
x1>=0;  x2>=0;  x3>=0;
end
```

对例 3.1 或例 3.3 等问题来说, Lingo 可以很快地求解这类非线性规划问题. 实际上, Lingo 可用来解决更复杂的、规模更大的问题. 但是, 非线性规划问题还有其他多种形式. 在一些非线性规划问题里, 可能含有边际收益递增的活动, 或者约束函数是非线性, 或者利润曲线是不连续的几段曲线. 这些问题很多不能求解, 即使这类问题可以求解, 一般也是很难解出的. 对这类问题, 需要运用一定的技巧转化为软件能求解的基本模型 (即例 3.1 或例 3.3 的模型等). 因此, 管理者在处理这一类问题时最好取得运筹学专家的帮助.

3.3　特殊规划

下面简单地介绍几类非线性规划问题, 其中二次规划是 Cplex 与 Lingo 等软件求解非线性规划问题的基本算法, 而把问题转化为可分规划是处理一般非线性规划问题的一个思路, 详细讨论参见文献 [1, 3].

3.3.1　分式规划

在数学规划问题中, 若目标函数为分式函数, 且约束条件中的函数是线性的, 则称为线性分式规划, 简称分式规划. 分式规划通常可表示为如下形式:

$$\min \quad \frac{\boldsymbol{p}^T\boldsymbol{x} + \alpha}{\boldsymbol{q}^T\boldsymbol{x} + \beta}$$
$$\text{s.t.} \quad \begin{cases} \boldsymbol{A}\boldsymbol{x} \leqslant \boldsymbol{b} \\ \boldsymbol{x} \geqslant \boldsymbol{0} \end{cases} \tag{3.3}$$

其中, α, β 是已知常数; $\boldsymbol{p}, \boldsymbol{q}$ 是 n 维列向量; $\boldsymbol{b}$ 是 m 维列向量; $\boldsymbol{A}$ 是 $m \times n$ 阶矩阵.

这一类问题有类似于线性规划问题的极好的性质:

(1) 若分式规划问题存在最优解, 则最优解可在可行域顶点上达到.

(2) 任一局部极小值即是全局极小值.

例 3.4 (投资决策问题)　某企业有 n 个项目可供选择投资, 并且至少要对其中一个项目投资. 已知该企业拥有总资金 A 元, 投资于第 $i\,(i = 1, 2, \cdots, n)$ 个项目需花资金 a_i 元, 并预计可收益 b_i 元. 试选择最佳投资方案.

解　设投资决策变量为

$$x_i = \begin{cases} 1, & \text{决定投资第 } i \text{ 个项目} \\ 0, & \text{决定不投资第 } i \text{ 个项目} \end{cases} \quad (i = 1, 2, \cdots, n)$$

则问题归结为总资金以及决策变量 (取 0 或 1) 的限制条件下, 极大化总收益和总投资之比, 数学模型为

$$\max Q = \frac{\displaystyle\sum_{i=1}^{n} b_i x_i}{\displaystyle\sum_{i=1}^{n} a_i x_i}$$
$$\text{s.t.} \quad \begin{cases} \displaystyle\sum_{i=1}^{n} a_i x_i \leqslant A \\ \displaystyle\sum_{i=1}^{n} x_i \geqslant 1 \\ x_i(1 - x_i) = 0 \quad (i = 1, 2, \cdots, n) \end{cases}$$

下面, 简要介绍由 Charnes 和 Cooper 于 1962 年提出的用单纯形方法求解分式规划问题 (3.3) 的方法.

设集合 $S = \{\boldsymbol{x} \in \Re^n \mid \boldsymbol{A}\boldsymbol{x} \leqslant \boldsymbol{b}, \boldsymbol{x} \geqslant \boldsymbol{0}\}$ 是有界闭集, 且对 $\forall \boldsymbol{x} \in S$, 有 $\boldsymbol{q}^T\boldsymbol{x} + \beta > 0$. 引入新变量 z, 令 $z = \dfrac{1}{\boldsymbol{q}^T\boldsymbol{x} + \beta}, \boldsymbol{y} = z\boldsymbol{x}$, 则以上模型可转化为线

性规划模型

$$\min \quad \boldsymbol{p}^T\boldsymbol{y} + \alpha z$$
$$\text{s.t.} \begin{cases} \boldsymbol{A}\boldsymbol{y} - \boldsymbol{b}z \leqslant 0 \\ \boldsymbol{q}^T\boldsymbol{y} + \beta z = 1 \\ \boldsymbol{y} \geqslant 0, z \geqslant 0 \end{cases} \tag{3.4}$$

至此, 可用单纯型法来求解此规划, 并最终得到原分式规划的最优解.

例 3.5 求解下列分式规划:

$$\min \quad \frac{-2x_1 + x_2 + 2}{x_1 + 3x_2 + 4}$$
$$\text{s.t.} \begin{cases} -x_1 + x_2 \leqslant 4 \\ 2x_1 + x_2 \leqslant 14 \\ x_2 \leqslant 6 \\ x_1 \geqslant 0, x_2 \geqslant 0 \end{cases}$$

解 令 $z = \dfrac{1}{x_1 + 3x_2 + 4}$, $\boldsymbol{y} = z\boldsymbol{x}$, 则原分式规划问题可转化为如下等价的线性规划模型:

$$\min \quad -2y_1 + y_2 + 2z$$
$$\text{s.t.} \begin{cases} -y_1 + y_2 - 4z \leqslant 0 \\ 2y_1 + y_2 - 14z \leqslant 0 \\ y_2 - 6z \leqslant 0 \\ y_1 + 3y_2 + 4z = 1 \\ y_1 \geqslant 0, y_2 \geqslant 0, z \geqslant 0 \end{cases}$$

用单纯形法求得, $y_1 = \dfrac{7}{11}, y_2 = 0, z = \dfrac{1}{11}$ 是以上线性规划模型的最优解, 故原分式规划的最优解为 $x_1 = \dfrac{y_1}{z} = 7, x_2 = \dfrac{y_2}{z} = 0$.

3.3.2 可分规划

可分离函数是由若干个单变量函数之和表示的函数. 例如, 函数 $x_1^2 + 2x_2 + e^{x_3}$ 是可分离函数, 因为 $x_1^2, 2x_2$ 和 e^{x_3} 诸项均为单变量函数. 而函数 $x_1x_2 + \dfrac{x_2}{1+x_1} + x_3$ 不是可分离函数, 因为 $x_1x_2, \dfrac{x_2}{1+x_1}$ 都是多变量函数. 对此, 文献 [1] 详细介绍了一些如何把一般函数转为可分函数的方法.

可分规划是指其目标函数和约束函数均为可分离函数, 即

$$\min \ \sum_{j=1}^{n} f_j(x_j)$$

$$\text{s.t.} \begin{cases} \sum_{j=1}^{n} g_{ij}(x_j) \leqslant p_i & (i = 1, 2, \cdots, m) \\ x_j \geqslant 0 & (j = 1, 2, \cdots, n) \end{cases} \tag{3.5}$$

显然, 可分规划是线性规划的一种推广. 当 $f_j(x_j), g_{ij}(x_j)$ 均是 x_j 的线性函数时就成为一个线性规划.

下面, 为处理可分离函数中的非线性函数, 对每个单变量非线性函数做逐段逼近. 显然, 不论非线性函数出现在目标函数或约束条件中, 或两者中均有, 都可采用这种方法. 考虑如下的可分规划问题:

$$\min \ x_1^2 - 4x_1 - 2x_2$$

$$\text{s.t.} \begin{cases} x_1 + x_2 \leqslant 4 \\ 2x_1 + x_2 \leqslant 5 \\ -x_1 + 4x_2 \geqslant 2 \\ x_1 \geqslant 0, x_2 \geqslant 0 \end{cases}$$

该模型中只有 x_1^2 是非线性项, 且根据第 2 个约束条件知, x_1 的值不会超过 2.5. 下面对 x_1^2 的逐段线性逼近只考虑介于 0 和 2.5 之间的值, 对 x_1 采用分点 0, 1, 2, 2.5, 于是用简单线性项 y 取代非线性项 x_1^2, 有

$$x_1 = 0\lambda_1 + 1\lambda_2 + 2\lambda_3 + 2.5\lambda_4$$

$$y = 0\lambda_1 + 1\lambda_2 + 4\lambda_3 + 6.25\lambda_4$$

$$\lambda_1 + \lambda_2 + \lambda_3 + \lambda_4 = 1$$

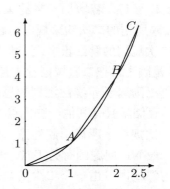

图 3.3　函数的分段线性近似

其中 λ_i 是引入模型中的新变量, 且为保证 x_1 和 y 的相应值位于诸线段 OA, AB, BC 中的一个线段上, 至多有两个相邻的 λ_i 是非零的, 见图 3.3.

在上面讨论的基础上, 就可以大概理解 Lingo 软件中对非线性规划问题的求解思路了. 在 Lingo 中, 一个非线性优化求解程序采用的是序列线性规划法 (sequential linear programming, SLP), 即通过迭代一系列线性规划来逼近原问

题, 以达到求解非线性规划的目的. 当然, Lingo 也可以采用其他算法, 如广义既约梯度法 (generalized reduced gradient, GRG), 或基于下面介绍的二次规划法的求解算法.

3.3.3　二次规划

考虑如下的二次规划:

$$
\begin{aligned}
\min \quad & c^T x + \frac{1}{2} x^T H x \\
\text{s.t.} \quad & \begin{cases} A x \leqslant b \\ x \geqslant 0 \end{cases}
\end{aligned}
\tag{3.6}
$$

其中, $c = (c_1, \cdots, c_n)^T$; $b = (b_1, \cdots, b_m)^T$; A 是 $m \times n$ 阶矩阵; H 是 $n \times n$ 阶对称矩阵, 记 $H = (h_{ij})_{n \times n}$, 对 $\forall i, j \in \{1, 2, \cdots, n\}$, $h_{ij} = h_{ji}$.

故目标函数 $f(x)$ 为

$$
f(x) = c^T x + \frac{1}{2} x^T H x = \sum_{j=1}^{n} c_j x_j + \frac{1}{2} \sum_{j=1}^{n} \sum_{j=1}^{n} h_{ij} x_i x_j
$$

在 (3.6) 中, 约束条件的其他形式还有如 $A x \geqslant (=) b$ 与变量有界形式 $l \leqslant x \leqslant u$ 等. 若增加一类约束条件 $a_i^T x + x Q_i x \leqslant r_i$ ($i = 1, 2, \cdots, q$), 即为 Cplex 中所谓的二次约束规划问题.

二次规划的解法很多, 但基本上可分为两类. 第一类算法的思路源自线性规划, 这是因为常把二次规划看成是由线性规划到非线性规划的过渡[1]; 第二类算法从特色上则属于非线性规划的思路, 是目前二次规划解法主流, 这一类算法消耗较小的存储量且有其他一些优点[11].

二次规划之所以引起注意, 不单是因为在实际中常出现这种模型, 还因为它是解一般 NP 问题的有力工具. 由 Taylor 级数展开理论可知, 一个平滑函数在给定点的邻域内可由一个二次函数来近似. 利用这一原理, 在求解一般 NP 问题的一类称之为投影 Lagrange 方法中, 二次规划常作为子问题, 此时也称为序列二次规划法 (sequential quadratic programming method, SQPM), 或基于二次规划的 Lagrange 方法.

显然, 在应用 2.2 节介绍的分枝定界法解决混合整数二次规划问题 (mixed-integer quadratic programs, MIQP) 和混合整数二次约束规划问题 (mixed-integer quadratically constrained programs, MIQCP) 后, 结合应用 SQPM 算法可解决一般的混合整数规划问题. 因此, 这些算法已成为 Cplex 等软件解决混合整数规划问题的核心技术.

思考题

3.1 某纺织厂生产 A, B, C 三种布料, 该厂两班生产, 每周生产时间定为 90 小时, 每周的能耗不得超过 150 吨标准煤, 其他的数据见表 3.2. 问: 每周应生产三种布料各多少米, 才能使该厂的经济效果 $\left(\dfrac{\text{总利润}}{\text{总能耗}}\right)$ 最大.

表 3.2

布料名	生产数量/(米/时)	利润/(元/米)	最大销量/(米/周)	能耗/(吨/千米)
A	400	0.25	40000	1.2
B	500	0.20	48000	1.3
C	360	0.30	30000	1.4

3.2 一股票经纪人刚刚接到一个重要客户的电话, 该客户有 5 万元的资金可以投资, 打算购买两种股票. 股票 1 是具有发展潜力且风险较小的蓝筹股. 相比而言, 股票 2 的投机性要高得多, 但有两家通信报都称该股具有很大发展潜力. 客户希望其在考虑要承担风险的同时能使投资带来可观利润. 客户习惯于以 1000 元为投资单位, 以 1000 股份为一单位股票. 以此为单位, 股票 1 的单位价格为 20, 股票 2 的单位价格为 30, 在初步分析之后, 经纪人作出了如下的估计: 股票 1 和股票 2 的单位预期回报分别为 5, 10, 回报的方差分别为 4, 100. 两种股票的协方差为 5.

不直接给最小可接受的预期回报分配数量值, 直接建立该问题的代数形式的非线性规划模型. 在此基础之上, 假定最小可接受预期收益分别取 13, 14, 15 与 16, 求模型相应的解.

3.3 求解如下分式规划问题:

$$\max f(\boldsymbol{x}) = \frac{10x_1 + 20x_2 + 10}{3x_1 + 4x_2 + 20}$$
$$\text{s.t.} \begin{cases} x_1 + 3x_2 \leqslant 50 \\ 3x_1 + 2x_2 \leqslant 80 \\ x_1 \geqslant 0, x_2 \geqslant 0 \end{cases}$$

第4章

动态规划

数学规划中还有一种规划问题和时间有关, 叫做 "动态规划". 近年来在工程控制、技术物理和通讯中的最佳控制问题中, 已经成为经常使用的重要工具. 动态规划是研究决策过程最优化的一种理论和方法, 是解决多阶段决策过程最优化的一种数学方法.

根据多阶段决策过程的时间参量是离散的还是连续的, 动态规划过程可分为离散决策过程和连续决策过程; 根据决策过程的演变是确定性的还是随机性的, 可分为确定性、随机性的决策过程. 这样组合起来就有离散确定性、离散随机性、连续确定性、连续随机性四种决策过程模型. 此外有些决策过程的阶段数是固定的, 称为定期的决策过程, 有些决策过程的阶段数是不固定的或可以有无限多阶段数, 分别称为不定期或无期的决策过程. 参见文献 [12–15].

■ 4.1 概念描述

例 4.1 (旅行者的最短路线问题) 各城市间的交通线及距离如图 4.1 所示, 某旅行者要从 A 地到 E 地, 中间准备停留三次; 每次都有两三个城市可供选择, 选择哪个城市以花费最少为原则, 无论哪个城市都是可以的. 问应选择什么路线, 可使总距离最短?

解此问题之前, 先来了解一些基本概念.

定义 4.1 (阶段) 阶段 (stage) 是指一个问题需要做出决策的步数. 通常用 k 来表示问题包含的阶段数, 称为阶段变量.

k 的编号方法有两种: 顺序编号法, 即初始阶段编号逐渐增大; 逆序编号法, 令最后一个阶段编号为 1, 往前推时编号逐渐增大.

定义 4.2 (状态) 状态 (state) 是动态规划问题各阶段信息的传递点和结合点, 各阶段的状态通常用状态变量 s_k 来描述.

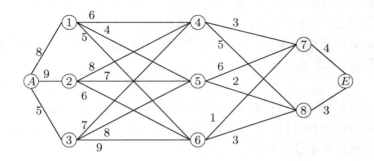

图 4.1　旅行者问题的交通线及距离

状态既反映前面各阶段决策的结局, 又是本阶段做出决策的出发点和依据. 第 k 阶段的状态变量 s_k 应包含该阶段之前决策过程的全部信息, 做到从该阶段后做出的决策同这之前的状态和决策相互独立.

在例 4.1 中, 旅行者每个阶段所处位置只需用一个状态变量来描述, 但有些问题中各阶段的状态则要用多个变量或向量的形式描述. 向量中所含变量的个数称为动态规划问题的维数, 动态规划问题计算工作量随维数的增大呈指数倍增长的维数障碍 (或维数灾难) 限制了其实际应用.

定义 4.3 (决策)　决策 (decision) 是指某阶段初从给定的状态出发, 决策者面临若干种不同方案中做出的选择. 决策变量 $u_k(s_k)$ 表示第 k 阶段状态为 s_k 时对方案的选择.

决策变量的取值要受到一定范围的限制, 用 $D_k(s_k)$ 表示 k 阶段状态为 s_k 时决策允许的取值范围, 称为允许决策集合, 即 $u_k(s_k) \in D_k(s_k)$.

定义 4.4 (策略和子策略)　称各阶段决策组成的序列总体为一个策略 (policy). 从某阶段开始到过程最终的决策序列为子过程策略或子策略 (subpolicy).

含 n 个阶段的动态规划问题的策略可写为 $\{u_1(s_1), u_2(s_2), \cdots, u_n(s_n)\}$. 从 k 阶段起的子策略可写为 $\{u_k(s_k), u_{k+1}(s_{k+1}), \cdots, u_n(s_n)\}$.

定义 4.5 (状态转移律)　从 s_k 的某一状态值出发, 当决策变量 $u_k(s_k)$ 的取值决定后, 下一阶段状态变量 s_{k+1} 的取值随之确定, 这种转移规律被称为状态转移律.

显然, 下一阶段状态 s_{k+1} 的取值是上阶段决策变量 $u_k(s_k)$ 的函数, 记为 $s_{k+1} = T(s_k, u_k(s_k))$ 或 $s_{k+1} = T(s_k, u_k)$, 状态转移律也称为状态转移方程.

定义 4.6 (指标函数)　指标函数有阶段的指标函数和过程的指标函数之分. 阶段的指标函数是对应某一阶段状态和从该状态出发的一个阶段的决策的某种效

益度量, 用 $v_k(s_k, u_k)$ 表示. 过程的指标函数是指从状态 $s_k(k = 1, \cdots, n)$ 出发至过程最终, 当采取某种子策略时, 按预定标准得到的效益值.

指标函数之值既与 s_k 的状态值有关, 又与 s_k 以后所选取的策略有关, 它是两者的函数值, 记作

$$V_{k,n}(s_k, u_k, s_{k+1}, u_{k+1}, \cdots, s_n)$$

过程的指标函数是它所包含的各阶段指标函数的函数, 按问题的性质, 它可以是各阶段指标函数的和、积或其他函数形式. 当 s_k 的值确定后, 指标函数的值就只同 k 阶段起的子策略有关.

最优指标函数是指对某一确定状态选取最优策略后得到的指标函数值, 是对应某一最优子策略的某种效益度量 (这个度量值可以是产量、成本、距离等). 对应于从状态 s_k 出发的最优子策略的效益值记作 $f_k(s_k)$, 于是有

$$f_k(s_k) = \text{opt} V_{k,n}$$

其中, opt 代表最优化, 根据具体含义可以是求最大 (max) 或求最小 (min).

4.2　基本思想

例 4.1 是一个多阶段决策问题. 由于所选路线不同, 会有若干个不同策略. 为求出最短路线, 一种简单的方法是穷举法. 从 A 至 E 共有 $C_3^1 \cdot C_3^1 \cdot C_2^1 \cdot C_1^1 = 18$ 条不同路径, 每条路径要做 3 次加法, 要求出最短路线需要作 54 次加法运算, 17 次比较运算. 当问题的段数很多, 各段的状态也很多时, 这种方法的计算量会大大增加, 甚至使得求优成为不可能.

下面结合例 4.1 旅行者的最短路线问题来介绍动态规划的基本思想. 注意本方法是从过程的最后一段开始, 用逆序递推方法求解, 逐步求出各段各点到终点 E 的最短路线, 最后求得 A 点到 E 点的最短路线. 用 $d(s_k, u_k)$ 表示由状态 s_k 点出发, 采用决策 u_k 到达下一阶段 s_{k+1} 点时的两点距离.

第 1 步, 从 $k = 4$ 开始, 状态变量 s_4 取两种状态 7, 8, 到 E 点的路长分别为 4, 3, 即 $f_4(7) = 4, f_4(8) = 3$.

第 2 步, $k = 3$, 状态变量 s_3 取三个值 4, 5, 6, 是经过一个中途点到达终点 E 的两级决策问题, 从城市 4 到 E 有两条路线, 取其中最短的, 即

$$f_3(4) = \min \left\{ \begin{array}{c} d(4,7) + f_4(7) \\ d(4,8) + f_4(8) \end{array} \right\} = \min \left\{ \begin{array}{c} 3 + 4 \\ 5 + 3 \end{array} \right\} = 7$$

则由城市 4 到终点 E 最短距离为 7, 路径为 $4 \to 7 \to E$, 相应决策为 $u_3^*(4) = 7$.

$$f_3(5) = \min \left\{ \begin{array}{c} d(5,7) + f_4(7) \\ d(5,8) + f_4(8) \end{array} \right\} = \min \left\{ \begin{array}{c} 6 + 4 \\ 2 + 3 \end{array} \right\} = 5$$

则由城市 5 到终点 E 最短距离为 5, 路径为 $5 \to 8 \to E$, 相应决策为 $u_3^*(5) = 8$.

$$f_3(6) = \min \left\{ \begin{array}{l} d(6,7) + f_4(7) \\ d(6,8) + f_4(8) \end{array} \right\} = \min \left\{ \begin{array}{l} 1+4 \\ 3+3 \end{array} \right\} = 5$$

则城市 6 到终点 E 最短距离为 5, 路径为 $6 \to 7 \to E$, 相应决策为 $u_3^*(6) = 7$.

第 3 步, $k = 2$, 是具有三个初始状态 $1, 2, 3$, 要经过两个中途站才能到达终点的三级决策问题. 由于第 3 段各点 4, 5, 6 到终点 E 的最短距离 $f_3(4), f_3(5), f_3(6)$ 已知, 所以若求城市 1 到 E 的最短距离, 只需以此为基础, 分别加上城市 1 与 4, 5, 6 的一段距离, 取其短者即可.

$$f_2(1) = \min \left\{ \begin{array}{l} d(1,4) + f_3(4) \\ d(1,5) + f_3(5) \\ d(1,6) + f_3(6) \end{array} \right\} = \min \left\{ \begin{array}{l} 6+7 \\ 4+5 \\ 5+5 \end{array} \right\} = 9$$

则从城市 1 到终点 E 最短距离为 9, 路径为 $1 \to 5 \to 8 \to E$, 相应决策为 $u_2^*(1) = 5$.

同理有

$$f_2(2) = \min \left\{ \begin{array}{l} d(2,4) + f_3(4) \\ d(2,5) + f_3(5) \\ d(2,6) + f_3(6) \end{array} \right\} = \min \left\{ \begin{array}{l} 8+7 \\ 7+5 \\ 6+5 \end{array} \right\} = 11, \quad u_2^*(2) = 6$$

$$f_2(3) = \min \left\{ \begin{array}{l} d(3,4) + f_3(4) \\ d(3,5) + f_3(5) \\ d(3,6) + f_3(6) \end{array} \right\} = \min \left\{ \begin{array}{l} 7+7 \\ 8+5 \\ 9+5 \end{array} \right\} = 13, \quad u_2^*(3) = 5$$

第 4 步 $k = 1$, 只有一个状态点 A, 则

$$f_1(A) = \min \left\{ \begin{array}{l} d(A,1) + f_2(1) \\ d(A,2) + f_2(2) \\ d(A,3) + f_2(3) \end{array} \right\} = \min \left\{ \begin{array}{l} 8+9 \\ 9+11 \\ 5+13 \end{array} \right\} = 17$$

则从城市 A 到城市 E 的最短距离为 17, 决策为 $u_1^*(A) = 1$.

再按计算顺序反推可得最优决策序列 $\{u_k\}$, 即 $u_1^*(A) = 1$, $u_2^*(1) = 5$, $u_3^*(5) = 8$, $u_4^*(8) = E$, 最优路线为 $A \to$ 城市 1 $\to$ 城市 5 $\to$ 城市 8 $\to E$.

在求解例 4.1 中各阶段, 都利用了第 k 段和第 $k+1$ 段的如下关系:

$$f_k(s_k) = \min_{u_k} \{ d_k(s_k, u_k) + f_{k+1}(s_{k+1}) \} \tag{4.1}$$

$$f_5(s_5) = 0 \quad (k = 4, 3, 2, 1) \tag{4.2}$$

这种递推关系称为动态规划的基本方程, (4.2) 称为边界条件.

对于这类离散型的动态规划问题, 还可以采用表格法进行计算. 首先, 把动态规划的递推关系写成表格形式 (表 4.1). 而表格 4.2 详细地给出求解过程.

表 4.1　动态规划的递推关系

s_k ╲ u_k	$f_k(s_k, u_k) = d_k(s_k, u_k) + f_{k+1}(s_{k+1})$	$f_k^*(s_k)$	u_k^*

表 4.2　动态规划求解的表格形式

a. 当 $k = 4$ 时

s_4	$f_4^*(s_4)$	u_4^*
7	4	E
8	3	E

b. 当 $k = 3$ 时

s_3 ╲ u_3	$f_3(s_3, u_3) = d_3(s_3, u_3) + f_4^*(s_4)$		$f_3^*(s_3)$	u_3^*
	7	8		
4	3+4	5+3	7	7
5	6+4	2+3	5	8
6	1+4	3+3	5	7

c. 当 $k = 2$ 时

s_2 ╲ u_2	$f_2(s_2, u_2) = d_2(s_2, u_2) + f_3^*(s_3)$			$f_2^*(s_2)$	u_2^*
	4	5	6		
1	6+7	4+5	5+5	9	5
2	8+7	7+5	6+5	11	6
3	7+7	8+5	9+5	13	5

d. 当 $k = 1$ 时

s_1 ╲ u_1	$f_1(s_1, u_1) = d_1(s_1, u_1) + f_2^*(s_2)$			$f_1^*(s_1)$	u_1^*
	1	2	3		
A	8+9	9+11	5+13	17	1

图 4.2 直观地表示出最短路线的计算过程, 每个节点上的括号内的数, 表示该点到终点 E 的最短距离, 连结各点到 E 点的虚线表示最短路径, 这种在图上直

接计算的方法叫标号法. 只进行 18 次加法运算, 11 次比较运算, 比穷举法计算量小. 而且随着问题段数的增加和复杂程度的提高, 计算量将呈指数规律减少. 其次, 计算结果不仅得到从 A 到 E 的最短路线, 而且可以得到整簇的最优决策, 是很有意义的.

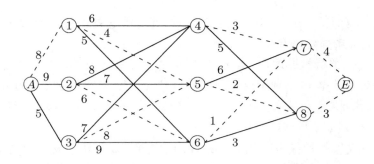

图 4.2   旅行者问题的最短路线

现在可将动态规划方法的基本思想总结如下:

(1) 将多阶段决策过程划分阶段, 恰当地选取状态变量、决策变量, 定义最优指标函数, 从而把问题化成一簇同类型的子问题, 然后逐个求解.

(2) 求解时从边界条件开始, 逆过程方向行进, 逐段递推寻优. 在每一个子问题求解时, 都要使用它前面已求出的子问题的最优结果, 最后一个子问题的最优解, 就是整个问题的最优解.

4.3 基本方程

20 世纪 50 年代 Richard Bellman 提出求解动态规划的最优性原理, 反映决策过程最优化的本质, 使动态规划得以成功地应用于众多的领域, 不仅可用来求解许多动态最优化问题, 而且可用来求解某些静态最优化问题. Bellman 的最优化原理可明确陈述为:

一个最优的策略 $(u_1, u_2, \cdots, u_n)$ 所具有的性质是: 不论初始状态 s_0 和初始决策 u_1 如何, 剩余的决策 $(u_2, u_3, \cdots, u_n)$ 对于第一次决策 u_1 产生的状态 s_2 开始的那个 $(n-1)$ 级过程也构成一个最优策略.

下面将给出 Bellman 最优化原理的最优性定理, 并依此导出最优化原理. 证明过程参见文献 [1].

定理 4.1 (最优性定理)   对阶段数为 n 的多阶段决策过程, 设其阶段编号为 $k = 1, 2, \cdots, n$. 则允许策略 $p_{1,n}^* = (u_1^*, u_2^*, \cdots, u_n^*)$ 是最优策略的充要条件是对

任意 $k\,(1 < k < n)$ 级, 当初始状态变量为 $s_1 \in S_1$ 时, 收益函数为

$$
\begin{aligned}
V_{1,n}(s_1, p_{1,n}^*) = \mathop{\mathrm{opt}}_{p_{1,k-1} \in D_{1,k-1}(s_1)} & \{V_{1,k-1}(s_1, p_{1,k-1}) \\
& + \mathop{\mathrm{opt}}_{p_{k,n} \in D_{k,n}(\tilde{s}_k)} V_{k,n}(\tilde{s}_k, p_{k,n})\}
\end{aligned}
\tag{4.3}
$$

其中, $p_{1,n} = (p_{0,k-1}, p_{k,n})$, $\tilde{s}_k = T_{k-1}(s_{k-1}, u_{k-1})$, 它是由给定的初始状态 s_1 和子策略 $p_{1,k-1}$ 所确定的 k 段状态.

推论 4.1 (最优性原理)   若允许策略 $p_{1,n}^*$ 是最优策略, 则对任意的 $k, 1 < k < n$, 它的子策略 $p_{k,n}^*$ 对于以 $s_k^* = T_{k-1}(s_{k-1}^*, u_{k-1}^*)$ 为起点的 k 到 n 子过程来说, 必是最优策略. 简言之, 一个最优策略的子策略总是最优的 (注意: k 段状态 s_k^* 是由 s_1 和 $p_{1,k-1}^*$ 所确定的).

此推论仅仅是最优策略的必要条件. 而定理 4.1 是动态规划的理论基础, 是策略最优性的充分必要条件. 根据定理 4.1 写出的计算动态规划问题的递推关系式称为动态规划的基本方程.

当 $V_{k,n} = \sum_{i=k}^{n} v_i(s_i, u_i)$ 时, 有

$$
f_k(s_k) = \mathop{\mathrm{opt}}_{u_k \in D_k(s_k)} \{v_k(s_k, u_k) + f_{k+1}(s_{k+1})\}
$$

当 $V_{k,n} = \prod_{i=k}^{n} v_k(s_i, u_i)$ 时, 有

$$
f_k(s_k) = \mathop{\mathrm{opt}}_{u_k \in D_k(s_k)} \{v_k(s_k, u_k) \cdot f_{k+1}(s_{k+1})\}
$$

作为动态规划的数学模型除基本方程外还包括边界条件. 所谓边界条件, 是指上两式中当 $k = n$ 时 $f_{n+1}(s_{n+1})$ 的值, 即问题从后一个阶段向前逆推时需要确定的条件. 边界条件 $f_{n+1}(s_{n+1})$ 的值要根据问题的条件来决定, 一般当指标函数值是各阶段指标函数值的和时, 取 $f_{n+1}(s_{n+1}) = 0$; 当指标函数值是各阶段指标函数值的乘积时, 取 $f_{n+1}(s_{n+1}) = 1$.

建立动态规划模型的一般步骤如下:

1) 划分阶段

分析题意, 识别问题的多阶段特性, 按时间或空间的先后顺序适当地划分为满足递推关系的若干阶段, 对非时序的静态问题要人为地赋予 "时段" 概念.

2) 正确选择状态变量

正确选择状态变量 s_k 是构造动态规划模型的最关键一步. 状态变量首先应描述研究过程的演变特征, 其次应包含到达这个状态前的足够信息, 并具有无后

效性, 即到达这个状态前的过程的决策将不影响到该状态以后的决策. 状态变量还应具有可知性, 即规定的状态变量之值可通过直接或间接的方法测知. 状态变量可以是离散的, 也可以是连续的.

建模时, 一般从与决策有关的条件中, 或者从问题的约束条件中去寻找状态变量, 通常选择随递推过程累计的量或按某种规律变化的量作为状态变量.

3) 确定决策变量与允许决策集合

决策变量 u_k 是对过程进行控制的手段, 复杂的问题中决策变量也可以是多维的向量, 它的取值可能离散, 也可能连续. 每阶段允许的决策集合 $D_k(s_k)$ 相当于线性规划问题中的约束条件.

4) 正确写出状态转移方程

5) 正确写出指标函数

指标函数 $V_{k,n}$ 的关系应满足下面三个性质:

(1) 是定义在全过程和所有后部子过程上的数量函数.

(2) 要具有可分离性, 并满足递推关系, 即

$$V_{k,n}(s_k, u_k, \cdots, s_{n+1}) = \phi_k[s_k, u_k, V_{k+1,n}(u_{k+1}, \cdots, s_{n+1})]$$

指标函数是衡量决策过程效益高低的指标, 是一个定义在全过程或从 k 到 n 阶段的子过程上的数量函数, 必须具有递推性.

(3) 函数 $\phi_k(s_k, u_k, V_{k+1,n})$ 对于变量 $V_{k+1,n}$ 要严格单调.

4.4　软件求解

Lingo 能很好地实现对于几类特殊的动态规划问题. 例 4.1 在 Lingo 中的实现语句是:

```
MODEL:
SETS:
 !Dynamic programming illustration (We have a network of 10 cities.
  We want to find the length of the shortest route from city 1 to
  city 10.;
 !Here is our primitive set of ten cities, where F(i)represents the
  shortest path distance from city i to the last city;
  CITIES /1..10/: F;
 !The derived set ROADS lists the roads that exist between the
  cities (note: not all city pairs are directly linked by a road,
  and roads are assumed to be one way.);
  ROADS( CITIES, CITIES)/
```

```
  1,2  1,3  1,4    2,5  2,6  2,7
  3,5  3,6  3,7    4,5  4,6  5,7
  5,8  5,9         6,8  6,9
  7,8  7,9         8,10      9,10/: D;
 !D( i, j) is the distance from city i to j;
ENDSETS
DATA:
 !Here are the distances that correspond to the above links;
 D =8,9,5  6,4,5  8,7,6  7,8,9 3,5  6,2  1,3 4   3;
ENDDATA
!If you are already in City 10, then the cost to travel to City 10 is 0;
 F( @SIZE( CITIES)) = 0;
!The following is the classic dynamic programming recursion.
 In words, the shortest distance from City i to City 10 is the
 minimum over all cities j reachable from i of the sum of the
 distance from i to j plus the minimal distance from j to City 10;
 @FOR( CITIES( i)| i #LT# @SIZE( CITIES):
  F( i) = @MIN( ROADS( i, j): D( i, j) + F( j)) );
END
```

运行结果会得到一簇从各点到终点的最短路径, 和图 4.2 的结论相同.

■ 思考题

4.1 一艘货轮在 A 港装货后驶往 F 港, 中途需靠港加油、淡水三次, 从 A 港到 F 港全部可能的航运路线及两港之产距离如图 4.3 所示, F 港有 3 个码头 F_1、F_2、F_3. 试求最合理停靠的码头及航线, 使总距离最短.

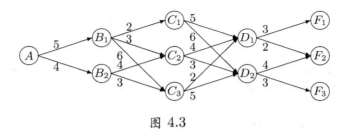

图 4.3

4.2 某企业需要在近五周内采购一批原料, 而估计在未来五周内原料价格有波动, 单价为 500 时的概率为 0.3, 单价为 600 时的概率为 0.3, 单价为 700 时的概率为 0.4. 试求在哪一周以什么价格购入, 使其采购价格的数学期望值最小, 并求出期望值.

第 5 章

图与网络

本章介绍的图与网络又可称为组合规划, 是讨论在有限集中选择一些子集使目标函数达到最优的问题. 图论 (theory of graphs, 或 graph theory) 是一门新的数学分支, 是建立和处理离散的数学模型的一个重要工具. 20 世纪 50 年代以来, 由于网络理论和网络计划方法等研究成果的推广, 使得图论在工程设计和管理中得到广泛的应用, 成为对各种系统进行分析、研究、管理的重要工具. 本章只介绍基本的网络模型, 文献 [16] 对这些模型进行了扩展讨论.

例 5.1 (Konisberg 七桥问题) Konisberg 城位于 Pregel 河畔, 河中有两个小岛, 河两岸和河中两岛通过七座桥彼此相连, 见图 5.1. 若游人从两个小岛 A, B 或两岸 C, D 中任一个地方出发 (与图 5.1 对应), 是否能找到一条路线做到每座桥恰通过一次而最后返回原地?

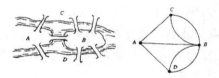

图 5.1　Konisberg 七桥问题

用图 (图 5.1) 来抽象表示此问题, 其中, A, B, C, D 分别用四个点来表示, 而陆地之间有桥相连者则用连接两个点的连线来表示. 这样, 问题就变成: "试从图中的任一点出发, 通过每条边一次, 最后返回到该点, 这样的路径是否存在?"

关于 Konisberg 七桥问题的回答是否定的. 直观上不难发现, 为了要回到原来的地方, 要求与每一个顶点相关联的边的数目, 均应为偶数, 从而可得从一条边进入, 而从另一条边出去, 一进一出才行. Euler 找到一般的图存在这样一条回路的充要条件, 即定理 5.5.

5.1　基本概念

在生产和日常生活中, 经常碰到各种各样的图, 如公路或铁路交通图、管网图、通信联络图等. 运筹学中研究的图就是上述各类图的抽象概括, 表明一些研究对象和这些对象之间的相互联系.

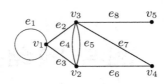

图 5.2　图的基本概念

若用点表示研究的对象, 用边表示对象之间的联系, 则图 G 定义为点和边的集合, 记作 $G = \{V, E\}$, 其中, V 是点的集合, E 是边的集合. 注意, 这里的图只关心图中有多少个点以及哪些点之间的线相连, 有别于几何学中的图. 若给图中的点和边赋以具体的含义和权数, 如距离、费用、容量等, 则称为网络图, 记作 $N = \{V, E, W\}$. 一般地, 图中的点 (又称为顶点或节点) 用 v 表示, 边用 e 表示. 每条边可用它所连接的点表示, 如记作 $e_1 = [v_1, v_1]$, $e_3 = [v_1, v_2]$, 或 $e_3 = [v_2, v_1]$, 见图 5.2. 事实上, 边也可记作 $e_{ij} = [v_i, v_j]$.

定义 5.1 (端点、关联边、相邻)　若有边 e 可表示为 $e = [v_i, v_j]$, 称 v_i 和 v_j 是边 e 的端点, 反之, 称边 e 为点 v_i 或 v_j 的关联边. 若两个端点与同一条边关联, 称点 v_i 和 v_j 相邻; 若边 e_i 和 e_j 具有公共的端点, 称边 e_i 和 e_j 相邻.

定义 5.2 (环、多重边、简单图、多重图)　若边 e 的两个端点相重, 称该边为环 (自回路). 若两个点之间多于一条, 称为具有多重边. 对无环、无多重边的图称作简单图. 含有多重边的图称为多重图.

如图 5.2 中, 边 e_1 为环, e_4 和 e_5 为多重边.

定义 5.3 (次、奇点、偶点、孤立点)　与某一个点 v_i 相关联的边的数目称为点 v_i 的次 (也叫做度), 记作 $d(v_i)$. 次为奇数的点称作奇点, 次为偶数的点称作偶点, 次为 0 的点称作孤立点.

如图 5.2 中, $d(v_1) = 4, d(v_3) = 5, d(v_5) = 1$.

定义 5.4 (链、路、圈、回路、连通图)　称图 G 中交替序列 $\mu = \{v_0, e_1, v_1, \cdots, e_k, v_k\}$ 为一条途径. 若各边 $e_1, e_2, \cdots, e_k$ 互不相同, 且任意 $v_{i,t-1}$ 和 $v_{it} \ (2 \leqslant t \leqslant k)$ 均相邻, 则称 μ 为链. 若链中所有顶点 $v_0, v_1, \cdots, v_k$ 也不相同, 称此链为路. 对起点与终点相重合的链称作圈, 起点与终点重合的路称作回路. 在图 G 中, 若每一对顶点之间至少存在一条链, 称此图为连通图, 否则称该图是不连通的.

在图 5.2 中, $\mu_1 = \{v_5, e_8, v_3, e_2, v_1, e_3, v_2, e_4, v_3, e_7, v_4\}$ 和 $\mu_2 = \{v_5, e_8, v_3, e_7, v_4\}$ 均是一条链. 但 μ_2 可称作路, μ_1 中因顶点 v_3 重复出现, 不能称作路.

定义 5.5 (完全图、偶图)　一个简单图中若任意两点之间均有边相连, 称这样的图为完全图. 若图的顶点能分成两个互不相交的非空集合 V_1 (m 个) 和 V_2 (n 个), 使在同一集合中任意两个顶点均不相邻, 称这样的图为偶图 $G_{m,n}$ (也称为二部图). 若偶图的顶点集合 V_1, V_2 之间的每一对不同顶点都有一条边相连, 称这样的图为完全偶图.

定义 5.6 (子图、部分图)　对于图 $G_1 = \{V_1, E_1\}$ 和图 $G_2 = \{V_2, E_2\}$, 若有 $V_1 \subseteq V_2$ 和 $E_1 \subseteq E_2$, 称 G_1 是 G_2 的一个子图. 若有 $V_1 = V_2, E_1 \subset E_2$, 则称 G_1 是 G_2 的一个部分图.

图 5.3(a) 是图 5.2 的一个子图, 图 5.3(b) 是图 5.2 的部分图. 注意, 部分图也是子图, 但子图不一定是部分图.

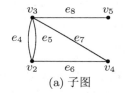
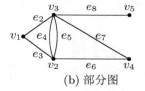

(a) 子图　　　　　　　　　(b) 部分图

图 5.3　子图与部分图

定义 5.7 (有向图、无向图、混合图)　在图 G 中, 对任意的边 (v_i, v_j) 属于 E, 若边 (v_i, v_j) 的端点无序, 则称此边为无向边, 此时称图 G 为无向图. 若边 (v_i, v_j) 的端点有序, 即表示以 v_i 为始点, v_j 为终点的有向边, 则称图 G 为有向图. 若在图中一些边是有向边, 另一些边是无向边, 则称图 G 是混合图.

定义 5.8 (基础图)　对于给定的有向图 G, 略去 G 中每条边的方向便得到一个无向图 G', 称 G' 是 G 的基础图.

定义 5.9 (强连通、弱连通)　在简单有向图 G 中, 若任何两个节点之间都是可达的, 则称 G 是强连通的; 若任何两个节点间至少从一个节点可达另一个节点, 则称 G 是单向连通的; 若有向图 G 不是单向连通的, 但其基础图是连通的, 则称 G 是弱连通的.

从上面定义可知, 若图 G 是强连通的, 则它必是单向连通的, 但反之未必真; 若图 G 是单向连通的, 则它必是弱连通的, 反之不真.

定义 5.10 (前向弧与后向弧)　设 μ 是网络 N 中的一条从 v_s 到 v_t 的链, 则链 μ 上与链的方向一致的弧称为前向弧, 记这些弧为 μ^+; 链 μ 上与链的方向相反的弧称为后向弧, 记这些弧为 μ^-.

定义 5.11 (赋权图)　图 G 称为赋权图, 若每条边 e 被指定一个非负数 $w(e)$, 称为 e 的权.

定义 5.12 (邻接矩阵)　设 $G = (V, E)$ 是一个非空无环图, 定义

$$a_{ij} = \begin{cases} 1, & \text{若顶点 } v_i \text{ 与顶点 } v_j \text{ 关联} \\ 0, & \text{否则} \end{cases} \tag{5.1}$$

这样得到的 $|V| \times |V|$ 矩阵 $\boldsymbol{A} = [a_{ij}]$ 称为图 G 的邻接矩阵.

由定义知, 无向图的邻接矩阵是对称的, 有向图的邻接矩阵可能是不对称的.

定义 5.13 (赋权矩阵)　设 $G = (V, E)$ 是一个非空无环图, 定义

$$w_{ij} = \begin{cases} w(v_i, v_j), & \text{若顶点 } v_i \text{ 与顶点 } v_j \text{ 关联} \\ +\infty, & \text{否则} \end{cases} \tag{5.2}$$

这样得到的 $|V| \times |V|$ 矩阵 $\boldsymbol{W} = [w_{ij}]$ 称为图 G 的赋权矩阵.

5.2　网络计划

网络计划包括计划评审方法 (program evaluation and review technique, PERT) 和关键路线法 (critical path method, CPM), 广泛应用于系统分析和计划的目标管理. PERT 最早应用于美国海军北极星导弹的研制系统, 使北极星导弹的研制缩短了一年半时间. CPM 是与 PERT 十分相似但又是独立发展的另一种技术, 它主要研究大型工程的费用与工期的相互关系. CPM 主要应用于以往在类似工程中已取得一定经验的承包工程, PERT 更多地应用于研究与开发项目, 但现在这两种方法的区别越来越小, 特别是当 PERT 中的时间估计采用最可能性的数值后就没有多少差别.

根据 PERT 和 CPM 的基本原理与计划的表达形式, 它们又可称为网络计划或网络方法. 若按照网络计划的主要特点, 则可称为统筹方法, 参见文献 [17]. 根据绘图符号的不同, 网络图可以分为双代号 (又称工序箭号) 网络图与单代号 (节点) 网络图两种. 这里介绍单代号的 PERT 网络图, 参见文献 [18, 19].

5.2.1　确定型网络图

本节介绍单代号网络图, 即工序节点网络图, 其特点是以节点表示工序, 节点的编号就是工序的代号, 箭号单纯表示工序的顺序关系, 参见文献 [9, 18, 20].

5.2.1.1　概念引入

定义 5.14 (工序)　工序是指任何消耗时间或资源的行动. 若一道工序的完工结点同时为另一道工序的开工结点, 则这两道工序称为相邻工序, 且前者称为后者的紧前工序, 后者称为前者的紧后工序.

工序有时又被称为作业、活动、工作等, 如新产品设计中的初步设计、技术设计、工装制造等. 根据需要, 工序可以划分得粗略一些, 也可以划分得详细一些.

在单代号网络图中, 通常用一个圆圈或方框表示一项工序 (工作), 工序代号、工序名称和完成工序所需要的时间都写在圆圈或方框内, 箭号只表示工序之间的顺序关系, 见图 5.4. 在工序标记中, ES 表示一项工序的最早开始时间, EF 表示一项工序的最早结束时间, LS 表示一项工序的最迟开始时间, LF 表示一项工序的最迟结束时间. 值得注意的是, 对于表示拥有紧前工序的节点来说, 它的每一个紧前工序都各有一条箭线指向它.

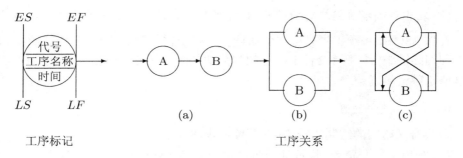

工序标记   工序关系

图 5.4   工序标记与工序关系

在图 5.4 的工序关系中, (a)、(b)、(c) 表示了工序之间的三种常见关联形式: ① 串行依赖关系. 两工序间只存在单向依赖关系的一种作用方式, 其动态特征表现为工序 A 与 B 的串行. ② 并行独立关系. 两工序间无信息交互、完全独立的作用方式, 其动态特征表现为可以同时进行 A 与 B. ③ 交互耦合关系. 两工序间存在信息交互, A 与 B 的信息联系是双向的, 即 A 需要 B 的信息, 同时 B 也需要 A 的信息, 其动态特征表现为经过 A 与 B 间信息的多次迭代和反复, 才能完成相关任务. CPM/PERT 技术能直接处理前两种情形, 交互耦合关系的工序只能通过集成为一个工序的方式间接处理.

例 5.2   试画出如表 5.1 所示的建筑工程网络图, 并求解以下问题:

(1) 若没有延误工期的话, 完成此项目总共需要多少时间?

(2) 各个工序最迟什么时候必须开始, 以及到什么时候必须完成, 才能赶上工程的完工时期?

(3) 若没有延误的话, 每一个单项工序最早什么时候可以开始, 最早什么时候可以完成?

(4) 为了不耽误工程的完工时期, 任何延误都必须加以避免的关键 "瓶颈" 工序是什么?

表 5.1　建筑工程网络的工序

工序	工序说明	紧前工序	工序时间	工序	工序说明	紧前工序	工序时间
A	挖掘	—	2	H	外部上漆	E, G	9
B	打地基	A	4	I	电路铺设	C	7
C	承重墙施工	B	10	J	竖墙板	F, I	8
D	封顶	C	6	K	铺地板	J	4
E	安装外部管道	C	4	L	内部上漆	J	5
F	安装内部管道	E	5	M	安装外部设备	H	2
G	外墙施工	D	7	N	安装内部设备	K, L	6

(5) 在不影响项目完工时间的基础上, 其他的工序能够承受多长时间的推迟?

在例 5.2 中, 每项工序只有一个估计值, 称这种网络图为确定型网络图. 在这种工程网络图中, 由于有具备工时定额和劳动定额的任务, 因此, 工序的工时可以用这些定额资料确定.

5.2.1.2　绘制过程

单代号网络图的绘制比较简单, 其绘制步骤如下:

(1) 列出工序一览表. 根据计划所确定的工序项目和顺序关系, 列出工序一览表 (见表 5.1), 作为绘制网络图的逻辑依据.

(2) 绘制网络图. 首先绘制表中没有紧前工序的工序节点. 然后按工序顺序, 检查各项工序, 若该工序的紧前工序已经全部在图上绘出, 则可以在图上绘出该工序的节点, 并用箭号与其紧前工序相连接.

(3) 重复上述步骤, 直至绘出所有的工序节点.

根据以上步骤可以绘制例 5.2 的网络图 (见图 5.5). 图中 S 表示工程开始, T 表示工程结束, 被称为虚工序, 它仅仅表示有关工序之间的逻辑关系 (衔接、依存或制约等关系), 不消耗资源与时间. 在具体实施计划时, 虚工序并不出现.

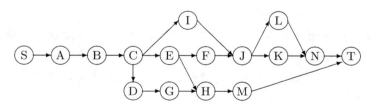

图 5.5　建筑工程网络图

从上面的绘制过程可以看出, 单代号网络的主要特点如下:

(1) 单代号网络并不限定只有一个开工节点和一个完工节点, 而允许有多个开工和完工节点. 工程的开工时间以最早开工的源节点为准, 而工程竣工的时间则决定于最迟完工的终节点.

(2) 各项活动并不一定按从小到大的要求进行编号, 网络中允许逆序号存在, 并不影响算法过程的执行.

以上这些特点对于处理大规模工程的网络问题有其方便之处, 尤其是在将大量数据输入计算机时, 单代号网络的这些特点可使输入过程简化, 避免或减少人为差错, 从而有利于提高网络处理的质量.

在执行过程中, 还要根据具体情况进行系统控制和必要的调整, 而使用电子计算机进行网络计划执行情况的检查、修改、计算既迅速又方便. 所以, 完整的网络计划技术是一个管理系统, 即最优的计划、精确的情报信息再加上系统管理, 才是网络计划技术的全部精髓.

5.2.1.3　时间参数

定义 5.15 (路线)　路线 (路径) 是指在网络图中, 从最初 (开工) 工序到最终 (完工) 工序连贯组成的一条路. 路线的长度是指完成该路线上的各项工序持续时间的长度之和. 其中, 各项工序累计时间最长的那条路线, 决定完成网络图上所有工序需要的最短时间, 被称为关键路线 (关键路径); 总的持续时间短于关键路线却长于其他诸路线的路线称为次关键路线; 其余路线称为非关键路线.

在例 5.2 中, 最长的路径是 A → B → C → E → F → J → L → N, 为唯一的一条关键路线. 这条路径上所有工序的工期之和即为该工程的工期, 为 44 周.

在实际问题中, 直接寻找最长的关键路线是不大可能的, 也是不必要的. 另外, 例中其他各个问题的求解也涉及网络图的时间参数计算. 为此, 下面介绍各种时间参数 (更多的时间参数计算可参见文献 [1]) 的数学模型.

1) 工序的最早开始和最早结束时间

从图 5.5 中可以看到, 任何一个工序都必须在其紧前工序结束后才能开始. 紧前工序最早结束时间即为该工序的最早可能开始时间, 简称为工序最早开始时间. 因此, 工序最早结束时间 (工序最早可能结束时间的简称) 等于工序最早开始时间加上该工序的工序时间.

设 D_i 为工序 i 的持续时间, ES_i 为工序 i 的最早开始时间, EF_i 为工序 i 的最早结束时间. 为了便于计算, 一般假设工程开始时间为 0, 进行顺推计算, 则有

$$ES_0 = 0, \qquad\qquad EF_0 = D_0,$$
$$ES_i = \max_{\forall h}(EF_h) \ (h < i; 1 \leqslant i \leqslant n), \qquad EF_i = ES_i + D_i$$

2) 工序的最迟开始和最迟结束时间

在不影响工程最早结束时间的条件下, 工序最迟必须结束的时间, 简称为工

序最迟结束时间, 用 LF_i 表示. 因此, 在不影响工程最早结束时间的条件下, 工序最迟必须开始的时间, 简称为工序最迟开始时间 (LS_i), 它等于工序最迟结束时间减去工序的工序时间.

在工序最早结束时间的基础上, 进行逆推计算有

$$LF_n = EF_n, \qquad\qquad LS_n = LF_n - D_n,$$

$$LF_i = \min_{\forall j}(LS_j) \ (i < j; 1 \leqslant i \leqslant n-1), \qquad LS_i = LF_i - D_i$$

3) 工序总时差

对于工序 N, 在不影响工程最早结束时间的条件下, 表示完工必然性的 LF 为 44 周, 而完工可能性的 EF 也为 44 周, 结果该工序可以推迟其开工时间的最大幅度为 0, 称此幅度为工序总时差 (也可称为机动时间, 记为 R), 即 $R = LF - EF$. 显然, 也有 $R = LS - ES$.

单代号网络图时间参数的计算有分析计算法、图上计算法、矩阵解法与表上计算法等, 这些计算过程在 WinQSB 中已能很好地实现了. 图 5.6 显示了本节各个时间参数计算公式. 在图中, 对于 (1, 1) 格的工序 A 来说, 圆圈中第一行数据分别为工序最早开始时间和最早结束时间, 第三行的数据分别为工序的最迟开始时间和最迟结束时间.

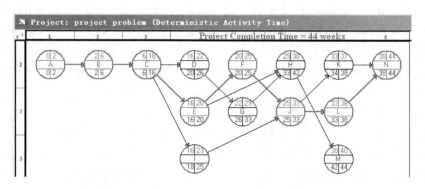

图 5.6　确定型网络的关键路线

从图 5.6 还可以看出, 总时差为 0 的工序, 开始和结束的时间没有一点机动的余地. 由这些工序所组成的路线就是 PERT 网络图中的关键路线, 这些工序就是关键工序. 一条关键路线具有以下性质:

(1) 一个工程网络至少有一条关键路线.

(2) 所有机动时间为 0 的工序一定会在一条关键路线上, 而不可能有任何机动时间大于 0 的工序 (非关键工序) 位于一条关键路线上.

注意, 工序节点网络图 (单代号), 其工序顺序关系的逻辑表达, 都是按照某一项或某几项工序全部结束之后, 其紧后工序才能相继开始. 但在实际计划中, 往往会遇到某一项或某几项工序进行到一定程度时, 已为紧后工序创造了必要的工作条件, 为缩短计划工期, 应力求使这些工序平行或搭接进行. 这种技术被称之为搭接网络计划技术, 参见文献 [1].

当然, 也可以直接根据工序时间参数计算公式给出 Lingo 程序.

```
MODEL:
SETS:
tasks/task1.. task15/: !task15为虚工序;
      TIME, ES, LS, SLACK; !工序时间等相关参数;
PRED(tasks,tasks)/
task1,task2,    task2,task3,
task3,task4,task3,task5,task3,task9,
task4,task7,    task5,task6,task5,task8,
task6,task10,   task7,task8,
task8,task13,   task9,task10,
task10,task11,task10,task12,
task11,task14, task12,task14,
task13,task15,task14,task15/;!工序关系;
ENDSETS
!以下是计算ES,LS,SLACK三个时间参数,并求正常完工期;
@FOR( TASKS( J)| J #GT# 1:
 ES( J) = @MAX( PRED( I, J): ES( I) + TIME( I)));
@FOR( TASKS( I)| I #LT# LTASK:
 LS( I) = @MIN( PRED( I, J): LS( J) - TIME( I)););
@FOR( TASKS( I): SLACK( I) = LS( I) - ES( I));
ES( 1) = 0;
LTASK = @SIZE( TASKS);
LS( LTASK) = ES( LTASK);
DATA:
time=2, 4, 10, 6, 4, 5, 7, 9, 7, 8, 4, 5, 2, 6, 0;
ENDDATA
END
```

Lingo 求解会给出一个可行解, 其与图 5.6 中结论完全一致, 故略去.

5.2.2　概率型网络图

例 5.3　继续考虑例 5.2. 由于在实际的操作中具有许多不确定性因素, 因此, 建筑工程项目中每项工序的完工时间不再是确定的, 而是具有某种概率分布的随机变量. 现得到了对每个工序工期精确估计的不确定性, 各工序的最快可能完成工时 t_a、最可能完成工时 t_m、最慢可能完成工时 t_b 值 (单位为周), 见表 5.2 的第 2, 3, 4 列. 请问项目在 47 周内完成的可能性有多大? 若至少以 95% 的概率完成整个工程, 则工期至少需要多少周?

表 5.2　概率型网络图的时间参数

工序	t_a	t_m	t_b	工序	t_a	t_m	t_b
A	1	2	3	H	5	8	17
B	2	3.5	8	I	3	7.5	9
C	6	9	18	J	3	9	9
D	4	5.5	10	K	4	4	4
E	1	4.5	5	L	1	5.5	7
F	4	4	10	M	1	2	3
G	5	6.5	11	N	5	5.5	9

在例 5.3 中, 每个工序有三种特定情况下的工时 —— 最快可能完成工时、最可能完成工时、最慢可能完成工时, 称这种网络图为概率型 (非确定型) 网络图. 在开发性、试制性或没有经验的工程项目中, 通常假定每项工序所需的时间是一个 β 分布, 是一个单峰曲线. 一般可以让决策者给出三个估计:

(1) 乐观的估计, 用 t_a 来表示, 这是对该项活动至少需要多少时间能够完成所作的估计, 是在一切都进行得十分顺利时所产生的结果.

(2) 可能性最大的估计, 用 t_m 表示, 这是指在正常情况下大致所需的时间.

(3) 保守的估计, 用 t_b 来表示, 是对该项活动至多需用多少时间可完成的估计, 是在事情进行得很不顺利时的结果, 但一般并不把极不可能发生的灾难性因素考虑在内.

t_a 与 t_b 不是该项活动所需时间的下界与上界, 而只是这两个界限的估计值, 实际所花去的时间有可能落在这个范围之外.

完工时间的期望 $\bar{t}$ 和方差 σ^2, 可近似地表示为

$$\bar{t} = \frac{t_a + 4t_m + t_b}{6}, \quad \sigma^2 = \left(\frac{t_b - t_a}{6}\right)^2$$

概率型网络图与确定型网络图在工时确定后, 对其他时间参数的计算基本相同, 没有原则性的区别. 当然, 对于概率型工程网络图的其他时间参数的计算还需添加以下假设条件:

(1) 各个工序的时间分布是相互随机独立的.

(2) 以期望值确定的关键路线一直比其他任何路线所需时间都要长.

(3) 工程时间的概率分布是一个正态分布.

所以, 对于概率型网络图, 当求出每道工序的平均期望工时 t 和方差 σ^2 后, 就可以同确定型网络图一样, 用公式计算有关时间参数及总完工期 T_z. 总完工期是关键路线上各道工序的平均工时之和 $T_z = \sum t_e$, 其方差是关键路上所有工序的方差之和 $\sum \sigma^2$. 若工序足够多, 每一工序的工时对整个任务的完工期影响不大时, 由中心极限定理可知, 总完工期服从以 T_z 为均值, 以 $\nabla^2 = \sum \sigma^2$ 为方差的正态分布.

为达到严格控制工期, 确保任务在计划期内完成的目的, 可以计算在某一给定期限 T_s 前完工的概率. 可以指定多个完工期 T_s, 直到求得足够可能性保证的计划完工期 T_s^*, 作为总工期.

$$P(T \leqslant T_s) = \int_{-\infty}^{T_s} N\left(T_z, \sqrt{\sum \sigma^2}\right) \mathrm{d}t = \Phi\left\{\frac{T_s - T_z}{\sqrt{\sum \sigma^2}}\right\} \tag{5.3}$$

其中, $N(T_z, \sqrt{\sum \sigma^2})$ 是以 T_z 为均值; $\sqrt{\sum \sigma^2}$ 为均方差的正态分布; $N(0,1)$ 是以 0 为均值, 1 为均方差的标准正态分布.

类似地, 可以求得任务中某一工序 i 在指定日期 $T_s(i)$ 内完成的概率, 只需把 (5.3) 中 T_z 换为工序 i 的最早可能完成时间 EF_i, 而 $\sum \sigma^2$ 的含义变为工序的最长的先行工序路线所需时间的方差即可, 即

$$P(T \leqslant T_s) = \Phi\left(\frac{T_s(i) - t_E(i)}{\sqrt{\sigma^2}}\right)$$

在例 5.3 中, 时间参数计算结果见表 5.3.

表 5.3　概率型网络图的时间参数

工序	t_e	ES	EF	LS	LF	R	σ	工序	t_e	ES	EF	LS	LF	R	σ
A	2	0	2	0	2	0	0.3333	H	9	29	38	33	42	4	2
B	4	2	6	2	6	0	1	I	7	16	23	18	25	2	1
C	10	6	16	6	16	0	2	J	8	25	33	25	33	0	1
D	6	16	22	20	26	4	1	K	4	33	37	34	38	1	0
E	4	16	20	16	20	0	0.6667	L	5	33	38	33	38	0	1
F	5	20	25	20	25	0	1	M	2	38	40	42	44	4	0.3333
G	7	22	29	26	33	4	1	N	6	38	44	38	44	0	0.6667

在关键路线上, 有

$$\sqrt{\sum \sigma^2} = \sqrt{0.3333 + 1 + 2 + 0.6667 + 1 + 1 + 1 + 0.6667}$$
$$= \sqrt{7.6667} \approx 2.769$$

因此, 可以计算在 47 周内完工的概率

$$P(T \leqslant 47) = \int_{-\infty}^{\frac{47-44}{2.769}} N(0,1)\,\mathrm{d}t = 84.1385$$

类似地, 以 95% 代入完工概率, 则可求得工期至少为约 49 周.

注意: 在计算出每一工序按期完工概率后, 具有较小概率的工序应特别注意, 这类工序均应加快工序进度. 另外, 还应注意那些从始点到终点完工日期与总工期相近的次关键路线, 计算它们按总工期完工的概率, 实施计划时要对其中完工概率较小的一些路线从严控制进度.

在概率型统筹方法中, 采取化概率型为确定型的做法, 把平均完工时间是最大值的路线作为关键路线, 这只能在这条路线的平均完工时间远大于其他各条路线的平均完工时间, 或这条路线的平均完工时间和标准差均大于其他各条路线的平均完工时间和标准差的情况下才是可取的. 否则, 还是以在指定天数内完工的概率取最小值的路线作为关键路线较为确切.

可以看出, 对于概率型网络图时间参数的计算来说, 在把工序时间化成确定时间后, 其计算过程和确定型网络图的计算完全一样. 其软件实现既可以由 Lingo 来完成, 也可以由 WinQSB 的 PERT-CPM 模块来完成, 参见文献 [21].

下面给出 Lingo 程序:

```
MODEL:
SETS:
tasks/task1.. task15/: !task15为虚工序;
          ta, tm, tb, TIME, sigma, ES, LS, SLACK, p;
          !工序时间等相关参数;
PRED(tasks,tasks)/
task1,task2,     task2,task3,
task3,task4,task3,task5,task3,task9,
task4,task7,     task5,task6,task5,task8,
task6,task10,    task7,task8,
task8,task13,    task9,task10,
task10,task11,task10,task12,
task11,task14, task12,task14,
task13,task15,task14,task15/;!工序关系;
ENDSETS
!首先计算出各工序的期望时间和相应方差;
@for(tasks: TIME=(ta+4*tm+tb)/6; sigma=(tb-ta)/6;);
!以下是计算ES,LS,SLACK三个时间参数,并求正常完工期;
@FOR( TASKS( J)| J #GT# 1:
```

```
 ES( J) = @MAX( PRED( I, J): ES( I) + TIME( I)));
@FOR( TASKS( I)| I #LT# LTASK:
 LS( I) = @MIN( PRED( I, J): LS( J) - TIME( I)); );
@FOR( TASKS( I): SLACK( I) = LS( I) - ES( I));
ES( 1) = 0;
LTASK = @SIZE( TASKS);
LS( LTASK) = ES( LTASK);
!以下计算各工序和整个工序在给定时间内的完工概率;
Tbar=@sum(tasks(I)|SLACK(I)#eq#0: TIME(I));
S^2=@sum(tasks(I)|SLACK(I)#eq#0: (sigma(I))^2);
@FOR(tasks(I):p=@psn((tmax - (ES(I) + TIME( I)))/S));
p_project=@psn((tmax-(ES(LTASK)+TIME(LTASK)))/S);
    0.95=@psn((days-(ES(LTASK)+TIME(LTASK)))/S);
DATA:
tmax=47; !给定的完工时间为47周;
ta=1, 2, 6, 4, 1, 4, 5, 5, 3, 3, 4, 1, 1, 5, 0;
tm=2,3.5, 9,5.5,4.5, 4,6.5, 8,7.5, 9, 4,5.5, 2,5.5, 0;
tb=3, 8, 18, 10, 5, 10, 11, 17, 9, 9, 4, 7, 3, 9, 0;
ENDDATA
END
```

在程序中, **p_project** 表示工程的完工概率, **days** 表示在至少 95% 的概率下完成工程时的所需工期. Lingo 求解会给出一个可行解 (因其他结果和表 5.3 的计算完全相同, 故这里仅给出部分结果):

```
Feasible solution found at iteration:          0
                    Variable          Value
                        TBAR       44.00000
                           S       3.000000
                        TMAX       47.00000
                   P_PROJECT      0.8413447
                        DAYS       48.93456
                   P( TASK1)       1.000000
                   P( TASK2)       1.000000
                   P( TASK3)       1.000000
                   P( TASK4)       1.000000
                   P( TASK5)       1.000000
                   P( TASK6)       1.000000
                   P( TASK7)       1.000000
                   P( TASK8)      0.9986500
                   P( TASK9)       1.000000
```

P(TASK10)	0.9999985
P(TASK11)	0.9995709
P(TASK12)	0.9986500
P(TASK13)	0.9901847
P(TASK14)	0.8413447
P(TASK15)	0.8413447

5.2.3 网络图的优化

通过画出 PERT-CPM 网络图并计算时间参数, 已得到一个初步的网络计划, 而网络计划技术的核心却在于综合评价它的技术经济指标, 从工期、成本、资源等方面对这个初步方案作进一步的改善和调整, 以求得最佳效果, 这一过程就是网络计划的优化. 但是目前还没有一个能全面反映这些指标的综合数学模型, 并可用以作为评价最优计划方案的依据. 因此, 只能根据不同的既定条件, 按照某一希望实现的指标, 来衡量是否属于最优的计划方案. 所以, 面对不同的优化目标, 就有各种各样的优化理论和方法.

5.2.3.1 时间优化

时间优化的基本思路是采取技术措施, 缩短关键工序的工序时间; 或采取组织措施, 充分利用非关键工序的总时差, 合理调配技术力量及人力、财力、物力等资源, 缩短非关键工序的工序时间, 参见文献 [18, 22–24].

当计算工期短于规定工期时, 意味着所有工序都具有正时差, 进行网络计划优化时, 这些机动时间可以用来增加某些工序的持续时间, 从而减少单位时间物资需要的数量. 当计算工期大于规定工期时, 出现负时差, 这时, 就必须缩短组成关键路线的各个工序的时间. 此外, 还可以采取改变网络逻辑关系的方法缩短计划工期.

下面给出 PERT 网络时间参数的线性规划模型.

为建模方便, 对任何网络图, 都可以通过添加虚工序的方法让网络图只有一个开工工序和完工工序. 此处标记工程开工工序为 1, 完工工序为 n, 不妨均为虚工序. 记 P_i 为工序 i 的紧前工序集合, 设 x_i 为工序 i $(1 \leqslant i \leqslant n)$ 的最早开始时间, y_i 为工序 i 被赶工的时间. 则由 $\mathrm{EF} = \mathrm{ES} + t$ (其中, t 为工序时间) 可确定一项工序的最早完成时间, 若一项工序的最早开始时间已知, 就由 t 减去应急一项工序的影响而得到最早完成时间. 即若一项工序的最早开始时间已知, 工序应急的影响就是对于任何紧相邻的两项工序 i 与 j $(2 \leqslant j \leqslant n)$, 有

$$x_j + y_i - x_i \geqslant t_i, \quad i \in P_j$$

其中, t_i 为工序 i 的持续时间.

则可将工序流程图的时间分析归结为下列线性规划模型:

$$\min z = T$$

$$\text{s.t.} \begin{cases} x_j + y_i - x_i \geqslant t_i & (2 \leqslant j \leqslant n, i \in P_j) \\ y_i \leqslant C_i & (1 \leqslant i \leqslant n) \\ x_1 = 0, x_n \leqslant T & \\ x_i \geqslant 0, y_i \geqslant 0 & (1 \leqslant i \leqslant n) \end{cases} \tag{5.4}$$

其中, C_i 是工序 i 所允许的最大赶工时间; T 是工程要求的完工时间.

在模型中, 显然 $C_1 = 0$, $C_n = 0$.

若是为了求关键路线, 则另一种比较简便的方法是把约束条件中工序之间的关系约束变成含有总时差的等式约束条件, 即

$$x_j + y_i - x_i = t_i + R_i$$

其中, R_i 为工序 i 的总时差.

在求得总时差为 0 的工序的基础之上, 可依次连接从工程开始至工程结束之间的这些关键工序直接得到关键路线.

5.2.3.2　资源优化

一项任务的可用资源, 一般情况下总是有限的, 因此, 时间计划必须考虑资源问题. 其具体的要求和做法是:

(1) 优先安排关键工序所需要的资源.

(2) 利用非关键工序总时差, 错开各工序开始时间, 拉平资源需要量高峰.

(3) 在确实受到资源限制或者在考虑综合经济效益的条件下, 也可以适当地推迟工程完工时间.

例 5.4　在图 5.7 所示的网络图 (单位: 天) 中, 已计算出关键路线为 A → D → E → G, 总工期为 11 天. ◯ 中的为工序代号, 上方标注的数字为工序工时, 下方标注 "⌒⌒" 的数字为工序每天所需人力数 (假设所有工序都需要同一种专业工人). 试对此人力资源分配进行优化.

下面给出一个关于时间 – 资源优化分析的线性规划模型分析, 参见文献 [19]. 为此, 首先引入以下记号:

s 为第 s 种资源 $(s = 1, 2, \cdots, m)$; T 为期望的工程周期; d 为工程的第 d 个日历日 $(d = 1, 2, \cdots, T)$; j 为第 j 个工序 $(j = 1, 2, \cdots, n)$; p 为第 j 个工序的第 p 个紧前工序 $(p \in P_j$, P_j 为第 j 个工序的全部紧前工序的集合); t_j 为第 j 个工序的延续天数, 即该工序的活动时间, 为一常数.

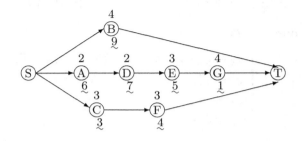

图 5.7   人力资源的网络计划图

$x_{jd} = 1$, 当第 j 个工序在第 d 日上出现时, 否则等于 0; a_{sd} 为第 s 种资源在第 d 日上的供应量; c_{sj} 为第 j 个工序关于第 s 种资源的需用量.

根据上述记号, 则有下列各个约束条件:

$$\sum_{d=1}^{T} x_{jd} = t_j \quad (j = 1, 2, \cdots, n) \tag{5.5}$$

$$\sum_{j=1}^{n} c_{sj} x_{jd} \leqslant a_{sd} \quad (d = 1, 2, \cdots, T; s = 1, 2, \cdots, m) \tag{5.6}$$

$$t_p x_{jd} \leqslant \sum_{i=1}^{d-1} x_{pi} \quad (p \in P_j, d = 2, \cdots, T;$$

$$j = 1, 2, \cdots, n, \text{ 不包括起始工序}) \tag{5.7}$$

$$t_j x_{jd} - t_j x_{j(d+1)} + \sum_{i=d+2}^{T} x_{ji} \leqslant t_j \quad (j = 1, 2, \cdots, n; d = 1, 2, \cdots, T) \tag{5.8}$$

x_{jd} 为 0-1 变量

(5.5) 表明, 所有工序都应在工程周期的某一段期间内实现, 并且在各自的延续天数内能得以完成.

(5.6) 表明, 每天所需各种资源都不能超过它们的供应量.

(5.7) 表明除了起始工序以外, 其他任一工序在紧前工序完工前都不能开工.

(5.8) 表明, 对于任一个 d $(d \geqslant 1)$, 若 $x_{jd} = 1$, 则 $x_{j(d+1)}, x_{j(d+2)}, \cdots, x_{jT}$ 均为 0 是允许的; 若 $x_{jd} = 1$, 则 $x_{j(d+1)} = 1$ 是允许的; 若 $x_{jd} = 1$, $x_{j(d+1)} = 0$, 则 $x_{j(d+2)}, \cdots, x_{jT}$ 不全为零是不允许的. 即各工序都必须连续地加工, 不允许中间停工.

为简化计算, 可加上限制条件

$$x_{jd} = 0, \quad 1 \leqslant d < \mathrm{ES}(j)$$

目标函数为

$$z = \min \sum_{d=1}^{T} \sum_{j=1}^{n} d^{\alpha} x_{jd} \tag{5.9}$$

其中, α 表示罚系数, 为大于 1 的整数.

(5.9) 表示工序在 T 日内的密集程度, 为从工程开始到 T 日各项工序排入进度的累计日数. 这里的目标函数采取"罚函数"的形式, 使周期长度与目标值之间呈递增倍数关系, 从而能有效地促使工程周期缩短. 当满足约束条件而达到同样的工程周期长度时, 能使各项工序的进度尽量趋于最晚时间开始, 以利于资源的安排和利用.

在 LINGO 中的实现如下:

```
MODEL:
SETS:
resource/1/:s;!资源;
tasks/task1..task9/: TIME, ES, LS, SLACK;!工序时间等相关参数;
day/1..16/: ;!最大时间: 所有工序时间相加之和, 这个数字要事先给定;
PRED(tasks,tasks)/
task1,task2,task1,task3,task1,task4,
task2,task5,    task3,task9,    task4,task7,    task5,task6,
task6,task8,    task7,task9,    task8,task9/;!工序关系;
LINKSAD(tasks,day):x;!工序在某一天施工与否;
LINKSRD(resource,day):a;!每天的资源消耗量;
LINKSRA(resource,tasks):c;!工序对资源的消耗量;
ENDSETS
!目标函数;
MIN=@SUM(day(d): (d^alpha)*@SUM(tasks(I): X(I,d)));

!以下是计算ES,LS,SLACK三个时间参数,并求正常完工期;
@FOR( TASKS( J)| J #GT# 1:
 ES( J) = @MAX( PRED( I, J): ES( I) + TIME( I)));
@FOR( TASKS( I)| I #LT# LTASK:
 LS( I) = @MIN( PRED( I, J): LS( J) - TIME( I));  );
@FOR( TASKS( I): SLACK( I) = LS( I) - ES( I));
ES( 1) = 0;
LTASK = @SIZE( TASKS);
```

```
LS( LTASK) = ES( LTASK);

!工序应在某一段时间之内完成;
@FOR(tasks(j):@SUM(day(d):x(j,d))=TIME(j));
!资源需求与供应关系;
@FOR(resource(s):@FOR(day(d):@SUM(tasks(j):c(s,j)*x(j,d))<=a(s,d)));
!工序相互关系;
@FOR(tasks(j):@FOR(day(d):@FOR(PRED(p,j):TIME(p)*x(j,d)
              <=@SUM(day(i)|i#LT#d:x(p,i)))));
!工序必须连续施工;
@FOR(day(d)|d#LT#@size(day):@FOR(tasks(j):TIME(j)*x(j,d)
    -TIME(j)*x(j,d+1)+@SUM(day(i)|i#GT#(d+1):x(j,i))<=TIME(j)));
!x(j,d)为j工序在d天是出现与否;
@FOR(day(d):@FOR(tasks(j):@BIN(x(j,d))));
!以下是让某工序在其最早可能开工日期之前不开工;
@FOR(day(d):@FOR(tasks(j):x(j,d)
    <=@IF((d#GE#1)#AND#(d#LT#ES(j)),0,1)));
DATA:
alpha=2; !惩罚系数>1;
time=0, 2, 4, 3, 2, 3, 3, 4, 0;
   a=10;
   c=0, 6, 9, 3, 7, 5, 4, 1, 0;
ENDDATA
END
```

LINGO 求得的最优解为:

```
Global optimal solution found at iteration:        233
Objective value:                              0.000000
        Variable         Value      Reduced Cost
        X( TASK2, 1)    1.000000        0.000000
        X( TASK2, 2)    1.000000        0.000000
        X( TASK3, 8)    1.000000        0.000000
        X( TASK3, 9)    1.000000        0.000000
        X( TASK3, 10)   1.000000        0.000000
        X( TASK3, 11)   1.000000        0.000000
        X( TASK4, 2)    1.000000        0.000000
        X( TASK4, 3)    1.000000        0.000000
        X( TASK4, 4)    1.000000        0.000000
        X( TASK5, 3)    1.000000        0.000000
        X( TASK5, 4)    1.000000        0.000000
```

X(TASK6, 5)	1.000000	0.000000
X(TASK6, 6)	1.000000	0.000000
X(TASK6, 7)	1.000000	0.000000
X(TASK7, 5)	1.000000	0.000000
X(TASK7, 6)	1.000000	0.000000
X(TASK7, 7)	1.000000	0.000000
X(TASK8, 8)	1.000000	0.000000
X(TASK8, 9)	1.000000	0.000000
X(TASK8, 10)	1.000000	0.000000
X(TASK8, 11)	1.000000	0.000000

5.2.3.3　费用优化

例 5.5　继续考虑例 5.3. 实际上, 若公司能提前完成工程的话, 有可能得到奖励. 为此, 表 5.4 给出了建筑工程中每项工序的时间 – 成本平衡的数据. 现在的问题是:

(1) 若要用额外的资金来加速工程进度的话, 怎样才能以最低的成本在 40 周内完工?

(2) 若要把工程完成时间下降到 40 周之内, 则对一些工序进行应急处理最节省的途径是什么?

表 5.4　每项工序的时间 – 成本平衡数据

工序	时间/周		成本/万元		每周的应急
	正常	应急	正常	应急	成本/万元
A	2	1	18	28	10
B	4	2	32	42	5
C	10	7	62	86	8
D	6	4	26	34	4
E	4	3	41	57	16
F	5	3	18	26	4
G	7	4	90	102	4
H	9	6	20	38	6
I	7	5	21	27	3
J	8	6	43	49	3
K	4	3	16	20	4
L	5	3	25	35	5
M	2	1	10	20	10
N	6	3	33	51	6

在进行费用优化时, 需要两个前提: 工序时间的确定性和时间与成本同等重

要. 在采取各种技术组织措施之后, 工程项目的不同完工时间所对应的工序总费用和工程项目所需要的总费用不同, 使得工程费用最低的工程完工时间称为最低成本日程.

具体地, 为完成一项工程, 所需费用可分为直接费用与间接费用两大类. 直接费用与工序所需工时的关系, 常被假定为直线关系, 见图 5.8. 工序 i 的正常工时为 D_i, 所需费用为 c_{D_i}; 特急工时为 d_i, 所需费用为 c_{d_i}. 工序 i 从正常工时每缩短一个单位时间所需增加的费用称为成本斜率, 一般用 $-s_i = \dfrac{c_{D_i} - c_{d_i}}{D_i - d_i}$ 来表示.

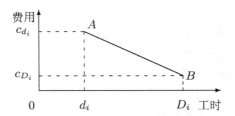

图 5.8　直接费用与工序所需工时的关系

在单代号的 PERT/CPM 方法中, 可以用线性规划来决定赶工哪项工序以及赶工多少时间.

根据 5.2.3.1 节的记号, 单代号 PERT/CPM 费用优化的线性规划模型为

$$\min z = \sum s_i y_i \tag{5.10a}$$

$$\text{s.t.} \begin{cases} x_j + y_i - x_i \geqslant t_i & (2 \leqslant j \leqslant n, i \in P_j) \\ y_i \leqslant C_i & (1 \leqslant i \leqslant n) \\ x_1 = 0, x_n \leqslant T & \\ x_i \geqslant 0, y_i \geqslant 0 & (1 \leqslant i \leqslant n) \end{cases} \tag{5.10b}$$

其中, $-s_i$ 是如图 5.8 所示的工序 i 的成本斜率; C_i 是工序 i 所允许的最大赶工时间; T 是工程要求的完工时间.

下面再给出在不同要求下的时间 – 费用线性规划模型.

(1) 当要求总工期有最小值以及相应于这一最小工期有最小费用时, 可分两步进行.

首先, 以 (5.10b) 作为约束条件, 目标函数为 $\min T$. 若 $x_1 \neq 0$, 目标函数为 $\min T = x_n - x_1$, 条件 $x_n \leqslant T$ 相应地亦为 $x_n - x_1 \leqslant T$ 即可.

然后, 在已求得最短工期 $T = x_n$ 的基础上, 仍用 (5.10b) 作为约束条件, 目标函数为 $\min f = \sum\limits_{i=1}^{n} s_i y_i + e x_n$ 即可. 其中, e 是单位时间内的间接费用.

若 $x_1 \neq 0$, 整个工期内相应的间接费用应为 $e(x_n - x_1)$, 目标函数为 $\min f = \sum_{i=1}^{n} s_i y_i + e(x_n - x_1)$. 为讨论的方便, 一般规定 $x_1 = 0$.

(2) 当要求总的费用有最小值以及相应于这一最小费用有最短工期时, 可分两步进行.

首先, 约束条件仍为 (5.10b), 此时 $x_n \leqslant M$ (正常完工期). 目标函数 $\min f = \sum_{i=1}^{n} s_i y_i + e x_n$ 即为所求最小费用.

然后, 把 $\sum_{i=1}^{n} s_i y_i + e x_n$ 和 (5.10b) 作为约束条件, 目标函数为 $\min T$.

(3) 当要求在一定的工程费用 P 以内完工, 而相应的总工期最小时, 可把 $f = \sum_{i=1}^{n} s_i y_i + e x_n \leqslant P$ 与 (5.10b) 作为约束条件, 并求 $\min T$.

(4) 当要求在指定日期 T 以内完工, 而相应的总费用最小时, 可把 (5.10b) 作为约束条件, 目标函数 $\min f = \sum_{i=1}^{n} s_i y_i + e x_n$ 即为所求最小费用.

对例 5.5 来说, 由 (5.10) 有 Lingo 程序为:

```
MODEL:
SETS:
tasks/task1.. task15/:  !task15为虚工序;
      NTime, CTime, ES,
      NCost, CCost, S, Y;  !工序时间等相关参数;
PRED(tasks,tasks)/
task1,task2,   task2,task3,
task3,task4,task3,task5,task3,task9,
task4,task7,
task5,task6,task5,task8,
task6,task10,
task7,task8,
task8,task13,
task9,task10,
task10,task11,task10,task12,
task11,task14,
task12,task14,
task13,task15,   task14,task15/;!工序关系;
ENDSETS
!以下求在给定工期内完工的费用-时间优化方案;
MIN = @SUM(tasks(I) | NTime(I) #ne# CTime(I):  S(I) *Y(I));
@FOR( tasks(J)| J #GT# 1:
     ES(J)>=@MAX(PRED(I,J): ES(I)+NTime(I)-Y(I)));
```

```
ES(1) = 0;
LTASK = @SIZE( TASKS);
@FOR(tasks| NTime #ne# CTime: (NCost-CCost)/(NTime-CTime)=-S);
@FOR(tasks: Y<=NTime-CTime);
ES( LTASK)<=Tmax;
@FOR(tasks: @GIN(Y));!寻求整数解;
DATA:
NTime= 2, 4,10, 6, 4, 5,  7, 9, 7, 8, 4, 5, 2, 6, 0;
CTime= 1, 2, 7, 4, 3, 3,  4, 6, 5, 6, 3, 3, 1, 3, 0;
NCost=18,32,62,26,41,18, 90,20,21,43,16,25,10,33, 0;
CCost=28,42,86,34,57,26,102,38,27,49,20,35,20,51, 0;
Tmax=40; !给定的40周完工工期;
ENDDATA
END
```

Lingo 求解后得一最优解, 这里仅列出需要各项工序所需的应急时间及相应的最早开始时间:

```
Local optimal solution found.
Objective value:                         14.00000
Extended solver steps:                          0
Total solver iterations:                       17
        Variable         Value      Reduced Cost
           LTASK      15.00000          0.000000
            TMAX      40.00000          0.000000
       ES( TASK1)      0.000000          0.000000
       ES( TASK2)      2.000000          0.000000
       ES( TASK3)      6.000000          0.000000
       ES( TASK4)     16.00000          0.000000
       ES( TASK5)     16.00000          0.000000
       ES( TASK6)     20.00000          0.000000
       ES( TASK7)     22.00000          0.000000
       ES( TASK8)     29.00000          0.000000
       ES( TASK9)     16.00000          0.000000
      ES( TASK10)     23.00000          0.000000
      ES( TASK11)     29.00000          0.000000
      ES( TASK12)     29.00000          0.000000
      ES( TASK13)     38.00000          0.000000
      ES( TASK14)     34.00000          0.000000
      ES( TASK15)     40.00000          0.000000
        Y( TASK6)      2.000000          4.000000
```

Y(TASK10)	2.000000	3.000000

显然, 上述程序可以很容易地修改, 变为 (5.4) 的程序实现.

5.3　树图结构

树图 (简称树是无圈的连通图, 记作 $T(V, E)$). 铁路专用线、管理组织机构、学科分类和一般决策过程往往都可以用树图来表示.

定义 5.16　若无向图是连通的, 且不包含有圈, 则称该图为树. 若有向图中任何一个顶点都可由某一顶点 v_1 到达, 则称 v_1 为图 G 中的根. 若有向图 G 有根, 且其基础图是树, 则称 G 是有向树.

关于树有如下性质, 参见文献 [25].

性质 5.1　设 G 是有限的无向图, 若顶点的次 $d(v) \geqslant 2, \forall v \in V$, 则 G 有圈.

性质 5.2　任何树中必存在次为 1 的点.

性质 5.3　设 G 是连通图, 且边数小于顶点数, 则图 G 中至少有一个顶点的次为 1.

定义 5.17　称次为 1 的点为悬挂点, 与其关联的边称为悬挂边.

若从树图中拿掉悬挂点及其关联的悬挂边, 余下的点和边构成的图仍连通且无圈, 则还是一个树图.

性质 5.4　设 G 是具有 n 个顶点的无向连通图, 则 G 是树的充分必要条件是: G 有 $(n-1)$ 条边.

定义 5.18　若 G' 是包含 G 的全部顶点的子图, 它又是树, 则称 G' 是生成树或支撑树.

关于生成树有如下定理:

定理 5.1　若无向图 G 是有限的、连通的, 则在 G 中存在生成树.

定义 5.19　在一个赋权图中, 称具有最小权和的生成树为最优生成树或最小生成树.

将最小生成树写成数学规划模型需要一定的技巧, 设 d_{ij} 是两点 i 与 j 之间的距离, $x_{ij} = 0$ 或 1 (1 表示连接, 0 表示不连接), 并假设顶点 1 是生成树的根, 则数学模型为

$$
\min \sum_{(i,j) \in G} d_{ij} x_{ij}
$$
$$
\text{s.t.} \begin{cases} \sum\limits_{j \in V} x_{ij} \geqslant 1, & \text{根至少有一条边连接到其他点} \\ \sum\limits_{j \in V} x_{ij} = 1, i \neq 1, & \text{除根外, 每个点只有一条边进入} \\ \text{各边不构成圈} \end{cases} \tag{5.11}
$$

Kruskal 在 1956 年给出了求最优生成树的避圈法, Prim 在1957 年提出了边割法. 在 WinQSB 软件的网络流模块中, 最小树的生成就采用了边割法, 参见文献 [3, 21].

下面介绍一种将所求问题化为 0-1 整数规划的求解方法.

例 5.6 (公园问题)   公园路径系统如图 5.9 所示, S 为入口, T 为出口, A, $B, \cdots, E$ 为 5 个景点. 现安装电话线以连接各景点, 则最小线路安装是什么?

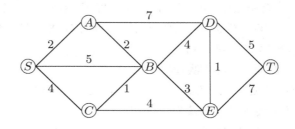

图 5.9   公园问题的路径系统

解   根据 (5.11), 可写出 Lingo 程序为

```
MODEL:
SETS:
sites/S,A,B,C,D,E,T/: level; !level(i) = the level of site;
links(sites,sites): distance, !the distance matrix;
                    x; !x(i,j) = 1 if we use link i,j;
ENDSETS
DATA: !distance matrix, it need not be symmetric;
      !50, the distance of impossible link;
distance = 0,   2,   5,  4, 50, 50, 50,
           2,   0,   2, 50,  7, 50, 50,
           5,   2,   0,  1,  4,  3, 50,
           4,  50,   1,  0,  4, 50, 50,
          50,   7,   4,  4,  0,  1,  5,
          50,  50,   3, 50,  1,  0,  7,
          50,  50,  50, 50,  5,  7,  0;
ENDDATA
n=@SIZE(sites);
!minimize total distance of the links;
MIN=@SUM(links(i,j)|i#ne#j:distance(i,j)*x(i,j));
!there must be an arc out of site S;
@SUM(sites(i)|i#gt#@index(S):x(1,i))>=1;
```

```
!for site i, except the base (site 1);
@FOR(sites(i)|i#gt#1: !it must be entered;
@SUM(sites(j)|j#ne#i:x(j,i))=1;
!levle(j)=level(i)+1, if we link j and i;
@FOR(sites(j)|j#gt#1 #and# j#ne#i:
level(j)>=level(i)+x(i,j)-(n-2)*(1-x(i,j))+(n-3)*x(j,i););
!the level of site is at least 1 but no more n-1,
 and is 1 if it links to base (site 1);
@BND(1,level(i),999999);
level(i)<=n-1-(n-2)*x(1,i););
@FOR(links:@BIN(x)); !make the x's 0/1;
END
```

在上述程序中, 利用 level 变量 来保证所选的边不构成圈. 在数据区域, 假设 50 为不存在直接连线的景点间距离的上限. 函数 @index 的作用是返回一个元素在集合中的索引值, 这里 @index(S)=1, 即元素 S 在集合中的索引值为 1, 所以逻辑条件 i#gt#@index(S) 可以直接等价地写为 i#gt#@1. 这里的 @index(S) 实际上还是 @index(sites,S) 的简写, 即返回 S 在集合 S 在集合 sites 中的索引值.

Lingo 求解得

```
Global optimal solution found at iteration:        24
Objective value:                          14.00000
        Variable          Value       Reduced Cost
        X( S, A)        1.000000        2.000000
        X( A, B)        1.000000        2.000000
        X( B, C)        1.000000        1.000000
        X( B, E)        1.000000        3.000000
        X( D, T)        1.000000        5.000000
        X( E, D)        1.000000        1.000000
```

5.4　最小费用流

定义 5.20 (网络流)　一般是指在下面条件下流过一个网络的某种流在各边上的流量的集合.

(1) 网络有一个始点 v_s 和一个终点 v_t.

(2) 流过网络的流量具有一定的方向, 各弧的方向就是流量通过的方向.

(3) 对每一弧 $(v_i, v_j) \in E$, 都赋予一个容量 $u(v_i, v_j) = u_{ij} \geqslant 0$, 表示容许通过该弧的最大流量.

凡是符合上述规定的网络都可称为容量网络 (简称网络), 一般用有向网络 $N = (V, E, W)$ 加以描述. 在一个网络 N 中, 设以 $x_{ij} = x(v_i, v_j)$ 表示通过弧 $(v_i, v_j) \in E$ 的流量, 则集合 $x = \{x_{ij} | (v_i, v_j) \in E\}$ 就称为该网络的一个流.

定义 5.21 (可行流)　称满足以下条件的流为一个可行流:

(1) 弧流量限制条件: $0 \leqslant x_{ij} \leqslant u_{ij}, (v_i, v_j) \in E$.

(2) 中间点平衡条件: $\sum\limits_j x_{ij} - \sum\limits_j x_{ji} = 0 \quad (i \neq s, t)$.

设以 $f = f(x)$ 表示可行流 x 从 v_s 到 v_t 的流量, 则有

$$\sum_j x_{ij} - \sum_j x_{ji} = \begin{cases} f, & \text{当 } i = s \\ -f, & \text{当 } i = t \end{cases}$$

这意味着可行流 x 的流量 $f(x)$ 等于始点的净流出量, 也等于终点的净流入量 (负的净流出量). 可行流恒存在, 如 $x = \{x_{ij} = 0 | (v_i, v_j) \in A\}$ 是一个可行流, 称为零流, 其流量为 0.

定义 5.22 (最大流)　在一网络中, 流量最大的可行流称为最大流, 记为 x^*, 其流量记为 $f^* = f(x^*)$.

5.4.1　数学模型

在网络 $N = \{V, E, W\}$ 中, 对每个节点 v_i 的净流量 b_i. 若 $b_i > 0$, 则称 v_i 为发点 (源), b_i 的值为该点的供给量; 若 $b_i < 0$, 则称 v_i 为收点 (汇), $-b_i$ 的值为该点的需求量; 若 $b_i = 0$, 则称 v_i 为一个 (纯) 转运点. 对于每条弧 e_{ij} 单位流量通过时所需的费用, 给定实数 c_{ij}, 称为费用系数, 这里假定费用的增长与流量呈线性关系. 再给定正数 u_{ij} 表示弧 e_{ij} 上流量的上界限制, 称之为容量.

最小费用流问题就是在网络中考虑在费用、容量因素情形下最佳的流量配置, 其基本的模型有两大类.

(1) 网络中求流量分配使总流量达到一定的要求, 而总费用最低. 即求 N 的一个可行流 x, 使得流量 $f(x) = v$ (这里 v 即为发点的流量), 且总费用最小. 特别地, 当要求 f 为最大流时, 此问题即为最小费用最大流问题.

若用决策变量 x_{ij} 表示通过弧 (i, j) 的流量, c_{ij} 表示通过弧 (i, j) 的单位费用, u_{ij} 表示通过弧 (i, j) 的容量, 则最小费用流模型为一个线性规划模型.

$$\min z = \sum_{(i,j) \in E} c_{ij} x_{ij}$$
$$\text{s.t.} \begin{cases} \sum\limits_j x_{ij} - \sum\limits_j x_{ji} = b_i & (i, j = 1, 2, \cdots, n) \\ 0 \leqslant x_{ij} \leqslant u_{ij} & (i, j = 1, 2, \cdots, n) \end{cases}$$

例 5.7   考虑如图 5.10 所示的运输问题, A, B 是某公司的两个工厂, C 是一批发中心, D, E 是两个零售商, 试求最小费用的运输方案. 其中, 图中 "[ ]" 的数字表示节点的流量, 箭线上的数字表示费用系数, 而相应 "$<\ >$" 中的数字表示流量的限制. 试求最小费用的运输方案.

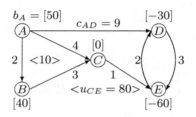

图 5.10   最小费用流问题

解   显然, 问题是在图中限制条件下求运输费用最小, 设 $x_{ij}\ (i, j = A, \cdots, E)$ 为各个节点间的运输量, 则其线性规划模型是

$$\min z = 2x_{AB} + 4x_{AC} + 9x_{AD} + 3x_{BC} + x_{CE} + 3x_{DE} + 2x_{ED}$$

$$\text{s.t.} \begin{cases} x_{AB} + x_{AC} + x_{AD} & = 50 \\ -x_{AB} \quad\quad\quad\quad + x_{BC} & = 40 \\ \quad -x_{AC} \quad\quad\quad -x_{BC} + x_{CE} & = 0 \\ \quad\quad\quad -x_{AD} \quad\quad\quad\quad\quad + x_{DE} - x_{ED} & = -30 \\ \quad\quad\quad\quad\quad -x_{CE} - x_{DE} + x_{ED} & = -60 \\ x_{AB} \leqslant 10, x_{CE} \leqslant 80; x_{ij} \geqslant 0 \quad (i, j = A, \cdots, E) \end{cases}$$

(2) 另一类最小费用流问题是在预算费用 C 给定的情况下, 求流量分配, 使从 $v_s \to v_t$ 能够输送的总流量达到最大. 类似以上记号可得其线性规划模型.

$$\max f$$

$$\text{s.t.} \begin{cases} \displaystyle\sum_{(i,j) \in E} c_{ij} x_{ij} \leqslant C \\ \displaystyle\sum_j x_{ij} - \sum_j x_{ji} = \begin{cases} f, & i = v_s \\ 0, & i \neq v_s, v_t \\ -f, & i = v_t \end{cases} \\ 0 \leqslant x_{ij} \leqslant u_{ij} \quad (i, j = 1, 2, \cdots, n) \end{cases}$$

在以上所讨论的最小费用流问题中, 网络上流动的是同一种物资, 因此也可称为是单品种网络流问题. 这类问题的一个推广是多品种最小费用流问题. 令 x_{ij}^k

为第 k 种货物从源点 i 运往汇点 j 的流量, c_{ij}^k 为第 k 种货物从 i 到 j 的单位费用, u_{ij} 为弧 (i,j) 的容量, a_i^k 为第 k 种货物在 i 点的供给量, b_j^k 为第 k 种货物在 j 点的需求量. 则在假定供需是平衡的情形下, 这类问题的数学模型为

$$\min \sum_{k=1}^{r} \sum_{(i,j)\in E} c_{ij}^k x_{ij}^k$$

$$\text{s.t.} \begin{cases} \sum_j x_{ij}^k = a_i^k, & \text{对所有 } i,k \\ \sum_i x_{ij}^k = b_j^k, & \text{对所有 } j,k \\ \sum_k x_{ij}^k \leqslant u_{ij}, & \text{对所有 } i,j \\ x_{ij}^k \geqslant 0, & \text{对所有 } i,j,k \\ \sum_i a_i^k = \sum_j b_j^k, & \text{对所有 } k \end{cases}$$

其中, m 是源点 (发点) 数, n 是汇点 (收点) 数, r 是不同货物品种数.

对于很多包括有中间转运点的多品种流问题来说, 这些转运点既非供应方又非需求方, 此时在这些点要求流量达到平衡. 其线性规划的一般形式为

$$\min \sum_{k=1}^{r} \sum_{(i,j)\in E} c_{ij}^k x_{ij}^k$$

$$\text{s.t.} \begin{cases} \sum_j x_{ij}^k - \sum_j x_{ji}^k = a_i^k, & \text{若顶点 } i \text{ 是货物 } k \text{ 的源点} \\ \sum_j x_{ij}^k - \sum_j x_{ji}^k = 0, & \text{若顶点 } i \text{ 是中间转运点} \\ \sum_j x_{ij}^k - \sum_j x_{ji}^k = -b_i^k, & \text{若顶点 } i \text{ 是货物 } k \text{ 的汇点} \\ \sum_k x_{ij}^k \leqslant u_{ij}, & \text{对 } (i,j) \in E \\ x_{ij}^k \geqslant 0, & \text{对所有 } k \text{ 和 } (i,j) \in E \end{cases}$$

其中, E 是网络的弧集.

在上面所讨论的网络问题, 对于每条弧来说, 流入的流量总是等于流出的流量. 然而在现实问题中也会碰到另一种情况, 即这两者并不相等. 这种情形一般地可表示为 $x_{ij}' = \alpha_{ij} x_{ij}$, 其中, α_{ij} 是非负实数, 称为弧 e_{ij} 的增益系数.

若 $\alpha_{ij} > 1$, 则流过 e_{ij} 后流动对象会增加; 反之, $\alpha_{ij} < 1$ 时则会减少. 若所有弧的增益系数均为 1, 那就是上面所讨论的普通网络, 否则就称为有增益网络 (network with gains), 参见文献 [4]. 这样的有增益网络经常出现如下类型的问题中: ① 带有利率的财政网络问题, 由于支付或赢得利息, 在某些弧上增益系数不等于 1; ② 物质有损耗的传输问题; ③ 网络上的流动对象会改变的问题.

不难想见, 这种有增益的最小费用流问题可以写成与普通最小费用流相仿的线性规划问题. 事实上, 设在弧上 e_{ij} 上从节点 v_i 流出的流量为 x_{ij}, 则流入节点 v_j 的流量应为 $\alpha_{ij}x_{ij}$. 由此可知, 上面所讨论的一般最小费用流问题都能化为与普通网络的情形中的最小费用流问题.

5.4.2　软件求解

对实际问题求解来说, 如 Cplex 等软件, 其使用了网络单纯形法, 即在图上的单纯形法, 求解算例参见文献 [3]. 该算法具有很快的求解速度, 是 Cplex 中的基本算法. 因此, 最小费用流问题在网络分析中占据了核心地位, 基于此, 5.11 节介绍了如何把其他常见网络问题转化为最小费用流问题的基本思路. 为了进一步理解线性规划的灵敏度分析, 下面以 Lindo 来实现此问题.

例 5.7 在 Lindo 中的实现语句为:

```
min 2xAB+4xAC+9xAD+3xBC+xCE+3xDE+2xED
st
xAB+xAC+xAD=50
-xAB+XBC=40
-xAC-xBC+xCE=0
-xAD+xDE-xED=-30
!-xCE-xDE+xED=-60
end
SUB xAB 10
SUB xCE 80
```

求解并进行灵敏度分析的结果为

```
LP OPTIMUM FOUND AT STEP        4
        OBJECTIVE FUNCTION VALUE
        1)      490.0000
   VARIABLE        VALUE        REDUCED COST
        XAB      0.000000          1.000000
        XAC     40.000000          0.000000
        XAD     10.000000          0.000000
        XBC     40.000000          0.000000
        XCE     80.000000         -2.000000
        XDE      0.000000          5.000000
        XED     20.000000          0.000000
        ROW  SLACK OR SURPLUS     DUAL PRICES
        2)      0.000000         -7.000000
        3)      0.000000         -6.000000
```

```
      4)          0.000000              -3.000000
      5)          0.000000               2.000000
NO. ITERATIONS=        4
RANGES IN WHICH THE BASIS IS UNCHANGED:
                             OBJ COEFFICIENT RANGES
VARIABLE      CURRENT        ALLOWABLE      ALLOWABLE
              COEF           INCREASE       DECREASE
    XAB       2.000000       INFINITY       1.000000
    XAC       4.000000       1.000000       INFINITY
    XAD       9.000000       INFINITY       2.000000
    XBC       3.000000       INFINITY       1.000000
    XCE       1.000000       2.000000       INFINITY
    XDE       3.000000       INFINITY       5.000000
    XED       2.000000       2.000000       5.000000
                             RIGHTHAND SIDE RANGES
ROW           CURRENT        ALLOWABLE      ALLOWABLE
              RHS            INCREASE       DECREASE
    2         50.000000      20.000000      10.000000
    3         40.000000      20.000000      10.000000
    4         0.000000       20.000000      10.000000
    5        -30.000000      20.000000      INFINITY
```

可以看到, 第一个限制条件的影子价格为 "-7". 由于 Lindo 的影子价格是针对形如 (1.4) 标准形式来说的, 因此, 若增加此运输系统节点 A 的一个单位的净流量 (其增加范围在可行增加范围之内), 则总运输费用要上升 7 个单位, 而不是下降 7 个单位.

由于此运输网络是一保守系统, 并且在例 5.7 的软件实现语句中已注释了最后一句, 所以, 已假定节点 E 来接收所增加的单位流量. 若不注释这一句, 则求解后的结果为

```
LP OPTIMUM FOUND AT STEP        4
      OBJECTIVE FUNCTION VALUE
      1)        490.0000
VARIABLE         VALUE          REDUCED COST
    XAB          0.000000       1.000000
    XAC          40.000000      0.000000
    XAD          10.000000      0.000000
    XBC          40.000000      0.000000
    XCE          80.000000      -2.000000
    XDE          0.000000       5.000000
```

XED	20.000000	0.000000
ROW	SLACK OR SURPLUS	DUAL PRICES
2)	0.000000	-9.000000
3)	0.000000	-8.000000
4)	0.000000	-5.000000
5)	0.000000	0.000000
6)	0.000000	-2.000000

此时, 若增加节点 A 的净流量为 1 单位, 则需要指明节点 D, E 来接收所增加的流量. 现假设由 E 点来接收, 则由上面的结果可以知道: 运输系统总的费用会上升 $9 - 2 = 7$ 个单位.

5.5 最大流问题

最大流问题 (maximum flow problem) 是在一个给定网络上求流量最大的可行流, 即给一个网络 N 的每条弧规定一个流量的上界, 再求从节点 v_s 到节点 v_t 的最大流. 求解最大流问题的方法很多, 可以把它转化为最小费用流问题求解; 也可以用 Ford-Fulkerson 方法 —— 增广链法, Edmonds-Karp 方法和 MPM 方法, 参见文献 [3, 4, 26].

根据上面的定义可知, 对一网络 $N(V, E, W)$ 来说, 这里 V 是节点集, E 是弧集, $|V| = m, |E| = n$. 已知在弧 (i, j) 上流量的容量 为 u_{ij} $((i, j) \in E)$. 最大流问题就是要求从节点 v_1 到 v_m 节点的最大流量. 让 x_{ij} 表示弧 (i, j) 上的流量, 则数学模型为一个线性规划模型.

$$\max f$$
$$\text{s.t.} \begin{cases} \sum_j x_{ij} - \sum_k x_{ki} = \begin{cases} f & (i = 1) \\ 0 & (i = 2, \cdots, m - 1) \\ -f & (i = m) \end{cases} \\ 0 \leqslant x_{ij} \leqslant u_{ij}, \quad (i, j) \in E \end{cases} \tag{5.12}$$

5.5.1 基本性质

下面介绍一些基本概念与相应的定理, 参见文献 [1].

定义 5.23 (截集)   在一个网络 $N = (V, E, W)$ 中, 若把点集 V 剖分成不相交的两个非空集合 S 和 $\overline{S}$, 使始点 $v_s \in S$, 终点 $v_t \in \overline{S}$, 且 S 中各点不须经由 $\overline{S}$ 中的点而均连通, $\overline{S}$ 中各点也不须经由 S 中的点而均连通, 则把始点在 S 中而终点在 $\overline{S}$ 中的一切弧所构成的集合, 称为一个分离 v_s 和 v_t 的截集, 记为 $(S, \overline{S})$. 截集有时也被称为 N 的一个割集 (简称为割).

截集 $(S, \overline{S}) \subset E$, 为弧集 E 的一个特殊子集. 如图 5.11 表示出了一个截集 $(S, \overline{S}) = \{a_1, a_3\}$. 注意, $a_2 \overline{\in} (S, \overline{S})$, 这是因为 a_2 的终点在 S 中, 始点在 $\overline{S}$ 中, 不符合截集定义中对弧的要求. 若把截集 $(S, \overline{S})$ 中的弧全部去掉, 则网络中就不存在从 v_s 到 v_t 的路, 但仍可能存在从 v_s 到 v_t 的链, 这是截集的一个特点.

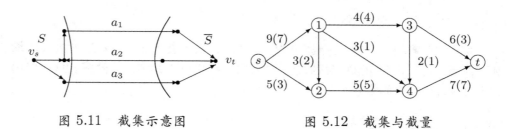

图 5.11　截集示意图　　　　　图 5.12　截集与截量

定义 5.24 (截量) 在网络 N 中, 把一个截集 $(S, \overline{S})$ 中所有弧的容量之和称为该截集的容量 (或割集容量), 简称截量, 记为 $u(S, \overline{S})$, 则有

$$u(S, \overline{S}) = \sum_{(v_i, v_j) \in (S, \overline{S})} u_{ij}$$

定义 5.25 (最小截集) 在网络 N 中, 截量最小的截集称为最小截集 (或称为最小割集), 记为 $(S^*, \overline{S}^*)$, 其截量 $u(S^*, \overline{S}^*)$ 称为最小截量, 或称为最小割集容量 (简称为最小割).

例如, 图 5.12 的所有不同的截集及其截量如表 5.5 所示, 其中图中弧旁数字为 $u_{ij}(x_{ij})$. 由此可见, 一个很简单的网络也可有较多不同的截集. 显然, 最小截量为 11, 最小截集为 $(S^*, \overline{S}^*) = \{(1, 3), (4, t)\}$.

表 5.5　截集及其截量

$S = \{v_i\}$	$\overline{S} = \{v_j\}$	截集 $(S, \overline{S}) = \{(v_i, v_j)\}$	截量 $u(S, \overline{S})$
s	$1, 2, 3, 4, t$	$(s, 1), (s, 2)$	14
$s, 1$	$2, 3, 4, t$	$(s, 2), (1, 2), (1, 3), (1, 4)$	15
$s, 2$	$1, 3, 4, t$	$(s, 1), (2, 4)$	14
$s, 1, 2$	$3, 4, t$	$(1, 3), (1, 4), (2, 4)$	12
$s, 1, 3$	$2, 4, t$	$(s, 2), (1, 2), (1, 4), (3, 4), (3, t)$	19
$s, 2, 4$	$1, 3, t$	$(s, 1), (4, t)$	16
$s, 1, 2, 3$	$4, t$	$(1, 4), (2, 4), (3, 4)(3, t)$	16
$s, 1, 2, 4$	$3, t$	$(1, 3), (4, t)$	11
$s, 1, 2, 3, 4$	t	$(3, t)(4, t)$	13

引理 5.1 设 $(S, \overline{S})$ 是容量网络 N 中任意一个截集，$f = \{f_{ij}\}$ 是 N 上的任意一个流，则流值

$$v(f) = \sum_{(v_i, v_j) \in (S, \overline{S})} f_{ij} - \sum_{(v_j, v_i) \in (S, \overline{S})} f_{ji}$$

定理 5.2 (流量 – 截量定理) 在网络 N 中，设 $x = \{x(u, v) | u \in V, v \in V\}$ 是任一可行流，$(S, \overline{S})$ 是任一截集，则 $f(x) \leqslant u(S, \overline{S})$.

定理 5.2 表明：网络的任一可行流的流量恒不超过任一截集的截量. 因此，网络的最大流量也不会超过最小截量，即有

定理 5.3 (最大流量 – 最小截量定理) 在网络 N 中，从 v_s 到 v_t 的最大流的流量等于分离 v_s 和 v_t 的最小截集的截量. 即，若设 x^* 为一最大流，$(S^*, \overline{S}^*)$ 为一最小截集，则有 $f(x^*) = u(S^*, \overline{S}^*)$.

5.5.2 软件求解

例 5.8 继续考虑例 5.6，为了保护园区的野生生态环境，现规定每条线路上观光旅游车的数量是有限制的，见图 5.13，其中弧上的数字为通行车辆容量. 则如何在不违背每条路线上旅游车数目限制下寻求最大车辆通行？

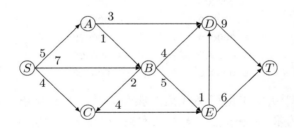

图 5.13 公园最大流问题

解 根据 (5.12)，可得问题的 Lingo 程序为

```
MODEL:
SETS:
sites/S,A,B,C,D,E,T/;
links(sites,sites)/ S,A,S,B,S,C, A,B,A,D,
     B,C,B,D,B,E C,E, D,T, E,D,E,T/: u,x;
ENDSETS
DATA:
u = 5,7,4, 1,3, 2,4,5, 4, 9, 1,6;
```

```
ENDDATA
MAX = flow;
@FOR(sites(i) | i#ne#1 #and# i#ne# @SIZE(sites):
 @SUM(links(i,j):x(i,j)) - @SUM(links(j,i):x(j,i))=0);
@SUM(links(i,j) | i#eq#1: x(i,j)) =flow;
@FOR(links: @BND(0,x,u));
END
```

Lingo 求解得最优解为

```
Global optimal solution found.
Objective value:                      14.00000
      Variable          Value      Reduced Cost
          FLOW       14.00000        0.000000
      X( S, A)        3.000000        0.000000
      X( S, B)        7.000000        0.000000
      X( S, C)        4.000000        0.000000
      X( A, B)        0.000000        0.000000
      X( A, D)        3.000000       -1.000000
      X( B, C)        0.000000        0.000000
      X( B, D)        4.000000       -1.000000
      X( B, E)        3.000000        0.000000
      X( C, E)        4.000000        0.000000
      X( D, T)        8.000000        0.000000
      X( E, D)        1.000000       -1.000000
      X( E, T)        6.000000       -1.000000
```

在上面的程序中, 采用了稀疏集的编写方法. 下面介绍一种利用邻接矩阵的编写方法, 以使得更便于推广到复杂网络情形. 根据 (5.1) 与 (5.2), 例 5.8 的 Lingo 程序为

```
MODEL:
SETS:
sites/S,A,B,C,D,E,T/;
links(sites,sites): R, U, x;
ENDSETS
DATA:
R = 0,1,1,1,0,0,0,
    0,0,1,0,1,0,0,
    0,0,0,1,1,1,0,
    0,0,0,0,0,1,0,
    0,0,0,0,0,0,1,
```

```
      0,0,0,0,1,0,1,
      0,0,0,0,0,0,0;
U = 0,5,7,4,0,0,0,
      0,0,1,0,3,0,0,
      0,0,0,2,4,5,0,
      0,0,0,0,0,4,0,
      0,0,0,0,0,0,9,
      0,0,0,0,1,0,6,
      0,0,0,0,0,0,0;
ENDDATA
MAX = flow;
@FOR(sites(i) | i#ne#1 #and# i#ne#@SIZE(sites):
 @SUM(sites(j): R(i,j)*x(i,j)) = @SUM(sites(j): R(j,i)*x(j,i)));
@SUM(sites(i): R(1,i)*x(1,i)) = flow;
@FOR(links: @BND(0,x,U));
END
```

5.6 最短路问题

最短路问题 (shortest path problem) 是在已知一网络上各弧的长度的基础上, 求出从图上给定的节点 v_s 到节点 v_t 的最短的通路.

最短路问题的一个简单而有效的算法是 Dijkstra 算法, 它能给出某个节点 (设为 v_1) 到其他所有节点的最短路 (若存在最短路的话). 在某些问题中, 要求网络上任意两点间的最短路, 当然可以用 Dijkstra 算法依次改变起点的办法, 但是比较繁琐. 此时 Floyd 算法可以直接求出网络中任意两点间的最短路, 参见文献 [1, 3]. 这里主要是介绍整数规划模型的求解思路.

5.6.1 数学模型

设给定一个有 m 个节点, n 条弧的网络 $N(V, E, W)$, 每条弧 (i,j) 的长度为 c_{ij}. 最短路问题就是要对给定的两个节点, 设为 v_1 和 v_m, 找出从 v_1 到 v_m 的总长度最短的路. 由此, 其数学模型为整数规划问题.

$$\min \sum_{(i,j)\in E} c_{ij}x_{ij}$$
$$\text{s.t.} \begin{cases} \sum_{(i,j)\in E} x_{ij} - \sum_{(k,i)\in E} x_{ki} = \begin{cases} 1 & (i=1) \\ 0 & (i=2,\cdots,m-1) \\ -1 & (i=m) \end{cases} \\ x_{ij} = 0 \text{ 或 } 1, (i,j) \in E \end{cases}$$

注意, 一般地说, 一条链上各弧的方向并不一定都与链的方向相同, 它们既可以是链上的前向弧, 也可以是后向弧. 但在最短路等类问题中, 要求各弧都是前向弧, 前面已经说过, 这时用术语路 (Path) 来代替链. 因此路上各弧的方向均与路的方向相同.

在此模型中, 由于系数矩阵的元素为 +1 或 −1, 而右端向量也像系数矩阵的列向量一样, 除了一个 +1 和一个 −1 外都是零元. 因此约束方程组的基解中各变量 x_{ij} 的 0-1 值只能是 ±1 或 0, 这表明变量的限制可以改为非负限制, 从而简化计算的复杂性.

例 5.9　继续考虑例 5.6, 现求如何能使观光旅游车从入口 S 到出口 T 所经过的距离最短?

解　求解公园问题的 Lingo 程序为

```
MODEL:
SETS:
sites/S,A,B,C,D,E,T/;
links(sites,sites): R, W, x;
ENDSETS
DATA:
R = 0,1,1,1,0,0,0,
    0,0,1,0,1,0,0,
    0,1,0,1,1,1,0,
    0,0,1,0,0,1,0,
    0,1,1,0,0,1,1,
    0,0,1,1,1,0,1,
    0,0,0,0,0,0,0;
W = 0,2,5,4,0,0,0,
    0,0,2,0,7,0,0,
    0,2,0,1,4,3,0,
    0,0,1,0,0,4,0,
    0,7,4,0,0,1,5,
    0,0,3,4,1,0,7,
    0,0,0,0,0,0,0;
ENDDATA
MIN = @SUM(links: W*x);
@FOR(sites(i) | i#ne#1 #and# i#ne#@SIZE(sites):
 @SUM(sites(j): R(i,j)*x(i,j)) =
 @SUM(sites(j): R(j,i)*x(j,i)));
@SUM(sites(i): R(1,i)*x(1,i)) = 1;
END
```

Lingo 求解得最优解为

```
Global optimal solution found.
Objective value:                        13.00000
Total solver iterations:                       8
        Variable           Value        Reduced Cost
        X( S, A)        1.000000           0.000000
        X( A, B)        1.000000           0.000000
        X( B, D)        1.000000           0.000000
        X( D, T)        1.000000           0.000000
```

对各节点予以组合, 就可以得到各个节点之间的距离矩阵. Lingo 从 10.0 起引入了主模型与子模型概念, 从而可以由一个模型得到此矩阵. 但是, 当不需要计算出路径时, 更为简单的方法是由 Floyd 算法直接得到距离矩阵, 参见文献 [3].

Floyd 算法又称为距离矩阵幂乘法, 是通过定义一个网络权矩阵后进行类似于矩阵计算来求两点之间最短路的一种算法. 网络的权矩阵有时又称为网络的距离矩阵 (网络的直接距离矩阵), 参见文献 [25]. 为了便于讨论, 下面把从一点直达另一点称为走一步, 并且把原地踏步 (即从 v_i 到 v_i) 也视为走一步. 这样, 若记 $\boldsymbol{D}_k = (d_{ij}^{(k)})_{n \times n}$, 则当 $k = 1$ 时令 $d_{ir}^{(1)} = w_{ir}$, 即 $\boldsymbol{D}_1$ 可以表示网络中任意两点间走一步直接到达的最短距离. 再令 $d_{ij}^{(2)} = \min\{d_{ir}^{(1)} + d_{rj}^{(1)}\}$, 则 $\boldsymbol{D}_2$ 给出了网络中任意两点间走两步直接到达的最短距离. 类似地, 可以推广到一般情形下, 令

$$\boldsymbol{D}_k = (d_{ij}^{(k)})_{n \times n} \quad (k = 2, 3 \cdots, p) \tag{5.13}$$

其中, $d_{ij}^{(k)} = \min\limits_{1 \leqslant s \leqslant n} [d_{is}^{(k-1)} + d_{sj}^{(k-1)}] \quad (i, j = 1, 2, \cdots, n)$.

则 $\boldsymbol{D}_k$ 中各元素 $d_{ij}^{(k)}$ 就是 v_i 到 v_j 间走 2^{k-1} 步的最短路长, 而 $\boldsymbol{D}_p$ 即给出了各点到各点的最短距离. 此时, 若 $w_{ij} \geqslant 0$ $(i, j = 1, 2, \cdots, n)$, 则 p 值估计为

$$2^{p-1} \leqslant n-1 \leqslant 2^p \quad \text{或} \quad p - 1 \leqslant \frac{\lg(n-1)}{\lg 2} \leqslant p \tag{5.14}$$

由上述讨论, 例 5.9 的 Lingo 程序为

```
MODEL:
SETS:
sites/S,A,B,C,D,E,T/: ;
times/1..10/: ;!最大计算次数;
links(sites,sites): W;
matrix(times, links): D;
ENDSETS
```

```
DATA:
W = 0, 2, 5, 4,99,99,99,
    2, 0, 2,99, 7,99,99,
    5, 2, 0, 1, 4, 3,99,
    4,99, 1, 0,99, 4,99,
    99, 7, 4,99, 0, 1, 5,
    99,99, 3, 4, 1, 0, 7,
    99,99,99,99, 5, 7, 0;!99表示大M;
ENDDATA
CALC:
p = @log(@size(sites)-1)/@log(2);
@IFC(p #eq# @floor(p): p1=p;
 @ELSE    p1=@floor(p)+1;    );
@for(links(i,j): D(1,i,j)= W(i,j) );
@for(times(k) | k #gt#1  #and# k#le# p1:
 @for(links(i,j): D(k,i,j)=
      @min(sites(s): d(k-1,i,s)+d(k-1,s,j) ) )   );
@WRITE( ' 公园问题的最短路距离矩阵如下:');
@WRITE( @NEWLINE(1));
@WRITEFOR(sites(J): 4*' ', sites(J));
 @FOR(sites(I):
      @WRITE( @NEWLINE(1), sites(I));
      @FOR( sites(J):
       @write( @FORMAT( D(p1,i,j), '#5.0f'));
       ););
  @WRITE( @NEWLINE(2));
ENDCALC
END
```

以上程序由于用了 Lingo 10.0 的程序流程控制函数 @IFC/@ELSE, 因此若要适用于 9.0 以下版本, 则需要根据 (5.14) 给出计算次数 P1. 另外, 最大计算次数与大 M 都是适当给定的一个任意大的数. Lingo 求解得

公园问题的最短路距离矩阵如下:

	S	A	B	C	D	E	T
S	0.	2.	4.	4.	8.	7.	13.
A	2.	0.	2.	3.	6.	5.	11.
B	4.	2.	0.	1.	4.	3.	9.
C	4.	3.	1.	0.	5.	4.	10.
D	8.	6.	4.	5.	0.	1.	5.
E	7.	5.	3.	4.	1.	0.	6.

```
T   13.   11.   9.   10.   5.   6.   0.
Feasible solution found.
Total solver iterations:              0
                     Variable        Value
                         P        2.584963
                        P1        3.000000
```

这是一个对称矩阵.

5.6.2 布点问题

布点问题是典型的整数规划问题, 可分为离散型或连续型, 单设施或多设施, 社会服务型或经营型等等. 不同类型的布点问题对布点的指标和要求都会有影响, 例如经营型的服务设施 (如工业企业的仓库设置), 主要考虑一次性投资和经常使用费. 而社会服务型则常常考虑服务效率, 设施利用率等. 在社会服务型设施中还可以分成两大类, 一类是普通型, 如邮局、学校等布点问题; 另一类是紧急服务型的设施, 如急救中心、消防站等.

5.6.2.1 单服务设施

设有网络 $N = (V, E, W, Q)$, 其中, W 为边的权值, 一般表示距离、边长, $W = \{w_{ij}\}((v_i, v_j) \in E)$; Q 为顶点上的权重, $Q = \{q_i\}$; $v_i \in V$. 并设 $\boldsymbol{D} = (d_{ij})_{n \times n}$ 为一网络 N 中各点间的最短距离矩阵.

(1) 1- 中心问题. 1- 中心问题一般是应用于有些公共服务设施的选址, 要求距网络中最远的被服务点距离尽可能性小. 令

$$d(V, i) = \max_{1 \leqslant j \leqslant n} \{d_{ij}\} \quad (i = 1, 2, \cdots, n)$$

其中, d_{ij} 是顶点 v_i 与 v_j 之间的最短矩离.

若 $\min\limits_{1 \leqslant i \leqslant n} \{d(V, i)\} = d(v_k)$, 则称点 v_k 为该网络的中心.

(2) 1- 重心问题. 设 q_i 为点 v_i 的权重 $(i = 1, 2, \cdots, n)$, 令

$$h(v_j) = \sum_{i=1}^{n} q_i d_{ij} \quad (j = 1, 2, \cdots, n)$$

若 $\min\limits_{1 \leqslant j \leqslant n} \{h(v_j)\} = h(v_r)$, 则称点 v_r 为该网络的重心.

例 5.10   继续考虑例 5.9, 假设现要在某一景点修建一医务中心和一会议中心, 试问:

(1) 医务中心应建在何景点, 能使各景点都离它较近?

(2) 已知各景点的员工人数分别为 40, 25, 45, 30, 20, 35, 50. 则会议中心应建在何景点, 能使各景点的员工走的总路程最短?

解 (1) 这是一个中心问题. 根据求得的最短距离矩阵 (见 120 页), 按中心的求解公式进行求解, 见表 5.6: 中心为 E, 即医务中心应建在 E 景点.

表 5.6　公园的中心

	$\boldsymbol{D} = (d_{ij})$							$d(v_i) = \max\limits_{j}\{d_{ij}\}$
	S	A	B	C	D	E	T	
S	0	2	4	4	8	7	13	13
A	2	0	2	3	6	5	11	11
B	4	2	0	1	4	3	9	9
C	4	3	1	0	5	4	10	10
D	8	6	4	5	0	1	5	8
E	7	5	3	4	1	0	6	7 (min)
T	13	11	9	10	5	6	0	13

(2) 这是一个重心问题. 各景点的员工人数即为权重 q_i. 按重心的求解公式可得表 5.7, 因 $h(B)$ 最小, 故 B 为重心, 即会议中心应建在 B 景点.

表 5.7　公园的重心

	$q_i d_{ij}$						
	S	A	B	C	D	E	T
S	0	80	160	160	320	280	520
A	50	0	50	75	150	125	275
B	180	90	0	45	180	135	405
C	120	90	30	0	150	120	300
D	160	120	80	100	0	20	100
E	245	175	105	140	35	0	210
T	650	550	450	500	250	300	0
$h(v_j)$	1405	1105	875	1060	1085	980	1810

5.6.2.2　一般布点

一般布点问题主要考虑经营型, 参见文献 [27].

1) 无容量设施布点问题

设变量 $x_{ij} = 1$, 若位于 i 设施, 向点 j 提供服务, $x_{ij} = 0$, 否则; $y_i = 1$, 若设施置于位置 i, $y_i = 0$, 否则, 则其基本模型为

$$\min z = \sum c_{ij}x_{ij} + \sum f_i y_i$$
$$\text{s.t.} \begin{cases} \sum\limits_{\{(i,j)\in E\}} x_{ij} = 1 & (j \in S) \\ y_i - x_{ij} \geqslant 0 & (i \in F, j \in S) \end{cases} \tag{5.15}$$

其中, S 为全体服务对象的集合; F 为设施可能布点的位置的集合; c_{ij} 为位于 i 点的设施向 j 点顾客提供服务的费用; f_i 在点建立设施所需的固定费用.

在以上模型中, 各个点对之间设施的单位运营费用可以各不相同, 并且服务的需求量也不相同, 模型通过系数 c_{ij} 统一协调.

一般服务设施的布点问题, 可以看作在二部图 $G_{m,n}$ 上求 n 条边的集合问题 (对集问题), 每一条边表示服务设施与用户的服务关系. 因此, 与这些边有关的参数: 各条边的权值以及与边关联的项点的权值, 分别对应服务费用 $\sum c_{ij} x_{ij}$ 及设施设置费用 $\sum f_i y_i$. 满足和值取最小的边集即为问题的解.

2) 设施数有限的布点问题

现进一步假定, 在一般布点问题中增加设施数的限制. 对此情形, 在 (5.15) 中增加约束 $\sum_i y_i \leqslant P$ 即可.

3) P- 重心问题

有 P 个设施, 需设置于一个公共服务的网络, 要求从最近设施到每一用户的权重距离的总值为最小.

$$\min z = \sum_i q_i d(V, i)$$
$$\text{s.t. } |V| = P$$

其中, V 是网络的顶点集, $d(V, i) = \min_{v \in V} d(v, i)$ 表示距离.

显然, 若 $P = 1$, 则 P- 重心问题为 1- 重心问题.

例 5.11 (消防站的布点问题) 设某一城市共有 6 个区, 每个区都可以建消防站. 现希望设置的消防站最少, 但必须满足在城市任何地区发生火警时, 消防车要在 15 分钟内赶到现场, 各区之间消防车行驶的时间见表 5.8.

表 5.8　消防车在各城区间的行驶距离 (单位: 分钟)

	地区 1	地区 2	地区 3	地区 4	地区 5	地区 6
地区 1	0	10	16	28	27	20
地区 2	10	0	24	32	17	10
地区 3	16	24	0	12	27	21
地区 4	28	32	12	0	15	25
地区 5	27	17	27	15	0	14
地区 6	20	10	21	25	14	0

试制定一个最节省消防站数目的计划.

解　令 $x_i = 1$ 表示在地区 i 设消防站, 否则 $x_i = 0$. 根据题意, 在满足各地区的

消防需求下寻求可建消防站数最小, 可以建立整数规划模型为

$$\min z = x_1 + x_2 + x_3 + x_4 + x_5 + x_6$$

$$\text{s.t.} \begin{cases} x_1 + x_2 \geqslant 1 \\ x_1 + x_2 + x_6 \geqslant 1 \\ x_3 + x_4 \geqslant 1 \\ x_3 + x_4 + x_5 \geqslant 1 \\ x_4 + x_5 + x_6 \geqslant 1 \\ x_2 + x_5 + x_6 \geqslant 1 \\ x_i = 0 \text{ 或 } 1 \quad (i = 1, 2, \cdots, 6) \end{cases}$$

此问题的最优解为 $x_2 = x_4 = 1$, 其余为 0; 最优值为 $z = 2$, 即只需要在地区 2 和 4 设消防站.

5.7 运输问题

运输问题 (transportation problem) 就是在运费和供求量给定的条件下考虑某些的运输方案以使总的运费最小. 若在运输问题中允许的若干收发量平衡的 (纯) 转运点存在, 则称为转运问题 (transshipment problem).

运输问题可以叙述为: 有某种物资需要调运, 已知有 m 个地方 (简称产地) 可以供应该种物资, 有 n 个地方 (简称销地) 需要该种物资, 又知这 m 个产地的可供量 (简称为产量) 为 a_i $(i = 1, 2, \cdots, m)$, n 个销地的需求量 (简称为销量) 为 b_j $(j = 1, 2, \cdots, n)$. 从第 i 个产地到第 j 个销地的单位物资运价为 c_{ij}. 在以上条件下求总的运输方案, 其目的是使总的运费支出最小.

若用 x_{ij} 代表从第 i 个产地调运给第 j 个销地的物资的单位数量, 则在产销平衡的条件下, 运输问题的数学模型为一个线性规划模型.

$$\min z = \sum_{i=1}^{m} \sum_{j=1}^{n} c_{ij} x_{ij} \tag{5.16a}$$

$$\text{s.t.} \begin{cases} \sum_{j=1}^{n} x_{ij} \leqslant a_i & (i = 1, 2, \cdots, m) \tag{5.16b} \\ \sum_{i=1}^{m} x_{ij} \geqslant b_j & (j = 1, 2, \cdots, n) \tag{5.16c} \\ x_{ij} \geqslant 0 & (i = 1, 2, \cdots, m; j = 1, 2, \cdots, n) \end{cases}$$

问题有解的相容性要求在模型中有 $\sum\limits_{i=1}^{m} a_i \geqslant \sum\limits_{j=1}^{n} b_j$.

根据运输问题的数学模型可知, 可用类似例 5.7 化为最小费用流求解的方法.

对一般的转运问题, 可把节点分成纯发点、纯收点及既可发又可收的转运点三类, 其模型可参见 5.4.1 节的讨论. 运输问题模型的其他考虑还有[21]:

(1) 表示运输过程中损耗的增益系数, 即 (5.16c) 中 x_{ij} 变为 $\alpha_{ij}x_{ij}$.

(2) 表示固定费用 f_{ij} 的运输需求选择, 即 (5.16a) 为 $c_{ij}x_{ij} + y_{ij}f_{ij}$, 其中 $y_{ij} = 1, 0$ 表示运输量发生与否.

(3) 多目标化, 如增加另一类目标: 要求总的运输时间为最短, 即 (5.16a) 中增加目标函数为 $\min z_2 = \sum\limits_{i=1}^{m}\sum\limits_{j=1}^{n} t_{ij}(x_{ij})$, 其中 $t_{ij}(x_{ij})$ 是时间函数.

(3) 某些运输需求的排他性选择, 即 $x_{ij}x_{k_j} = 0$. 注意, 此约束可以通过 0-1 变量变为线性约束.

5.8 分配问题

本节仅介绍几类简单的分配问题, 对于如最大最小权匹配等问题和更一般性的理论, 可参见文献 [1].

5.8.1 最大匹配

例 5.12 考虑有 n 个工人, m 件工作的工作分配问题. 每个人工作能力不同, 各能胜任某几项工作. 假设每件工作只需一人做, 每人只做一件工作, 问怎样分配才能使尽可能多的工作有人做, 更多的人有工作?

定义 5.26 (匹配与最大匹配) 在二部图 $G = (X, Y, E)$ 中, M 是边集 E 的子集, 若 M 中的任意两条边都没有公共端点, 则称 M 为图 G 的一个匹配 (也称对集). M 中任一条边的端点 v 称为 (关于 M 的) 饱和点, G 中其他顶点称为非饱和点. 若不存在另一匹配, 使得 $|M_1| > |M|$ ($|M|$ 表示集合 M 中边的个数), 则称 M 为最大匹配.

例 5.12 可以用图的语言进行描述, 如图 5.14(a) 所示. 其中, $x_1, x_2, \cdots, x_n$ 表示工人, $y_1, y_2, \cdots, y_m$ 表示工作, 边 (x_i, y_j) 表示第 x_i 个人能胜任第 y_j 项工作, 用点集 X 表示 $\{x_1, x_2, \cdots, x_n\}$, 点集 Y 表示 $y_1, y_2, \cdots, y_m$, 得到一个二部图 $G = (X, Y, E)$. 问题是在图 G 中找一个边集 E 的子集, 使得集中任何两条边没有公共端点, 最好的方案就是要使此边集的边数尽可能多, 即最大匹配.

设 $x_{ij} = 1$, 若边 (i, j) 属于匹配, 否则 $x_{ij} = 1$, 则最大匹配问题的整数规划模型为

$$\max z = \sum_{(i,j)\in E} w_{ij}x_{ij}$$

$$\text{s.t.} \begin{cases} \sum\limits_{(i,j)\in E} x_{ij} \leqslant 1, & \forall i \in V \\ x_{ij} \text{ 为 0-1 变量}, & \forall (i,j) \in E \end{cases}$$

事实上, 模型中可以去掉整数限制, 简化为线性规划问题, 参见文献 [25].

最大匹配问题可以化为类似于多发点多收点最大流问题进行求解. 方法是在二部图中增加两个新点 v_s, v_t 分别作为发点、收点, 并用有向弧把它们与原二部图中顶点相连, 令全部弧上的容量均为 1. 那么当这个网络的流达到最大时, 若 (x_i, y_j) 上的流量为 1, 就让 x_i 做 y_j 工作, 这样的方案就是最大匹配的方案. 其最大流算法图示见图 5.14(b).

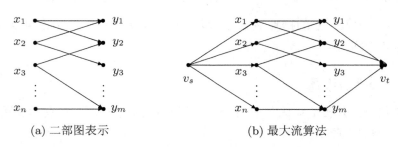

(a) 二部图表示   (b) 最大流算法

图 5.14   最大匹配问题

5.8.2   最优匹配

前面讨论工作的最大匹配问题. 在实际中还常遇到这样的问题: 若每个工人在完成各项工作时效率不同, 要求在工作分配的同时考虑总效率最高的问题. 这就是最优匹配问题, 又称为指派问题或分配问题 (assignment problem).

例 5.13   现有 4 个工人、4 台不同的机床, 由于工人 (以 x_i 表示) 对各种机床 (以 y_j 表示) 的操作技术水平不同, 每个工人在各台机床上完成给定任务所需工时也不相同, 即效率矩阵为

$$\boldsymbol{W} = (w_{ij})_{n \times n} = \begin{bmatrix} 14 & 11 & 13 & 17 \\ 9 & 7 & 2 & 9 \\ 4 & 9 & 10 & 15 \\ 15 & 10 & 5 & 13 \end{bmatrix}$$

试问哪个工人操作哪台机器可使总工时最少?

这个问题也可以用二部图表示, 其一般提法是: 二部图 $G = (X, Y, E)$, $|X| = |Y| = n$, E 中每条边 (x_i, y_j) 有权 $w_{ij} \geqslant 0$, 若能找到一个最大匹配 M, $|M| = n$, 满足 $S = \sum\limits_{(x_i, y_j) \in E} w_{ij}$ 最小, 则称 M 为 G 的一个最优匹配.

对于有 n 个工人和 n 项工作的分配问题, 设 $x_{ij} = 1$ 或 0 分别表示第 i 人

做/不做第 j 项工作, 则其数学模型为

$$\min z = \sum_{i=1}^{n} \sum_{j=1}^{n} c_{ij} x_{ij}$$

$$\text{s.t.} \begin{cases} \sum_{j=1}^{n} x_{ij} = 1 & (i = 1, 2, \cdots, n) \\ \sum_{i=1}^{n} x_{ij} = 1 & (j = 1, 2, \cdots, n) \\ x_{ij} = 0 \text{ 或 } 1 & (i, j = 1, 2, \cdots, n) \end{cases}$$

分配问题的有效解法是匈牙利法, 其理论陈述和算例可参见文献 [1, 3]. 显然, 分配问题是一个 0-1 规划问题, 故可直接用 Lingo 建模求解.

5.8.3　一般分配

下面陈述另一种分配问题, 这里不止一个工人被分配干一个工作, 或者相反, 不止一个工作被分配给一个工人. 设 x_{ij} 为 0-1 变量, 当工作 i 分配给工人 j 时取 1, 否则取 0; c_{ij}, 工人 j 完成工作 i 所需时间; a_j, 可分配给工人 j 的总时间量. 则一般分配问题的数学模型为

$$\min z = \sum_{i=1}^{m} \sum_{j=1}^{n} c_{ij} x_{ij}$$

$$\text{s.t.} \begin{cases} \sum_{j=1}^{n} x_{ij} = 1 & (i = 1, 2, \cdots, m) \\ \sum_{i=1}^{m} x_{ij} \leqslant a_j & (j = 1, 2, \cdots, n) \\ x_{ij} = 0, 1 & (i = 1, 2, \cdots, m; j = 1, 2, \cdots, n) \end{cases}$$

5.9* 旅行推销商问题

首先给出一个和问题相关的 Hamilton 回路的基本内容, 参见文献 [28].

定义 5.27 (Hamilton 回路)　设 $v_1, v_2, \cdots, v_n$ 是图 G 中的 n 个顶点, 若有一条从某一顶点 v_1 出发, 经过各节点一次且仅一次, 最后返回出发点 v_1 的回路, 则称此回路为 Hamilton 回路.

定理 5.4　设简单图 G 的顶点数为 n $(n > 3)$, 若 G 中任意一对顶点 v_i, v_j, 恒有 $d(v_i) + d(v_j) \geqslant n$, 则存在一条 Hamilton 回路.

特别地, 当求 Hamilton 回路中总距离最短时, 就是著名的旅行推销商问题: 它是求一个访问 n 个城市的旅行路线, 每个城市必须被访问到, 而且只能访问一次, 并使旅行距离最小.

旅行推销商问题的一个简单应用就是选择车辆路线问题, 即使用和组织不同规格的车辆将货物运送给客户的问题.

对于有 n 个城市的旅行推销商问题, 假定 d_{ij} 表示从城市 i 到城市 j 的距离. 定义 0-1 整数变量 $x_{ij} = 1$ 表示推销商从城市 i 旅行到城市 j, 否则 $x_{ij} = 0$. 则旅行推销商的数学模型可表示为一个整数规划问题.

$$\min z = \sum_{i=1}^{n} \sum_{j}^{n} d_{ij} x_{ij} \quad (i \neq j)$$

$$\text{s.t.} \begin{cases} \sum_{i=1}^{n} x_{ij} = 1 & (i \neq j; j = 1, 2, \cdots, n) \\ \sum_{j=1}^{n} x_{ij} = 1 & (i \neq j; i = 1, 2, \cdots, n) \\ u_i - u_j + n x_{ij} \leqslant n - 1 & (i \neq j; i = 2, 3, \cdots n; j = 2, 3, \cdots, n) \\ x_{ij} = 0 \text{ 或 } 1, u_i \geqslant 0 \end{cases}$$

其中, 辅助变量 u_i $(i = 2, 3, \cdots, n)$ 可以是连续变化的, 虽然这些变量在最优解中取普通的整数值 (从而在约束条件中, 可以限定这些变量为整数). 事实上, 在最优解中, $u_i =$ 访问城市的顺序数.

该模型的第一个约束是保证每个城市必须访问到, 第二个约束表示旅行者必须离开每个城市. 若模型只有这两个约束, 则是一个标准的分配问题. 但其解会存在子回路, 因此最后的约束是为了防止子回路出现的约束.

这个模型的规模为: $n(n+1)$ 个 x_{ij} 变量, n 个 u_i 变量, $n+1$ 个第一类约束, $n+1$ 个第二类约束, $n(n-1)$ 个第三类约束. 可以看出, 为避免子回路而附加的第三类约束条件大大增加实际问题约束条件的个数. 例如, 对于一个含有 100 个城市的问题, 其模型的约束条件的个数就有 10000 个以上. 对此, 文献 [10] 给出了详细讨论.

Lingo 软件采用分枝定界法来求解非对称型的旅行推销商问题, 参见文献 [27, 28]. 即 d_{ij} 不一定等于 d_{ji}. 但对称型为其特例, 所以算法仍然有效. WinQSB 网络流模块中的旅行推销商算法也包括了分枝定界法.

例 5.14　求下列旅行推销商问题的解:

$$\boldsymbol{D} = (d_{ij})_{6 \times 6} = \begin{bmatrix} 0 & 702 & 454 & 842 & 1396 & 1196 \\ 702 & 0 & 324 & 1093 & 1136 & 764 \\ 454 & 324 & 0 & 1137 & 1180 & 798 \\ 842 & 1093 & 1137 & 0 & 1616 & 1857 \\ 1396 & 1136 & 1180 & 1616 & 0 & 1900 \\ 1196 & 764 & 798 & 1857 & 1900 & 0 \end{bmatrix}$$

解　Lingo 程序为

```
MODEL:
 ! Traveling Salesman Problem for the cities of six cities;
 SETS:
  CITY / 1.. 6/: U; ! U( I) = sequence no. of city;
  LINK( CITY, CITY): DIST,  ! The distance matrix;
  X;  ! X( I, J) = 1 if we use link I, J;
 ENDSETS
 DATA:    !Distance matrix, it need not be symmetric;
  DIST =   0   702   454   842 1396 1196
          702     0   324 1093 1136  764
          454   324     0 1137 1180  798
          842 1093 1137     0 1616 1857
         1396 1136 1180 1616    0 1900
         1196  764  798 1857 1900    0;
 ENDDATA
 N = @SIZE( CITY);
 MIN = @SUM( LINK: DIST * X);
 @FOR( CITY( K): !It must be entered;
  @SUM( CITY( I)| I #NE# K: X( I, K)) = 1;
 !  It must be departed;
  @SUM( CITY( J)| J #NE# K: X( K, J)) = 1;
 ! Weak form of the subtour breaking constraints;
 ! These are not very powerful for large problems;
  @FOR( CITY( J)| J #GT# 1 #AND# J #NE# K:
   U(J)>=U(K)+X(K,J)-(N-2)*(1-X(K,J))+(N-3)*X(J,K)); );
 @FOR( LINK: @BIN( X)); ! Make the X's 0/1;
 ! For the first and last stop we know...;
 @FOR( CITY( K)| K #GT# 1:
  U( K) <= N - 1 - ( N - 2) * X( 1, K);
  U( K) >= 1  + ( N - 2) * X( K, 1));
END
```

运算结果为: 巡回总费用为 5610 元, 方案是城市 $1 \rightarrow 3 \rightarrow 6 \rightarrow 2 \rightarrow 5 \rightarrow 4 \rightarrow 1$.

5.10* 中国邮递员问题

先介绍有关的定义和定理内容, 参见文献 [1, 27].

定义 5.28 (Euler 圈与 Euler 链)　对于连通的无向图 G, 若存在一简单圈,

它通过 G 的所有边, 则这圈称为 G 的 Euler 圈 (或 Euler 回路).

若存在一条链, 经过图中各条边, 一次且仅一次, 则称这条链是 Euler 链.

定理 5.5　若连通无向图 G 存在一条图 G 的 Euler 圈的充要条件是所有顶点的次都是偶数.

由 Euler 链的含义, 图 G 若含有 Euler 链, 必有始端与终端. 显然, 在 Euler 链的两端, 其顶点的次必为奇数.

5.10.1　赋权无向图情形

中国邮递员问题可叙述为: 设邮递员从邮局出发, 遍历他所管辖的每一条街道, 将信件送到后返回邮局, 要求所走的路径最短. 用图论的语言可将中国邮递员问题描述如下: 在网络 $N = (V, E, W)$ 中, 求一条封闭的链 (圈), 经过网络的各条边至少一次, 使圈中各条边的权数总和最小, 即

$$\min \sum_{(i,j) \in \Phi_E} w(i, j)$$

其中, Φ_E 是经过网络各条边至少一次的圈.

注意, 前面所讲的 Hamilton 回路问题, 不同于 Euler 回路问题, 它是求对顶点的遍历. 而由中国数学家管梅谷首先提出而得名的中国邮递员问题是 Euler 回路的应用与扩展, 由于引入权的指标, 丰富了问题的内涵.

中国邮递员问题最初提出的解法为图解方法, 无向网络的邮递员问题只需讨论非 Euler 图情况, 对于 Euler 图, 由于解的唯一性可知, 只需要应用 Euler 图寻迹的算法 (如 Fleury 算法等) 求出巡回路径, 即为所要求的最优邮递路线, 邮递员要返回邮局, 必须将图转变成 Euler 图. 为此, 需要通过添加重复边消除奇次顶点, 与奇次顶点关联的边应增加奇数条, 与偶次顶点关联的边应增加偶数条 (含 0 条). 问题归结为在赋权网络 N 中求解重复边总权数最小的方案, 以实现最佳的 Euler 巡回路线.

在此思想下, 文献 [27] 由此给出奇偶点图上作业法 (简称为奇偶点法) 进行求解的算法步骤.

(1) 任给一个初始方案, 使网络各顶点皆为偶次, 网络变为赋权 Euler 图.

(2) 检查各圈是否满足圈中 "重复边总权数小于非重复边总权数" 的最优解条件, 若条件已满足则现行方案为最优解. 否则转 (3).

(3) 调整重复边并保持网络仍为赋权 Euler 图. 返回 (2).

在以上算法中, 当网络规模比较大时, 圈的检查易于遗漏, 并且重复边的调整亦无规律可循, 最小权对集法有效地解决了这个问题, 参见文献 [1, 27].

5.10.2 赋权有向图情形

对于赋权有向图上的邮递员问题, 在一定条件下可以给出一个整数规划模型. 为此, 先要给出一些定义, 参见文献 [25].

定义 5.29 (有向邮路)   把通过网络 $N = (V, E, W)$ 的每条弧至少一次的有向闭回路称为 N 的有向邮路, 最小的邮路称为 N 的最优有向邮路.

定理 5.6   连通的有向网络 N 存在有向邮路的必要条件是 N 为强连通的.

对于赋权的强连通有向网络 $N = (V, E, W)$, 用 f_{ij} 表示弧 (v_i, v_j) 上添加弧的条数, 对一切 $v_i \in V$, 记 $\sigma_i = d^-(v_i) - d^+(v_i)$, 则赋权有向网络 N 的邮递员问题的数学模型为一个整数规划模型.

$$\min \sum_{(v_i, v_j) \in E} w_{ij} f_{ij}$$
$$\text{s.t.} \begin{cases} \displaystyle\sum_{(v_i, v_j) \in E} f_{ij} - \sum_{(v_j, v_i) \in E} f_{ji} = \sigma_i, & \text{对一切 } v_i \in V \\ f_{ij} \geqslant 0 \text{ 为整数}, & \text{对一切 } (v_i, v_j) \in E \end{cases}$$

5.11* 一般化模型

对于本章中陈述的网络问题而言, 实际上许多网络流问题均可转化为最小费用流问题, 或者是这类问题的特殊情形.

1) 最短路问题

事实上, 只要把费用系数 c_{ij} 取为弧 e_{ij} 的长度. 令 $b_s = 1, b_t = -1$, 其余的 $b_j = 0$, 即把单位货物从 v_s 流到 v_t, 而其余节点皆为转运点. 各弧上的流量上界 u_{ij} 可取为 1, 或者更简单地取为 $u_{ij} = +\infty$, 从而取消上界限制. 这样给定各参数值后求解最小费用流问题, 求出的流程路线必定是最短路.

2) 最大流问题

令费用系数 $c_{ij} = 0$, 中间节点 $b_j = 0$, 再添加一条从 v_t 到 v_s 的虚弧 e_{ts}. 这条虚弧上的流量没有上界限制: $u_{ts} = +\infty$, 而设其费用系数 $c_{ts} = -1$. 求得该最小费用流问题的最优解后, 在虚弧上流过的流量就是从 v_s 到 v_t 的最大流流量, 而在网络原来部分的流量分配就给出该最大流的一个实现方式.

事实上, 由于 $c_{ts} = -1$, 因此在虚弧上的流出的量越大, 目标函数值就越小. 由于 $b_j = 0$, 各节点的流量 v_s 的流量就要在原来的网络上以零费用流回节点 v_t, 也就是说只要不超过各弧的流通能力, 从 v_s 到 v_t 的流量越大, 则求得的目标函数值就越小, 这就是可以将最大流问题转化为最小费用流问题的理由.

3) 运输问题

令点集 A 表示全部产地 $A = \{A_i\}$, 点集 B 表示全部销地 $B = \{B_j\}$, 边 (A_i, B_j) 表示货物可由 A_i 点运往 B_j 点, 则运输问题可用一个二部图表示. (A_i, B_j) 边上可以有两个权 (u_{ij}, c_{ij}), 其中, u_{ij} 为适当选取的容量限制, c_{ij} 为单位运费. 增加一个总发点 v_s 和一个总收点 v_t, 并加连 $m + n$ 条有向边, 其边上的容量分别为 $a_1, a_2, \cdots, a_m$ 和 $b_1, b_2, \cdots, b_n$, 其费用均为 0. 此时, 运输问题就化为在新的有向网络中求从点 v_s 到 v_t 点, 总流量一定的最小费用流问题.

而对于一般的转运问题, 就是要求在运输问题中允许的若干收发量平衡的 (纯) 转运点存在而已.

4) 分配问题

如前所述, 分配问题是运输问题的一个特例, 当这类问题化为最小费用流问题求解时, 其中收点与发点的个数相同, 每个节点的收量或发量均为 1, 而且各弧上的流量只能为 0 或 1.

5) 网络计划

若节点 v_1 和 v_n 分别表示整个工程的起始时刻和终止时刻, 在前后各道工序紧密衔接的情况下, 最短完工时间就是从 v_1 到 v_n 的最长路的长度, 而最长路上的工序就是整个工程的关键工序. 例如可取 $b_1 = 1, b_n = -1, b_i = 0$ $(i = 2, 3, \cdots, n-1)$; $c_{ij} = -(\text{弧 } e_{ij} \text{ 的长度})$ $(i, j = 1, 2, \cdots, n)$; $u_{ij} = +\infty$ $(i, j = 1, 2, \cdots, n)$. 则最长路问题可转化为最小费用流问题来解决.

PERT 问题虽然带有随机因素, 但在求解时花费时间最多的一步还是相当于计算一个 CPM 问题.

思考题

5.1 表 5.9 中第 1 至 4 列给出一个汽车库及引道的施工计划, 试求:

(1) 根据时间参数的计算来确定关键路线和该项工程从施工开始到全部结束的最短周期.

(2) 若引道混凝土施工工期拖延 10 天, 对整个工程进度有何影响?

(3) 若装天花板的施工时间从 12 天缩短到 8 天, 对整个工程进度有何影响?

(4) 为保证工期不拖延, 装门这项工序最晚应从哪一天开工?

(5) 若要求该项工程必须在 75 天内完工, 是否应采取应急措施; 如有必要, 则应采取什么应急措施?

(6) 建立求此问题关键路线的线性规划模型.

现在, 假设又知道各项工序采取加班时最短需要的完成时间, 以及加班工序时每缩短一天所需附加费用, 见表 5.9 第 5, 6 列所示. 若要求该项工程在 70 天内

表 5.9

工序编号	工序内容	正常工序时间/天	紧前工序	加班时工序所需最短天数	每缩短一天的附加费用
A	清理场地, 准备施工	10	无	6	6
B	备料	8	无	—	—
C	车库地面施工	6	A, B	4	10
D	墙及房顶桁架预制	16	B	12	7
E	车库混凝土地面保养	24	C	—	—
F	竖立墙架	4	D, E	2	18
G	竖立房顶桁架	4	F	2	15
H	装窗及边墙	10	F	8	5
I	装门	4	F	3	5
J	装天花板	12	G	8	6
K	油漆	16	H, I, J	12	7
L	引道混凝土施工	8	C	6	10
M	引道混凝土保养	24	L	—	—
N	清理场地, 交工验收	4	K, M	—	—

完工, 试确定保证该项工程 70 天完成而又使全部费用最低的施工方案.

5.2 考虑由 A, B, $\cdots$, I 九道工序组成的加工任务, 各工序的顺序和完成时间的估计值 —— 乐观时间 (t_a)、最可能时间 (t_m) 与悲观时间 (t_b) 见表 5.10.

表 5.10

工序	紧前工序	t_a	t_m	t_b	工序	紧前工序	t_a	t_m	t_b
A	—	3	6	15	F	D	3	6	15
B	—	2	5	14	G	B	3	9	27
C	A	6	12	30	H	E, F	1	4	7
D	A	2	5	8	I	G	4	19	28
E	C	8	11	17					

(1) 画出计划网络图, 并求出关键路线、期望工期和方差.

(2) 求出总工期不迟于 40 天的概率.

(3) 如要求完工的概率至少为 0.95, 完成日期应定为多少天?

5.3 某一网络计划的有关数据如表 5.11 所示. 设资源强度固定, 试求:

(1) 设备有限 (设备 A 只有一台) 时的工期最短方案.

(2) 工期一定 (在上面计算的基础上) 时的劳动力使用尽可能均衡和人数最少的方案.

表 5.11

工序代号	紧前工序	工序持续时间	每天需要人数	每天需要设备	工序代号	紧前工序	工序持续时间	每天需要人数	每天需要设备
A	无	2	3	II	G	B	8	4	—
B	无	2	6	I	H	F	4	2	II
C	无	1	4	I	J	E, H	3	4	I
D	A	4	—	I	I	C	3	5	II
E	D	1	4	I	K	G, I	5	2	II
F	B	5	—	I					

5.4 求图 5.15 中最小部分树的生成.

5.5 求图 5.15 中点 A 到点 H 的最短路, 以及所有顶点之间的距离.

5.6 网络最小费用流问题如图 5.16 所示, 其中, [ ] 中数字为节点净流量.

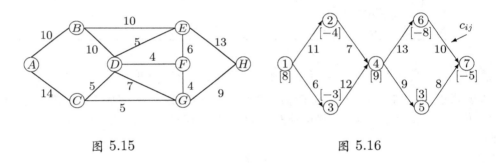

图 5.15　　　　　　　　　图 5.16

　　(1) 求出最优解以及最小费用.

　　(2) 从节点 4 到节点 5 单位流量的费用 $c_{45} = 9$ 在什么范围内变化, 最优解保持不变 (费用可以为负值)?

5.7 求图 5.17 中所示网络中从 v_s 到 v_t 的最大流, 图中各弧旁括弧中数字为 (u_{ij}, f_{ij}), 其中, u_{ij} 为容量, f_{ij} 为已有流量.

　　(1) 建立此问题的线性规划模型并求解.

　　(2) 求最小割集, 并验证最大流最小割集定理.

5.8 求图 5.18 所示图从 v_s 到 v_t 的最小费用最大流. 图中各弧旁括弧内的数字为 (u_{ij}, c_{ij}), 其中, u_{ij} 为容量, c_{ij} 为单位流量费用.

5.9 某城市有 8 个区, 救护车从一个区开到另一个区所需要的时间见表 5.12 (单位: 分钟). 该市只有两辆救护车, 且希望救护车所在的位置能使尽可能多的人口位于救护车两分钟内可到达的范围内. 请构造一个整数规划模型来解决这一问题.

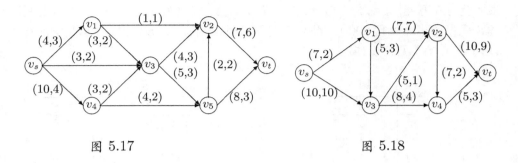

图 5.17   图 5.18

表 5.12

区号	1	2	3	4	5	6	7	8	人口/万人
1	0	2	4	6	8	9	8	10	40
2	2	0	5	4	8	6	12	9	30
3	4	5	0	2	2	3	5	9	35
4	6	4	2	0	3	2	5	4	20
5	8	8	2	3	0	2	2	4	15
6	9	6	3	2	2	0	3	2	50
7	8	12	5	5	2	3	0	2	45
8	10	9	7	4	4	2	2	0	60

5.10 甲、乙、丙三城市所需煤炭由 A, B 两个煤矿供应, 有关数据如表 5.13 所示, 其中单位运费为万元/万吨, 产量与销量的单位为万吨. 由于需大于供, 经研究决定, 甲城市供应量可减少 0 ~ 30 吨, 乙城市需要量应全部满足, 丙城市供应量不少于 270 万吨, 试求将供应量全部分完又使总运费最低的调运方案.

表 5.13

	甲	乙	丙	产量
A	15	18	22	400
B	21	25	16	450
销量	320	250	350	

5.11 某项工作有三个岗位, 现分配甲、乙、丙三个工人去操作. 由于每人专长不同, 各个工人在不同岗位上生产效率不一样, 具体数字见表 5.14 (单位: 件/分钟). 问应如何分配每个工人的操作岗位, 使这项工作效率最高? 又若假设这三项工作是产品装配的三道工序, 则应如何建立数学模型?

5.12 一公司考虑在北京、上海、广州和武汉设立库房. 这些库房负责向华北、华中和华南地区发运货物, 每个库房每月可处理货物 1000 件. 在北京设库房每月的成本为 4.5 万元, 上海为 5 万元, 广州为 7 万元, 武汉为 4 万元. 每个地区的月平均需求量为华北每月 600 件, 华中每月 700 件, 华南每月 800 件. 发运货物的费用 (单位: 元/件) 见表 5.15.

表 5.14

	I	II	III
甲	2	3	5
乙	3	4	2
丙	2	5	3

表 5.15

	华北	华中	华南
北京	200	400	500
上海	300	250	450
广州	600	400	250
武汉	300	150	350

公司希望在满足地区需求的前提下使平均月成本最小, 且还要满足以下条件:

(1) 若在上海设库房, 则必须也在武汉设库房.

(2) 最多设立两个库房.

(3) 武汉和广州不能同时设库房.

现要求:

(1) 建立一个满足上述要求的整数规划模型.

(2) 在取消第二个限制条件后, 模型有变化吗?

决策分析

决策分析研究的是决策者在面临较为复杂且不确定的决策环境时, 在保持自身判断及偏好一致的条件下, 应如何进行决策活动的理论和方法.

6.1 基本问题

一般地, 决策问题都由以下要素构成决策模型:

(1) 决策者. 其任务是进行决策.

(2) 可供选择的方案 (替代方案)、行动或策略. 包括了解研究对象的属性、目的和目标. 其中属性是指研究对象的特性, 由决策者主观选定的. 目的是表明选择属性的方向, 反映了决策者的要求和愿望. 目标是给出了参数值的目的.

(3) 准则是衡量选择方案, 包括目的、目标、属性的正确性标准. 在决策时有单一准则和多准则.

(4) 事件是指不为决策者所控制的客观存在的将要发生的状态.

(5) 每一事件的发生将会产生某种结果, 并获得收益或损失.

(6) 决策者的价值观, 如决策者对货币额或不同风险程度的主观价值观念.

决策分析将有助于对一般决策问题中可能出现的一些典型特征进行分析.

(1) 不确定性. 从范围来看, 包括决策方案结果的不确定、约束条件的不确定性和技术参数的不确定性等等. 从性质上看, 包括概率意义下的不确定性和区间意义下的不确定性. 概率意义下的不确定性又包括主观概率意义下的不确定性 (亦称为可能性) 和客观概率意义下的不确定性 (亦称为随机性), 区别在于前者是指对可能发生事件的概率分布的一个主观估计, 被估计的对象具有不能重复出现的偶然性; 后者是指利用已有的历史数据对未来可能发生事件概率分布的一个客观估计, 被估计的对象一般具有可重复出现的偶然性. 随机性和可能性在决策分析中统称为风险性. 区间意义下的不确定性一般是指不能给出可能发生事件的概率分布, 只能对有关量的取值区间给出一个估计.

(2) 动态性. 往往需要进行多次决策, 且后面的决策依赖于前面的决策.

(3) 多目标性. 对有多个具有不同度量单位的决策目标问题来说, 这些目标通常具有冲突性. 因此, 决策者必须考虑如何在这些目标间进行折衷, 从而达到一个满意解 (注意, 不是最优解).

(4) 模糊性. 模糊性是指人们对客观事物概念描述上的不确定性, 这种不确定性一般是由于事物无法 (或无必要) 进行精确定义和度量而造成的, 如 "社会效益"、"满意程度"、"企业" 等概念在不同具体问题中均具有一定的模糊性.

(5) 群体性. 群体性包含两方面的含义: 首先, 一个决策方案的选择可能会对其他群体的决策行为产生影响. 其次, 决策是由一个集体共同制定的, 这一集体中的每一成员都是一个决策者, 他们的利益、观点、偏好有所不同, 这就产生了如何建立有效的决策机制和实施方法的问题.

从不同角度出发可得不同的决策分类.

(1) 按性质的重要性分类. 分为战略决策、策略决策和执行决策, 或叫战略计划、管理控制和运行控制.

(2) 按决策的结构分类. 分为程序决策和非程序决策.

(3) 按定量和定性分类. 分为定量决策和定性决策, 总的趋势是尽可能地把决策问题量化.

(4) 按决策环境分类. 分为确定型、风险型和严格不确定型三种. 确定型决策是指决策问题不包含有随机因素, 每个决策都会得到一个唯一的事先可知的结果. 风险型决策是指决策的环境不是完全确定的, 而其发生的概率是已知的. 严格不确定型决策是指决策者对将发生结果的概率一无所知, 只能凭决策者的主观倾向进行决策. 从决策论的观点来看, 前面讨论的规划论等都是确定型的决策问题.

(5) 按决策过程的连续性分类. 可分为单项决策和序列决策. 单项决策是指整个决策过程只作一次决策就得到结果, 序列决策是指整个决策过程由一系列决策组成. 一般讲管理活动是由一系列决策组成的, 但在这一系列决策中往往有几个关键环节要作决策, 可以把这些关键的决策分别看作单项决策.

6.2　严格不确定决策

例 6.1 (投资问题)　某投资者现有资金 10000 元用来投资, 由于投资规模较小, 所以, 只考虑以储蓄、购买国债或购买证券等方式的其中一种方式进行投资. 考虑到投资的灵活性和收益因素, 现投资者初步选定向某行业的 A_1, A_2, A_3 三种证券进行投资, 其基本估计为: 在未来的一段时间内, 行业经济形势可以分为行业经济形势好 (S_1)、行业经济形势一般 (S_2) 与行业经济形势差 (S_3) 三种, 在各种经济形势下的相应决策收益如 6.1 表第 1 列至 4 列所示. 请问该投资者应该如何进行决策?

表 6.1　证券投资收益 (单位: 元)

自然状态 \\ 方案	S_1	S_2	S_3	悲观准则	乐观准则	折衷准则	等可能准则
A_1	800	550	300	300	800	600	550
A_2	650	600	500	500*	650	590	583.33*
A_3	1000	400	250	250	1000*	700*	550

在表 6.1 中, A_i $(i = 1, 2, 3)$ 是所有可能选择的行动 (称之为方案). S_j $(j = 1, 2, 3)$ 是决策者无法控制的所有因素, 这些因素能够引起决策问题的不确定性, 被称之为自然状态 (或者说事件). $a_{ij} = u(A_i, S_j)$ 是方案 A_i 当状态 S_j 出现时的损益值 (或效用值、支付), 这些不同的后果被称之为结果 (或结局). 表 6.1 就被称之为支付表.

显然, 这类不定决策的基本特征是无法确切知道哪种自然状态将出现, 而且对各种状态出现的概率 (主观的或客观的) 也不清楚, 决策主要取决于决策者的素质和要求. 下面介绍几种常用的处理不定决策问题的方法. 这些决策均从支付 (损益值, 效用值) 方案、支付表出发进行分析.

1) 悲观准则

悲观准则 (maximin 准则) 的出发点是假定决策者从每个决策方案可能出现的最差结果出发, 且最佳选择是从最不利的结果中选择最有利的结果. 记方案 A_i 下的收益值为

$$u(A_i) = \min_{1 \leqslant j \leqslant n} a_{ij} \quad (i = 1, 2, \cdots, m)$$

则最优方案 A_i^* 应满足

$$u(A_i^*) = \max_{1 \leqslant i \leqslant m} u(A_i) = \max_{1 \leqslant i \leqslant m} \min_{1 \leqslant j \leqslant n} a_{ij}$$

在例 6.1 中, A_2 为最优方案, $u(A_i^*) = \max_{1 \leqslant i \leqslant 3} u(A_2) = 500$, 见表 6.1 第 5 列.

2) 乐观准则

乐观准则 (maximax 准则) 的出发点是假定决策者对未来的结果持乐观的态度, 总是假设出现对自己最有利的状态. 记方案 A_i 下的收益值为

$$u(A_i) = \max_{1 \leqslant j \leqslant n} a_{ij} \quad (i = 1, 2, \cdots, m)$$

则最优方案应满足

$$u(A_i^*) = \max_{1 \leqslant i \leqslant m} u(A_i) = \max_{1 \leqslant i \leqslant m} \max_{1 \leqslant j \leqslant n} a_{ij}$$

仍以例 6.1 为例, 由 $u(A_2) = \max\limits_{1 \leqslant i \leqslant 3} u(A_i) = 1000$ 得到最优方案为 A_3, 见表 6.1 第 6 列.

3) 折衷准则

折衷准则 (Hurwicz 准则) 是介于悲观准则和乐观准则之间的一个准则, 其特点是对客观状态的估计既不完全乐观, 也不完全悲观, 而是采用一个乐观系数 α 来反映决策者对状态估计的乐观程度.

具体计算方法是: 取 $\alpha \in [0,1]$, 令方案 A_i 下的收益值为

$$u(A_i) = \alpha \max_{1 \leqslant j \leqslant n} a_{ij} + (1 - \alpha) \min_{1 \leqslant j \leqslant n} a_{ij} \quad (i = 1, 2, \cdots, m)$$

然后, 从 $u(A_i)$ 中选择最大者为最优方案, 即

$$u(A_i^*) = \max_{1 \leqslant i \leqslant m} \left(\alpha \max_{1 \leqslant j \leqslant n} a_{ij} + (1 - \alpha) \min_{1 \leqslant j \leqslant n} a_{ij} \right)$$

当 $\alpha = 1$ 时, 即为乐观准则的结果; 当 $\alpha = 0$ 时, 即为悲观准则的结果.

因此, 当 α 取不同值时, 反映了决策者对客观状态估计的乐观程度不同, 因而决策的结果也就不同. 一般地, 当条件比较乐观时, α 取得大些; 反之, α 应取得小些. 在例 6.1 中, 当 $\alpha = 0.6$ 时, 可知最优方案仍为 A_3, 见表 6.1 第 7 列.

4) 等可能准则

等可能准则 (Laplace 准则) 的思想在于将各种可能出现的 n 个状态 "一视同仁", 即认为它们出现的可能性都是相等的, 均为 $\dfrac{1}{n}$. 然后, 再按照期望收益最大的原则选择最优方案, 仍以例 6.1 来说明如下:

根据等可能准则, 有

$$u(A_1) = 550, \quad u(A_2) = 583, \quad u(A_3) = 550$$

因此, 最优方案为 A_2, 见表 6.1 第 8 列.

5) 遗憾准则

在决策过程中, 当某一种状态可能出现时, 决策者必然要选择使收益最大的方案. 但若决策者由于决策失误而没有选择使收益最大的方案, 则会感到遗憾或后悔. 遗憾准则 (minimax regret 准则) 的基本思想就在于尽量减少决策后的遗憾, 使决策者不后悔或少后悔.

具体计算时, 首先要根据收益矩阵算出决策者的 "后悔矩阵". 该矩阵的元素 (称为后悔值) b_{ij} 的计算公式为

$$b_{ij} = \max_{1 \leqslant i \leqslant m} a_{ij} - a_{ij} \quad (i = 1, 2, \cdots, m; j = 1, 2, \cdots, n)$$

然后, 记方案 A_i 下的最大后悔值为 $r(A_i) = \max\limits_{1 \leqslant j \leqslant n} b_{ij}$ $(i = 1, 2, \cdots, m)$, 则所选的最优方案应使

$$r(A_i^*) = \min_{1 \leqslant i \leqslant m} r(A_i) = \min_{1 \leqslant i \leqslant m} \max_{1 \leqslant j \leqslant n} b_{ij}$$

例 6.1 的后悔矩阵见表 6.2, 由此采用悲观准则可得最优方案为 A_1.

综上所述, 根据不同决策准则得到的结果并不完全一致, 处理实际问题时可同时采用几个准则来进行分析和比较. 到底采用哪个方案, 需视具体情况和决策者对自然状态所持的态度而定. 表 6.3 给出了对例 6.1 利用不同准则进行决策分析的结果. 一般来说, 被选中多的方案应予以优先考虑.

表 6.2   遗憾准则的后悔矩阵

方案 \ 状态	支付矩阵			后悔矩阵			$\max b_{ij}$
	S_1	S_2	S_3	S_1	S_2	S_3	
A_1	800	550	300	200	50	200	200*
A_2	650	600	500	350	0	0	350
A_3	1000	400	250	0	200	250	250

表 6.3   不同准则下的决策结果

	悲观准则	乐观准则	折衷准则	等可能准则	遗憾准则
A_1					√
A_2	√			√	
A_3		√	√		

当然, 以上模型也可以用 Lingo 来实现. 由于在程序实现中, 前面几种决策准则情形是遗憾准则情形下程序的一部分或变形, 所以在例 6.1 中, 下面仅对遗憾准则情形给出相应的 Lingo 程序.

```
MODEL:
SETS:
states/1..3/: smax;
alters/1..3/: u;
links(alters,states): P,R;
ENDSETS
DATA:
P = 800,550,300,
    650,600,500,
   1000,400,250;
ENDDATA
```

```
@FOR(states(j): smax(j) = @MAX(alters(i): P(i,j)));
@FOR(links(i,j): R(i,j) = smax(j)-P(i,j));
@FOR(alters(i): u(i) = @MAX(states(j): R(i,j)));
END
```

Lingo 求解会给出最优解为

```
Feasible solution found.
Total solver iterations:           0
              Variable          Value
               U( 1)        200.0000
               U( 2)        350.0000
               U( 3)        250.0000
```

所以应该选择方案 A_1.

6.3 风险型决策

根据是否对已有信息进行追加证实, 风险型决策又分为先验决策和后验决策两大类.

6.3.1 先验决策

对于先验决策, 由于是根据先验概率进行决策, 所以常用的方法是最大期望收益决策准则或概率最大的原则.

1) 最大期望收益准则

最大期望收益 (也称之为 Bayes 准则) 决策准则适用于一次决策多次重复进行生产的情况, 所以, 它是平均意义下的最大收益, 是风险决策分析研究的一个基本假设. 即

$$u(A_k^*) = \max_i \sum_j p_j a_{ij} = \sum_j p_j a_{ij} \quad (i = 1, 2, \cdots, m)$$

在最大期望收益准则中, 也可以从最小机会损失决策的角度出发来进行决策, 这两者的决策结果是完全相同的. 其一般步骤为:

(1) 将收益值矩阵变成损失值 (或后悔值) 矩阵;

(2) 依各自然状态发生的概率计算各方案的期望损失值;

(3) 从中选择最小者对应的方案为最优方案.

2) 概率最大准则

先验决策的另一种方法是概率最大的准则. 由于概率最大的那一个状态在一次决策中最可能出现, 因此, 一般认为在一次决策中, 应该在状态 S_j (其对应的发生概率 p_j 是最大值) 下选择行动方案.

例 6.2 继续考虑例 6.1, 该投资者所获得的信息是: 按过去的经验, 该行业经济形势属于上面三种类型的可能性分别为 30%, 50% 和 20%. 现在的问题是该投资者选择哪种方案, 可获取最大收益?

解 根据 Bayes 准则决策结果是选择方案 A_2, 可得收益 595 元; 而根据概率最大准则, 应该在状态 S_2 前提下选择方案 A_2.

6.3.2 信息价值

完全信息是指决策者能完全肯定未来哪个自然状态会发生. 若能获得完全信息, 风险型决策便转化为确定型决策, 因此, 决策的准确性将会有较大幅度的提高. 在现实中, 要想获得必要的信息一般要支付一定的费用, 或者开展调研, 或者别处购买. 但在决定支付这些费用之前, 决策者应首先能估算出这些信息的价值. 完全信息价值, 等于因获得了这项信息而使决策者的期望收益增加的数值, 即

$$\text{EVPI} = \text{EPPL} - \text{EMV}$$

其中, EVPI 是完全信息价值, EPPL 是获得完全信息的期望收益值, EMV 是最大期望收益值.

若完全信息价值小于所支付的费用, 则是得不偿失的. 因此, 完全信息价值给出了支持信息费用的上限. 在实际应用时, 需要考虑的费用构成很复杂, 这里的公式只是说明信息价值的概念及其意义.

例 6.3 继续考虑例 6.2. 假定该投资者花费 150 元可以买到有关行业经济形势好坏的完全信息, 现问该投资者是否需要购买此信息?

解 若完全信息认定行业经济形势好, 投资者将会选择证券 A_1, 得收益 1000 元; 若为一般, 则选择 A_2, 得收益 600 元; 若为差, 则选择 A_2, 得收益 500.

由于在决定是否购买此信息之前, 决策者并不知道信息内容, 也就无法计算出确切的收益. 因此, 只能根据各种自然状态出现的概率来计算获得完全信息的期望收益值, 为

$$\text{EPPL} = 1000 \times 0.3 + 600 \times 0.5 + 500 \times 0.2 = 700(\text{元})$$

$$\text{EMV} = 595(\text{元})$$

$$\text{EVPI} = \text{EPPL} - \text{EMV} = 105(\text{元})$$

因此, 花费 150 元购买此项信息并不合算, 不应该购买.

6.3.3 后验决策

在风险决策中, 不确定性经常是由于信息的不完备造成的. 决策的过程实际上是一个不断收集信息的过程, 当信息足够完备时, 决策者便不难做出最后决策.

因此, 当收集到一些有关决策的进一步的信息 I 后, 对原有各种状态出现概率的估计可能会发生变化. 变化后的概率记为 $P(S_j|I)$, 这是一个条件概率, 表示在得到追加信息 I 后对原概率 $P(S_j)$ 的修正, 故称为后验概率, 参见文献 [29]. 由先验概率得到后验概率的过程称为概率修正, 决策者事实上经常是根据后验概率进行决策的.

在例 6.3 的计算过程中, 追加信息只有完全信息一种情形, 此时决策问题变为确定性的决策问题. 在一般情形下, 假设 n 是自然状态可能出现的情形种类; $P(S = S_j)\,(j = 1, 2, \cdots, n)$ 是状态 S_j 的先验概率; I 是一个随机变量, $I_i\,(i = 1, 2, \cdots, m)$ 是追加信息后结果的一个可能值; $P(S = S_j|I = I_i)$ 是给定 $I = I_i$ 是真实状态时 S_j 的后验概率. 则由概率论的标准形式有

$$P(I = I_i) = \sum_{j=1}^{n} P(S = S_j)P(I = I_i|S = S_j) \tag{6.1}$$

$$P(S = S_j|I = I_i) = \frac{P(S = S_j)P(I = I_i|S = S_j)}{P(I_i)}$$

$$(i = 1, 2, \cdots, m; j = 1, 2, \cdots, n) \tag{6.2}$$

$$E[\text{收益}|I = I_i] = \sum_{j=1}^{n} P(S = S_j|I = I_i)u(A^*, S_j) \tag{6.3}$$

$$\text{后验前提下的收益} = \sum_{I_i} P(I = I_i)E[\text{收益}|I = I_i] \tag{6.4}$$

$$\text{信息潜在价值} = \text{后验前提下的收益} - \text{先验前提下收益} \tag{6.5}$$

其中, A^* 代表给定信息追加结果中统计状态 $I = I_i$ 的最优行动方案.

例 6.4 在例 6.2 的基础之上, 现假设无法获得有关行业经济形势的完全信息, 但可以通过某些行业经济指标预测未来的经济形势. 用于查阅经济指标的费用为 50 元, 而根据经济指标进行的行业经济形势预测结果是: 经济形势好 (I_1), 经济形势一般 (I_2) 和经济形势差 (I_3). 根据过去的经验, 可知经济形势与经济形势预测结果的关系如表 6.4 所示, 其具体含义是: 在经济形势好的情况下, 经济形势预测结果为好的概率为 0.75; 在经济形势一般的情况下, 形势预测结果为好的概率为 0.2; 经济形势差的情况下, 预测结果为好的概率为 0.05. 其余含义可以进行类似的说明. 现问

(1) 是否需要进行经济形势预测?

(2) 如何根据经济形势预测结果进行决策?

解 Lingo 程序为

表 6.4   经济形势与预测结果

$P(I_i\|S_j)$	S_1	S_2	S_3
I_1	0.75	0.20	0.05
I_2	0.20	0.70	0.15
I_3	0.05	0.10	0.80

```
MODEL:
SETS:
states/1..3/: priorp,smax;
alters/1..3/: u;
indica/1..3/: PI; !indicator;
links(alters,states): P;
prob(states,indica): priorpmt; !先验概率矩阵;
pprob(indica,states): postpmt; !后验概率矩阵;
ENDSETS
DATA:
priorp = 0.3, 0.5, 0.2;
P = 800,550,300,
    650,600,500,
   1000,400,250; !支付矩阵;
priorpmt = 0.75,0.20,0.05,
           0.20,0.70,0.10,
           0.20,0.05,0.15;
ENDDATA
!后验概率的计算;
@FOR(indica(i): PI(i) = @SUM(states(j): priorp(j)*priorpmt(i,j)));
@FOR(pprob(i,j): postpmt(i,j) = priorp(j)*priorpmt(i,j)/PI(i));
!在各预测指标下的决策效益;
@FOR(states(j): smax(j) = @MAX(alters(i): P(i,j)));
@FOR(indica(i): u(i)=@SUM(states(j): postpmt(i,j)*smax(j)));
EPPL=@SUM(states(j): priorp(j)*smax(j));!EPPL;
EVE=@MAX(alters(i): @SUM(states(j): priorp*P(i,j)));
EVPI=EPPL-EVE;!完全信息价值;
totalexp=@SUM(indica(i): PI(i)*u(i));!后验前提下的期望收益;
infovalu=totalexp-EVE;!样本信息价值;
END
```

Lingo 求解得结果为

```
Feasible solution found.
```

```
Total solver iterations:     0
        Variable          Value
            EPPL        700.0000
             EVE        595.0000
            EVPI        105.0000
        TOTALEXP        660.0000
        INFOVALU        65.00000
```

因此, 在后验概率 (即根据经济形势预测的结果) 进行决策的期望收益为 660, 经济形势预测的信息价值为 65 > 50, 故原则上应该进行经济形势预测.

但在实际决策中, 若用一种效率值来表示追加信息 (抽样信息) 的价值, 假定完全信息的效率值为 100%, 则可以用抽样的信息潜在信息价值与完全信息价值的百分比来表示追加信息的有效程度. 在此例投资决策问题中, 追加信息的有效程度为 61.91%. 此时, 是否应该进行经济形势的预测还应考虑决策者对此的主观偏好.

6.4 效用函数

例 6.5 设有两个决策问题, 请问如何选择方案.

问题 (1) 方案 A_1: 稳获 100 元; 方案 B_1: 获得 250 元和 0 元的机会各为 50%.

问题 (2) 方案 A_2: 稳获 100 元; 方案 B_2: 掷一均匀硬币, 直到出现正面为止, 记所掷次数为 N, 则当正面出现时, 可获取 2^N 元.

从直观上看, 大多数人可能会选择方案 A_1 和 A_2. 但可计算出以下结果:

$$E[B_1] > E[A_1], \quad E[B_2] > E[A_2]$$

由此说明: 在风险情况下, 只做一次决策时, 再用最大期望值决策准则, 就不那么合理. 同一笔货币量在不同场合下给决策者带来的主观上的满足程度不一样. 或者说, 决策者在更多的场合下是根据不同结果或方案对其需求个体的满足程度来进行决策的, 而不仅仅是依据期望收益最大进行决策.

效用正是衡量或比较不同的商品、劳务满足人的主观愿望的程度, 可用来衡量人们对某些事物的主观价值、态度、偏爱、倾向等等. 用效用指标来量化决策者对风险的不同态度后, 就可以测定决策者对待风险态度的效用曲线 (函数). 效用值是一个相对的指标值, 是无量纲指标, 一般地, 凡对决策者最爱好、最倾向、最愿意的事物 (事件) 的效用值赋予 1. 通过效用指标将某些难于量化有质的差别的事物 (事件) 给予量化. 将要考虑的因素都折合为效用值, 得到各方案综合效用值, 然后选择效用值最大的方案, 这就是最大总效用值决策准则.

确定效用曲线的基本方法有直接提问法与对比提问法两种, 详细的提问例子参见文献 [21].

1) 直接提问法

直接提问法是向决策者提出一系列问题, 要求决策者进行主观衡量并做出回答. 例如, 向决策者提问: "今年你企业获利 100 万, 你是满意的, 那么获利多少, 你会加倍满意?" 这样不断提问与回答, 可绘制出此决策者的获利效用曲线, 这种提问与回答十分含糊, 很难确切, 应用较少.

2) 对比提问法

设决策者面临两种备选方案 A_1, A_2. A_1 表示他可无任何风险地得到一笔金额 x_2; A_2 表示他可以以概率 p 得到一笔金额 x_1, 或以概率 $(1-p)$ 得到金额 x_3; 且 $x_1 > x_2 > x_3$, 设 $U(x_1)$ 表示金额的效用值. 若在某个概率条件下, 决策者认为 A_1, A_2 两方案等价时, 可表示为

$$p \cdot U(x_1) + (1-p) \cdot U(x_3) = U(x_2) \tag{6.6}$$

确切地讲, 决策者认为 x_2 的效用值等价于 x_1, x_3 的效用期望值. 于是可用对比提问法来测定决策者的风险效用曲线. 由 (6.6) 可见, 其中有 x_1, x_2, x_3, p 四个变量, 若其中任意三个为已知时, 向决策者提问第四个变量应取何值? 并请决策者做出主观判断第四个变量应取的值是多少?

在确定效用曲线时, 一般采用改进的 V-M(Von Neumann-Morgenstern) 法, 即每次取 $p = 0.5$, 固定 x_1, x_3. 利用

$$0.5U(x_1) + 0.5U(x_3) = U(x_2) \tag{6.7}$$

改变 x_2 三次, 提问三次, 确定三点, 即可由 "五点法" 绘出这决策者的效用曲线, 下面用数字说明.

设 $x_1 = -100, x_3 = 200$, 取 $U(200) = 1, U(-100) = 0$, 应用公式 (6.7) 提第一问: "你认为 x_2 取何值时, (6.7) 成立?" 若回答为 "在 $x_2 = 0$ 时", 那么 $U(0) = 0.5$, 那么 x_2 的效用值为 0.5, 在坐标系中给出第一个点, 见图 6.1.

现在把刚才得到的 x_2 作为 x_3, 利用公式 (6.7) 提第二问, "你认为 x_2' 取何值时, (6.7) 成立?" 若回答为 "在 $x_2' = -60$ 时", 那么

$$U(-60) = 0.5 \times 0 + 0.5 \times 0.5 = 0.25$$

即 x_2' 的效用值为 0.25, 在坐标系中给出第二个点.

现在把刚才得到的 x_2 作为 x_1, 利用公式 (6.7) 提第三问, "你认为 x_2'' 取何值时, (6.7) 成立? " 若回答为 "在 $x_2'' = 80$ 时", 那么

$$U(80) = 0.5 \times 0.5 + 0.5 \times 1 = 0.75$$

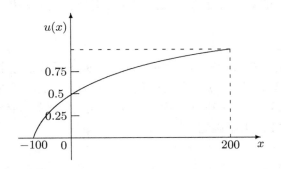

图 6.1　效用函数的确定

即 x_2'' 的效用值为 0.75, 在坐标系中给出第三点. 这样再加上原来的两个端点就可以绘制出这决策者对风险的效用曲线, 见图 6.1.

从以上向决策者提问及回答的情况来看, 不同的决策者会选择不同的 x_2, x_2', x_2'' 值, 使 (6.7) 成立. 这就得到不同形状的效用曲线, 并表示不同决策者对待风险的不同态度, 一般可分为保守型、中间型、冒险型三种, 见图 6.2. 具有中间型效用曲线的决策者认为他的收入金额的增长与效用值的增长成等比关系; 具有保守型效用曲线的决策者认为他对损失金额愈多愈敏感; 相反地具有冒险型效用曲线的决策者认为他对损失金额比较迟钝, 对收入的增加比较敏感. 某一决策者可以兼有三种类型.

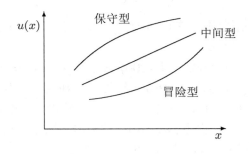

图 6.2　效用曲线的分类

当用计算机求解时需用解析式来表示效用曲线, 对决策者测得的数据进行拟合的常用关系式有以下几种:

(1) 线性函数 $U(x) = c_1 + a_1(x - c_2)$

(2) 指数函数 $U(x) = c_1 + a_1(1 - e^{a_2(x - c_2)})$

(3) 双指数函数 $U(x) = c_1 + a_1(2 - e^{a_2(x-c_2)} - e^{a_3(x-c_2)})$

(4) 指数加线性函数 $U(x) = c_1 + a_1(1 - e^{a_2(x-c_2)}) + a_3(x - c_2)$

(5) 幂函数 $U(x) = a_1 + a_2[c_1(x - a_3)]^{a_4}$

(6) 对数函数 $U(x) = c_1 + a_1 \ln(c_3 x - c_2)$

下面通过举一个产品属性的效用函数确定问题来说明效用曲线的应用. 一般地, 每种产品 (如某种品牌的小汽车) 都有不同方面的属性 (相关概念参见 6.7 节), 如价格、安全性与外观等. 在设计和销售产品之前, 了解顾客对每种属性的各个选项的偏好程度非常重要. 偏好程度可以用效用函数来表示, 参见文献 [1]. 让顾客直接精确地给出每个属性的效用函数一般是很困难的. 但是, 对于具体的产品, 产品的各个属性的具体选项配置都已经确定下来, 所以若将一些具体的产品让顾客进行打分评估, 顾客通常能比较容易地给出具体产品的效用. 从这些具体产品的效用信息中, 反过来可以估计每个属性中各个选项的效用, 此即所谓联合分析 (conjoint analysis). 联合分析是用于评估不同属对消费者的相对重要性, 以及不同属性水平给消费者带来的效用的统计分析方法.

例 6.6 对某种品牌小汽车, 假设只考虑两种属性, 即价格与安气囊. 价格分别为高 (记为 H, 13 万元)、中 (记为 M, 10 万元) 和 L (记为低, 8 万元); 安全配置为两个、一个和没有. 经过市场调查, 顾客对该产品的不同配置的偏好程度 (效用) 如表 6.5 所示 (表中的值 (权重) 越大表示顾客越喜欢). 试求价格和安全气囊的效用函数.

表 6.5　顾客对不同配置的偏好

价格\安全气囊数	2	1	0
H	7	3	1
M	8	4	2
L	9	6	5

解 记价格对应的效用为 p_i ($i = H, M, L$), 安全气囊对应的效用为 q_j ($j = 0, 1, 2$), 则问题是要求解出 p_i 与 q_j.

根据经典期望效用理论 (参见文献 [1]), 假设价格和安全气囊的效用是线性可加的, 即

$$u(i, j) = p_i + q_j$$

对此效用函数, 一种简单的方法是针对 6 个待定参数 (p_i 与 q_j), 表 6.5 中给出了 9 组数据, 因此可以用最小二乘法来确定参数, 此时目标为

$$\min \sum_i \sum_j [u(i, j) - u_0(i, j)]^2 \tag{6.8}$$

其中, $u_0(i,j)$ 是表中数据 (价格选项为 i, 安全气囊选项为 j 时具体产品的效用).

对 $u(i,j)$ 与 $u_0(i,j)$ 来说, 希望保持同样的顺序: 即对任意的 (i,j) 和 (k,l), 当 $u_0(i,j) + 1 \leqslant u_0(k,l)$ 时, 也尽量有 $u(i,j) + 1 \leqslant u(k,l)$ (这里 "+1" 表示 $u(i,j)$ 严格小于 $u(k,l)$, 且至少相差 1). 于是可以考虑如下目标:

$$\min \sum_{i,j} \sum_{k,l} (1 + p_i + q_j - p_k - q_l)$$

其中, 求和只是对满足 $u_0(i,j) + 1 \leqslant u_0(k,l)$ 的 (i,j) 和 (k,l) 求和.

LINGO 程序为

```
MODEL:
TITLE 产品属性的效用函数;
SETS:
price/H,M,L/: P;
safety/2,1,0/:Q;
M(price,safety):UO;
MM(M,M)|UO(&1,&2)#LT#UO(&3,&4):error;
ENDSETS
DATA:
UO = 7,3,1,8,4,2,9,6,5;
ENDDATA
@FOR(MM(i,j,k,l):error(i,j,k,l)>=
     1+(p(i)+q(j))-(p(k)+q(l)));
[obj] MIN = @SUM(MM: error);
END
```

求解得 (只显示需要的结果)

```
Global optimal solution found at iteration:        8
Objective value:                           0.000000

Model Title: 产品属性的效用函数

         Variable           Value         Reduced Cost
            P( H)        0.000000            0.000000
            P( M)        1.000000            0.000000
            P( L)        4.000000            0.000000
            Q( 2)        7.000000            0.000000
            Q( 1)        2.000000            0.000000
            Q( 0)        0.000000            0.000000
```

此时模型的最优值 (误差和) 为 0, 所以说明在此效用函数下, 虽然得到的产品权重 (效用) 与问题中给出的数据不完全相同, 但产品的相对偏好顺序是完全一致的.

在上述求解中, 当然可以应用 (6.8) 来确定参数, 此时模型实际上是一个简单的二次规划模型, 详细的对比分析可参见文献 [30].

6.5　序列决策

有些决策问题, 当进行决策后又产生一些新情况, 并需要进行新的决策, 接着又有一些新情况, 又需要进行新的决策. 这样决策、情况、决策······ 构成一个序列, 这就是序列决策. 描述序列决策的有力工具是决策树. 决策树是由决策点、事件点及结果构成的树形图.

(1) 决策点, 一般用方形节点表示, 从这类节点引出的弧表示不同决策方案.

(2) 状态点, 一般用圆形节点表示, 从这类节点引出的弧表示不同的状态, 弧上的数字表示对应状态出现的概率.

(3) 结果点, 一般用有圆心的节点表示, 位于树的末梢处, 并在这类节点旁注明各种结果的损益值.

利用决策树对多阶段风险型决策问题进行分析是以期望值准则为决策准则. 具体做法是: 先从树的末梢开始, 计算每个状态点上的期望收益, 然后将其中最大值标在相应决策点旁. 决策时, 根据期望收益最大原则从后向前进行 "剪枝", 直到最开始的决策点, 从而得到一个多阶段决策构成完整的决策方案.

例 6.7　设有某石油钻探队, 在一片估计能出油的荒田钻探, 可以先做地震试验, 然后决定钻井与否; 也可以不做地震试验, 只凭经验决定钻井与否. 做地震试验的费用每次 0.3 万元, 钻井费用为 1 万元. 若钻井后出油, 则钻井队就可收入 4 万元; 若不出油就没有任何收入. 各种情况下估计出油的概率已估计出, 并标在图 6.3 上, 问钻井队决策者如何做出决策使收入期望值为最大.

解　图 6.3 表明是两级随机决策问题, 采用逆决策顺序方法求解.

(1) 计算各事件点的收入期望值.

$$
\begin{array}{ccl}
\text{事件点} & & \text{收入期望值} \\
② & & 4 \times 0.85 + 0 \times 0.15 = 3.4 \\
③ & & 4 \times 0.10 + 0 \times 0.90 = 0.4 \\
④ & & 4 \times 0.55 + 0 \times 0.46 = 2.2
\end{array}
$$

(2) 按最大收入期望值决策准则在图 6.3 上给出各决策点抉择.

在决策点 ②, $\max[(3.4-1), 0] = 2.4$ 对应策略为应选策略, 钻井.

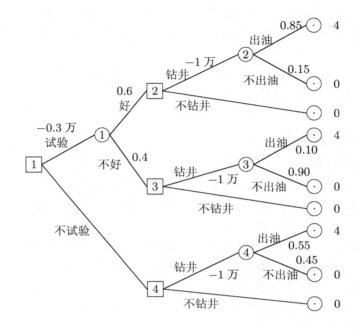

图 6.3　石油钻井的决策树

在决策点 $\boxed{3}$, $\max[(0.4-1),0]=0$ 对应策略为应选策略, 不钻井.

在决策点 $\boxed{4}$, $\max[(2.2-1),0]=1.2$ 对应策略为应选策略, 钻井.

(3) 在决策树上保留各决策点的应选方案, 把淘汰策略去掉, 这时再计算事件点 ① 的收入期望值为 $2.4\times0.60+0\times0.40=1.44$, 将它标在 ① 旁.

(4) 决策点 $\boxed{1}$ 有两个方案: 做地震试验和不做地震试验, 各自的收入期望值为 $(1.44-0.3)$ 和 1.2, 按 $\max[(1.44-0.3),1.2]=1.2$ 所对应的策略为应选策略, 即不做地震试验.

因此, 这个决策问题的决策序列为: 选择不做地震试验, 直接判断钻井, 收入期望值为 1.2 元.

上述决策问题也可用决策树来求解, 并将有关数据标在图上, 见图 6.4.

下面给出一个 Lingo 程序 (适用于 Lingo 10.0 以上版本):

```
MODEL:
SETS:
nodes/N1..N17/: NT, NO;
links(nodes,nodes)/ !节点间的联接;
N1,N2,N1,N5,  N2,N3,N2,N4,
N3,N6,N3,N11  N4,N7,N4,N14,  N5,N8,N5,N17,
```

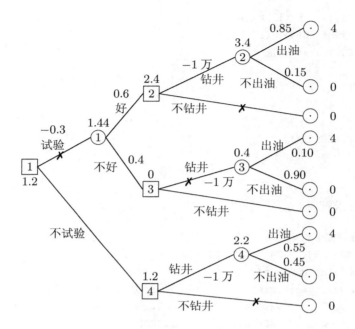

图 6.4　决策树的求解过程

```
N6,N9,N6,N10, N7,N12,N7,N13, N8,N15,N8,N16/: W;
ENDSETS
DATA:
!NT~表示节点类型,0为决策点,1为状态点,2为结果点;
NT=0,1,0,0,0,1,1,1,2,2,2,2,2,2,2,2,2;
NO= , , , , , , ,4,0,0,4,0,0,4,0,0;
W =-0.3,0, 0.6,0.4, -1,0, -1,0, -1,0,
   0.85,0.15, 0.10,0.90, 0.55,0.45;
ENDDATA
CALC:
@FOR(nodes(i) | NT(i) #eq#1:
    NO(i)=@SUM(links(i,j): W(i,j)*NO(j)) );
@FOR(nodes(i) | NT(i) #eq#0:
    NO(i)=@MAX(links(i,j): NO(j)+W(i,j)) );
NO(1)=@SMAX(NO(2)-0.3,NO(5));
NO(2)=W(2,3)*NO(3)+W(2,4)*NO(4);
 !以下输出计算结果;
@WRITE( ' 序列决策选择如下: ');
  @WRITE( @NEWLINE(1));
```

```
@FOR(links(i,j) | NT(i) #eq#0:
@IFC(NO(i) #eq# NO(j)+W(i,j):
    @WRITE( links(i,j), ', ');
@ELSE
    @WRITE( ' ');
  );
);
@WRITE( @NEWLINE(2));
ENDCALC
END
```

Lingo 求解得

序列决策选择如下:
N1   N5, N3   N6,   N4   N14, N5   N8,
 Feasible solution found.
 Total solver iterations: 0
              Variable   Value
              NO(N1)   1.200000
              NO(N2)   1.440000
              NO(N3)   2.400000
              NO(N4)   0.000000
              NO(N5)   1.200000
              NO(N6)   3.400000
              NO(N7)   0.4000000
              NO(N8)   2.200000

即决策为选择不做试验, 直接钻井, 期望收益为 1.2 万元. 计算结果同上述图解法的计算.

6.6   多目标决策

本节介绍的多目标决策 (multiple objective decision making, MODM) 与第 6.7 节介绍的多属性决策 (multiple attribute decision making, MADM) 是多准则决策 (multiple criteria decision making, MCDM) 的基本情形.

6.6.1   基本概念

在实际生活中, 常常会遇到需要考虑多种因素的优化问题, 这类具有多个目标函数的优化问题被称之为多目标决策或多目标规划, 又称为向量极值问题. 若目标函数和约束条件都是线性的, 就称为多目标线性规划. 向量极值问题的一般

形式为

$$(\text{Vp}) \quad \min \ (f_1(\boldsymbol{x}), \cdots, f_p(\boldsymbol{x}))$$
$$\text{s.t.} \ g_i(\boldsymbol{x}) \geqslant 0 \quad (i = 1, 2, \cdots, m)$$

其中, $f_1(\boldsymbol{x}), \cdots, f_p(\boldsymbol{x})$ 是目标函数, $g_i(\boldsymbol{x}) \geqslant 0 \ (i = 1, 2, \cdots, p)$ 是约束条件, $\boldsymbol{x}$ 是决策变量, 是一个 n 维向量.

记 $X = \{\boldsymbol{x} | g_i(\boldsymbol{x}) \geqslant 0, i = 1, 2, \cdots, m, \boldsymbol{x} \in \Re^n\}$, 称 X 为问题 (Vp) 的可行解集 (决策空间), $F(X) = \{f(\boldsymbol{x}) | \boldsymbol{x} \in X\}$, 为问题 (Vp) 的像集 (目标空间).

定义 6.1 (绝对最优解)　设 $\overline{\boldsymbol{x}} \in X$. 若对 $\forall i = 1, 2, \cdots, m$ 及 $\boldsymbol{x} \in X$, 均有 $f_i(\boldsymbol{x}) \geqslant f_i(\overline{\boldsymbol{x}})$, 则称 $\overline{\boldsymbol{x}}$ 为问题 (Vp) 的绝对最优解. 记 (Vp) 的绝对最优解为 R_{ab}^*.

一般说来多目标规划问题 (Vp) 的绝对最优解是不存在的, 当绝对最优解不存在时, 需要引入新的 "解" 的概念, 多目标规划中最常用的解是有效解 (Pareto 最优解).

定义 6.2 (有效解)　设 $\overline{\boldsymbol{x}} \in X$, 若不存在 $\boldsymbol{x} \in X$, 使得 $f_i(\boldsymbol{x}) \leqslant f_i(\overline{\boldsymbol{x}}) \ (i = 1, 2, \cdots, p)$, 但至少有一个 $f_i(\boldsymbol{x}) < f_i(\overline{\boldsymbol{x}})$, 则称 $\overline{\boldsymbol{x}}$ 为多目标规划问题 (Vp) 的有效解 (或 Pareto 最优解), $f(\overline{\boldsymbol{x}})$ 为有效点, 分别记 (Vp) 的有效解集和有效点集为 R_e^* 和 F_e^*.

为求多目标规划问题 (Vp) 的有效解, 需要先求加权问题 $p(\boldsymbol{\lambda})$.

$$p(\boldsymbol{\lambda}) \quad \min \sum_{j=1}^{p} \lambda_j f_j(\boldsymbol{x})$$
$$\text{s.t.} \ \boldsymbol{x} \in X$$

其中, $\boldsymbol{\lambda} \in \Lambda^+ = \left\{ \boldsymbol{\lambda} \in \Re^p | \lambda_j \geqslant 0, \sum_{j=1}^{p} \lambda_j = 1 \right\}$.

加权问题 $p(\boldsymbol{\lambda})$ 的最优解和问题 (Vp) 的有效解具有以下关系:

定理 6.1　设 $\overline{\boldsymbol{x}}$ 为问题 $p(\boldsymbol{\lambda})$ 的最优解. 若下面两个条件之一成立, 则 $\overline{\boldsymbol{x}} \in R_e^*$.

(1) $\lambda_j > 0 (j = 1, 2, \cdots, p)$.

(2) $\overline{\boldsymbol{x}}$ 是 $p(\boldsymbol{\lambda})$ 的唯一解.

定理 6.2　设 $f_1(\boldsymbol{x}), \cdots, f_p(\boldsymbol{x})$ 为凸函数, $g_1(\boldsymbol{x}), \cdots, g_m(\boldsymbol{x})$ 凹函数. 若 $\overline{\boldsymbol{x}}$ 为 (Vp) 的有效解, 则存在 $\boldsymbol{\lambda} \in \Lambda^+$ 使得 $\overline{\boldsymbol{x}}$ 是 $p(\boldsymbol{\lambda})$ 的最优解.

上述两个定理的重要意义在于提供一种用数值优化的方法求多目标规划有效解的方法, 更多讨论参见文献 [1, 31].

6.6.2　权重系数

在多目标规划中, 目标函数除了一般是彼此冲突外, 还具有不可共度量性的特点. 故通常在求解前得对目标函数进行预处理, 即所谓的规范化, 从而便于进行目标函数之间的比较和正确地使用一些求解方法, 参见 6.7.2 节.

确定权重系数的最简单方法是利用 Likert 刻度给出权重. 另一类常用方法是通过两两比较确定权数的方法, 例如确定目标间的相对重要性. 通常决策者直接设定第 i 个目标前的具体数值 λ_i 是困难的, 但让他估计第 i 个目标是第 j 个目标的多少倍 "重要" 有时却是较为容易的. 对此, 第 i 个目标对第 j 个目标的相对重要性估计值记为 a_{ij}. 估计值 $a_{ij} \approx \dfrac{\lambda_i}{\lambda_j}$ 实际上是第 i 个目标的权数 λ_i 与第 j 个目标的权数 λ_j 之比的近似值. 当 f_i 比 f_j 重要时, $a_{ij} > 1$; 当 f_i 与 f_j 同等重要时, $a_{ij} = 1$; 当 f_i 没有 f_j 重要时, $a_{ij} < 1$. 从而得到判断矩阵 $\boldsymbol{A} = [a_{ij}]_{m \times m}$, 其中 $a_{ji} = \dfrac{1}{a_{ij}}, \forall i, j.$ 一般地, 判断矩阵 $\boldsymbol{A}$ 是不相容的, 即没有 $a_{ik}a_{kj} = a_{ij}\ (\forall i, k, j).$

对于判断矩阵中的各比较数值, 如 Likert 刻度等标尺法有助于决策者更加轻松地进行目标的两两比较, 见表 6.6.

表 6.6　判断矩阵的标度

标度	含　义
1	表示两个因素相比, 具有同样的重要性
3	表示两个因素相比, 一个因素比另一个因素稍微重要
5	表示两个因素相比, 一个因素比另一个因素明显重要
7	表示两个因素相比, 一个因素比另一个因素强烈重要
9	表示两个因素相比, 一个因素比另一个因素极端重要
2, 4, 6, 8	上述两相邻判断的中值
倒数	相应两因素交换次序的重要性比较

下面针对多目标规划问题中目标的权系数的确定方法进行简单介绍.

6.6.2.1　最小平方和法

通过求解问题

$$(\text{QP}) \quad \min \sum_{i=1}^{m}\sum_{j=1}^{m}(a_{ij}\lambda_j - \lambda_i)^2$$
$$\text{s.t.} \begin{cases} \sum\limits_{i=1}^{m}\lambda_i = 1 \\ \lambda_i > 0 \quad (i = 1, 2, \cdots, m) \end{cases}$$

来获得权向量 $\boldsymbol{\lambda} = (\lambda_1, \cdots, \lambda_m)^T$. 这样选取的 $\boldsymbol{\lambda}$ 具有误差的平方和最小. 当矩阵 $\boldsymbol{A}$ 相容时, 问题 (QP) 的目标函数最小值为 0, 否则为正.

此外, 问题 (QP) 中的目标函数可由另外形式的误差 (平方) 和取代, 如

$$\sum_{i=1}^{m}\sum_{j=1}^{m}|a_{ij}\lambda_j - \lambda_i| \quad \text{或} \quad \sum_{i=1}^{m}\sum_{j=1}^{m}\left(a_{ij} - \frac{\lambda_i}{\lambda_j}\right)^2$$

这种方法也可作为一致性分析. 给定一个阈值 $\varepsilon > 0$, 当问题 (QP) 的最优目标值 $\leqslant \varepsilon$, 则对应的解可被接受. 否则, 可认为决策者在判断时误差太大, 建议决策者重新做出估计 a_{ij}.

6.6.2.2　特征向量法

这是 Saaty 的层次分析法 (AHP) 中的一个重要组成部分. 权向量 $\boldsymbol{\lambda}$ 是求 $\boldsymbol{A}$ 的最大特征值 $\alpha_{\max}$ 对应的特征向量, 即 $\boldsymbol{\lambda}$ 为如下方程组的解:

$$\begin{cases} (\boldsymbol{A} - \alpha_{\max}I)\boldsymbol{\lambda} = 0 \\ \sum_{i=1}^{m}\lambda_i = 1 \end{cases}$$

其中, $\boldsymbol{I}$ 是 m 阶单位矩阵.

由于 $a_{ij} > 0$, $\forall i,j$, 可证明: 最大特征值 $\alpha_{\max} \geqslant m$; 对应的特征向量 $\boldsymbol{\lambda} > 0$; $\alpha_{\max} = m$ 当且仅当 $\boldsymbol{A}$ 是相容的, 此时 $a_{ij} = \dfrac{w_i}{w_j}$, $\forall i,j$. 因此, $\boldsymbol{\lambda}$ 可作权向量. 而且还有一致性准则如下: 给定阈值 $\varepsilon > 0$, 当 $\dfrac{\alpha_{\max} - m}{m-1} \leqslant \varepsilon$, 则接受 $\boldsymbol{\lambda}$ 作为权向量, 否则建议决策者重新估计 a_{ij}. 利用一般线性代数的计算方法可计算出判断矩阵 $\boldsymbol{A}$ 的最大特征值和对应的特征向量, 参见文献 [3].

6.6.3　目标规划

对于具有多个目标的极值问题, 除了基于有效解概念的求解方法外, 还可以从另一角度来构造模型并求解, 即目标规划 (goal programming) 方法, 参见文献 [32]. 目标规划是由线性规划发展演变而来的, 有关的概念和模型最早是 1961 年 A. Braham Charnes 与 William W. Cooper 在考虑不可行线性规划问题近似解时首先提出. 目前已成为一种简单、实用的处理多目标问题的方法, 是多目标决策中应用最为广泛的一种方法.

6.6.3.1　数学模型

在许多多目标决策问题中, 决策者经常是通过给定各目标的目的值或理想值, 各目标的权系数或优先权来表示自己的偏好. 决策者评价一个方案时, 经常将该方案与目的点或理想点的 "偏差" 最小的方案. 反映一个方案与目的点或理想点

"偏差", 一般是采用某种 "距离" 函数. 常用的目标规划的形式是

$$\min \ \sum_{j=1}^{p} w_j |f_j(\boldsymbol{x}) - \hat{f}_j|$$

$$\text{s.t.} \quad \boldsymbol{x} \in X \tag{6.9}$$

其中, $\hat{f}_j$ 是每个目标的目的值; w_j 是第 j 个目标偏差的权重系数.

当 $X = \{\boldsymbol{x} \in \Re^n | \boldsymbol{A}\boldsymbol{x} \leqslant \boldsymbol{b}, \boldsymbol{x} \geqslant \boldsymbol{0}\}$ 时, 令 $d_j^+ = \frac{1}{2}(|f_j(\boldsymbol{x}) - \hat{f}_j| + (f_j(\boldsymbol{x}) - \hat{f}_j))$, $d_j^- = \frac{1}{2}(|f_j(\boldsymbol{x}) - \hat{f}_j| - (f_j(\boldsymbol{x}) - \hat{f}_j))$, 则

$$d_j^+ + d_j^- = |f_j(\boldsymbol{x}) - \hat{f}_j|, \quad d_j^+ - d_j^- = f_j(\boldsymbol{x}) - \hat{f}_j$$

因此, 问题 (6.9) 成为一个线性目标规划问题 (LGP):

$$\min \ \sum_{j=1}^{p} w_j(d_j^+ + d_j^-) \tag{6.10}$$

$$\text{s.t.} \begin{cases} f_j(\boldsymbol{x}) + d_j^- - d_j^+ = \hat{f}_j & (j = 1, 2, \cdots, p) \\ \boldsymbol{A}\boldsymbol{x} \leqslant \boldsymbol{b} \\ \boldsymbol{x} \geqslant \boldsymbol{0}, d_j^- \geqslant 0, d_j^+ \geqslant 0 & (j = 1, 2, \cdots, p) \end{cases} \tag{6.11}$$

下面来分析一下 d_j^- 和 d_j^+ 的含义. 若 $f_j(\boldsymbol{x}) \geqslant \hat{f}_j$, 则

$$d_j^+ = f_j(\boldsymbol{x}) - \hat{f}_j, \quad d_j^- = 0$$

即 d_j^+ 为 $f_j(\boldsymbol{x})$ 超过 $\hat{f}_j$ 部分的数量, 故称 d_j^+ 为正偏差变量.

同理, 当 $f_j(\boldsymbol{x}) \leqslant \hat{f}_j$ 时, 有

$$d_j^- = \hat{f}_j - f_j(\boldsymbol{x}), \quad d_j^+ = 0$$

即 d_j^- 为 $f_j(\boldsymbol{x})$ 没达到 $\hat{f}_j$ 部分的数量, 故称 d_j^- 为负偏差变量.

在实际问题中, 对目标 $f_j(\boldsymbol{x})$ 来说, 提出的目标可能的情况大致有如下几种:

(1) 希望 $f_j(\boldsymbol{x})$ 尽可能地接近 $\hat{f}_j$, 即希望 $|f_j(\boldsymbol{x}) - \hat{f}_j| \to \min$ 或 $d_j^+ + d_j^- \to \min$. 对这种情况处理的办法是在目标函数中加上 $d_j^+ + d_j^-$ 一项.

(2) 希望 $f_j(\boldsymbol{x})$ 尽量超过 $\hat{f}_j$, 即希望 $d_j^- \to \min$. 因此, 应在目标函数中加上 d_j^- 一项.

(3) 希望 $f_j(\boldsymbol{x})$ 尽量不超过 $\hat{f}_j$, 即希望 $d_j^+ \to \min$. 因此, 应在目标函数中加上 d_j^+ 一项.

若考虑到各目标间的相对重要性, 还应加上权系数. 因此, 更一般的目标规划模型 (GP) 是

$$\min \sum_{j=1}^{p} (w_j^+ d_j^+ + w_j^- d_j^-)$$
$$\text{s.t.} \begin{cases} f_j(\boldsymbol{x}) + d_j^- - d_j^+ = \hat{f}_j & (j = 1, 2, \cdots, p) \\ \boldsymbol{Ax} \leqslant \boldsymbol{b} \\ \boldsymbol{x} \geqslant \boldsymbol{0}, d_j^- \geqslant 0, d_j^+ \geqslant 0 & (j = 1, 2, \cdots, p) \end{cases} \tag{6.12}$$

问题 (6.12) 中的 w_j^+ 和 w_j^- 是非负权系数. 则前面讨论中的后两种情形可以通过分别取 $w_j^+ = 0$ 和 $w_j^- = 0$ 而得到.

上面的分析将目标函数 $f_1, \cdots, f_p$ 放在同一个层次上看待, 它们之间的相对重要性通过权系数来反映, 其权系数可由表 6.6 来确定. 但决策者的决策目标经常是具有层次的, 假定决策者的目标可分成 L 个等级 (层次), 记为 $p_1, \cdots, p_L$, 在每一个等级 p_k 上有 J_k 个目标. 这里约定 p_1 优先于 p_2, p_2 优先于 p_3, 等等, 记为

$$p_1 \succcurlyeq p_2 \succcurlyeq \cdots \succcurlyeq p_{L-1} \succcurlyeq p_L$$

即只有在尽量满足 p_k 等级内目标的前提下, 才能考虑实现 p_{k+1} 等级上的目标. 因此, 称 p_k 为优先权因子, 它不是一个具体数, 只表示层次间的从属关系. 这样, 可给出更一般的线性目标规划模型:

$$\min \sum_{k=1}^{L} p_k \left\{ \sum_{j \in J_k} (w_j^+ d_j^+ + w_j^- d_j^-) \right\}$$
$$\text{s.t.} \begin{cases} f_j(\boldsymbol{x}) + d_j^- - d_j^+ = \hat{f}_j & (j = 1, 2, \cdots, p) \\ \boldsymbol{Ax} \leqslant \boldsymbol{b} \\ \boldsymbol{x} \geqslant \boldsymbol{0}, d_j^- \geqslant 0, d_j^+ \geqslant 0 & (j = 1, 2, \cdots, p) \end{cases} \tag{6.13}$$

例 6.8   已知三个工厂生产的产品供应四个用户需要, 各工厂生产量、用户需求量及从各工厂到用户的单位产品的运输费用如表 6.7 所示. 用表上作业法求得最优调配方案如表 6.8, 总运费为 2950 元.

表 6.7   单位产品的运输费用

	用户 1	用户 2	用户 3	用户 4	生产量
工厂 1	5	2	6	7	300
工厂 2	3	5	4	6	200
工厂 3	4	5	2	3	400
需求量	200	100	450	250	

表 6.8 表上作业法求得的最优调配方案

	用户 1	用户 2	用户 3	用户 4	生产量
工厂 1	200	100			300
工厂 2	0		200		300
工厂 3			250	150	400
虚设				100	100
需求量	200	100	450	250	

但上述方案只考虑运费为最少, 没有考虑到很多具体情况和条件. 故上级部门研究后确定了制定调配方案时要考虑的 7 项目标, 并规定重要性次序为

第 1 目标: 第 4 用户为重要部门, 需求量必须全部满足;

第 2 目标: 供应用户 1 的产品中, 工厂 3 的产品不少于 100 单位;

第 3 目标: 为兼顾一般, 每个用户满足率不低于 80%;

第 4 目标: 新方案总运费不超过原方案的 110%;

第 5 目标: 因道路限制, 从工厂 2 到用户 4 的路线应尽量避免分配运输任务;

第 6 目标: 用户 1 和用户 3 的满足率应尽量保持平衡;

第 7 目标: 力求减少总运费.

解 据上面分析, 建立目标规划的模型如下:

设 x_{ij} 为 i 工厂调配给用户 j 的数量, 则有

(1) 供应量的约束

$$\begin{cases} x_{11} + x_{12} + x_{13} + x_{14} \leqslant 300 \\ x_{21} + x_{22} + x_{23} + x_{24} \leqslant 200 \\ x_{31} + x_{32} + x_{33} + x_{34} \leqslant 400 \end{cases}$$

需求量的约束

$$\begin{cases} x_{11} + x_{21} + x_{31} + d_1^- - d_1^+ = 200 \\ x_{12} + x_{22} + x_{32} + d_2^- - d_2^+ = 100 \\ x_{13} + x_{23} + x_{33} + d_3^- - d_3^+ = 450 \\ x_{14} + x_{24} + x_{34} + d_4^- - d_4^+ = 250 \end{cases}$$

(2) 用户 1 需求量中工厂 3 的产品不少于 100 单位

$$x_{31} + d_5^- - d_5^+ = 100$$

(3) 各用户满足率不低于 80%

$$\begin{cases} x_{11} + x_{21} + x_{31} + d_6^- - d_6^+ = 160 \\ x_{12} + x_{22} + x_{32} + d_7^- - d_7^+ = 80 \\ x_{13} + x_{23} + x_{33} + d_8^- - d_8^+ = 360 \\ x_{14} + x_{24} + x_{34} + d_9^- - d_9^+ = 200 \end{cases}$$

(4) 运费上限限制

$$\sum_{i=1}^{3} \sum_{j=1}^{4} c_{ij} x_{ij} + d_{10}^- - d_{10}^+ = 3245$$

(5) 道路通过的限制

$$x_{24} + d_{11}^- - d_{11}^+ = 0$$

(6) 用户 1 和用户 3 的满足率保持平衡

$$x_{11} + x_{21} + x_{31} - \frac{200(x_{13} + x_{23} + x_{33})}{450} + d_{12}^- - d_{12}^+ = 0$$

(7) 力求减少总的运费

$$\sum_{i=1}^{3} \sum_{j=1}^{4} c_{ij} x_{ij} + d_{13}^- - d_{13}^+ = 2950$$

目标函数为

$$\begin{aligned} \min z = & P_1 d_4^- + P_2 d_5^- + P_3 (d_6^- + d_7^- + d_8^- + d_9^-) + P_4 d_{10}^+ \\ & + P_5 d_{11}^+ + P_6 (d_{12}^- + d_{12}^+) + P_7 d_{13}^+ \end{aligned}$$

6.6.3.2　求解方法

在软件求解中, 若目标规划问题目标函数的优先关系没有层次差异时, 则是一般的线性规划问题. 若其分为不同的优先级时, 需要对模型做一些改进才行, Lingo 模型采用了序列解法 (sequential procedure), 即求解一系列的线性规划模型, 参见文献 [3].

在此解法的第一阶段, 线性规划模型中仅有的目标为第一个层次的目标, 之后像平时一样应用单纯形法求解, 若结果 (最优) 是唯一的, 就无需更进一步地考虑其他目标. 但是, 若此时最优值相同的最优解有多个, 就从这些答案出发进入第二阶段, 这时加上第二层次目标到模型中来打破均衡.

在第二阶段的模型中, 若目标函数值的最优值 $z^* = 0$, 则对所需考虑的解中所有代表第一层次目标的辅助变量一定等于 0, 即这些目标已成功达到. 这时, 所有这些辅助变量可以从第二阶段的模型中删掉. 对于这些第一层次的目标来说, 包含这些变量的等式约束均被数学表达式 (不等式/方程) 所替代.

另一方面, 若 $z^* > 0$, 则在第二阶段的模型中, 就是简单地把第二层次的目标加到第一阶段的模型中, 即把他们看成事实上的第一阶段的目标来处理. 但是在约束条件中同时要加一个限制条件, 即第一阶段的目标函数等于值 z^*, 这一步的作用可使从第二阶段的目标函数中删掉第一层次的目标变量. 然后用通常的单纯形法继续求解, 若还有多个解, 则进行类似迭代即可.

总结以上讨论, 线性目标规划的序列解法模型为: 对于 $k = 1, 2, \cdots, L$, 求解单目标问题

$$\min z_k = \sum_{j=1}^{p} (w_{kj}^- d_j^- + w_{kj}^+)$$

$$\text{s.t.} \begin{cases} \boldsymbol{Ax} \leqslant \boldsymbol{b} \\ f_j(\boldsymbol{x}) + d_j^- - d_j^+ = \hat{f}_j & (j = 1, 2, \cdots, p) \\ \sum_{j=1}^{p} (w_{kj}^- d_j^- + w_{kj}^+) \leqslant z_s^* & (s = 1, 2, \cdots, k - 1) \\ \boldsymbol{x} \geqslant \boldsymbol{0}, d_j^- \geqslant 0, d_j^+ \geqslant 0 & (j = 1, 2, \cdots, p) \end{cases}$$

其最优目标值为 z_k^*, 当 $k = 1$ 时, 约束条件中 z_s^* 所在行的约束为空. 当 $k = q$ 时, 所对应的解 $\boldsymbol{x}^*$ 为目标规划的最优解. 注意, 此时最优解的概念与线性规划最优解的概念已有所不同, 为方便计, 这里仍称为最优解.

例 6.9 (目标管理问题) 假定 x_1, x_2, x_3 代表某一公司产品 i, ii, iii 的生产水平, 其目标是: 长期利润目标不低于 1.25 亿元, 职员雇用目标保持为 4000 人, 投资目标不超过 5500 万元. 根据实际要求, 有

(1) 首先考虑这三个目标无相对的优先层次, 但权重不同的情形, 详细的数据见表 6.9. 试对其建立目标规划模型并求解.

表 6.9　无优先权时的目标规划问题

因素	产品的单位贡献			目标	惩罚权重
	i	ii	iii		
长期利润/百万元	12	9	15	$\geqslant 125$	5
雇用水平/百人	5	3	4	$= 40$	$2(+), 4(-)$
资本投资/百万元	5	7	8	$\leqslant 55$	3

(2) 若考虑有层次差异, 且权重不变的情形时, 详见表 6.10. 则此时目标规划模型及其解又如何?

表 6.10   有层次差异时的目标规划问题

优先层	因素	目标	惩罚权重
第一层次	雇用水平/百人	$\leqslant 40$	2
	资本投资/百万元	$\leqslant 55$	3
第二层次	长期利润/百万元	$\geqslant 125$	5
	雇用水平/百人	$\geqslant 40$	4

解   引进辅助决策变量, 各个目标函数的正负偏差变量为 y_j^-, y_j^+ $(j = 1, 2, 3)$. 在有层次差异的情形下时, 由 (6.13) 有模型为

$$\min z = P_1(2y_2^+ + 3y_3^+) + P_2(5y_1^- + 4y_2^-)$$
$$\text{s.t.} \begin{cases} 12x_1 + 9x_2 + 15x_3 - y_1^+ + y_1^- = 125 \\ 5x_1 + 3x_2 + 4x_3 - y_2^+ + y_2^- = 40 \\ 5x_1 + 7x_2 + 8x_3 - y_3^+ + y_3^- = 55 \\ x_j \geqslant 0, y_k^+ \geqslant 0, y_k^- \geqslant 0 \quad (j = 1, 2, 3; k = 1, 2, 3) \end{cases}$$

在 Lingo 中, 应用序列解法时线性目标规划的程序为

```
MODEL:
SETS:
level/1 2/: P,z,Goal;
variable/1..3/: x;
!hconnum/1.. m/: b; !硬约束m个;
sconnum/1..3/: f,dplus,dminus; !软约束p个;
!hcons(hconnum,variable): A;
scons(sconnum,variable): S;
obj(level,sconnum): Wplus,Wminus;
ENDSETS
DATA:
P = ?,?;
Goal = ?,0;
!b = ;
f = 125,40,55;
!A = ;
S = 12, 9,15,
     5, 3, 4,
     5, 7, 8;
Wplus = 0,2,3,
        0,0,0;
Wminus= 0,0,0,
```

```
       5,4,0;
ENDDATA
MIN = @SUM(level: P*z);
!@FOR(hconnum(i): @SUM(variable(j): A(i,j)*x(j))<=b(i));
@FOR(sconnum(i): @SUM(variable(j): S(i,j)*x(j))
                +dminus(i)-dplus(i)=f(i));
@FOR(level(i): z(i)=@SUM(sconnum(j): Wplus(i,j)*dplus(j))
              +@SUM(sconnum(j): Wminus(i,j)*dminus(j)));
@FOR(level(i) | i#lt# @SIZE(level): @BND(0,z(i),Goal(i)));
END
```

Lingo 求解时会依次弹出三个对话框, 要求输入 P(1), P(2) 与 Goal(1) 的数值. 在第一优先级, 依次输入 1, 0, 100, 其中, 100 表示第一优先级的目标值约束不起作用. Lingo 求解后会发现 $z(1) = 0$, 故进入第二优先级的计算. 此时, 在弹出的对话框中依次输入 0, 1, 0, Lingo 求解为

```
Global optimal solution found at iteration:       4
Objective value:                          43.75000
      Variable          Value      Reduced Cost
         P( 1)       0.000000          0.000000
         P( 2)       1.000000          0.000000
         Z( 1)       0.000000         -2.625000
         Z( 2)       43.75000          0.000000
         X( 1)       5.000000          0.000000
         X( 2)       0.000000          18.00000
         X( 3)       3.750000          0.000000
      DPLUS( 1)      0.000000          5.000000
      DPLUS( 2)      0.000000          0.000000
      DPLUS( 3)      0.000000          1.125000
     DMINUS( 1)      8.750000          0.000000
     DMINUS( 2)      0.000000          9.250000
     DMINUS( 3)      0.000000          6.750000
```

在无层次差异的情形下, 由 (6.12) 有

$$\min z = 5y_1^- + 2y_2^+ + 4y_2^- + 3y_3^+$$

$$\text{s.t.} \begin{cases} 12x_1 + 9x_2 + 15x_3 - y_1^+ + y_1^- = 125 \\ 5x_1 + 3x_2 + 4x_3 - y_2^+ + y_2^- = 40 \\ 5x_1 + 7x_2 + 8x_3 - y_3^+ + y_3^- = 55 \\ x_j \geqslant 0 \quad (j = 1, 2, 3) \\ y_k^+ \geqslant 0, y_k^- \geqslant 0 \ (k = 1, 2, 3) \end{cases}$$

无层次差异情形下的模型实际上是一个一般的线性规划问题, 不过此时仍可以利用刚才的程序求解. 为表示优先级无差异和第一优先级的目标值无约束, 求解时在弹出的对话框中依次输入 1, 1, 100 即可, 结果为

```
Global optimal solution found at iteration:        5
Objective value:                          16.66667
        Variable            Value        Reduced Cost
          Z( 1)          16.66667           0.000000
          Z( 2)           0.000000           0.000000
          X( 1)           8.333333           0.000000
          X( 2)           0.000000           6.857143
          X( 3)           1.666667           0.000000
      DPLUS( 1)           0.000000           1.904762
      DPLUS( 2)           8.333333           0.000000
      DPLUS( 3)           0.000000           0.4285714
     DMINUS( 1)           0.000000           3.095238
     DMINUS( 2)           0.000000           6.000000
     DMINUS( 3)           0.000000           2.571429
```

6.7　多属性决策

多属性决策是一类特殊的多准则决策问题, 其特征就是具有有限个离散的方案. 多属性决策在决策论、经济学、统计学、心理学、管理学中有广泛的应用.

6.7.1　基本概念

为方便起见, 假定一个多属性决策问题由以下要素构成:

(1) 有 n 个评价指标 f_j $(1 \leqslant j \leqslant n)$.

(2) 有 m 个决策方案 (又可称为备选方案, 简称为方案) A_i $(1 \leqslant i \leqslant m)$, 记对应的方案集 $X = \{\boldsymbol{x}^1, \cdots, \boldsymbol{x}^m\}$.

(3) 有一个决策矩阵 $\boldsymbol{D} = (x_{ij})_{m \times n}$, 为

$$
\boldsymbol{D} = \begin{array}{c} \\ A_1 \\ A_2 \\ \vdots \\ A_m \end{array}
\begin{array}{cccc} f_1 & f_2 & \cdots & f_n \end{array}
\left[\begin{array}{cccc}
x_{11} & x_{12} & \cdots & x_{1n} \\
x_{21} & x_{22} & \cdots & x_{2n} \\
\vdots & \vdots & & \vdots \\
x_{m1} & x_{m2} & \cdots & x_{mn}
\end{array} \right]
\tag{6.14}
$$

其中, x_{ij} 元素表示第 i 个方案 A_i, 第 j 个指标 f_j 的取值, 记为 $f_j(\boldsymbol{x}^i)$.

容易看出, 对于多属性决策问题来说, 决策空间中只有 m 个离散的点. 多属性决策的研究重点是决策矩阵 $\boldsymbol{D}$, 即一般来说, 是直接根据决策矩阵 $\boldsymbol{D}$ 进行判断, 在某种决策原则下选择满意方案.

下面给出各种方案的定义. 为方便起见, 总是假定多属性决策中各个评价指标都是求极大值.

定义 6.3 (单指标排序下的最优值和最劣值) 根据第 j 个指标 f_j, 容易对 m 个方案进行排序, 找出最优值和最劣值. 在求最大化的假定下, 有

$$最优值为 \; f_j^* = \max_{1 \leqslant i \leqslant m} \{x_{ij}\} \quad (j = 1, 2, \cdots, n)$$

$$最劣值为 \; f_j^{\wedge} = \min_{1 \leqslant i \leqslant m} \{x_{ij}\} \quad (j = 1, 2, \cdots, n)$$

定义 6.4 (理想方案和最优方案) 称方案 $\boldsymbol{f}^* = (f_1^*, f_2^*, \cdots, f_n^*)$ 为理想方案. 若 m 个备选方案中存在一个方案 $\boldsymbol{x}^e = (x_{e1}, x_{e2}, \cdots, x_{en})$, 对于任意方案 $\boldsymbol{x}^i = (x_{i1}, x_{i2}, \cdots, x_{in})$, 都有 $x_{ej} \geqslant x_{ij} \; (j = 1, 2, \cdots, n)$, 则 $\boldsymbol{x}^e$ 为最优方案.

若最优方案 $\boldsymbol{x}^e$ 的 n 个指标值恰好等于 $f_j^* (1 \leqslant j \leqslant n)$, 则这个方案就是理想方案. 一般来说, 这样的理想方案是不存在的.

定义 6.5 (优势原则和劣解) 对备选方案 $\boldsymbol{x}^s$ 和 $\boldsymbol{x}^i$, 若有关系式 $x_{sj} \geqslant x_{ij} \; (j = 1, 2, \cdots, n)$, 并且 $x_{sj} > x_{ij} \; (j = 1, 2, \cdots, n)$ 至少对一个 j 成立. 则称方案 $\boldsymbol{x}^s$ 优于 $\boldsymbol{x}^i$ (方案 $\boldsymbol{x}^i$ 被 $\boldsymbol{x}^s$ 所支配, 或 $\boldsymbol{x}^i$ 为受支配的), 记为 $\boldsymbol{x}^s \succ \boldsymbol{x}^i$.

此时方案 $\boldsymbol{x}^i$ 就是劣方案. 根据优势原则, 可以把方案 $\boldsymbol{x}^i$ 淘汰, 不予考虑.

定义 6.6 (非劣方案) 对于某一个方案 $\boldsymbol{x}^k$, 若不存在其他方案 $\boldsymbol{x}^i (i = 1, 2, \cdots, m; i \neq k)$ 优于它, 就称 $\boldsymbol{x}^k$ 为非劣方案, 或称有效方案.

6.7.2 规范处理

在多属性决策中, 由于各个评价指标的单位不同、量纲不同、数量级不同, 会影响决策的结果, 甚至造成决策失误. 为了统一标准, 必须进行预处理, 即对所有评价指标进行标准化处理, 把决策矩阵 $\boldsymbol{D}$ 中的所有指标值转化为无量纲、无数量级差别的标准分, 然后进行决策.

现在假定原决策矩阵 $\boldsymbol{D} = (x_{ij})_{m \times n}$, 经过标准化处理后得到矩阵 $\boldsymbol{R} = (r_{ij})_{m \times n}$. 则决策矩阵标准归一化的方法主要有以下几种:

1) 向量归一化

$$r_{ij} = \frac{x_{ij}}{\sqrt{\sum\limits_{k=1}^{m} x_{kj}^2}}$$

其优点有: $0 \leqslant r_{ij} \leqslant 1 \, (1 \leqslant i \leqslant m, 1 \leqslant j \leqslant n)$; 对于每一个指标 f_j, 矩阵 $\boldsymbol{R}$ 中列向量的模为 1, 因为 $\sum\limits_{i=1}^{m} r_{ij}^2 = 1 \, (j = 1, 2, \cdots, n)$.

2) 线性比例变换

对于效益指标 f_j, 取

$$x_j^* = \max_{1 \leqslant i \leqslant m} \{x_{ij}\} \quad (j = 1, 2, \cdots, n)$$

则定义

$$r_{ij} = \frac{x_{ij}}{x_j^*} \tag{6.15}$$

其优点有: $0 \leqslant r_{ij} \leqslant 1 \, (1 \leqslant i \leqslant m, 1 \leqslant j \leqslant n)$; 计算方便; 保留了相对排序关系.

对于损益指标 f_j, 取

$$r_{ij} = 1 - \frac{x_{ij}}{x_j^*} \tag{6.16}$$

其优点同以上.

若决策矩阵 $\boldsymbol{D}$ 中同时有效益指标和损益指标, 那么不能同时应用变换方程 (6.15) 和 (6.16). 因为这时它们的基点是不同的, 对于效益来说, 基点是 0, 但对于损益来说, 基点却是 1. 此时可以对损益指标取其倒数作为效益指标. 变换方程 (6.15) 对于损益指标就变成

$$r_{ij} = \frac{x_j^{\wedge}}{x_{ij}}$$

其中, $x_j^{\wedge} = \min\limits_{1 \leqslant i \leqslant m} \{x_{ij}\} \, (j = 1, 2, \cdots, n)$.

3) 极差变换

令

$$x_j^* = \max_{1 \leqslant i \leqslant m} \{x_{ij}\}, \quad x_j^{\wedge} = \min_{1 \leqslant i \leqslant m} \{x_{ij}\} \qquad (j = 1, 2, \cdots, n)$$

则对于效益指标 f_j, 有

$$r_{ij} = \frac{x_{ij} - x_j^{\wedge}}{x_j^* - x_j^{\wedge}} \quad (1 \leqslant i \leqslant m, 1 \leqslant j \leqslant n)$$

对于损益指标 f_j, 有

$$r_{ij} = \frac{x_j^* - x_{ij}}{x_j^* - x_j^{\wedge}} \quad (1 \leqslant i \leqslant m, 1 \leqslant j \leqslant n)$$

其优点有两个: $0 \leqslant r_{ij} \leqslant 1\ (1 \leqslant i \leqslant m, 1 \leqslant j \leqslant n)$; 对于每一个评价指标 f_j, 总是有最优值 $r_j^* = 1$, 最劣值 $r_j^{\wedge} = 0$.

在多属性决策中, 不少评价指标是不确定指标, 只能定性地描述, 对于这些不确定指标, 必须赋值, 使其定量化. 一般来说, 对于指标最优值可赋值为 10; 对于指标最劣值可赋值 0. 即不确定效益指标的量化为: 很低、低、一般、高、很高, 分别对应于 1, 3, 5, 7, 9; 而不确定损益指标的量化为: 很低、低、一般、高、很高, 分别对应于 9, 7, 5, 3, 1. 而介于中间的判断值可以取为偶数.

6.7.3　决策方法

这里仅选择性地介绍一些常用方法和基本原则. 为了便于目标间的相互比较, 假设已对其进行规范化处理. 此外, 还假设决策者希望每个目标的值越小越好.

6.7.3.1　粗筛选

当方案数量较大时, 在分析之初应当尽可能筛去一些属性较差的方案, 从而减轻后续求解的工作量. 这个步骤也通常在目标的规范化过程之前. 常用的粗筛选方法有三种.

1) 优选法

优选法就是从最初方案集 X 中将所有受支配的方案筛去, 得一没有受支配方案的方案集 X.

2) 满意度法

对每个目标 f_j, 让决策者提出一个能接受的最高值 (通常称为切除值) $f_j^0\ (j = 1, 2, \cdots, n)$. 筛去一切不满足 $f_j(\boldsymbol{x}^i) \leqslant f_j^0\ (j = 1, 2, \cdots, n)$ 的方案 $\boldsymbol{x}^i$, 剩下的方案构成新的方案集 X.

3) 分离法

对每个目标 f_j, 让决策者提出一个接受值 $\alpha_j\ (j = 1, 2, \cdots, n)$. 至少有一个 $j\ (1 \leqslant j \leqslant n)$ 使得 $\boldsymbol{x}^i$ 满足 $f_j(\boldsymbol{x}^i) \leqslant \alpha_k$, 则称方案 $\boldsymbol{x}^i$ 是粗选合格的, 否则称非粗选合格的. 从方案集中筛去所有非粗选合格的方案, 所得的集合作为新的方案集.

粗筛选过程结束后, 就需要对保留下来的方案进行选优, 让决策者得到其最合意的方案. 此时仍记决策矩阵为 (6.14), 下面基于此介绍几种优选的方法.

6.7.3.2　字典序法

假设决策者认为 n 个目标按重要程度可分为 n 个不同等级, 不妨说, 第 1 个目标为第 1 级, $\cdots\cdots$, 第 n 个目标为第 n 级, 级别越大越不重要.

算法 6.1　算法步骤如下:

步 0: 令 $X^0 = X, j = 1$.

步 1: 计算 $f_j^* = \min\{f_j(\boldsymbol{x})|\boldsymbol{x} \in X^{j-1}\}$ 和求 $X^j = \{\boldsymbol{x} \in X^{j-1}|f_j(\boldsymbol{x}) = f_j^*\}$.

步 2: 若 $j = n$, 则取 X^n 中的一个方案作为最优方案 (当 X^n 不是单点集时, 可采用别的方法再次进行选优). 否则进入下一步.

步 3: 若 X^j 为单点集, 则 X^j 中方案为最优方案; 否则令 $j+1 \to j$ 转步 1.

6.7.3.3　线性加权法

确定 n 个目标的权数 $\boldsymbol{\lambda}$, 得线性加权函数 $F(\cdot) = \sum\limits_{j=1}^{n} \lambda_j f_j(\cdot)$. 用 $F(\cdot)$ 代替决策者的函数来评价 m 个方案, 求 X 中使得 $F(\cdot)$ 最小的一个方案. 基于此思想, 一个简单快捷的评价方法是文献 [21] 介绍的计分模型.

6.7.3.4*　层次分析法

层次分析法 (analytic hierachy process, AHP) 也是一种基于线性加权的方法, 可求解复杂的多属性决策问题. 此法是 T. L. Saaty 在 20 世纪 70 年代末提出的一种新的系统分析方法. 这种方法适用于结构较为复杂、决策准则较多而且不易量化的决策问题. 由于其思路简单明了, 尤其是紧密地和决策者的主观判断及推理联系起来, 对决策者的推理进行量化的描述, 可以避免决策者在结构复杂和方案较多时在逻辑推理上出失误, 因而这种方法近年来得到广泛的应用. 相应的软件实现可以选择 Expert Choice, 其使用举例可参见文献 [21], 相关原理与方法可参见文献 [33].

层次分析法的基本内容是:

(1) 根据问题的性质和要求, 得出一个总的目标. 并对因素进行分类: 一为目标类; 二为准则类, 这是衡量目标标准能否实现的判断标准; 三为措施类, 这是指实现目标的方案、方法、手段.

(2) 从目标到措施自上而下将各类因素之间的直接影响关系安排到不同层次, 构成一个层次结构图.

(3) 将问题按层次分解, 对同一层次内的诸因素通过两两比较的方法确定出相对于上一层目标的各自权系数. 这样层层分析下去, 直到最后一层, 可给出所有因素 (或方案) 相对于总目标而言的、按重要性 (或偏好) 程度的一个排序.

6.7.3.5*　数据包络分析

数据包络分析 (data envelopment analysis, DEA) 是 A. Charnes 和 W. W. Cooper 等在 "相对效率评价" 概念基础上发展起来的一种新的系统分析方法. 其基本功能是 "评价", 特别是进行多个同类样本间的 "相对优劣性" 的评价, 实际上是指通过 DEA 方法提供的评价功能而进行的系统分析工作. 就其目的性本身, 有可能就是评价, 也可能是其他系统分析内容, 如对系统进行预测、预警以及对系统进行控制等.

设有 n 个决策单元 $\mathrm{DMU}_j (j = 1, 2, \cdots, n)$ 的输入、输出向量分别为

$$\boldsymbol{x}_j = (x_{1j}, x_{2j}, \cdots, x_{mj})^T > \boldsymbol{0}$$
$$\boldsymbol{y}_j = (y_{1j}, y_{2j}, \cdots, y_{sj})^T > \boldsymbol{0}$$

由于在生产过程中各种输入和输出的地位与作用不同, 因此要对决策单元 (decision making unit, DMU) 进行评价, 需对它的输入和输出进行 "综合", 即把它们看作只有一个总体输入和一个总体输出的生产过程, 这样就需要赋予每个输入、输出恰当的权重, 例如, $\boldsymbol{x}_j$ 的权重为 v_j, $\boldsymbol{y}_k$ 的权重为 $u_k (1 \leqslant j, k \leqslant n)$. 问题是, 由于在一般情况下对输入、输出量之间的信息结构了解甚少或它们之间的相互替代性比较复杂, 也由于想尽量避免分析者主观意志的影响, 因此, 并不准备事先给定输入、输出权向量

$$\boldsymbol{v} = (v_1, v_2, \cdots, v_m)^T, \qquad \boldsymbol{u} = (u_1, u_2, \cdots, u_s)^T$$

而是先把它们看作是变向量, 然后在分析过程中再根据某种原则来确定它们. 下面是一个直观的定义.

定义 6.7 称 $h_j \triangleq \dfrac{u^T y_j}{v^T x_j} = \dfrac{\sum\limits_{k=1}^{s} u_k y_{kj}}{\sum\limits_{i=1}^{m} v_i x_{ij}}$ $(j = 1, 2, \cdots, n)$ 为第 j 个决策单位

DMU_j 的效率评价指数.

在这个定义中, 总可以适当地选取 $\boldsymbol{u}$ 和 $\boldsymbol{v}$, 使 $h_j \leqslant 1$. 粗略地说, h_{j_0} 越大, 表明 DMU_{j_0} 能够用相对较少的输入而得到相对较多的输出. 因此, 若想了解 DMU_{j_0} 在这 n 个 DMU 中相对来说是不是 "最优" 的, 可以考察当尽可能地变化 u 和 v 时, h_{j_0} 的最大值究竟为多少? 这样, 如要对 DMU_{j_0} 进行评价, 就可以构造下面的所谓 C^2R 模型 $(\overline{P})$:[1]

$$\max V_{\overline{P}} = h_{j_0}$$
$$\mathrm{s.t.} \begin{cases} h_j \leqslant 1 & (j = 1, 2, \cdots, n) \\ u_k \geqslant 0 & (k = 1, 2, \cdots, s) \\ v_i \geqslant 0 & (i = 1, 2, \cdots, m) \end{cases} \tag{6.17}$$

这是一个分式规划问题, 可以转化为线性规划进行求解, 参见文献 [3, 34, 35].

---

[1] 这一模型是由 A. Charnes, W. Cooper 与 E. Rhodes 于 1978 年提出的.

例 6.10 (医院绩效评估)　普通医院、校医院、镇医院和国家医院的行政人员齐聚一起, 商量如何互相帮助各自的医院提高效率的办法. 一个咨询顾问提议使用 DEA 来衡量各医院的运营单位相对于其他医院相同单位的效率. 最后 3 个输入量和 4 个输出量的评定被提出来:

3 个输入量的评定: 非全职主治医师的人数, 供应品的消费额, 可提供人住院床位数.

4 个输出量的评定: 开诊天的药物治疗服务, 开诊天的非药物治疗服务, 接受过培训的护士数目, 接受过培训的实习医师数目.

一年里这 4 家医院的输入量和输出量的统计见表 6.11 和表 6.12.

试运用这些数据来分析医院的相对效率如何?

表 6.11　4 家医院的年消耗 (输入)

投入方式	普通	学校	乡镇	国家
全职非主任医师	285.20	162.30	275.70	210.40
提供的经费 (1000 美元)	123.80	128.70	348.50	154.10
可提供的住院床位数 (1000 张)	106.72	64.21	104.10	104.04

表 6.12　4 家医院每年所提供的服务 (输出)

投入方式	普通	学校	乡镇	国家
开诊日的药物治疗 (1000 次)	48.14	34.62	36.72	33.16
开诊日的非药物治疗 (1000 次)	43.10	27.11	45.98	56.46
接受过培训的护士数目	253	148	175	160
接受过培训的实习医师数目	41	27	23	84

解　Lingo 实现的语句为:

```
MODEL: ! Data Envelope Analysis of Decision Maker Efficiency;
 SETS:
  DMU/general school town goverment/: ! Four hospitals;
     SCORE; ! Each decision making unit has a;
          ! score to be computed;
  FACTOR/doctors expenditure beds
        drug nondrug nurses exercitation/;
! There is a set of factors, input & output;
  DXF( DMU, FACTOR): F; ! F( I, J) = Jth factor of DMU I;
 ENDSETS
 DATA:
! Inputs are doctors, expenditure, and beds;
```

```
! Outputs are drug, nondrug, nurses, and exercitation;
  NINPUTS = 3;   ! The first NINPUTS factors are inputs;
!          The           inputs, the         outputs;
    F  =  285.20 123.80 106.72 48.14 43.10 253 41
          162.30 128.70  64.21 34.62 27.11 148 27
          275.70 348.50 104.10 36.72 45.98 175 23
          210.40 154.10 104.04 33.16 56.46 160 84;
 ENDDATA
 SETS:
   ! Weights used to compute DMU I's score;
   DXFXD(DMU,FACTOR) : W;
 ENDSETS
! Try to make everyone's score as high as possible;
   MAX = @SUM( DMU: SCORE);
! The LP for each DMU to get its score;
   @FOR( DMU( I):
    SCORE( I) = @SUM( FACTOR(J)|J #GT# NINPUTS:
    F(I, J)* W(I, J));
! Sum of inputs(denominator) = 1;
    @SUM( FACTOR( J)| J #LE# NINPUTS:
    F( I, J)* W( I, J)) = 1;
! Using DMU I's weights, no DMU can score better than 1;
    @FOR( DMU( K):
    @SUM( FACTOR( J)| J #GT# NINPUTS:
    F( K, J) * W( I, J))
      <= @SUM( FACTOR( J)| J #LE# NINPUTS:
     F( K, J) * W( I, J))    ) );
! The weights must be greater than zero;
   @FOR( DXFXD( I, J): @BND( .00001, X, 100000));
 END
```

求解后的一部分结果为:

```
Global optimal solution found at iteration:  8
     Objective value:                 3.899904
      Variable           Value
      NINPUTS          3.000000
           X         0.1000000E-04
  RE( GENERAL)        1.000000
  ORE( SCHOOL)        1.000000
  SCORE( TOWN)        0.8999043
```

（GOVERMENT）　　　　1.000000

　　结果表明镇医院比这组医院中的其他医院都要低效. 通过 DEA 分析结果, 医院的行政人员应该检查镇医院的运营情况, 以决定镇医院的资源怎样才能得到高效运用.

6.8* Markov 决策

下面简单地介绍一下 Markov 决策的内容, 参见文献 [3, 36, 37].

6.8.1　转移矩阵

　　一个过程 (或系统) 在未来时刻 $t+1$ 的状态只依赖于现时刻 t 的状态, 而与以往更前时刻的状态无关, 这一特性就称为无后效性 (无记忆性) 或 Markov 性. 换一个说法, 从过程演变或推移的角度上考虑, 若系统在时刻 $t+1$ 的状态概率, 仅依赖于当前时刻 t 的状态概率, 而与如何到达这个状态的初始概率无关, 这一特性即 Markov 性.

　　设随机变量序列 $\{X_1, X_2, \cdots, X_m, \cdots\}$, 其状态集合为 $S = \{s_1, s_2, \cdots, s_n\}$. 若对任意的 k 和任意正整数 $i_1, i_2, \cdots, i_k, i_{k+1}$, 有下式成立:

$$P\{X_{k+1} = s_{i_{k+1}} | X_1 = s_{i_1}, X_2 = s_{i_2}, \cdots, X_k = s_{i_k}\}$$
$$= P\{X_{k+1} = s_{i_{k+1}} | X_k = s_{i_k}\}$$

则称随机变量序列 $\{X_1, X_2, \cdots, X_m, \cdots\}$ 为一个 Markov 链 (Markov chains).

　　若系统从状态 s_i 转移到状态 s_j, 将条件概率 $P(s_j|s_i)$ 称为状态转移概率, 记作 $P(s_j|s_i) = p_{ij}$. 也可简单地说, p_{ij} 是从 i 到 j 的转移概率.

　　对于条件概率

$$p_{ij}^{(k)} = P(X_{k+i} = s_j | X_i = s_i) \quad (i, j = 1, 2, \cdots, n)$$

称为状态 s_i 到状态 s_j 的 k 步转移概率. 当 $k = 1$ 时, 称为从状态 s_i 到状态 s_j 的一步转移概率.

　　若一个经济现象有 n 个状态 $s_1, s_2, \cdots, s_n$, 状态的转移是每隔单位时间才可能发生, 而且这种转移满足 Markov 性的要求, 就可以把所研究的经济现象视为一个 Markov 链. 虽然经济现象是复杂的, 但只要具有 Markov 性, 便可以简单而方便地进行预测和决策. 需要指出, Markov 链适用于近期资料的预测和决策. 例如, 在对某公司的一种商品的市场占有率进行预测时, 就可以利用这种模型加以解决. 又如对一个工厂转产的前景进行预测时, 也同样可以利用这种方法来处理. 在预测的基础上, 再利用这种方法进行决策, 即为 Markov 决策.

需要指出, 这里只研究一种特殊的 Markov 链, 即齐次 Markov 链. 所谓齐次是指状态转移概率与状态所在时刻无关, 而且这里只考虑状态集有限的情形.

假设系统的状态为 $s_1, s_2, \cdots, s_n$ 共 n 个状态, 而且任一时刻系统只能处于一种状态. 若当前它处于状态 s_i, 那么下一个单位时间, 它可能由 s_i 转向 $s_1, s_2, \cdots$, $s_i, \cdots, s_n$ 中之一状态; 相应的转移概率为 $p_{i1}, p_{i2}, \cdots p_{ii}, \cdots, p_{in}$, 有

$$
\begin{cases}
0 \leqslant p_{ij} \leqslant 1 \\
\sum\limits_{j=1}^{n} p_{ij} = 1 \quad (i = 1, 2, \cdots, n)
\end{cases}
\tag{6.18}
$$

并称矩阵

$$
\boldsymbol{P} = (p_{ij})_{n \times n}
\tag{6.19}
$$

为状态转移概率矩阵 (简称转移矩阵).

对于 k 步转移矩阵

$$
\boldsymbol{P}^{(k)} = (p_{ij}^{(k)})_{n \times n}
\tag{6.20}
$$

其中, $p_{ij}^{(k)}$ 也满足 (6.18).

一般地, Markov 链的二步转移概率阵 $\boldsymbol{P}^{(2)}$ 中任一元素 $p_{ij}^{(2)}$ 可应用以下公式来计算:

$$
p_{ij}^{(2)} = \boldsymbol{P}_{i \cdot} \boldsymbol{P}_{\cdot j}
\tag{6.21}
$$

以上讨论可以推广到 k 步转移概率及 k 步转移矩阵的情形, 即

$$
p_{ij}^{(k)} = \sum_{l=1}^{n} p_{il}^{(k-1)} p_{lj}^{(1)}, \qquad \boldsymbol{P}^{(k)} = \boldsymbol{P}^{(k-1)} \boldsymbol{P}^{(1)} = \boldsymbol{P}^k
\tag{6.22}
$$

不难看出, 一般的矩阵并不一定满足 (6.18), 因此称 (6.19) (或 (6.20)) 的矩阵 $\boldsymbol{P}$ (或 $\boldsymbol{P}^{(k)}$) 为随机矩阵或概率矩阵. 不难证明, 若 $\boldsymbol{P}_1, \boldsymbol{P}_2$ 均为 $n \times n$ 的概率矩阵, 则 $\boldsymbol{P}_1 \cdot \boldsymbol{P}_2$ 及 $\boldsymbol{P}_1^n$ 是概率矩阵. (6.18) 的第二式表示各行的概率和等于 1; 若进一步满足各列的概率和也等于 1, 这时的矩阵也称为双重概率矩阵.

若 $\boldsymbol{P}$ 为概率矩阵, 且存在 $m > 0$, 使 $\boldsymbol{P}^m$ 中诸元素皆大于 0, 则称 $\boldsymbol{P}$ 为标准 (正规) 概率矩阵. 设 $\boldsymbol{P}$ 是标准概率矩阵, 则必存在非零行向量 $\boldsymbol{\pi} = (\pi_1, \pi_2, \cdots, \pi_n)$ 使得

$$
\boldsymbol{\pi} \boldsymbol{P} = \boldsymbol{\pi}
\tag{6.23}
$$

称 $\boldsymbol{\pi}$ 为 $\boldsymbol{P}$ 的平衡向量. 若进一步满足

$$
\pi_1 + \pi_2 + \cdots + \pi_n = 1
$$

称此 π_j 为状态 s_j 的稳态 (平衡) 概率. P 的这一特性在实用中有重要的价值. 通常在市场预测中, 所讨论的用户转移概率矩阵就属于标准概率矩阵, 它可以通过几步转移达到稳定 (平衡) 状态. 在这种情况下, 各厂家的用户占有率不再发生变化, 此时的 π 称为最终用户占有率向量.

6.8.2　决策方法

Markov 分析方法是用近期资料进行预测和决策的方法, 已广泛用于市场需求的预测和销售市场的决策. 其基本思想方法主要是利用转移概率矩阵和它的收益 (或利润) 矩阵进行决策.

例 6.11　某地区有甲、乙、丙三家公司, 过去的历史资料表明, 这三家公司某产品的市场占有率分别为 50%, 30% 和 20%. 不久前, 丙公司制定了一项把甲、乙两公司的顾客吸引到本公司来的销售与服务措施. 设三家公司的销售和服务是以季度为单位考虑的. 市场调查表明, 在丙公司新的经营方针的影响下, 顾客的转移概率矩阵为

$$\boldsymbol{P} = \begin{bmatrix} 0.70 & 0.10 & 0.20 \\ 0.10 & 0.80 & 0.10 \\ 0.05 & 0.05 & 0.90 \end{bmatrix}$$

试用 Markov 分析方法研究此销售问题, 并分别求出三家公司在第一、二季度各自拥有的市场占有率和最终的市场占有率.

解　设随机变量 X_t $(t = 1, 2, \cdots) = 1, 2, 3$ 分别表示顾客在 t 季度购买甲、乙和丙公司的产品, 显然, $\{X_t\}$ 是一个有限状态的 Markov 链. 已知 $P(X_0 = 1) = 0.5$, $P(X_0 = 2) = 0.3$, $P(X_0 = 3) = 0.2$, 又已知 Markov 链的一步转移概率矩阵, 于是第一季度的销售份额为

$$(0.50, 0.30, 0.20) \begin{bmatrix} 0.70 & 0.10 & 0.20 \\ 0.10 & 0.80 & 0.10 \\ 0.05 & 0.05 & 0.90 \end{bmatrix} = (0.39, 0.30, 0.31)$$

即第一季度甲、乙、丙三公司占有市场的销售份额分别为 39%, 30% 和 31%.

再求第二季度的销售份额, 有

$$(0.39, 0.30, 0.31) \begin{bmatrix} 0.70 & 0.10 & 0.20 \\ 0.10 & 0.80 & 0.10 \\ 0.05 & 0.05 & 0.90 \end{bmatrix} = (0.319, 0.294, 0.387)$$

即第二季度三家公司占有市场的销售份额分别为 31.9%, 29.4% 和 38.7%.

设 π_1, π_2, π_3 为 Markov 链处于状态 1, 2, 3 的稳态概率, 由于 P 是一个标准概率矩阵. 因此有

$$\begin{cases} 0.70\pi_1 + 0.10\pi_2 + 0.05\pi_3 = \pi_1 \\ 0.10\pi_1 + 0.80\pi_2 + 0.05\pi_3 = \pi_2 \\ \pi_1 + \pi_2 + \pi_3 = 1 \end{cases}$$

解得 $\pi = (\pi_1, \pi_2, \pi_3) = (0.1765, 0.2353, 0.5882) \approx (0.18, 0.23, 0.59)$, 即甲、乙、丙三家公司最终将分别占有 18%, 23% 和 59% 的市场销售份额.

对于上述计算, WinQSB 可以很好地计算这些内容. 显然, 上述计算就是矩阵元素的简单计算而已.

LINGO 求解程序为

```
MODEL:
SETS:
company/a b c/:        C;
LINK(company,company): T;
ENDSETS
DATA:!转移概率矩阵;
T = 0.70,0.10,0.20,
    0.10,0.80,0.10,
    0.05,0.05,0.90;
ENDDATA
@FOR(company(I)|I #LT# @SIZE(company): !去掉一个冗余约束;
    C(I)=@SUM(LINK(J,I): C(J)*T(J,I)));
@SUM(company: C)=1;
@FOR(company(I):
 @WARN('输入矩阵的每行之和必须是1',
  @ABS(1-@SUM(LINK(I,J): T(I,J)))#GT#.000001););
END
```

在上面程序中, @WARN 只是为了验证输入矩阵的每行之和必须是 1. 由于受计算机字长 (精度) 的限制, 所以在比较两个实数是否相等时, 通常是比较这两个实数之差的绝对值是否足够小.

求解此模型, 得到如下结果 (仅显示相关结论):

```
Feasible solution found at iteration:             2
                       Variable          Value
                          C( A)        0.1764706
                          C( B)        0.2352941
                          C( C)        0.5882353
```

可以看出, 这些结论是和前面的手工计算结果相吻合的.

6.9* 群决策

每项决策都应尽量满足受它影响的群体的愿望和要求. 群体的要求通常是通过其代表来反映的, 这些代表组成各种各样的委员会 (或领导班子), 称为群. 如何集中群中各成员的意见以形成群的意见就是群决策问题. 参见文献 [38].

6.9.1 NGT 法

NGT 法 (逐步形成群的意见的方法, nominal group technique) 是对决策问题发动群的成员提意见, 然后按一定程序集结成员意见, 以做出群的判断的方法. 这种方法适合规模较小的群, 以 5 到 9 个成员为宜. 群的规模太大则收集意见和讨论问题都不方便. 实施 NGT 法时, 群中要有组织者去指导实施以下步骤:

第 1 步, 每个成员在安静的环境下写出自己的意见. 每个成员被要求写下他对组织者的问题的关键意见. 对于决策问题, 这种意见是提出可行的方案, 对于预测问题, 是辨识可能发生的事件.

第 2 步, 组织者不分先后地听取并记录这些意见, 但应避免重复, 其目的是让群中成员表达自己的意见, 在这一步不讨论任何意见.

第 3 步, 讨论意见, 每条意见顺序地被提交集体讨论, 以弄清楚它们的意义.

第 4 步, 对归纳意见所形成的条目的重要性作初步的投票. 其目的是尝试地集结个人的偏好, 使在第 3 步中由每个成员提出的条目的相对重要性被确定下来. 集结的步骤是:

① 让每个人独立地做出判断;

② 每个人按自己的偏好把条目顺序地排列, 去定量地表达他的判断;

③ 群的判断被定义为个人判断的平均值;

④ 把得到的结果传达给群, 转入第 5 步和第 6 步, 讨论和重新投票.

上述集结偏好的步骤提高了群判断的准确性.

收集成员对条目排队的过程是这样进行的: 组织者对每个成员散发 5 到 9 张卡片, 要求每人列出 5 到 9 个优先条目的一份清单. 条目的选择限制在 5 到 9 个, 是因为事实证明, 对这个数目的条目成员个人能较准确地排队. 条目选定以后, 每个成员应把他选中的条目按重要性排队, 最重要的条目排在最前面. 卡片由组织者去收集并计票, 然后求统计平均值.

第 5 步, 讨论初步投票的结果. 有这种可能性, 即群中有某些成员比其他成员有更多的信息和更了解被制定决策的问题, 对初步投票结果作简短的讨论往往能更准确地表达群的偏好. 组织者必须使群的成员懂得, 讨论的目的是澄清意见, 是简短的.

第 6 步, 重复第 4 步的集结步骤, 这一步结束了 NGT 的过程, 整个过程通常约需 60 到 90 分钟.

6.9.2 Delphi 法

Delphi 法 (德尔菲法, Delphi method) 是决策、预测和技术咨询的一种有效的方法. 相似于 NGT 法, 都是对复杂的决策问题通过征求和集结群中成员的意见去做出群的判断. 但是, 采用 Delphi 法群中成员的人数一般比 NGT 法要多, 以 20 到 50 人为宜, 并且不要求成员面对面地接触, 仅依靠成员的书面反应, 因此参加者能处在地理位置分布很广的地区. NGT 法通常可在一到两小时内完成, 而 Delphi 法可能需要数周甚至更长的时间.

Delphi 法有三个主要的特征, 使它成为征求和提炼群的成员的意见的一种有效方法. 这三个特征是:

① 匿名反应. 其目的是使他们的意见仅按其本身的价值得到评价;

② 迭代和受控的反馈. 经过这种信息反馈, 群中成员意见将逐步集中;

③ 统计的群反应. 把最后一轮得到的成员意见组合成群的意见.

由以上三个特征可知, Delphi 法是对群的成员意见进行统计处理、归纳和综合, 进行多次信息反馈, 使成员意见逐步集中, 做出群的比较正确的判断方法.

Delphi 法的参加人员包括三部分人: 一是决策者, 提出问题要求进行 Delphi 分析, 并指望使用分析的结果. 二是专业人员, 负责解决 Delphi 法的技术问题, 包括收集并整理咨询的意见等. 这两部分人构造 Delphi 法的组织人. 三是反应者, 是 Delphi 法征求意见的对象, 通常是各方面的专家. 是制定决策的群的成员.

Delphi 法的实施步骤可分为以下 9 步:

(1) 提出要做出决策、进行预测或技术咨询的问题.

(2) 选择和确定群的成员. 对成员的要求主要有:

① 代表性广泛, 一般应包括技术专家、管理专家、情报专家和干部等.

② 对需要制定决策或进行预测的问题比较熟悉, 有较丰富的知识和经验, 有较高的权威性.

③ 对提出的问题深感兴趣, 并且有时间参加 Delphi 的全过程.

④ 成员人数要适当. 一般以 20 到 50 人为宜. 有时为了其他的目的, 例如, 使 Delphi 的结果得到更广泛的支持, 成员的人数可以稍微多一些.

在此法开始之前, 需要把制定决策或进行预测的问题向成员说清楚, 使其充分理解所提问题的目的、意义. 有时还要向成员介绍 Delphi 法, 重点讲清 Delphi 法的过程、特点, 各轮反馈的作用, 平均值、方差、四分位点等统计量的意义.

(3) 制作第一个咨询表并散发给群中成员. 这个咨询表只提出决策或预测的问题, 包括要达到的目标. 要求符合以下原则:

① 表格栏目紧扣决策或预测目标, 并使反应人能充分发表意见.

② 表格应简明扼要. 填表时间一般以不超过四小时为宜.

③ 填表方式简单. 尽可能用数字或英文字母表示成员的评估意见.

(4) 组织人收回并分析第一个咨询表, 完成 Delphi 法的第一轮. 把成员们提出的那些决策方案或预测事件进行筛选、分类、归纳和整理. 归并相似的, 删除对特定的目的不重要的并且理清这些方案或事件之间的关系, 以准确的技术语言、简洁的方式制定一份方案或事件的一览表, 使成员容易阅读.

在整理成员们的反应时, 在任何情况下, 组织者都不要把自己的意见掺杂到群的反应中去, 组织者不要干预群的考虑. 若组织者认为群的意见明显地忽略所提问题中某些有意义的重要领域, 群的判断不能采纳, 则群被认为是不合格的, 组织者可以重新挑选成员组成新的群, 进行咨询.

(5) 组织者散发第一轮整理的一览表 (第二个咨询表) 给群的成员, 开始 Delphi 法的第二轮咨询. 要求对一览表中列的条目 (方案或事件) 继续发表补充或修改的意见, 对表中每个方案或事件做出评估. 对于决策问题, 一般要求选择最优方案, 或对所有方案按其优良性排队. 对于预测问题, 则要求对事件发生的时间做出估计等. 成员的评估意见应以最简单的方式表示.

(6) 组织者收集群的成员对第二个咨询表的反应意见, 进行数据的统计处理, 制定第三个咨询表, 完成 Delphi 法的第二轮. 数据的统计处理方法有四分位法和平均值 – 方差法, 都能表示分散数据的统计结果. 在第三个咨询表中除了统计结果以外, 还应高度概括群的成员在第二轮反应的信息, 把对成员提出的意见所作的说明作一小结. 小结要简洁便于阅读, 能充分反应分歧意见.

(7) 组织者散发第三个咨询表给群的成员, 要求他们审阅统计的结果, 了解分歧的意见及各种意见的主要理由, 再对方案或事件做出新的评估. 成员可以根据总体意见的倾向 (以平均值表示)、分散程度 (以方差表示) 和评估的各种意见及其主要理由修改自己前一次的评估. 对于预测问题, 若任何估计的日期迟于上四分位点或早于下四分位点 (即处在四分位点区间之外)、做出这种估计的成员被要求说明理由, 论证他的观点, 并对群中持反对观点的成员的意见给予评论. 采用平均值 – 方差法对方案择优或排队, 也可以像四分位法那样, 对成员提出类似的要求. 这种辩论可以把其他成员忽视的那些因素和没有考虑的一些事实包括进去, 但辩论现在是匿名的.

(8) 组织者收集并处理第三个咨询表到的意见, 即重新计算方案或事件的平均值、方差和四分位点, 对成员的辩论做出小结. 至此, 完成了 Delphi 法的第三轮, 并为第四轮准备第四个咨询表.

(9) 重复第三轮进行第四轮咨询, 收集和整理第四个咨询表的结果.

在经典的 Delphi 法中, 第四轮是最后的一轮. 在多数情况下, 经过几次信息反馈, 已能得到协调程度较高的结果. 但是若群的成员的确难于达到一致意见,则组织者需要从各方得到他们的最后意见, 并把这种不能达成一致的意见作为 Delphi 法的最终结果.

Delphi 法的最终结果包括组织者草拟的一份报告, 其中包括方案或事件的一览表, 方案排队或事件发生日期的平均值、方差和四分位点等.

实施 Delphi 法, 一般的情况是:

(1) 在第一轮中, 成员的反应常常是非常分散的;

(2) 在以后各轮中, 通过信息反馈, 成员分散的反应将逐步集中;

(3) 从一轮到下一轮, 群的反应 (反应的平均值) 将愈来愈精确.

在上面各轮中, 其评估结果都需要作数据处理, 在数据处理之前, 要将定性评估结果进行量化. 最常用的量化方法是将各种评估意见分成程度不同的等级, 或者将不同的方案用不同的数字表示, 求得各种评估意见的概率分布. 由概率分布可计算评估意见的平均值和方差: 成员们根据平均值和方差就可以了解群的意见的趋向分散程度, 以便做出下一轮的评估.

数据处理最常用的方法有四分位法和平均值 – 方差法. 现分述如下 (可参见文献 [29, 38]):

(1) 评估事件发生的时间, 一般采用四分位法去处理评估结果. 现以对某设备开始使用年份的评估为例进行说明, 其评估值按顺序排列为

$$1987 \ 1988 \ 1989 \ 1990 \ 1991 \ 1993 \ 1994 \ 1994 \ 1995 \ 1996 \ 1997 \ 1999$$
$$(A) \qquad\qquad (B) \qquad (C)$$

将时间轴分为四等分, B 为中分位点, 所对应年份为中位数, A 为下四分位点, C 为上四分位点. 上、下四分位点所代表的区间为 1990 到 1995 年, 表示成员意见的分散程度. 中位数为 1994 年. 若在下一轮评估中, 将中位数和上、下四分位点数据反馈给成员, 那么, 预测年代为 1987, 1988, 1989, 1996, 1997 和 1999 年的几位成员就有较大可能放弃和修改原来评估意见, 自动向中位数靠拢, 使评估结果更加集中. 否则, 应说明坚持自己原来意见的理由, 并可对别人的意见给予评论. 经过几轮咨询后, 可以得到协调程度较高的结果.

(2) 方案择优的数据处理可用各方案优先程度的顺序号作为量化值进行数据处理, 有时也采用评分值表示优先程度, 处理时就直接用评分值.

采用评分值时, 计算某方案的平均值 E 和方差 σ^2 的公式分别为

$$E = \frac{1}{m} \sum_{i=1}^{m} a_i, \quad \sigma^2 = \frac{1}{m-1} \sum_{i=1}^{m} (a_i - E)^2$$

其中, m 是群中成员人数; a_i 是第 i 个成员对某个方案的评分值.

在等级评估中, 计算某个方案的平均值 E 和方差 σ^2 的公式分别为

$$E = \frac{\sum\limits_{i=1}^{N} a_i n_i}{\sum\limits_{i=1}^{N} n_i - 1}, \quad \sigma^2 = \frac{\sum\limits_{i=1}^{N} (a_i - E)^2 n_i}{\sum\limits_{i=1}^{N} n_i - 1}$$

其中, N 是评估等级数目; a_i 是等级序号 $(1, 2, \cdots, n)$; n_i 是把某个方案评为第 i 等的成员人数.

成员们根据前一轮得到的平均值和方差来修改自己的意见, 从而使 E 值逐渐接近最后的评估结果, 而 σ^2 将越来越小, 即意见的离散程度越来越小.

在评分值评估时, 还可以计算一个补充指标, 即满分频率, 为 $k_j = \dfrac{m_j}{m}$, 其中的 m_j 是对第 j 个方案给满分的成员人数. k_j 的值愈大, 表示给第 j 个方案满分的成员人数愈多, 方案的重要程度愈高.

对某一方案的成员协调程度, 可以用变异系数表示, 即

$$V_j = \frac{\sqrt{\sigma_j^2}}{E_j} = \frac{\sqrt{\dfrac{1}{m-1} \sum\limits_{i=1}^{m} (a_{ij} - E_j)^2}}{\dfrac{1}{m} \sum\limits_{i=1}^{m} a_{ij}}$$

其中, V_j 是第 j 个方案的变异系数; a_{ij} 是第 i 个成员对第 j 个方案的评估值. V_j 愈小, 协调程度愈高.

此外, 还可以计算成员意见的协调系数和协调程度的统计显著性等值.

为了提高 Delphi 法的精度, 除要求成员对他不熟悉的问题不予评估外, 对他所了解的问题也要根据其熟悉程度进行加权处理. 最简单的加权方法是对每个成员赋予一权威系数, 并在数据统计处理时计算进去. 成员的权威系数主要根据成员的经历、职务、年龄和他的自我评定等情况来确定.

以上内容基本上是经典的 Delphi 法, 即美国兰德 (Rand) 公司的专家们在 1964 年提出的方法, 以后又产生了几种派生的 Delphi 法, 也都有实际应用的价值. 派生的 Delphi 法是对原来的方法作了某些修改, 这些修改主要是:

(1) 取消第一轮的咨询, 由组织者根据已掌握的资料直接拟定方案或事件的一览表, 以减轻成员的负担和缩短周期.

(2) 提供背景材料和数据, 以缩短成员查找资料和计算数据的时间, 使成员能在较短时间内做出正确判断.

(3) 部分取消匿名和部分取消反馈. 匿名和反馈是 Delphi 法的重要特点, 但在某些情况下, 部分取消匿名和部分取消反馈, 有利于加快进程.

思考题

6.1 根据以往的资料, 一家面包店每天所需面包数 (当天市场需求量) 可能是 100, 150, 200, 250, 300 当中的某一个, 但其概率分布不知道. 若一个面包当天没有卖掉, 则可在当天结束时以每个 0.15 元处理掉. 新鲜面包每个售价为 0.49 元, 成本为 0.25 元, 假设进货量限制在需求量中的某一个, 求:

(1) 做出面包进货问题的决策矩阵.

(2) 分别用处理不确定性决策问题的各种方法确定最优进货量.

6.2 某食品公司考虑是否参加为某运动会服务的投标, 以取得饮料或面包两者之一的供应特许权. 两者中任何一项投标被接受的概率为 40%. 公司的获利情况取决于天气. 若获得的是饮料供应特许权, 则当晴天时可获利 2000 元; 雨天时要损失 2000 元. 若获得的是面包供应特许权, 则不论天气如何, 都可获利 1000 元. 已知天气晴好的可能性为 70%. 问:

(1) 公司是否可参加投标? 若参加, 为哪一项投标?

(2) 若再假定当饮料投标为中标时, 公司可选择供应冷饮或咖啡. 若供应冷饮, 则晴天时可获利 2000 元, 雨天是损失 2000 元; 若供应咖啡, 则雨天可获利 2000 元, 晴天可获利 1000 元, 公司是否应参加投标? 为哪一项投标?

6.3 一软件公司需要在自主开发一种会计软件和接受委托进行办公自动化软件开发两者之间进行抉择. 若选择自主开发, 根据过去的开发经验, 开发一个会计软件需要投资 20 万元. 若软件开发得很成功 (功能好于市场上已经存在的任何类似的产品, 概率为 20%), 则能以 100 万元的价格卖给一个大的软件公司; 若比较成功 (好于部分市场产品, 概率为 60%), 价格将降为 50 万元; 若不成功 (概率为 20%), 则无法卖出该产品. 公司若决策接受委托开发软件, 则可获得 20 万元的软件开发费. 该软件公司还可以出 2 万元聘请一个咨询公司就该产品的开发问题进行咨询, 根据以往的统计, 该咨询公司咨询准确性的概率如表 6.13 所示.

表 6.13

p (咨询意见|成功状态)		成功状态		
		很成功	成功	不成功
咨询意见	可以自主开发	0.9	0.5	0.1
	不可自主开发	0.1	0.5	0.9

(1) 画出完整的决策树, 并根据最大期望值方法找出最优决策路线.

(2) 是否请咨询公司进行咨询, 其咨询意见的样本信息期望值是多少?

(3) 本问题的完全信息期望值是多少?

(4) 总结和比较有咨询和无咨询时该公司的最优决策的风险特征.

6.4 某企业的设备和技术已经落后, 需要进行更新改造. 现有两种方案可以考虑:

方案一: 在对设备更新改造的同时, 扩大经营规模.

方案二: 先更新改造设备, 三年后根据市场变化的形势再考虑扩大经营规模的问题.

相关的决策分析资料如下:

(1) 现在更新改造设备, 需投资 200 万元, 三年后扩大经营规模另需投资 200 万元.

(2) 现在更新改造设备, 同时扩大经营规模, 总投资额是 300 万元.

(3) 现在只更新改造设备, 在销售情况良好时, 每年可获利 60 万元, 在销路不好时, 每年可获利 40 万元; 后五年中, 在销售情况好时, 每年可获利 100 万元; 在销售情况不好时, 每年可获利 80 万元.

(4) 现在更新改造与扩大经营规模同时进行, 若销售情况好, 投产前三年可获利 100 万元, 后五年每年可获利 120 万元; 销路不好, 每年只能获利 30 万元.

(5) 每种自然状态的预测概率如表 6.14 与表 6.15 所示.

表 6.14 前三年

销售情况	概率
好	0.7
不好	0.3

表 6.15 后五年

	前三年好	前三年不好
好	0.85	0.1
不好	0.15	0.9

试用决策树法确定企业应选择哪个方案?

6.5 有一投资者, 面临一个带有风险的投资问题. 在可供选择的投资方案中, 可能出现的最大收益为 20 万元, 可能出现的最少收益为 −10 万元. 为了确定该投资者在这次决策问题上的效用函数, 对投资者进行以下一系列询问:

(a) 投资者认为 "以 50% 的机会得 20 万元, 50% 的机会失去 10 万元" 和 "稳获 0 元" 二者对他来说没有差别;

(b) 投资者认为 "以 50% 的机会得 20 万元, 50% 的机会得 0 元" 和 "稳获 8 万元" 二者对他来说没有差别;

(c) 投资者认为 "以 50% 的机会得 0 元, 50% 的机会失去 10 万元" 和 "肯定失去 6 万元" 二者对他来说没有差别.

根据上述询问结果, 要求:

(1) 计算该投资者关于 20 万元, 8 万元, 0 元, −6 万元, −8 万元, −10 万元的效用值.

(2) 由此确定该投资者的效用曲线及其类型.

6.6 用单纯形法求解目标规划问题

$$\min z = P_1 d_1^- + P_2 d_2^+ + P_3(5d_3^- + 3d_4^-) + P_4 d_1^+$$

$$\text{s.t.} \begin{cases} x_1 + 2x_2 + d_1^- - d_1^+ = 6 \\ x_1 + 2x_2 + d_2^- - d_2^+ = 9 \\ x_1 - 2x_2 + d_3^- - d_3^+ = 4 \\ x_2 + d_4^- - d_4^+ = 2 \\ x_1 \geqslant 0, x_2 \geqslant 0; d_j^-, d_j^+ \geqslant 0 \quad (j = 1, 2, \cdots, 4) \end{cases}$$

6.7 已知某实际问题线性规划模型为

$$\max z = 100x_1 + 50x_2$$

$$\text{s.t.} \begin{cases} 10x_1 + 16x_2 \leqslant 200 \quad （资源 1） \\ 11x_1 + 3x_2 \geqslant 25 \quad （资源 2） \\ x_1 \geqslant 0, x_2 \geqslant 0 \end{cases}$$

假定重新确定这个问题的目标为 P_1: z 的值应不低于 1900; P_2: 资源 1 必须全部利用. 将此问题转换为目标规划问题, 列出数学模型.

6.8 某工厂生产 A, S 两种型号的微型计算机, 它们均需经过两道工序加工. 每台微机所需的加工时间、销售利润及该厂每周最大加工能力见表 6.16. 工厂经营目

表 6.16

	A	S	每周最大加工能力
工序一/(小时/台)	4	6	150 小时
工序二/(小时/台)	3	2	75 小时
利 润/(元/台)	300	450	

标的各优先级为 P_1: 每周总利润不低于 10000 元; P_2: 合同要求 A 型机每周至少生产 10 台, S 型机每周至少生产 15 台; P_3: 工序一每周生产时间最好恰好为 150 小时, 工序二生产时间可适当超过其能力.

(1) 试建立此问题的数学模型.

(2) 若去掉 P_1 优先级这一条件, 则应如何建立模型?

(3) 若无 P_2 与 P_3 优先级, 则应如何建立模型?

6.9 某电视机分厂装配 A 和 B 两种电视机, 每装配一台电视机需占用装配线 1 小时, 装配线每周计划开动 40 小时. 预计市场每周 B 类电视机的销量是 24 台, 每台获利 800 元; A 类电视机的销量是 30 台, 每台获利 400 元. 该厂确定的目标依次为:

(1) 充分利用装配线每周开动 40 小时.

(2) 允许装配线加班, 但加班时间每周尽量不超过 10 小时.

(3) 尽量满足市场需要. 因 B 类电视机利润高, 取其权系数为 2.

试建立此问题的数学模型.

6.10 某种品牌的酒系由三种等级的酒兑制而成. 各种等级酒的每天供应量和单位成本为等级 I 供应量 1500 单位/天, 成本 6 元/单位; 等级 II 供应量 2000 单位/天, 成本 4.5 元/单位; 等级 III 供应量 1000 单位/天, 成本 3 元/单位. 该种品牌的酒有三种商标 (红、黄、蓝), 各种商标酒的混合比及售价见表 6.17. 为保持声誉, 确定经营目标为 P_1: 兑制要求严格满足; P_2: 企业获取尽可能多的利润; P_3: 红色商标酒每天产量不低于 2000 单位. 试建立此问题的目标规划模型.

表 6.17

商标	兑制配比要求	单位售价/元
红	等级 III 少于 10% 等级 I 多于 50%	5.5
黄	等级 III 少于 70% 等级 I 多于 20%	5.0
蓝	等级 III 少于 50% 等级 I 多于 10%	4.8

6.11 某一超级商店销售三种品牌的咖啡: A, B 及 C, 且已知各顾客在此三种品牌之间转移关系为如下的转移矩阵:

$$P = \begin{bmatrix} \frac{3}{4} & \frac{1}{4} & 0 \\ 0 & \frac{2}{3} & \frac{1}{3} \\ \frac{1}{4} & \frac{1}{4} & \frac{1}{2} \end{bmatrix}$$

其中, S_1 表示对 A 的购买; S_2 与 S_3 分别表示对 B 与 C 的采购. 即购买 A 品牌的顾客, 将有 $\frac{3}{4}$ 的比例在下次会再购买 A 品牌, 而其余的将转向购买 B 品牌.

(1) 试求出今天购买 A 品牌的顾客, 在两周后会再购买 A 品牌的概率, 假定此顾客每周购买一次咖啡.

(2) 就长期而言, 采购各种品牌的顾客之比例为多少?

第7章

对策论

对策实际上是一类特殊的决策, 在第 6 章关于不确定型的决策分析中, 决策者的对手是 "大自然". 它对决策者的各种策略不产生反应. 但在对策现象中, 因而任何一方做出决定时都必须充分考虑其他对手可能做出的反应.

例 7.1 (田忌赛马) 战国时期齐威王常邀武臣田忌赛马赌金, 双方约定每方出上马、中马、下马各一匹各赛一局, 每局赌注千金. 由于在同等马中, 田忌的马稍逊一筹, 因此每次赛马田忌总输齐王三千金. 后来田忌的谋士孙膑向田忌献策: 以下马对齐王的上马, 以上马对齐王的中马, 以中马对齐王的下马. 田忌依计而行, 结果一负两胜, 净赢千金.

例 7.1 就是一典型对策问题, 从例中可知一个对策问题包含下列基本要素:

(1) 局中人. 是指参与对抗的各方, 可以是一个人, 也可以是一个集团, 但局中人必须是有决策权的主体, 而不是参谋或从属人员. 局中人可以有两方, 也可以有多方. 当存在多方的情况下, 局中人之间可以有结盟和不结盟之分.

(2) 策略. 指局中人所拥有的对付其他局中人的手段、方案. 但这个方案必须是一个独立的完整的行动, 而不能是若干相关行动中的某一步. 例如, 在例 7.1 中, "用下马对齐王上马, 用上马对其中马, 用中马对其下马" 才组成一个完整的策略. 一个局中人可以拥有多个策略, 例如, 齐王的策略按马匹出场顺序可以有上中下、上下中、中上下、中下上、下上中和下中上共六种, 田忌也同样拥有上述六种策略. 一个局中人所拥有策略的总和构成该局中人的策略集.

(3) 一局对策的得失. 局中人使用各种不同策略对策时, 总是互有得失. 当各局中人得失的总和为 0 时, 称这类对策为零和对策, 否则称为非零和对策.

7.1 二人对策

下面主要分析二人零和对策, 其对策中存在两个局中人, 并且局中人都只有有限个策略可供选择. 在任一局势下, 两个局中人的赢得之和总是等于 0, 双方的利益是激烈对抗的. 例 7.1 就是一个二人零和对策. 二人零和对策双方的得失可以用矩阵形式来表示, 称为支付矩阵 (见表 7.1), 二人零和对策也由此被称为矩阵对策.

表 7.1　局中人 A 的支付矩阵

		策略			
		β_1	β_2	$\cdots$	β_n
策略	α_1	a_{11}	a_{12}	$\cdots$	a_{1n}
	α_2	a_{21}	a_{22}	$\cdots$	a_{2n}
	$\vdots$	$\vdots$	$\vdots$		$\vdots$
	α_m	a_{m1}	a_{m2}	$\cdots$	a_{mn}

在矩阵对策中, 一般用 A, B 分别表示两个局中人, 并设局中人 A 有 m 个纯策略 $\alpha_1, \alpha_2, \cdots, \alpha_m$ 可供选择, 局中人 B 共有 n 个纯策略 $\beta_1, \beta_2, \cdots, \beta_n$ 可供选择, 则局中人 A, B 的策略集分别为

$$S_1 = \{\alpha_1, \alpha_2, \cdots, \alpha_m\}, \quad S_2 = \{\beta_1, \beta_2, \cdots, \beta_n\}$$

当局中人 A 选定纯策略 α_i 和局中人 B 选定纯策略 β_j 后, 就形成一个纯局势, 可见这样的纯局势共有 $m \times n$ 个, 对任一纯局势 (α_i, β_j), 记局中人 A 的赢得值为 a_{ij}, 并称 $\boldsymbol{H} = (a_{ij})_{m \times n}$ 为局中人 A 的赢得矩阵 (或支付矩阵), 由于假定对策为零和的, 故局中人 B 的赢得矩阵就是 $-\boldsymbol{H}$.

当局中人 A, B 和策略集 S_1, S_2 及局中人 A 的赢得矩阵 $\boldsymbol{H}$ 确定后, 一个矩阵对策就给定了. 通常, 将矩阵对策记成

$$\Gamma = \{A, B; S_1, S_2, \boldsymbol{H}\} \quad \text{或} \quad \Gamma = \{S_1, S_2; \boldsymbol{H}\}$$

7.1.1　基本问题

求取对策问题的解是建立在以下假设的基础上:

(1) 每个局中人对双方拥有的全部策略及当各自采取某一策略时的相互得失有充分的了解.

(2) 对策的双方是理智的, 他们参与对策的目的是力图扩大自己的收益, 因而总是采取对自己有利的策略.

(3) 双方在相互保密的情况下选择自己的策略, 并不允许存在任何协议.

在对策问题中, 双方采取保守态度, 从最坏处着眼, 并力争较好的结局. 这样, 对局中人 A 是最大最小准则, 对局中人 B 则是最小最大准则, 相应于这种准则下

的对策双方各自采取的策略, 称为对策问题的解; 而双方采取上述策略, 连续重复进行对策, 其输赢的平均值称为相应对策问题的对策值, 用 v 来表示.

如表 7.1 所示, 当 A 依据最大最小 (maximin) 准则选择策略时, 他总考虑不管选哪一个策略都将得到最坏结局, 则

$$\max[\min\{a_{1j}\}, \min\{a_{2j}\}, \cdots, \min\{a_{mj}\}] = \max_i[\min_j\{a_{ij}\}] = a_{i_1j_1} = v_a$$

当 B 依据最小最大 (minimax) 准则选择策略时, 他同样考虑不管选哪一个策略都得到最坏对局 (最大损失), 则

$$\min_j[\max_i\{a_{i1}\}, \max_i\{a_{i2}\}, \cdots, \max_i\{a_{in}\}] = \min_j[\max_i\{a_{ij}\}] = a_{i_2j_2} = v_b$$

因 $a_{i_1j_1}$ 是同行数字中最小的, 故有 $a_{i_1j_1} \leqslant a_{i_1j_2}$, 又 $a_{i_2j_2}$ 是同列数字中最大的, 故又有 $a_{i_2j_2} \geqslant a_{i_2j_1}$, 由此 $v_a = a_{i_1j_1} \leqslant a_{i_2j_2} = v_b$.

因对策值 v 是双方连续重复对策时, 局中人 A 的赢得 (或局中人 B 的损失) 的平均值, 故有

$$v_a \leqslant v \leqslant v_b$$

对于一般矩阵对策, 有如下定义:

定义 7.1 (最优纯策略)   设 $\Gamma = \{S_1, S_2; \boldsymbol{H}\}$ 为一矩阵对策, 其中, $S_1 = \{\alpha_1, \alpha_2, \cdots, \alpha_m\}$, $S_2 = \{\beta_1, \beta_2, \cdots, \beta_n\}$, $\boldsymbol{H} = (a_{ij})_{m \times n}$, 若等式

$$\max_i \min_j a_{ij} = \min_j \max_i a_{ij} = a_{i^*j^*} \tag{7.1}$$

成立. 记 $v_\Gamma = a_{i^*j^*}$, 则 v_Γ 称为对策 Γ 的值, 称使 (7.1) 成立的纯局势 $(\alpha_{i^*}, \beta_{i^*})$ 为 Γ 在纯策略意义下的解 (或平衡局势), α_{i^*} 与 β_{i^*} 分别称为局中人 A, B 的最优纯策略.

由定义 7.1 可知, 在矩阵对策中两个局中人都采取最优纯策略 (若最优纯策略存在) 才是理智的行动. 参见文献 [1] 有

定理 7.1   矩阵对策 $\Gamma = \{S_1, S_2; \boldsymbol{H}\}$ 在纯策略意义下有解的充要条件是: 存在纯局势 $(\alpha_{i^*}, \beta_{i^*})$ 使得对一切 $(i = 1, 2, \cdots, m; j = 1, 2, \cdots, n)$ 均有

$$a_{ij^*} \leqslant a_{i^*j^*} \leqslant a_{i^*j}$$

定义 7.2 (鞍点)   设 $f(\boldsymbol{x}, \boldsymbol{y})$ 为一个定义在 $\boldsymbol{x} \in A$ 及 $\boldsymbol{y} \in B$ 上的实值函数, 若存在 $\boldsymbol{x}^* \in A$, $\boldsymbol{y}^* \in B$, 使得对一切 $\boldsymbol{x} \in A$ 和 $\boldsymbol{y} \in B$ 有

$$f(\boldsymbol{x}, \boldsymbol{y}^*) \leqslant f(\boldsymbol{x}^*, \boldsymbol{y}^*) \leqslant f(\boldsymbol{x}^*, \boldsymbol{y})$$

则称 $(\boldsymbol{x}^*, \boldsymbol{y}^*)$ 为函数 f 的一个鞍点.

由定义 7.2 及定理 7.1 可知, 矩阵对策 Γ 在纯策略意义下有解, 且 $v_\Gamma = a_{i^*j^*}$ 的充要条件是: $a_{i^*j^*}$ 是矩阵 $\boldsymbol{H}$ 的一个鞍点. 在对策论中, 矩阵 $\boldsymbol{H}$ 的鞍点也称为对策的鞍点.

关于定理 7.1 中结论的直观解释是: 若 $a_{i^*j^*}$ 既是矩阵 $\boldsymbol{H} = (a_{ij})_{m \times n}$ 中第 i^* 行的最小值, 又是 $\boldsymbol{H}$ 中第 j^* 列的最大值, 则 $a_{i^*j^*}$ 即为对策的值, 且 $(\alpha_{i^*}, \beta_{i^*})$ 就是对策的解. 其对策意义是, 一个平衡局势 $(\alpha_{i^*}, \beta_{i^*})$ 应具有这样的性质:

当局中人 A 选取纯策略 α_{i^*} 后, 局中人 B 为使其所失最少, 只有选择纯策略 β_{i^*}, 否则就可能失去更多; 反之, 当局中人 B 选取纯策略 β_{i^*} 后, 局中人 A 为得到最大的赢得也只能选取纯策略 α_{i^*}, 否则就会赢得更少. 双方的竞争在局势 $(\alpha_{i^*}, \beta_{i^*})$ 下达到一个平衡状态.

一般矩阵对策的解可以是不唯一的, 当解不唯一时, 有下列解之间的关系.

定理 7.2 (无差别性) 即若 $(\alpha_{i_1}, \beta_{j_1})$ 和 $(\alpha_{i_2}, \beta_{j_2})$ 是矩阵对策 Γ 的两个解, 则 $a_{i_1 j_1} = a_{i_2 j_2}$.

定理 7.3 (可交换性) 即若 $(\alpha_{i_1}, \beta_{j_1})$ 和 $(\alpha_{i_2}, \beta_{j_2})$ 是矩阵对策 Γ 的两个解, 则 $(\alpha_{i_1}, \beta_{j_2})$ 和 $(\alpha_{i_2}, \beta_{j_1})$ 也是解.

上面性质表明, 矩阵对策的值是唯一的. 即当局中人 A 采用构成解的最优纯策略时, 能保证他的赢得不依赖于对方的纯策略.

7.1.2 鞍点对策

在矩阵对策中若存在有 $a_{i_1 j_1} = a_{i_2 j_2} = a_{i_t j_t}$ 时, 则 $a_{i_t j_t}$ 的值是在同行中最小又是同列中的最大的, 这就是定义 7.2 中的鞍点. 若对策问题具有鞍点, 称相应对策为鞍点对策.

例 7.2 设 A, B 两人对策, 各自均拥有三个策略: $\alpha_1, \alpha_2, \alpha_3$ 和 $\beta_1, \beta_2, \beta_3$, 支付矩阵见表 7.2 所示, 试求 A, B 各自的最优策略及对策值.

表 7.2 具有鞍点的矩阵对策求解

	β_1	β_2	β_3	min
α_1	6	2	8	2
α_2	9	4	5	4 ← max
α_3	5	3	6	3
max	9	4	8	

$$\uparrow$$
$$\text{min}$$

解 从局中人 A 角度考虑并依据最大最小准则, 有 $v_a = \max(2, 4, 3) = 4$. 局中人 B 依据最小最大准则, 有 $v_b = \min(9, 4, 8) = 4$. 因 $v_a = v_b = 4$, 故上述对策为

具有鞍点的对策.

由表 7.2 看到, 当 A 采用策略 α_2 时, 对 B 来讲最优选择是策略 β_2, 否则他的损失将会增大. 反过来当 B 选择策略 β_2 时, 策略 α_2 是 A 的最优选择, 因为不选择 α_2, 他的收入将会减小. 由此当对策重复进行时, 双方将坚持使用 α_2 和 β_2 的策略不变, 故称这类对策具有纯策略解, 显然, 对策值 $v = v_a = v_b = 4$, 但在实际情形中, 大多数的对策问题并不具有纯策略解.

7.1.3　优势原则

所谓优势原则, 是指某一策略对另一策略起支配作用. 若在表 7.1 中, 若第 i 行与第 l 行的同列元素之间存在有关系式 $a_{ij} \geqslant a_{lj}$ ($j = 1, 2, \cdots, n$), 则称 A 的第 i 个策略对第 l 个策略具有优势 (或称 A 的第 l 策略对 i 策略具有劣势, 或 A 的第 l 策略被 i 策略所优超).

定理 7.4　设 $\Gamma = \{S_1, S_2; \boldsymbol{H}\}$ 为矩阵对策, 其中, $S_1 = \{\alpha_1, \cdots, \alpha_m\}, S_2 = \{\beta_1, \cdots, \beta_n\}, \boldsymbol{H} = (a_{ij})$. 若纯策略 α_1 被其余纯策略 $\alpha_2, \cdots, \alpha_m$ 中之一所优超, 由 Γ 可得到一个新的矩阵对策 Γ':

$$\Gamma' = \{S_1', S_2; \boldsymbol{H}'\}$$

其中, $S_1' = \{\alpha_2, \cdots, \alpha_m\}$; $\boldsymbol{H}' = (a_{ij}')_{(m-1) \times n}$; $a_{ij}' = a_{ij}$ ($i = 2, \cdots, m$; $j = 1, 2, \cdots, n$). 于是有

(1) $v_{\Gamma'} = v_{\Gamma}$.

(2) Γ' 中局中人 B 的最优策略就是其在 Γ 中的最优策略.

(3) 若 $(x_2^*, \cdots, x_m^*)^T$ 是 Γ' 中局中人 A 的最优策略, 则 $x^* = (0, x_2^*, \cdots, x_m^*)^T$ 便是其在 Γ 中的最优策略.

定理 7.5　在定理 7.4 中, 若 α_1 不是为纯策略 $\alpha_2, \cdots, \alpha_m$ 中之一所优超, 而是为 $\alpha_2, \cdots, \alpha_m$ 的某个凸线性组合所优超, 定理的结论仍然成立.

例 7.3　已知二人零和对策 A, B 各自策略及支付矩阵如表 7.3 所示, 试依据优势原则对支付矩阵进行简化.

表 7.3　优势原则下的支付矩阵

	β_1	β_2	β_3	β_4
α_1	3	6	8	7
α_2	5	4	5	4
α_3	0	3	5	1
α_4	0	4	3	7

表 7.4　简化后的支付矩阵

	β_1	β_2
α_1	3	6
α_2	5	4

　　将表中第 1, 3, 4 行数字比较, 看出有 $a_{1j} \geqslant a_{3j}, a_{1j} \geqslant a_{4j}$. 即对 A 来讲, 策略 α_3 和 α_4 对策比 α_1 具有劣势, 可从支付矩阵中划去, 或对 A 而言, 他任何时候都不会采用 α_3 和 α_4 这两个策略. 而对 B 来说, 当划去 α_3 和 α_4 行后, 比较 β_2 和 β_3 列, 因有 $6 < 8, 4 < 5$, 故策略 β_3 对 β_2 具有劣势; 又在 β_2 和 β_4 列同行数字中, 有 $6 < 7, 4 = 4$, 故策略 β_4 也对 β_2 具有劣势. 因而 β_3 与 β_4 两列数字也可从支付矩阵中划去. 由此简化后的支付矩阵可见表 7.4.

　　当对表 7.4 的矩阵对策求解时, 因 $v_a = 4$, $v_b = 5$. 显然 $v_a \neq v_b$, 这时双方若仍使用纯策略对策, 就会出现不稳定状态. 这是因为 $v_a = 4$, 表示局中人 A 应当使用策略 α_2; $v_b = 5$ 表示局中人 B 就使用策略 β_1. 当 A 连续使用策略 α_2 时, B 必定察觉, 因 B 使用策略 β_2 要比 β_1 策略少损失一些, 因此 B 就放弃使用 $v_b = 5$ 所对应的策略 β_1. 当 B 改为连续使用策略 β_2 时, A 也会发觉自己继续使用策略 α_2 收入要减少, 而改为使用策略 α_1 去对付策略 β_2, 他可以得到收入 6. 这时 B 又得回过来使用策略 β_1, 使 A 的收入降到 3. 因此出现双方都不能连续不变地使用某种纯策略, 都必须考虑如何随机地使用自己的策略, 使对方捉摸不到自己使用何种策略, 即使用混合策略的对策.

7.1.4　混合策略

　　在例 7.3 简化后的支付矩阵对策中, 矩阵对策 Γ 不存在纯策略意义下的解. 在这种情况下, 一个比较自然且合乎实际的想法是: 既然各局中人没有最优纯策略可出, 是否可给出一个选取不同策略的概率分布. 例如, 局中人 A 可以制定如下一种策略: 分别以概率 $\frac{1}{4}$ 和 $\frac{3}{4}$ 选取纯策略 α_1 和 α_2, 这种策略是局中人 A 的策略集 $\{\alpha_1, \alpha_2\}$ 上的一个概率分布, 称之为混合策略. 同样局中人 B 也可制定这样一种混合策略: 分别以概率 $\frac{1}{2}, \frac{1}{2}$ 选取纯策略 β_1, β_2.

　　定义 7.3　设有矩阵对策 $\Gamma = \{S_1, S_2; \boldsymbol{H}\}$, 其中, $S_1 = \{\alpha_1, \alpha_2, \cdots, \alpha_m\}$, $S_2 = \{\beta_1, \beta_2, \cdots, \beta_n\}$, $\boldsymbol{H} = (a_{ij})_{m \times n}$ 记

$$S_1^* = \{\boldsymbol{x} \in \Re^m | x_i \geqslant 0 \ (i = 1, 2, \cdots, m), \sum_{i=1}^m x_i = 1\}$$

$$S_2^* = \{\boldsymbol{y} \in \Re^n | y_j \geqslant 0 \ (j = 1, 2, \cdots, n), \sum_{j=1}^n y_j = 1\}$$

则 S_1^* 和 S_2^* 分别称为局中人 A 和 B 的混合策略集 (或策略集); $\boldsymbol{x} \in S_1^*$ 和 $\boldsymbol{y} \in S_2^*$ 分别称为局中人 A 和 B 的混合策略 (或策略); 对 $\boldsymbol{x} \in S_1^*, \boldsymbol{y} \in S_2^*$, 称 $(\boldsymbol{x}, \boldsymbol{y})$ 为一个混合局势 (或局势), 局中人 A 的赢得函数记成

$$E(\boldsymbol{x}, \boldsymbol{y}) = \boldsymbol{x}^T \boldsymbol{H} \boldsymbol{y} = \sum_i \sum_j a_{ij} x_i y_j$$

这样得到的一个新的对策记成 $\Gamma^* = \{S_1^*, S_2^*, \boldsymbol{H}\}$, 称 Γ^* 为对策 Γ 的混合扩充.

由定义 7.3 可知, 纯策略是混合策略的特例. 例如, 局中人 A 的纯策略 α_k 等价于混合策略, $\boldsymbol{x} = (x_1, \cdots, x_m)^T \in S_1^*$, 其中, $x_i = \begin{cases} 1, & i = k \\ 0, & i \neq k \end{cases}$.

一个混合策略 $\boldsymbol{x} = (x_1, \cdots, x_m)^T$ 可设想成当两个局中人多次重复进行对策 Γ 时, 局中人 A 分别采取纯策略 $\alpha_1, \cdots, \alpha_m$ 的频率. 若只进行一次对策, 混合策略 $\boldsymbol{x} = (x_1, \cdots, x_m)^T$ 可设想成局中人 A 对各纯策略的偏爱的程度. 下面讨论矩阵对策 Γ 在混合策略意义下解的定义.

设两个局中人仍像前面一样地进行有理智的对策, 当局中人 A 采取混合策略时, 他只能在希望获得 (最不利的情形)

$$\min_{y \in s_1^*} E(x, y)$$

因此局中人 A 应选取 $x \in S_1^*$, 使得上式取极大值 (最不利当中的最有利情形), 即局中人 A 可保证自己的赢得期望值不少于

$$v_1 = \max_{\boldsymbol{x} \in s_1^*} \min_{\boldsymbol{y} \in s_2^*} E(\boldsymbol{x}, \boldsymbol{y})$$

同理, 局中人 B 可保证自己的所失期望值至多是

$$v_2 = \min_{\boldsymbol{y} \in s_2^*} \max_{\boldsymbol{x} \in s_1^*} E(\boldsymbol{x}, \boldsymbol{y})$$

首先, 根据定义, 局中人 A 的赢得函数 $E(\boldsymbol{x}, \boldsymbol{y})$ 是连续函数. 因此, 对固定的 $\boldsymbol{x}, E(\boldsymbol{x}, \boldsymbol{y})$ 是 S_2^* 上的连续函数, 故 $\min\limits_{\boldsymbol{y} \in s_2^*} E(\boldsymbol{x}, \boldsymbol{y})$ 存在. 而且 $\min\limits_{\boldsymbol{y} \in s_2^*} E(\boldsymbol{x}, \boldsymbol{y})$ 也是 S_1^* 上的连续函数, 故 $\max\limits_{\boldsymbol{x} \in s_1^*} \min\limits_{\boldsymbol{y} \in s_2^*} E(\boldsymbol{x}, \boldsymbol{y})$ 存在, 同样可说明 $\min\limits_{\boldsymbol{y} \in s_2^*} \max\limits_{\boldsymbol{x} \in s_1^*} E(\boldsymbol{x}, \boldsymbol{y})$ 存在.

其次, 仍然有 $v_1 \leqslant v_2$, 事实上, 设

$$\max_{\boldsymbol{x} \in s_1^*} \min_{\boldsymbol{y} \in s_2^*} E(\boldsymbol{x}, \boldsymbol{y}) = \min_{\boldsymbol{y}} E(\boldsymbol{x}^*, \boldsymbol{y})$$

$$\min_{\boldsymbol{y} \in s_2^*} \max_{\boldsymbol{x} \in s_1^*} E(\boldsymbol{x}, \boldsymbol{y}) = \max_{\boldsymbol{x}} E(\boldsymbol{x}, \boldsymbol{y}^*)$$

于是

$$v_1 = \min_{\boldsymbol{y} \in s_2^*} E(\boldsymbol{x}^*, \boldsymbol{y}) \leqslant E(\boldsymbol{x}^*, \boldsymbol{y}^*) \leqslant \max_{\boldsymbol{x} \in s_1^*} E(\boldsymbol{x}, \boldsymbol{y}^*) = v_2$$

定义 7.4　设 $\Gamma^* = \{S_1^*, S_2^*; \boldsymbol{H}\}$ 是 $\Gamma = \{S_1, S_2; \boldsymbol{H}\}$ 的混合扩充, 若

$$\max_{\boldsymbol{x} \in s_1^*} \min_{\boldsymbol{y} \in s_2^*} E(\boldsymbol{x}, \boldsymbol{y}) = \min_{\boldsymbol{y} \in s_2^*} \max_{\boldsymbol{x} \in s_1^*} E(\boldsymbol{x}, \boldsymbol{y})$$

成立. 记其值为 v_Γ, 则 v_Γ 称为对策 Γ^* 的值, 相应的混合局势 $(\boldsymbol{x}^*, \boldsymbol{y}^*)$ 为 Γ 在混合策略意义下的解 (简称解), $\boldsymbol{x}^*$ 和 $\boldsymbol{y}^*$ 分别称为局中人 A 和 B 的最优混合策略 (简称最优策略).

现约定, 以下对 $\Gamma = \{S_1, S_2; \boldsymbol{H}\}$ 及其混合扩充 $\Gamma^* = \{S_1^*, S_2^*; \boldsymbol{H}\}$ 一般不加区别, 都用 $\Gamma = \{S_1, S_2; \boldsymbol{H}\}$ 来表示. 当 Γ 在纯策略意义下的解不存在时, 自动认为讨论的是在混合策略意义下的解, 相应的局中人 A 的赢得函数为 $E(\boldsymbol{x}, \boldsymbol{y})$.

文献 [1] 给出了矩阵对策 Γ 混合策略意义存在鞍点型解的充要条件.

定理 7.6　矩阵对策 $\Gamma = \{S_1, S_2; \boldsymbol{H}\}$ 在混合策略意义下有解的充要条件是: 存在 $\boldsymbol{x}^* \in S_1^*, \boldsymbol{y}^* \in S_2^*$, 使 $(\boldsymbol{x}^*, \boldsymbol{y}^*)$ 为函数 $E(\boldsymbol{x}, \boldsymbol{y})$ 的一个鞍点, 即对一切 $\boldsymbol{x}^* \in S_1^*, \boldsymbol{y}^* \in S_2^*$, 有 $E(\boldsymbol{x}, \boldsymbol{y}^*) \leqslant E(\boldsymbol{x}^*, \boldsymbol{y}^*) \leqslant E(\boldsymbol{x}^*, \boldsymbol{y})$.

应当注意到, 当 Γ 在纯策略意义下解存在时, 定义 7.4 中关于对策 Γ 的值的定义 v_Γ 与前面的定义是一致的. 当 Γ 在混合策略意义下的解 $(\boldsymbol{x}^*, \boldsymbol{y}^*)$ 存在时, $v_\Gamma = E(\boldsymbol{x}^*, \boldsymbol{y}^*)$.

例 7.4　继续考虑例 7.3 中简化后的矩阵对策, 试求局中人的策略.

解　在利用优势原则对矩阵对策做了简化后可知, 显然, 对策问题 Γ 在纯策略意义下解不存在. 于是设 $\boldsymbol{x} = (x_1, x_2)$ 为局中人 A 的混合策略, $\boldsymbol{y} = (y_1, y_2)$ 为局中人 B 的混合策略, 则

$$S_1^* = \{(x_1, x_2) \,|\, x_1, x_2 \geqslant 0, x_1 + x_2 = 1\}$$
$$S_2^* = \{(y_1, y_2) \,|\, y_1, y_2 \geqslant 0, y_1 + y_2 = 1\}$$

局中人 A 的赢得期望是

$$E(\boldsymbol{x}, \boldsymbol{y}) = 3x_1 y_1 + 6x_1 y_2 + 5x_2 y_1 + 4x_2 y_2$$

$$= -4\left(x_1 - \frac{1}{4}\right)\left(y_1 - \frac{1}{2}\right) + \frac{9}{2}$$

取 $\boldsymbol{x}^* = \left(\frac{1}{4}, \frac{3}{4}\right), \boldsymbol{y}^* = \left(\frac{1}{2}, \frac{1}{2}\right)$, 则 $E(\boldsymbol{x}^*, \boldsymbol{y}^*) = \frac{9}{2}$, $E(\boldsymbol{x}, \boldsymbol{y}^*) = E(\boldsymbol{x}^*, \boldsymbol{y}) = \frac{9}{2}$, 即有

$$E(\boldsymbol{x}, \boldsymbol{y}^*) \leqslant E(\boldsymbol{x}^*, \boldsymbol{y}^*) \leqslant E(\boldsymbol{x}^*, \boldsymbol{y})$$

故 $\boldsymbol{x}^* = \left(\frac{1}{4}, \frac{3}{4}\right)$ 和 $\boldsymbol{y}^* = \left(\frac{1}{2}, \frac{1}{2}\right)$ 分别为局中人 A 和 B 的最优策略, 对策的值 (局中人 A 的赢得期望值) $v_\Gamma = \frac{9}{2}$.

7.1.5　求解方法

对如表 7.1 所示的 $m \times n$ 矩阵对策, 若不存在鞍点, 用优势原则简化后, A 和 B 双方仍各自拥有 3 个以上纯策略时, 这时就需要用线性规划的方法来求解. 下面应用定义 7.4 和定理 7.6 来推导对策问题的线性规划求解方法.

设局中人 A 分别以 $x_1, \cdots, x_m$ 的概率 $\left(\sum\limits_{i=1}^{m} x_i = 1, x_i \geqslant 0\right)$ 混合使用他的

m 种策略, 局中人 B 分别以 $y_1, \cdots, y_n$ 的概率 $\left(\sum\limits_{j=1}^{n} y_j = 1, y_j \geqslant 0 \right)$ 混合使用他的 n 种纯策略, 见表 7.5.

表 7.5　混合策略意义下的支付表

| | | y_1 | y_2 | $\cdots$ | y_n |
		β_1	β_2	$\cdots$	β_n
x_1	α_1	a_{11}	a_{12}	$\cdots$	a_{1n}
x_2	α_2	a_{21}	a_{22}	$\cdots$	a_{2n}
$\vdots$	$\vdots$	$\vdots$	$\vdots$		$\vdots$
x_m	α_m	a_{m1}	a_{m2}	$\cdots$	a_{mn}

首先, 从局中人 A 的角度出发推导对策问题的线性规划模型. 对局中人 A 来说, 其赢得函数为

$$E_A = \sum_{i=1}^{m} \sum_{j=1}^{n} a_{ij} x_i y_j$$

针对局中人 B 的所有策略 $(y_1, y_2, \cdots, y_n)$, 若 $E_A \geqslant v$ (其中, v 为矩阵对策的对策值) 成立, 则 $(x_1, x_2, \cdots, x_n)$ 是最优的. 特别地, 对于局中人 B 的每一个纯策略 $(y_1, y_2, \cdots, y_n)$ 代入上式有

$$\sum_{i=1}^{m} a_{ij} x_i \geqslant v \quad (j = 1, 2, \cdots, n)$$

更进一步, 这 n 个不等式和 $\sum\limits_{j=1}^{n} y_j = 1$ 可联合推出

$$\sum_{j=1}^{n} \sum_{i=1}^{m} a_{ij} x_i y_j = \sum_{j=1}^{n} y_j \left(\sum_{i=1}^{m} a_{ij} x_i \right) \geqslant \sum_{j=1}^{n} y_j v = v$$

成立, 并且以上过程是相互推出的. 显然, 这 n 个不等式可以看成线性规划的限制性条件, 另外 x_i 为可行解要求

$$x_1 + x_2 + \cdots + x_m = 1, \quad x_i \geqslant 0 \quad (i = 1, 2, \cdots, m)$$

所以任何一个满足这组线性规划限制性条件的 $(x_1, x_2, \cdots, x_m)$ 就是所求的局中人 A 的最优混和策略.

结果, 寻求最优混和策略的问题转化为求线性规划的一个可行解. 而这时 v 是未知的, 并且这个线性规划没有目标函数. 事实上, 只需引入变量 x_{m+1} 替代 v,

并求其最大化, 则根据 v 的定义可知, 在线性规划问题最优解中的 x_{m+1} 会自动地等于 v. 所以, 从局中人 A 出发可得矩阵对策问题的线性规划模型为

$$(\text{P}) \ \max x_{m+1}$$
$$\text{s.t.} \begin{cases} a_{11}x_1 + a_{21}x_2 + \cdots + a_{m1}x_m - x_{m+1} \geqslant 0 \\ a_{12}x_1 + a_{22}x_2 + \cdots + a_{m2}x_m - x_{m+1} \geqslant 0 \\ \qquad\qquad \cdots\cdots\cdots\cdots\cdots \\ a_{1n}x_1 + a_{2n}x_2 + \cdots + a_{mn}x_m - x_{m+1} \geqslant 0 \\ x_1 + x_2 + \cdots + x_m = 1 \\ x_i \geqslant 0 \quad (i = 1, 2, \cdots, m) \end{cases} \tag{7.2}$$

根据同样的理由, 当 B 采用混合策略时, 类似可得从局中人 B 出发的矩阵对策问题的线性规划模型为

$$(\text{D}) \ \min y_{n+1}$$
$$\text{s.t.} \begin{cases} a_{11}y_1 + a_{12}y_2 + \cdots + a_{1n}y_n - y_{n+1} \leqslant 0 \\ a_{21}y_1 + a_{22}y_2 + \cdots + a_{2n}y_n - y_{n+1} \leqslant 0 \\ \qquad\qquad \cdots\cdots\cdots\cdots\cdots \\ a_{m1}y_1 + a_{m2}y_2 + \cdots + a_{mn}y_n - y_{n+1} \leqslant 0 \\ y_1 + y_2 + \cdots + y_n = 1 \\ y_j \geqslant 0 \quad (j = 1, 2, \cdots, n) \end{cases}$$

从推导过程可看出, 求解矩阵对策问题最终转化为任求一个线性规划问题, 即可求出 A 和 B 各自最优策略. 由于以上两个问题 (P) 与 (D) 互为对偶问题, 所以可以用对偶理论分析和解释矩阵对策问题; 并且由此提供矩阵对策问题中定理 7.6 的证明思路.

例 7.5   考虑对于局中人 A 来说的支付矩阵为表 7.6 所示的矩阵对策, 求这个问题在混合策略意义下的解.

解   设矩阵对策值为 x_3, 则线性规划模型为

$$\max x_3$$
$$\text{s.t.} \begin{cases} 5x_2 - x_3 \geqslant 0 \\ -2x_1 + 4x_2 - x_3 \geqslant 0 \\ 2x_1 - 3x_2 - x_3 \geqslant 0 \\ x_1 + x_2 = 1 \\ x_1 \geqslant 0, x_2 \geqslant 0, x_3 \ 无限制 \end{cases}$$

表 7.6   支付矩阵

	y_1	y_2	y_3
x_1	0	-2	2
x_2	5	4	-3

7.2* 多人对策

在实际中, 经常出现多人对策的问题, 且每个局中人的赢得函数之和也不必一定为 0. 特别是许多经济过程中的对策模型一般都是非零和的, 因为经济过程总是伴随着新价值的产生. 对此, 下面简要介绍多人对策的一些基本概念, 深入讨论可参见文献 [1].

7.2.1 合作对策

在合作对策问题中, 参与对策的各方当事人均为局中人, 全体局中人的集合记为 N; 后果 (也称为收入) 记作 x_1, x_2, x_3; N 的非空子集 $S\,(S \subset N)$ 称为联盟, N 为总体联盟, 空集记作 $\varnothing$.

用以描述每一种可能的联盟 S 的收入被称为特征函数, 记作 $v(S)$, 它是不管其余局中人如何行动, 联盟 S 中各成员相互合作所能达到的最大收入. 通常有

$$v(\varnothing) = 0$$

即没有任何局中人的联盟的收入为 0.

对于合作对策, 还应该有

$$v(S) \geqslant \sum_{i \in S} v(i)$$

这是联盟 S 得以存在的条件. 成员 i 分配的结果记作 $x(i)$.

若 $R, S \subset N$, 且 $R \cap S = \varnothing$, 则

$$v(R \cup S) \geqslant v(R) + v(S)$$

称为超可加性, 是由联盟 R, S 合并组成新的联盟的必要条件.

定义 7.5   在合作对策中, 称满足以下两个条件的后果 x 为一个分配.

(1) 个体合理性

$$x(i) \geqslant v(i), \quad \forall i \in N \tag{7.3}$$

(2) 总体合理性

$$\sum_{i \in S} x(i) = v(S) \tag{7.4}$$

非劣的分配的集合称为核, 记作 $C(v)$.

例 7.6 (合作对策)   有 A, B, C 三家公司面临合并还是继续独立营运的问题. 调研所得的结盟与独立营运的收入情况如表 7.7 所示. 问: 三家能否合并?

表 7.7　结盟与独立营运的收入

结盟	各自独立			两家合并、另一家独立						三家合并
方式	A	B	C	AB	C	AC	B	BC	A	ABC
收入	32	23	6	59	5	45	22	39	30	77

解　显然, 三家公司能否合并成功取决于合并后收入的分配是否合理. 设 x, y, z 分别表示 A, B, C 三家公司在合并后分得的收入. 则合并成功需要满足条件:

$$x + y \geqslant 59, \quad z \geqslant 5, \quad x + z \geqslant 45, \quad y \geqslant 22$$

$$y + z \geqslant 39, \quad x \geqslant 30, \quad x + y + z = 77$$

以上条件组可以记为 $C(v)$, 满足以上条件的解不唯一, 还需要有进一步的分配方法. 下面用 Nash-Harsanyi 谈判模型进行求解, 参见文献 [39]. 即求模型

$$\max z = (x - c_1)(y - c_2)(z - c_3)$$
$$\text{s.t.} \begin{cases} x \geqslant c_1, y \geqslant c_2, z \geqslant c_3 \\ (x, y, z) \in C(v) \end{cases} \tag{7.5}$$

求解时需要确定现况点 $c = (c_1, c_2, c_3)$ 的值, 有如下两种选择:

(1) 以各自独立时的收入 $(32, 23, 6)$ 作为现况点代入 (7.5) 求得

$$(x, y, z) = (37.33, 28.33, 11.33)$$

(2) 以两家合作另一家单干时的收入 $(30, 22, 5)$ 为现况点代入 (7.5) 求得

$$(x, y, z) = (36.66, 28.66, 11.66)$$

求解结果表明三家可以合并, 并且从上可以得到相应的分配值.

对于以上合作对策问题的求解来说, 文献 [39] 还介绍了其他分析方法; 同时, 对于合作对策在无核情形下的问题处理也进行了介绍.

7.2.2　非合作对策

所谓非合作对策, 就是指局中人之间互不合作, 对策略的选择不允许事先有任何交换信息的行为, 不允许订立任何约定, 矩阵对策就是一种非合作对策. 一般非合作对策模型的基本描述为

(1) 局中人集: $I = \{1, 2, \cdots, n\}$.

(2) 每个局中人的策略集: $S_1, S_2, \cdots, S_n$, 均为有限集.

(3) 局势: $\boldsymbol{s} = (s_1, s_2, \cdots, s_n) \in S_1 \times \cdots \times S_n$.

(4) 每个局中人 i 的赢得函数记为 $H_i(s)$, 一般说来 $\sum_{i=1}^{n} H_i(s) \neq 0$.

一个非合作 n 人对策一般用符号 $\Gamma = \{I, \{S_i\}, \{H_i\}\}$ 表示.

为讨论非合作 n 人对策的平衡局势, 引入记号:

$$s \| s_i^0 = (s_1, \cdots, s_{i-1}, s_i^0, s_{i+1}, \cdots, s_n)$$

它的含义是: 在局势 $s = (s_1, \cdots, s_n)$ 中, 局中人 i 将自己的策略由 s_i 换成 s_i^0, 其他局中人的策略不变而得到的一个新局势. 若存在一个局势 s, 使得对任意 $s_i^0 \in S_i$, 有

$$H_i(s) \geqslant H_i(s \| s_i^0)$$

则称局势 s 对局中人 i 有利. 也就是说, 若局势 s 对局中人 i 有利, 则不论局中人 i 将自己的策略如何置换, 都不会得到比在局势 s 下更多的赢得. 显然, 在非合作的条件下, 每个局中人都力图选择对自己最有利的局势.

定义 7.6   若局势 s 对所有的局中人都有利, 即对任意 $i \in I, s_i^0 \in S_i$, 有

$$H_i(s) \geqslant H_i(s \| s_i^0)$$

则称 s 为非合作对策 Γ 的一个平衡局势 (或平衡点).

当 Γ 为二人零和对策时, 上述定义等价为 (α_i^*, β_j^*) 为平衡局势的充要条件是对任意 i, j, 有

$$a_{ij^*} \leqslant a_{i^*j^*} \leqslant a_{i^*j}$$

此与前面关于矩阵对策平衡局势的定义一致的.

由矩阵对策的结果可知, 非合作 n 人对策在纯策略意义下的平衡局势也不一定存在, 因此, 需要考虑局中人的混合策略. 对每个局中人的策略集 S_i, 令 S_i^* 为定义在 S_i 上的混合策略集 (即 S_i 上所有概率分布的集合), x^i 表示局中人 i 的一个混合策略, $x = (x^1, \cdots, x^n)$ 为一个混合局势,

$$x \| z^i = (x^1, \cdots, x^{i-1}, z^i, x^{i+1}, \cdots, x^n)$$

表示局中人 i 在局势 x 下将自己的策略由 x^i 置换成 z^i 而得到的一个新的混合局势. 以下, 记 $E_i(x)$ 为局中人 i 在混合局势 x 下的赢得的期望值, 则有以下关于非合作 n 人对策的解的定义.

定义 7.7 (平衡局势)   若对任意 $i \in I, z^i \in S_i^*$, 有

$$E_i(x \| z^i) \leqslant E_i(x)$$

则称 x 为非合作 n 人对策 Γ 的一个平衡局势 (或平衡点).

对非合作 n 人对策, 已经得到一个非常重要的结论.

定理 7.7 (Nash 定理) 非合作 n 人对策在混合策略意义下的平衡局势一定存在.

具体到二人有限非零和对策 (亦称为双矩阵对策), Nash 定理的结论可表述为: 一定存在 $\boldsymbol{x}^* \in S_1^*$, $\boldsymbol{y}^* \in S_2^*$, 使得

$$\boldsymbol{x}^{*T}\boldsymbol{A}\boldsymbol{y}^* \geqslant \boldsymbol{x}^T\boldsymbol{A}\boldsymbol{y}^*, \quad \boldsymbol{x} \in S_1^* \tag{7.6}$$

$$\boldsymbol{x}^{*T}\boldsymbol{B}\boldsymbol{y}^* \geqslant \boldsymbol{x}^{*T}\boldsymbol{B}\boldsymbol{y}, \quad \boldsymbol{y} \in S_2^* \tag{7.7}$$

寻求双矩阵对策的平衡局势问题可以化成二次规划问题[1, 40].

$$\max f(\boldsymbol{x}, \boldsymbol{y}, \alpha, \beta) = \sum_{i=1}^{m}\sum_{j=1}^{n} a_{ij}x_iy_j + \sum_{i=1}^{m}\sum_{j=1}^{n} b_{ij}x_iy_j - \alpha - \beta$$

$$\text{s.t.} \begin{cases} \sum_{j=1}^{n} a_{ij}y_j \leqslant \alpha \quad (i = 1, 2, \cdots, m) \\ \sum_{i=1}^{m} b_{ij}x_i \leqslant \beta \quad (j = 1, 2, \cdots, n) \\ \sum_{i=1}^{m} b_{ij}x_i = 1, \sum_{j=1}^{n} a_{ij}y_j = 1 \\ x_i \geqslant 0, y_j \geqslant 0 \quad (i = 1, 2, \cdots, m; j = 1, 2, \cdots, n) \end{cases} \tag{7.8}$$

其中, 决策变量 $\boldsymbol{x} = (x_1, x_2, \cdots, x_m)$, $\boldsymbol{y} = (y_1, y_2, \cdots, y_n)$, α, β.

定理 7.8 设 $\boldsymbol{s}^* = (\boldsymbol{x}^*, \boldsymbol{y}^*, \alpha, \beta)$ 是二次规划问题 (7.8) 最优解, 则 $(\boldsymbol{x}^*, \boldsymbol{y}^*)$ 是双矩阵对策 $\Gamma = \{\boldsymbol{A} = [a_{ij}], \boldsymbol{B} = [b_{ij}]\}$ 的平衡局势.

例 7.7 求解支付矩阵为

$$\boldsymbol{A} = \begin{bmatrix} 2 & -1 \\ -1 & 1 \end{bmatrix}, \quad \boldsymbol{B} = \begin{bmatrix} 1 & -1 \\ -1 & 2 \end{bmatrix}$$

的双矩阵对策.

解 依 (7.8) 设定变量 $x_1, x_2, y_1, y_2, \alpha, \beta$, 作二次规划

$$\max f(\boldsymbol{x}, \boldsymbol{y}, \alpha, \beta) = 2x_1y_1 - x_2y_1 - x_1y_2 + x_2y_2 - \alpha$$
$$+ x_1y_1 - x_2y_1 - x_1y_2 + 2x_2y_2 - \beta$$

$$\text{s.t.} \begin{cases} 2x_1 - x_2 \leqslant \alpha, \ -x_1 + x_2 \leqslant \alpha \\ y_1 - y_2 \leqslant \beta, \ -y_1 + 2y_2 \leqslant \beta \\ x_1 + x_2 = 1, \ y_1 + y_2 = 1 \\ x_1, x_2, y_1, y_2 \geqslant 0 \end{cases}$$

设 $s^* = (x^*, y^*, \alpha, \beta)$ 是问题的最优解, 则解有三个: $s_1^* = (1, 0, 1, 0, 2, 1)$; $s_2^* = (0, 1, 0, 1, 1, 2)$; $s_3^* = \left(\frac{2}{5}, \frac{3}{5}, \frac{2}{5}, \frac{2}{5}, \frac{1}{5}, \frac{1}{5}\right)$.

例 7.7 有三个平衡局势, 由此可以看出在不同的平衡局势下, 局中人的支付可能不一样, 也没有矩阵对策的平衡局势的可交换性质.

对一般非合作 n 人对策, 类似地依上面记号, 寻求对策的平衡局势问题可以化成一个数学规划问题, 参见文献 [1, 40].

例 7.8 (囚徒困境) 设有两个嫌疑犯因涉嫌某一案件而被警官拘留, 警官分别对两人进行审讯. 根据法律, 若两个人都承认此案是他们干的, 则每人各判刑 7 年; 若两人都不承认, 则由于证据不足, 两人各判刑 1 年; 若只有一个人承认, 则承认者予以宽大释放, 而不承认者将判刑 9 年. 因此, 对两个囚犯来说, 面临着一个在 "承认" 和 "不承认" 这两个策略之间选择的难题.

不难得到两个囚犯的赢得矩阵分别为

$$A = \begin{bmatrix} -7 & 0 \\ -9 & -1 \end{bmatrix}, \quad B = \begin{bmatrix} -7 & -9 \\ 0 & -1 \end{bmatrix}$$

对于囚徒困境, 可以利用迭代剔除被优超策略的方法求解. 事实上, 这一对策局势对于两个局中人来说是对称的. "不坦白" 策略都是一种被严格优超策略, 从而可以剔除. 因而不难确定该对策问题的唯一平衡点 $(x, y) = (1, 1)$, 即两个人都承认犯罪, 所得支付为各判刑 7 年. 从赢得矩阵来看, 这个平衡局势显然不是最有利的. 若两人都不承认犯罪, 得到的赢得都是 -1, 相当于各判刑 1 年, 这才是最有利的结果. 但是, 在非合作的条件下, 这个最有利的结局也是难以达到的.

囚徒困境反映了一个很深刻的问题, 即个体理性与集体理性之间的矛盾, 在这一例子中, 局中人为了自己的利益进行理性选择的结果是双方各被判 7 年徒刑, 然而事实上他们可以得到更好的结局, 即双方均不坦白而各自仅判 1 年徒刑. 用经济学术语来说, 其中存在 Pareto 改进的机会, 个体理性选择的结果并非 Pareto 最优, 也不符合集体理性的要求.

思考题

7.1 "二指莫拉问题". 甲、乙二人游戏, 每人出一个或两个手指, 同时又把猜测对方所出的指数叫出来. 若只有一个人猜测正确, 则他的赢得分数为二人所出指数之和, 否则重新开始. 试写出该对策中各局中人的策略集及甲的赢得矩阵, 并说明是否存在某一种策略比其他策略更有利.

7.2 A 与 B 玩一种游戏: 从标记为 $1, 2, 3$ 的三张牌中各抽一张, 并彼此互相保密. 每人抓到 $1, 2, 3$ 中任一张可均选择不叫 (pass, 简写为 p) 或打赌 (bet, 简写为 b).

游戏规则如表 7.8 所示. 问 A 与 B 各有多少种纯策略, 列出用优势原则简化后的对策矩阵, 并确定各自的最优策略.

7.3 甲、乙两个企业生产同一种电子产品, 两个企业都想通过改革管理措施争取更多的市场份额. 甲企业的措施有: ① 降低产品价格; ② 提高产品质量, 延长保修期; ③ 推出新产品. 乙企业的措施有: ① 增加广告费用; ② 增设维修网点, 扩大维修服务; ③ 改进产品性能.

假定市场份额一定, 由于各自采取的措施不同, 通过预测可知, 今后两个企业的市场占有份额变动情况如表 7.9 所示 (正值为增加的份额, 负值为减少的份额). 试通过对策分析, 确定两个企业各自的最优策略.

表 7.8

第 1 轮		第 2 轮	胜负
A	B	A	
p	p	—	牌大者赢 1 元
p	b	p	A 付给 B 1 元
p	b	b	牌大者赢 2 元
b	p	—	B 付给 A 1 元
b	b	—	牌大者赢 2 元

表 7.9

		乙企业		
		1	2	3
甲	1	10	−1	3
企	2	12	10	−5
业	3	6	8	5

7.4 甲、乙两方交战. 乙方用三个师守城, 有两条公路通入该城; 甲方用两个师攻城, 可能两个师各走一条公路, 也可能从一条公路进攻. 乙方可用三个师防守某一条公路, 也可用两个师防守一条公路, 用第三个师防守另一条公路. 哪方军队在一条公路上数量多, 哪方军队就控制住这条公路. 若双方在同一条公路上的数量相同, 则乙方控制住公路和甲方攻入城的机会各半, 试把这个问题构成一条对策模型. 并求甲、乙双方的最优策略以及甲方攻入城的可能性.

7.5 某城分东、南、西三个城区, 分别居住着 40%、30%、30% 的居民, 有甲和乙两个公司都计划在城内修建溜冰场, 公司甲计划修两个, 公司乙计划修一个, 每个公司都知道, 若在某个区内设有两个溜冰场, 那么这两个溜冰场将平分该区的业务; 若在某个城区只有一个溜冰场, 则该冰场将独揽这个城区的业务; 若在一个城区没有溜冰场, 则该区的业务平分给三个溜冰场. 每个公司都想使自己的营业额尽可能的多. 试把这个问题表示成一个矩阵对策, 写出公司甲的赢得矩阵, 并求两个公司的最优策略以及各占有多大的市场份额.

7.6 一个病人的症状说明他可能患 a, b, c 三种病中的一种, 有两种药 A 与 B 可用. A 的治愈率为 0.5, 0.4, 0.6; B 的治愈率为 0.7, 0.1, 0.8. 问医生应开哪一种药才能最稳妥?

第 8 章

库存论

库存论 (也称为存储论或存贮论) 研究的数学模型一般分为两大类: 一类是不包含随机因素的确定型模型, 另一类是带有随机因素的随机库存模型. WinQSB 都能实现这些基本内容, 参见文献 [21]. 本章给出常见确定型库存问题的 Lingo 模型, 参见文献 [3], 随机型库存问题可参见文献 [1].

8.1 问题描述

例 8.1 某电器公司的生产流水线每月可生产电视机 8000 台, 而需求量与电视机产量一一对应的某零件的生产方式是短时间内批量生产. 因此, 该零件生产后只能先存储起来. 为此, 该公司考虑到了如下的费用结构:

(1) 批量生产的生产准备费用 12000 元/次.

(2) 单位成本费用 10 元/件, 与批量生产的规模无关.

(3) 存储费为 0.3 元/(件·月), 包括资金积压费用、存储空间费、保险费等.

(4) 零件的缺货费为 1.1 元/(件·月).

从例 8.1可知, 库存问题通常包含如下基本要素.

1) 需求

库存的目的是为了满足需求, 可通过调查、统计、预测等方法来了解和掌握需求规律. 需求可以是常量, 如自动生产线上对某种零件的需求; 可以是非平稳的, 如城市生活用电的需求量受季节性影响; 也可以是随机变量, 如在市场中每天对某种商品的需求量.

2) 补充

通过对货物的补充弥补因需求而减少的存储, 它可以通过外部订货或内部生产两种方式获得. 影响库存系统运行的一个因素是订货与到货之间的滞后时间. 滞后时间又可分为两部分:

(1) 开始订货到开始补充 (开始生产或货物到达) 为止的时间, 称为拖后时间或提前时间.

(2) 开始补充到补充完毕为止的入库时间或生产时间. 通常滞后时间可以考虑成常数或非负随机变量, 滞后现象使库存问题变得更加复杂. 理想化的情形可认为是瞬时供货, 它是供货或生产能力非常大的一种近似.

3) 缺货处理

由于需求或供货滞后时间可能具有随机性, 因此缺货是可能发生的. 对未能完全满足的需求, 通常采取如下两种方式处理: 在订货到达后其不足部分立即补上; 或者, 在订货到达后其不足部分不再补充供应.

4) 盘点方式

用 $I(t)$ 记时刻 $t (\geqslant 0)$ 时的库存水平. 为了了解库存量, 就要对库存进行检查. 检查的办法一般有两种: 一种是连续性盘点, 即在任一时刻 t 检查库存量 $I(t)$; 另一种是周期性盘点, 即在时刻 $kT (k = 0, 1, 2, \cdots)$ 检查库存量 $I(kT)$, 其中, T 是一个常量, 称为检查周期. 不同的盘点方式自然会影响库存决策.

5) 存储策略

库存论要研究的基本问题是物品何时补充及补充多少数量. 任何一个满足上述要求的方案称为一个存储策略. 显然, 存储策略依赖于当时的库存量. 下面是一些比较常见的存储策略.

(1) t - 循环策略: 每隔 t 时段补充一次, 补充量为 Q.

(2) (s, Q) 策略: 连续盘点, 一旦库存水平小于 s, 立即发出订单, 其订货量为常数 Q; 若库存水平大于等于 s, 则不订货. s 称为订货点库存水平.

(3) (s, S) 策略: 连续盘点, 一旦库存水平小于 s, 立即发出订单, 其订货量为 $S - s$, 即使得订货时刻的库存水平达到 S; 否则, 就不予订货.

(4) (T, s, Q) 策略: 以周期 T 进行盘点, 其余行为同 (s, Q) 系统.

(5) (T, s, S) 策略: 以周期 T 进行盘点, 盘点时的库存水平执行 (s, S) 方案.

在以上策略中, 策略 (1) 与策略 (2) 是策略 (3) 的特例.

6) 费用

库存系统中的费用通常包括订货费 (或生产费)、存储费、缺货费及另外一些相关的费用.

(1) 订货费. 它包含两部分, 一部分是定购一次货物所需的定购费 K (如手续费、差旅费、最低起运费、生产准备费等, 它是仅与订货次数有关的一种固定费用); 二是货物的成本费 cz, 其中, c 为货物的单价, z 为订货数量, (成本费是与定

货数量有关的可变费用). 通常把订货总费用表示为

$$
c_1(z) = \begin{cases} K + cz, & z > 0 \\ 0, & z = 0 \end{cases} \tag{8.1}
$$

(2) 存储费. 它可能包括仓库使用费、货物维修费、保险费、积压资金所造成的损失 (利息、占用资金费等), 以及存货陈旧、变质、损耗、降价等所造成的损失等. 记 h 为单位时间内单位货物的保管费用.

(3) 缺货费. 指当存储不能满足需求而造成的损失费, 记 p 为单位时间内缺少单位货物造成的缺货费用. 如停工待料造成的生产损失、因货物脱销而造成的机会损失、延期付货所支付的罚金以及商誉降低所造成的无形损失等. 在有些情况下是不允许缺货的, 这时的缺货费可视为无穷大.

注意, 当商品的价格及需求量完全由市场决定时, 在确定最优策略时可以忽略不计销售收入. 当商品的库存量不能满足需求时, 由此导致损失 (或延付) 的销售收入应考虑包含在缺货费中; 当商品的库存量超过需求量时, 剩余商品通过廉价出售 (或退货) 的方式得到的收入应考虑包含在存储费中, 一般取为负数. 最后还可能会考虑货币的时间价值等费用.

7) 目标函数

目标函数是选择最优策略的准则. 常见的目标函数有平均费用 (或利润) 及折扣费用 (或利润). 最优策略的选择应使平均费用最小或平均利润最大, 使平均费用最小的策略等价于使平均利润最大的策略.

因此, 一个库存系统的完整描述需要知道需求、供货滞后时间、缺货处理方式、费用结构、目标函数以及所采用的存储策略. 决策者通过何时订货、订多少货来对系统实施控制. 若采用周期盘点时, 周期长度也是一个决策变量.

8.2　基本模型

基本模型考虑确定性的库存问题, 对模型作了如下假设, 参见文献 [37].

(1) 单品种货物库存, 连续盘点.

(2) 需求是连续均匀的, 即需求率 D 是常数.

(3) 瞬时供货.

(4) 不允许缺货.

(5) 采用 (s, S) 策略.

(6) 费用包括订货费及存储费. 订货费 $c_1(z)$ 由 (8.1) 给出. 存储费与一个运行周期 (相邻两次订货之间的间隔) 中的平均库存量成正比. 目标函数为长期运行下单位时间中的平均费用.

问题为确定 (s, S), 使目标函数达到最小.

记 $I(t)$ 表示一个运行周期开始后经过时间 t 后的库存量, T 为一个运行周期, $Q = S - s$ 表示订货量. 由以上条件可知, $I(t) = S - Dt, t \in [0, T]$. 于是, 可画出该系统的存储状态图, 如图 8.1 所示.

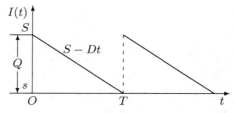

图 8.1 不允许缺货时库存水平随时间 t 的变化图

一个运行周期内生产或订货费 $c_1(Q) = K + cQ$.

在一个周期 T 内单位时间的平均库存量为

$$\frac{1}{T} \int_0^T I(t)\, \mathrm{d}t = \frac{1}{T} \int_0^T (S - Dt)\, \mathrm{d}t = S - \frac{1}{2}DT = s + \frac{1}{2}Q$$

因一个周期长度为 $T = \dfrac{Q}{D}$, 故一个运行周期内的库存费为 $h\left(s + \dfrac{Q}{2}\right)\dfrac{Q}{D}$. 于是, 一个运行周期 T 内的平均费用为

$$F(s, Q) = \frac{K + cQ + h\left(s + \dfrac{Q}{2}\right)\dfrac{Q}{D}}{\dfrac{Q}{D}} = \frac{DK}{Q} + cD + hs + \frac{hQ}{2} \tag{8.2}$$

其中, $s \geqslant 0, Q > 0$.

要使得平均费用函数 $F(s, Q)$ 达到最小值, 一定有 $s^* = 0$, 即
最优订货量为

$$Q^* = \sqrt{\frac{2DK}{h}} \tag{8.3}$$

最优存储周期为

$$T^* = \frac{Q^*}{D} = \sqrt{\frac{2K}{hD}} \tag{8.4}$$

最小平均费用为

$$F(s^*, Q^*) = cD + \sqrt{2hDK}$$

(8.3) 称为经济订货量 EOQ (economic ordering quantity) 公式, 也称为经济批量 (economic lot size) 公式.

由于 (8.2) 中的 cD 及 hs 与订货量 Q 无关, 因此只需考虑如下费用:

$$C(Q) = \frac{hQ}{2} + \frac{DK}{Q} \tag{8.5}$$

其最小解仍由 (8.3) 给出, 而平均费用为

$$C(Q^*) = \sqrt{2hDK} \tag{8.6}$$

分析以上的公式, 会发现 Q^* 及 T^* 会随着 K, h, D 的变化而发生相应变化, 且与直观理解相吻合. 当定购费 K 增加时, 相应的有 Q^* 及 T^* 都增加 (意味着减少订货或生产次数); 当存储费 h 增加时, 有 Q^* 及 T^* 都减少 (即尽量减少库存量, 换之以多增加订货或生产次数); 当需求率 D 增加时, 有 Q^* 增加 (即每次的定购批量增加), 而 T^* 减少 (即增加订货或生产次数). 另外, 由于 Q^* 与 K, h, D 是平方根的关系, 所以 Q^* 对参数的变化不甚敏感, Q^* 的稳定性较好.

此处的 (s, S) 策略实际上是当库存量 s 降至 0 时或在一个运行周期 T 结束时, 生产或定购 Q^* 件产品且每次生产或进货量 Q^* 都相同. 这里的 (s, S) 策略实际上相当于 t - 循环策略, 每隔固定的时间补充一次, 每次补充量均为 Q^*.

若把基本模型中的假设 (3) 改为存在供货滞后时间常数 l, 则订货点应为 $s^* = lD$, 最佳订货量 Q^* 公式仍保持不变. 但若供货不是那么可靠, 送货的延迟将导致实际的库存短缺经常出现. 在此情形下, 若多少提高一点再订购点以在送货延迟时有些回旋余地 (现在的再订购点为 0). 这种额外的防止送货延迟的库存叫做安全库存. 安全库存的数量就是再订购点和计划提前期中的预计需求之差. 当考虑到一个时间段到下一个时间之间需求有相当的不确定时, 维持一定数量的安全库存是合适的, 详细讨论参见文献 [1, 21].

例 8.2   继续考虑例 8.1, 设某电器公司采取自行批量生产的方式生产某零件, 每月需求量 8000 件.

(1) 试求今年该公司对零件的最佳生产存储策略及费用.

(2) 若明年拟将电视机产量提高一倍, 则需零件的生产批量应比今年增加多少? 生产次数又为多少?

(3) 若存在生产滞后时间 $l = 3$ 天, 问应如何组织生产?

解   Lingo 程序为

```
MODEL:
SETS:
times/1..2/:n,QT,TC;
ENDSETS
DATA:
```

```
K=12000;
D=96000;
h=3.6;
ENDDATA
Q = (2*D*K/h)^0.5;
T = Q/D;
nt= 1/T;
n(1)=@FLOOR(nt);
n(2)=@FLOOR(nt)+1;
@FOR(times: n=D/QT; TC=0.5*K*QT+K*D/QT;);
END
```

    Lingo 求解得

```
Feasible solution found at iteration:      0
                  Variable           Value
                         K        12000.00
                         D        96000.00
                         H        3.600000
                         Q        25298.22
                         T        0.2635231
                        NT        3.794733
                    N( 1)        3.000000
                    N( 2)        4.000000
                   QT( 1)        32000.00
                   QT( 2)        24000.00
                   TC( 1)        0.1920360E+09
                   TC( 2)        0.1440480E+09
```

    从求解结果中可知最优生产次数为 4 次. 在以上程序中, 由于不能肯定订购次数是否为整数, 因此假定其不为整数, 当生产次数为整数时, 则两次计算结果相等.

    当然, 从 Lingo 10.0 起, 就不用这么麻烦了. Lingo 10.0 在计算段 (calc) 中增加了控制程序流程的语句, 其中就包括了这里所需要的条件分支控制 (@IFC 或 @IFC/@ELSE 语句). 在计算段中, 若只有当某个条件满足时才执行某个或某些语句, 则可以使用 @IFC 或 @IFC/@ELSE 语句, 其中 @ELSE 部分是可选的.

    另外, Lingo 10.0 也增加了条件循环控制 (@WHILE 语句)、循环跳出控制 (@BREAK 语句)、程序暂停控制 (@PAUSE 语句) 与程序终止控制 (@STOP 语句).

    例 8.2 的方法是依据订货公式直接求解的方法. 另外一种方法是直接根据费用公式求解, 这是因为订货次数为整数, 所以由 (8.5), 可以求出各种订货次数情形的总费用, 直接比较即可求出最小费用对应的订货次数即为最优解. 根据这个思路, 下面的 Lingo 程序可以直接给出整数解:

```
MODEL:
SETS:
order/1..99/: EOQ,TC;
ENDSETS
DATA:
K=12000;
D=96000;
h=3.6;
ENDDATA
@FOR(order(i): EOQ(i) = D/i;
     TC(i)=0.5*h*EOQ(i)+K*D/EOQ(i););
TC_min=@MIN(order: TC);
Q=@SUM(order(i): EOQ(i)*(TC_min #eq# TC(i)));
N=D/Q;
END
```

在程序中, 订货次数 99 不是必须的, 通常取一个适当大的数就可以了. 可以看出, 该方法是求出在各种年订货次数情形下的最小年平均总费用, 从而给出相应的订货量. Lingo 计算得:

```
Feasible solution found at iteration:       0
                    Variable           Value
                        K         12000.00
                        D         96000.00
                        H         3.600000
                    TC_MIN         91200.00
                        Q         24000.00
                        N         4.000000
```

即每年订货 4 次 (每季度 1 次), 每次订货量为 24000 件, 最优费用为 91200 元.

8.3 缺货模型

在实际问题中, 允许少量缺货会使单个周期时间延长, 减少订货或生产的次数, 节约了定购费, 但是却增加了缺货费, 所以需要进行详细分析. 在接下来的模型中, 一个运行周期内的平均费用要考虑订货费、存储费及缺货费.

在基本模型中, 保持其余假设不变, 仅把假设 (4) 改为

(4)′ 允许缺货, 且缺货在以后补足.

仍记 T 为一个运行周期, $t = 0$ 时刻初始库存量为 S, 到一个周期结束时达到最大缺货量 s. 其库存量变化见图 8.2, 从图中可知, 最大缺货量为 $s = Q - S$, 新补充的 Q 单位物品在补足缺货量后使得库存量又达到最大库存水平 S.

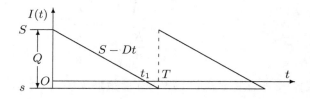

图 8.2　缺货事后补足模型中库存水平随时间变化图

一个运行周期中生产或订货费 $c_1(Q) = K + cQ$.

在 $[0, t_1]$ 这段时间内平均库存量为 $\dfrac{S + 0}{2}$. 于是, 单位时间内库存费为 $\dfrac{hS}{2}$, 由于在一个周期内保持库存量为正的时间长度 $t_1 = \dfrac{S}{D}$, 因此, 一个运行周期内的库存费为 $\dfrac{hS}{2} \cdot \dfrac{S}{D} = \dfrac{hS^2}{2D}$.

类似的, 在 $[t_1, T]$ 时间内平均缺货量为 $\dfrac{0 + Q - S}{2}$, 即单位时间内的缺货费为 $\dfrac{p(Q - S)}{2}$. 由于一个周期内出现短缺的时间为 $T - t_1 = \dfrac{Q - S}{D}$, 于是, 在一个运行周期内的缺货费为 $\dfrac{p(Q - S)}{2} \cdot \dfrac{Q - S}{D} = \dfrac{p(Q - S)^2}{2D}$. 因此, 一个运行周期内全部费用为 $K + cQ + \dfrac{hS^2}{2D} + \dfrac{p(Q - S)^2}{2D}$.

一个运行周期内的平均费用为

$$
\begin{aligned}
F(Q, S) &= \frac{K + cQ + \dfrac{hS^2}{2D} + \dfrac{p(Q - S)^2}{2D}}{\dfrac{Q}{D}} \\
&= \frac{DK}{Q} + cD + \frac{hS^2}{2Q} + \frac{p(Q - S)^2}{2Q}
\end{aligned}
\tag{8.7}
$$

由于 $F(Q, S)$ 的 Hesse 矩阵为正定矩阵. 因此, $F(Q, S)$ 是严格凸函数 $(S, Q > 0)$, 有唯一的最小值. 此最小值可由 $\dfrac{\partial F}{\partial Q} = 0$ 及 $\dfrac{\partial F}{\partial S} = 0$ 解出, 即联立求解

$$
\frac{1}{Q^2}[2DK + (h + p)S^2] = p, \quad \frac{1}{Q}(h + p)S = p
\tag{8.8}
$$

可得

$$
Q^* = \sqrt{\frac{2DK}{h}} \sqrt{1 + \frac{h}{p}}
\tag{8.9}
$$

$$S^* = \sqrt{\frac{2DK}{h}} \sqrt{\frac{p}{h+p}} \tag{8.10}$$

$$s^* = Q^* - S^* = \sqrt{\frac{2hDK}{p(h+p)}} \tag{8.11}$$

$$T^* = \frac{Q^*}{D} = \sqrt{\frac{2K}{Dh}} \sqrt{1 + \frac{h}{p}} \tag{8.12}$$

由于在 (8.7) 中, 库存物品总价 cD 与存储策略无关, 故将这一项费用略去后的费用函数记为 $C(Q, S)$, 有

$$C(Q, S) = \frac{DK}{Q} + \frac{hS^2}{2Q} + \frac{p(Q-S)^2}{2Q} \tag{8.13}$$

将以上结论代入费用函数 $C(Q, S)$ 有, 最小平均总费用

$$C^* = \sqrt{2DKh} \sqrt{\frac{p}{p+h}} = \frac{2K}{T^*} \tag{8.14}$$

另外, 从 (8.8) 中可知, $\dfrac{S}{Q} = \dfrac{p}{p+h}$, 代入费用函数 $C(Q, S)$, 可得

$$C(Q) = \frac{DK}{Q} + \frac{hQ}{2}\left(\frac{p}{p+h}\right)^2 + \frac{pQ}{2}\left(\frac{h}{p+h}\right)^2 = \frac{DK}{Q} + \frac{hQ}{2}\frac{p}{p+h} \tag{8.15}$$

当 h 为常数而 $p \to \infty$ 时, 有 $(Q^* - S^*) \to 0$, 即在此模型中尽管允许缺货但缺货量将趋于 0, Q^* 及 T^* 都将趋于基本模型中的相应值; 另外, 当 p 为常数而 $h \to \infty$ 时, 有 $S^* \to 0$. 因此, 当库存费为正且 $h \to \infty$ 时, 会导致库存量为 0.

在实际的库存问题中, 由于缺货损失费很难估计, 为此可从另一角度来考虑. 假定决策者要求库存不能满足需求的时间比例要小于 α $(0 < \alpha < 1)$. 由于本模型中缺货的时间比例为 $\alpha = 1 - \dfrac{S^*}{D} \cdot \dfrac{D}{Q^*}$, 因此 $\alpha = 1 - \dfrac{S^*}{Q^*} = \dfrac{h}{p+h}$, 由此可反解出 $p = h\left(\dfrac{1}{\alpha} - 1\right)$, 这对应用是方便的. 另外, 从图 8.2 中还可知, $\dfrac{S^*}{D} \cdot \dfrac{D}{S^*} = \dfrac{p}{p+h}$ 是独立于定购费 K 的.

例 8.3   继续考虑例 8.1. 现假设允许缺货, 且缺货费为 $p = 13.2$ 元/(件·年), 试求最优存储策略, 最大缺货量及最小费用.

解   在 Lingo 程序中, 可以利用 (8.9) 及 (8.10) 直接进行计算. 也可以依照前面的推导, 把问题表述为一个整数规划来表示: 以 (8.13) 为目标函数, 约束条件为

$$n = \frac{D}{Q}, \quad Q \geqslant 0, \quad n \geqslant 0 \text{ 且为整数}$$

这个模型的计算比较慢, 应当尽量避免. 更好的方法是依例 8.2 的思路, 由 (8.13) 直接求出整数解, Lingo 程序为

```
MODEL:
SETS:
order/1..99/: TC, EOQ, EOS;
ENDSETS
DATA:
K=12000;
D=96000;
h=3.6;
p=13.2;
ENDDATA
@FOR(order(i): EOQ(i)=D/i;
     EOS(i)=h/(h+p)*EOQ(i);
     TC(i)=0.5*h*(EOQ(i)-EOS(i))^2/EOQ(i)+
          K*D/EOQ(i)+0.5*p*EOS(i)^2/EOQ(i););
TC_min=@MIN(order: TC);
Q=@SUM(order(i): EOQ(i)*(TC_min #eq# TC(i)));
S=@SUM(order(i): EOS(i)*(TC_min #eq# TC(i)));
N=D/Q;
END
```

Lingo 求解得

```
Feasible solution found at iteration:     0
             Variable           Value
                    K        12000.00
                    D        96000.00
                    H        3.600000
                    P        13.20000
                TC_MIN       81257.14
                    Q        32000.00
                    S        6857.143
                    N        3.000000
```

即全年生产 3 次, 每次生产量为 32000 件. 与例 8.2 相比, 允许缺货模型的最优费用要低于不允许缺货模型, 因此, 若有可能, 可以利用允许缺货的库存策略来降低存储成本.

8.4 供货有限模型

本模型中把基本模型的假定 (3) 及 (4) 分别改为如下假设, 可参见文献 [37].

(3)′ 单位时间供货能力 (供货率) 为 $R, R > D$.

(4)′ 允许缺货, 缺货在以后补足.

在一个运行周期 $(0, T)$ 中, 初始时刻库存水平 S, 在 $(0, t_1)$ 中以需求率 D 的速率减少, 到 A 点库存量降为 0, 到 C 点达到最大缺货量; 在 (t_1, T) 中进货 (或生产) 与需求同时存在, 库存量以速率 $R - D$ 增加, 到 B 点补上短缺量, 最后到 F 点又使库存量达到初始库存水平 S, 一个周期结束. 一个运行周期中的库存量的变化情况如图 8.3 所示.

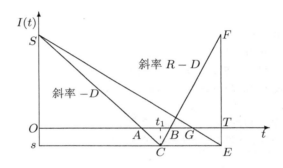

图 8.3　允许缺货且供货能力有限模型中库存水平随时间变化图

下面, 对允许缺货且供货能力有限的模型采用简单的几何知识将其转化为 8.3 节讨论过的缺货事后补足模型.

在一个运行周期中, 库存费与 $\triangle AOS$, $\triangle BTF$ 的面积之和成正比, 缺货费与 $\triangle ABC$ 的面积成正比. 连 SE 交 OT 于 G. 由相似三角形对应边成比例, 得

$$\frac{AG}{CE} = \frac{SA}{SC} = \frac{OS}{sS} = \frac{TF}{EF} = \frac{BT}{CE}$$

因此, $AG = BT$. 于是, 有如下面积关系:

$$S_{\triangle ABC} = S_{\triangle GTE}, \quad S_{\triangle AOS} + S_{\triangle BFT} = S_{\triangle GOS}$$

因而图 8.3 中的一个周期对应于 8.3 节中的一个周期, 相应的需求率 D_1 是 SE 的斜率的绝对值. 仍记 $Q = S + s$ (注意, 与基本模型中不同, Q 不再是表示一个运行周期的订货量), 则有 $D_1 = \dfrac{Q}{T}$. 而 SC, CF 的斜率的绝对值分别为 $D = \dfrac{Q}{t_1}, R - D = \dfrac{Q}{T - t_1}$. 因此, 可得 $T = \dfrac{Q}{D} + \dfrac{Q}{R - D}$, 即 $D_1 = \dfrac{D(R - D)}{R}$.

因此, 在 (8.7) 中, 将 D 换成 D_1 即得一个运行周期内的平均费用为

$$F(Q, S) = \frac{D_1 K}{Q} + cD_1 + \frac{hS^2}{2Q} + \frac{p(Q - S)^2}{2Q} \tag{8.16}$$

类似地, 把 (8.9) 及 (8.10) 中的 D 换成 D_1, 即有

$$Q^* = \sqrt{1 - \frac{D}{R}} \sqrt{\frac{2DK}{h}} \sqrt{1 + \frac{h}{p}} = a\sqrt{\frac{2DK}{h}} \sqrt{1 + \frac{h}{p}} \tag{8.17}$$

其中, $a = \sqrt{1 - \dfrac{D}{R}}$.

进一步, 可得允许缺货且供货能力有限模型中的最佳方案

$$S^* = a\sqrt{\frac{2DK}{h}} \sqrt{\frac{p}{h + p}}$$

$$s^* = Q^* - S^* = a\sqrt{\frac{2hDK}{p(h + p)}}$$

$$T^* = \frac{Q^*}{D_1} = \sqrt{\frac{2KR}{hD(R - D)}} \sqrt{1 + \frac{h}{p}}$$

$$t_1^* = \frac{Q^*}{D} = a\sqrt{\frac{2K}{hD}} \sqrt{1 + \frac{h}{p}}$$

最佳订货量为

$$R(T^* - t_1^*) = DT^* = Dt_1^* + D(T^* - t_1^*) = \sqrt{\frac{2DKR}{h(R - D)}} \sqrt{1 + \frac{h}{p}}$$

最小平均总费用为

$$C^* = \sqrt{2D_1 Kh} \sqrt{\frac{p}{p + h}} = \sqrt{2D_1 Kh} \sqrt{\frac{p}{p + h}} \sqrt{1 - \frac{D}{R}} = \frac{2K}{T^*}$$

根据前面的 (8.15), 并经过数学推导, 可得此模型的费用函数为

$$C(Q) = \frac{DK}{Q} + \frac{hQ}{2} \frac{p}{p + h} \left(1 - \frac{D}{R}\right) \tag{8.18}$$

例 8.4　企业生产某种产品, 正常生产条件下每天可生产 10 件. 根据供货合同, 需按每天 7 件供货. 存储费每件每天 0.13 元, 缺货费每件每天 0.5 元, 每次生产准备费用 (装配费) 为 80 元, 求最优存储策略.

解 根据题意, 有 $R = 10$ 件/天, $D = 7$ 件/天, $h = 0.13$ 元/(天·件), $p = 0.5$ 元/(天·件), $K = 80$ 元/次. 类似前面的做法, 由 (8.16) 可得相应的 Lingo 程序:

```
MODEL:
SETS:
order/1..99/: TC, EOQ, EOS;
ENDSETS
DATA:
K=80;
D0=7;
R0=10;
h0=0.13;
p0=0.5;
ENDDATA
D=7*360;
R=10*360;
h=0.13*360;
p=0.5*360; !换成年度数据;
D1=D*(R-D)/R;
@FOR(order(i): EOQ(i)=D1/i;
    EOS(i)=h/(h+p)*EOQ(i);
    TC(i)=0.5*h*(EOQ(i)-EOS(i))^2/EOQ(i)+
        K*D1/EOQ(i)+0.5*p*EOS(i)^2/EOQ(i););
TC_min=@MIN(order: TC);
Q=@SUM(order(i): EOQ(i)*(TC_min #eq# TC(i)));
S=@SUM(order(i): EOS(i)*(TC_min #eq# TC(i)));
N=D1/Q;!与缺货模型不同,这部分模型中需将D换成D1;
t1=Q*360/D1;
orderQ=D*Q/D1;
END
```

Lingo 求解得最优解:

```
Feasible solution found at iteration:        0
            Variable           Value
                   K        80.00000
                  D0        7.000000
                  R0        10.00000
                  H0        0.1300000
                  P0        0.5000000
             TC_MIN        2120.000
                   Q        58.15385
```

$$
\begin{array}{lr}
\text{S} & 12.00000 \\
\text{N} & 13.00000 \\
\text{T} & 27.69231 \\
\text{ORDERQ} & 193.8462
\end{array}
$$

即每年订货 13 次, 一个周期的订货量约为 194 件.

在以上允许缺货且供货能力有限模型中, 若 $p = \infty$, 表明不允许缺货, 此时得到不允许缺货且供货能力有限的模型, 其存储状态图见图 8.4. 由允许缺货且供货能力有限模型的结论可直接导出该模型的最优存储策略.

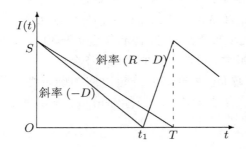

图 8.4　不允许缺货且供货能力有限模型中库存水平随时间变化图

当 $p = \infty$ 时, 由 (8.17) 可知, $Q^* = \sqrt{1 - \dfrac{D}{R}} \sqrt{\dfrac{2DK}{h}}$. 于是, 有

$$
S^* = \sqrt{1 - \frac{D}{R}} \sqrt{\frac{2DK}{h}}, \quad T^* = \sqrt{\frac{2KR}{hD(R-D)}}, \quad t_1^* = \sqrt{1 - \frac{D}{R}} \sqrt{\frac{2K}{hD}}
$$

最佳订货量

$$
R(T^* - t_1^*) = Q^* + D(T^* - t_1^*) = DT^* = \sqrt{\frac{2KRD}{h(R-D)}} \tag{8.19}
$$

最小平均总费用为 $C^* = \dfrac{2K}{T^*}$.

注意, 此处的 Q^* 同不允许缺货且供货能力有限模型中的 Q^* 一样不是一个运行周期的最佳订货量, 此处有 $Q^* = D_1 T^*$, 其中, D_1 是直线 ST 的斜率, $D_1 = \dfrac{D(R-D)}{R}$, 而真正的最佳订货量为 DT^*.

下面, 推出总费用函数 C. 由于在一个运行周期内库存费为 $hT \cdot \dfrac{Dt_1}{2}$, 由于有 $Dt_1 = (R-D)(T-t_1)$ 成立, 于是可以解得 $t_1 = (1 - \dfrac{D}{R})T$. 代入一个运行周

期内的库存费用中, 可得

$$hT \cdot \frac{Dt_1}{2} = hT\frac{DT}{2}\Big(1 - \frac{D}{R}\Big) = hT\frac{Q}{2}\Big(1 - \frac{D}{R}\Big)$$

平均总费用函数为

$$C = \frac{1}{T}\Big[K + hT\frac{Q}{2}\Big(1 - \frac{D}{R}\Big)\Big] = \frac{DK}{Q} + \frac{1}{2}hQ\Big(1 - \frac{D}{R}\Big) \tag{8.20}$$

另外, 若 $R = \infty$, 表明瞬时供货, 且允许缺货, 此时回到允许缺货模型.

例 8.5　某生产线单独生产一种产品时的能力为 8000 件/年, 但对该产品的需求仅为 2000 件/年, 故在生产线上组织多品种轮番生产. 已知该产品的存储费为 1.60 元/(年·件), 更换生产品种时, 需准备结束费 300 元. 目前该生产线上每季度安排生产该产品 500 件, 问这样安排是否经济合理?

解　本例属于不允许缺货, 生产需要一定时间的确定性模型. 已知 $R = 8000$ 件/年, $D = 2000$ 件/年, $h = 1.60$ 元/(年·件), $K = 300$ 元, 故由 (8.20) 可列出 Lingo 模型为

```
MODEL:
SETS:
order/1..99/: TC, EOQ, EOS;
ENDSETS
DATA:
K=300;
D=2000;
R=8000;
h=2.6;
ENDDATA
D1=D*(R-D)/R;
@FOR(order(i): EOQ(i)=D1/i;
     TC(i)=D*K/EOQ(i)+0.5*h*EOQ(i)*(1-D/R));
TC_min=@MIN(order: TC);
Q=@SUM(order(i): EOQ(i)*(TC_min #eq# TC(i)));
S=@SUM(order(i): EOS(i)*(TC_min #eq# TC(i)));
N=D1/Q;
t1=Q*360/D1;
orderQ=D*Q/D1;
END
```

Lingo 计算可得

```
Feasible solution found at iteration:   0

            Variable        Value
                   K    300.0000
                   D    2000.000
                   R    8000.000
                   H    2.600000
                  D1    1500.000
              TC_MIN    1531.250
                   Q    750.0000
                   S    0.000000
                   N    2.000000
                  T1    180.0000
              ORDERQ    1000.000
```

即应每半年组织生产一批, 每批生产 1000 件.

8.5* 批量折扣模型

在前面介绍的各种模型中, 货物单价均与定购数量无关. 而实际的情况是供货方采取的是鼓励用户多订货的优惠政策, 即订货量越大, 货物单价就越低. 除了这样的价格激励机制以外, 其他假设条件和基本模型相同. 本节讨论大量采购时单价有批量折扣的库存模型, 可参见文献 [37].

设订货批量为 Q, 对应的货物单价为 $c(Q)$. 当 $Q_{i-1} \leqslant Q < Q_i$ 时, $c(Q_i) = c_i \ (i = 1, 2, \cdots, n)$, 其中, Q_i 为价格折扣的某个分界点, 且 $0 \leqslant Q_0 < Q_1 < \cdots < Q_n$; $c_1 > c_2 > \cdots > c_n$.

在一个库存周期内, 批量折扣库存模型的平均总费用函数为

$$C(Q) = c_i D + \frac{hQ}{2} + \frac{KD}{Q} \qquad (Q_{i-1} \leqslant Q < Q_i; i = 1, 2, \cdots, n)$$

以 $n = 3$ 为例, 画出它的图像, 如图 8.5 所示. $C(Q)$ 由以 Q_1, Q_2, Q_3 为分界点的几条不连续的线段 (实线) 所组成, 因而是一个分段函数.

从图 8.5 中可见, 如不考虑货物总价 cD, 则最小费用点为 $\widetilde{Q} = \sqrt{\dfrac{2DK}{h}}$. 若 $\widetilde{Q} \in [Q_1, Q_2)$, 则有 $C(\widetilde{Q}) = \sqrt{2DKh} + c_2 D$. 对于一切 $Q \in (0, Q_2)$, 都有 $C(\widetilde{Q}) \leqslant C(Q)$, 即 $\widetilde{Q}$ 为 $C(Q)$ 在 $(0, Q_2)$ 上的极小点. 但当 $Q = Q_2$ 时, 由于购价由 c_2 降为 c_3, 所以可能有 $C(Q_2) < C(\widetilde{Q})$. 类似地, 对 $\widetilde{Q}$ 右侧的每一分界点 $Q_i(> \widetilde{Q})$, 都可能有 $C(Q_i) < C(\widetilde{Q})$. 所以应该依次计算 $\widetilde{Q}$ 右侧各分界点 Q_i 的目标函数值: $C(Q_i) = c_i D + \dfrac{1}{2} h Q_i + \dfrac{DK}{Q_i} \ (Q_i > \widetilde{Q})$, 并与 $C(\widetilde{Q})$ 一起加以比较, 从

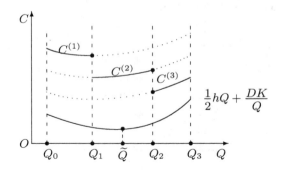

图 8.5　批量折扣存储模型的平均总费用函数

中选出最小值

$$C(Q^*) = \min\{C(\widetilde{Q}), C(Q_i)|Q_i > \widetilde{Q} \quad (i = j, j+1, \cdots, n)\}$$

而它所对应的 Q^* 即为最优定购量. 相应地, 最佳定购周期为 $T^* = \dfrac{Q^*}{D}$.

此模型的最小平均总费用定购批量可按如下步骤来确定:

(1) 计算 $\widetilde{Q} = \sqrt{\dfrac{2DK}{h}}$. 若 $Q_{j-1} \leqslant \widetilde{Q} < Q_j$, 则平均总费用 $\widetilde{C} = \sqrt{2hDK} + c_j D$;

(2) 计算 $C^{(i)} = c_i D + \dfrac{1}{2}hQ_i + \dfrac{DK}{Q_i} \quad (i = j, j+1, \cdots, n)$;

(3) 若 $\min\{\widetilde{C}, C^{(j)}, C^{(j+1)}, \cdots, C^{(n)}\} = C^*$, 则 C^* 对应的批量为最小费用定购批量 Q^*. 定购周期为 $T^* = \dfrac{Q^*}{D}$.

例 8.6　工厂每周需零配件 32 箱, 库存费每箱每周 1 元, 每次定购费 25 元, 不允许缺货. 零配件进货时若订货量 $1 \sim 9$ 箱时, 每箱 12 元; 订货量 $10 \sim 49$ 箱时, 每箱 10 元; 订货量 $50 \sim 99$ 箱时, 每箱 9.5 元; 订货量 99 箱 以上时, 每箱 9 元. 求最优存储策略.

解　Lingo 程序为

```
MODEL: ! Economic order quantity with quantity discounts;
SETS:
  RANGE/1..4/: B, P, EOQ, Q,  AC;
ENDSETS DATA:
  D = 32;  ! The weekly demand;
  K = 25;  ! The fixed cost of an order;
  H=  1;  ! A holding cost/unit;
  !The upper break points, B, and price per unit, P: Range:1  2 3 4;
  B =10,50,100,10000;!given a big upper break points;
```

```
 P =12,10,9.5,    9;
ENDDATA
 @FOR( RANGE: EOQ = ( 2 * K * D/ H) ^.5 );
    Q( 1) = EOQ( 1) -(EOQ( 1)
             - B( 1) + 1) * ( EOQ( 1) #GE# B( 1));
 @FOR( RANGE( J)| J #GT# 1:
  Q( J) = EOQ( J) +
     ( B( J-1) - EOQ( J)) * ( EOQ( J) #LT# B( J - 1))
     - ( EOQ( J) - B( J) + 1) *( EOQ( J) #GE# B( J));   );
 @FOR( RANGE: AC = P * D + H * Q/ 2 + K * D/ Q);
 ACMIN = @MIN( RANGE: AC);
 QUSE = @SUM( RANGE: Q * ( AC #EQ# ACMIN));
END
```

　　Lingo 求解得

```
Feasible solution found at iteration:      0
                    Variable       Value
                           D      32.00000
                           K      25.00000
                           H      1.000000
                       ACMIN     345.0000
                        QUSE      50.00000
```

即最小费用为 345 元/周, 相应的最优订货批量为 50 箱.

8.6* 约束条件模型

　　假定存储模型中包含多种物品, 且订货批量受到库容和资金等方面限制, 则考虑最优订货批量时需要考虑必要的约束条件. 设 Q_i 为第 $i\,(i = 1, 2, \cdots, n)$ 种物品的订货批量. 每件第 i 种物品占用库存空间为 w_i, 仓库的最大库存容量为 W, 则考虑各种物品订货批量时, 应加上约束条件

$$\sum_{i=1}^{n} Q_i w_i \leqslant W \tag{8.21}$$

1) 带约束的基本库存模型

　　设第 i 种物品的订货提前期为 0, 单位时间的需求率为 D_i, 每批固定的定购费及单位时间的库存费用分别为 K_i 和 h_i, 由此, 在带约束条件的库存问题中, 由

(8.2), 为使总的费用最小可归为求解下述数学模型:

$$\min z = \sum_{i=1}^{n} \left(\frac{K_i D_i}{Q_i} + \frac{1}{2} h_i Q_i \right)$$

$$\text{s.t.} \begin{cases} \sum_{i=1}^{n} Q_i w_i \leqslant W \\ Q_i \geqslant 0 \quad (i = 1, 2, \cdots, n) \end{cases}$$

例 8.7 考虑一个具有三种物品的库存问题, 有关数据见表 8.1. 已知总的库存总量为 $W = 30\text{m}^3$, 试求每种物品的最优订货批量.

表 8.1   三种物品的有关数据

物品	K_i	D_i	h_i	w_i/m^3
1	10	2	0.3	1
2	5	4	0.1	1
3	15	4	0.2	1

解 因为这是一个常规的整数规划模型, 故略去 Lingo 程序, 计算得 $Q_1^* = 8$, $Q_2^* = 9$, $Q_3^* = 13$.

2) 带约束的允许缺货模型

类似于不允许缺货模型的讨论, 对于允许缺货模型, 也可以考虑多种类、带有资金和库容约束的数学模型. 类似给出相应记号后, 则由 (8.7) 有带库容约束的允许缺货模型为

$$\min z = \sum_{i=1}^{n} \left(\frac{D_i K_i}{Q_i} + c_i D_i + \frac{h_i S_i^2}{2Q_i} + \frac{p_i (Q_i - S_i)^2}{2Q_i} \right)$$

$$\text{s.t.} \begin{cases} \sum_{i=1}^{n} w_i S_i \leqslant W \\ Q_i \geqslant 0 \quad (i = 1, 2, \cdots, n) \end{cases}$$

类似地, 可很容易地得出其他库存情形下的带约束的库存模型.

8.7* 动态需求模型

这类模型的特点是对某物品的需求量可划分为若干个时期, 在同一时期内需求是常数, 但在不同的时期间, 需求是变化的, 即需求已知但非平稳且在有限阶段中运行的确定性库存模型, 参见文献 [37].

动态需求库存模型的假设为:

(1) 单品种货物, 周期盘点, 初始库存量为 0.

(2) 库存系统在 T 个有限时段 (周期) 中运行.

(3) 需求 $d(t)$ $(t = 1, 2, \cdots, T)$ 已知.

(4) 不允许缺货.

(5) 瞬时供货. 在每个周期开始的时刻订货并立即得到补充. 在第 t 个周期开始时刻的补充量为 $q(t) \geqslant 0$ $(t = 1, 2, \cdots, T)$.

(6) 费用包括订货费及库存费. 第 t 个周期中的订货费为 $c_1(z)$, 这里 $c_1(z)$ 由 (8.1) 定义. 若记 $I(t)$ 为第 t 个周期结束时的库存量, 则在周期 t 中的库存费定义为 $c_2(t) = hI(t)$ $(t = 1, 2, \cdots, T)$.

问题为确定非负订货量 $q(t)$ $(t = 1, 2, \cdots, T)$, 使在有限时段 T 中总费用最小, 称此订货量序列为一个最优方案. 显然, 在该库存模型中库存量满足

$$I(0) = 0, \quad I(t) = I(t-1) + q(t) - d(t) \ (t = 1, 2, \cdots, T)$$

库存量的变化由图 8.6 形象地表现出来.

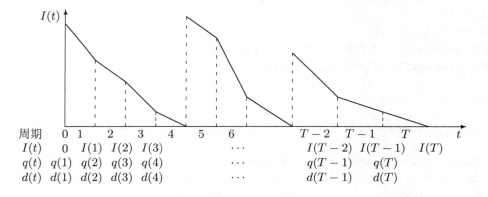

图 8.6　需求非平稳时库存量的变化图

该库存问题的数学模型为

$$\min z = \sum_{t=1}^{T} c_t(q(t)) + hI(t)$$
$$\text{s.t.} \begin{cases} I(0) = 0 \\ I(t) = I(t-1) + q(t) - d(t), \quad t = 1, 2, \cdots, T \end{cases} \tag{8.22}$$

对此问题, 文献 [3] 介绍了动态规划方法和启发式算法, WinQSB 中已包括了这些算法. 下面根据 (8.22) 直接建立数学模型进行求解, 在模型中要注意处理固定费用.

例 8.8　已知四个时期内对某种产品的需求量分别为 $\{5, 3, 4, 2\}$, 各时期的订货费用, 存储费用及产品的单价分别为 $K = 5$ 元, $h = 0.9$ 元, $c = 3$ 元/件, 要求确定各个时期最佳订货批量订货, 使得四个时期各项费用和为最小.

解　由 (8.22) 可得 Lingo 程序:

```
SETS:
periods/1..4/: IV, D, Q, Y;
ENDSETS
DATA:
D = 5, 3, 4, 2;
c = 3;
h = 0.9;
K = 5;
M = 14;  !单期订货的最大量;
ENDDATA
MIN = @SUM(periods(J): K*Y(J)+c*Q(J)+h*IV(J));
IV_0= 0;
IV(1)= IV_0+Q(1)-D(1);
@FOR(periods(J) | J #GT# 1: IV(J)=IV(J-1)+Q(J)-D(J););
@FOR(periods(J) : Q(J)-M*Y(J) <= 0;
                @BIN(Y(J)); );
END
```

Lingo 计算得:

```
Global optimal solution found at iteration:        16
Objective value:                            56.50000
            Variable          Value        Reduced Cost
                   C        3.000000           0.000000
                   H        0.9000000          0.000000
                   K        5.000000           0.000000
                   M        14.00000           0.000000
                IV_0        0.000000           0.000000
               IV( 1)       3.000000           0.000000
               IV( 2)       0.000000           1.800000
               IV( 3)       2.000000           0.000000
               IV( 4)       0.000000           4.800000
                D( 1)       5.000000           0.000000
                D( 2)       3.000000           0.000000
                D( 3)       4.000000           0.000000
                D( 4)       2.000000           0.000000
```

Q(1)	8.000000	0.000000
Q(2)	0.000000	0.000000
Q(3)	6.000000	0.000000
Q(4)	0.000000	0.000000
Y(1)	1.000000	5.000000
Y(2)	0.000000	-7.600000
Y(3)	1.000000	5.000000
Y(4)	0.000000	-7.600000

即相应的最优订货方案为 8, 0, 6, 0, 最小总费用为 56.5 元. 注意, 在程序中, 并没有指定第四期末的库存水平, 但此时最优解自动指定其库存水平为 0, 这和 1.6.2 节最后的讨论是一致的.

思考题

8.1 判断下列说法是否正确:

(1) 订货费为每定一次货发生的费用, 它同每次订货的数量无关.

(2) 在同一存储模型中, 可能既发生存储费用, 又发生短缺费用.

(3) 在允许发生短缺的存储模型中, 订货批量的确定应使由于存储量减少带来的节约能抵消缺货时所造成的损失.

(4) 当订货数量超过一定值允许价格打折扣的情况下, 打折条件下的订货批量总是要大于不打折扣时的订货批量.

(5) 在其他费用不变的条件下, 随着单位存储费用的增加, 最优订货批量也相应增大.

(6) 在其他费用不变的条件下, 随着单位缺货费用的增加, 最优订货批量将相应减小.

8.2 若某产品中有一外购件, 年需求量为 10000 件, 单价为 100 元. 由于该件可在市场采购, 故订货提前期为 0, 并设不允许缺货. 已知每组织一次采购需 2000 元, 每件每年的存储费为该件单价的 20%, 试求经济订货批量及每年的存储加上采购的总费用.

8.3 某单位每年需零件 A 5000 件, 这种零件可以从市场购买到, 故订货提前期为 0. 设该零件的单价为 5 元/件, 年存储费为单价的 20%, 不允许缺货. 若每组织采购一次的费用为 49 元, 又一次购买 1000 ~ 2499 件时, 给予 3% 的折扣, 购买 2500 件以上时, 给予 5% 的折扣. 试确定一个使采购加存储费用之和为最小的采购批量.

8.4 一条生产线若全部用于某种型号产品生产时, 其年生产能力为 600000 台. 据预测对该型号产品的年需求量为 260000 台, 并在全年内需求量基本保持平衡, 因此该生产线将用于多品种的轮番生产. 已知在生产线上更换一种产品时, 需准备结束费 1350 元, 该产品每台成本为 45 元, 年存储费用为产品成本的 24%, 不允许发生供货短缺, 求使费用最小的该产品的生产批量.

8.5 在不允许缺货, 生产时间很短的确定性模型中, 计算得到最优订货批量为 Q^*, 若在实际执行时按 $0.8Q^*$ 的批量订货, 则相应的订货费与库存费是最优订货批量时费用 C^* 的多少倍.

8.6 某大型机械含三种外购件, 其有关数据见表 8.2. 若存储费占单件价格的 25%, 不允许缺货, 订货提前期为 0. 又限定外购件库存总费用不超过 240 000 元, 仓库面积为 250 m², 试确定每种外购件的最优订货批量.

表 8.2　三种外购件的有关数据表

外购件	年需求量/件	订货费/元	单件价格/元	占用仓库面积/m²
1	1000	1000	3000	0.5
2	3000	1000	1000	1
3	2000	1000	2500	0.8

8.7 某多时期的存储问题有关数据如表 8.3 所示. 各时期内每件生产成本不变, 均为 4 元, 即 $C_i(q_i) = 4q_i$. 该产品期初库存 $x_1 = 3$ 件, 要求期末库存 $x_4 = 10$ 件. 试确定各期的最佳订货批量 q_i^*, 使在三个时期内各项费用之和为最小.

表 8.3　某存储问题的有关数据

时间 i	需求 D_i	定购费 K_i	存储费 h_i
1	56	98	1
2	80	185	1
3	47	70	1

8.8 设仓库的最大容量为 M, 原有库存量为 I, 将整个计划期分为 m 个存储周期. 已知在第 j 个周期中货物的售出单价为 a_j, 单位货物的成本为 b_j, 请用线性规划的方法确定使整个计划期销售利润最大的存储策略.

第 9 章

排队论

排队论 (queueing theory), 又称为随机服务系统, 是通过研究各种服务系统在排队等待现象中的概率特性, 从而解决服务系统最优设计与最优控制的一门学科. 已广泛应用在计算机网络、陆空交通、机场管理、通信及其他公用事业等领域. 本章仅介绍一些基本理论与方法, 更深入的讨论可参见文献 [1].

9.1 基本概念

9.1.1 模型描述

任何一个顾客通过排队服务系统总要经过如下过程: 顾客到达、排队等待、接受服务、离去 (图 9.1). 于是, 任何排队服务系统可以描述为三个方面: ① 顾客到达规律; ② 顾客排队与接受服务的规则; ③ 服务机构的结构形式、服务台的个数与服务速率.

图 9.1 服务系统描述

9.1.1.1 输入过程

输入过程描述要求服务的顾客按怎样的规律到达系统, 可以从如下三个方面来刻画一个输入过程.

(1) 顾客总体 (或顾客源) 数可以是有限的或无限的.

(2) 顾客到达方式可以是单个到达或是成批到达.

(3) 顾客相继到达时间的间隔. 令 T_n 为第 n 个顾客到达的时刻 ($n = 1$, $2, \cdots$), 则有 $0 = T_0 \leqslant T_1 \leqslant \cdots \leqslant T_n \leqslant \cdots$. 记 $X_n = T_n - T_{n-1}$, 则 X_n 是第 n 个顾客与第 $n-1$ 个顾客到达的时间间隔. 通常假定 $\{X_n\}$ 是独立同分布的. 关于 $\{X_n\}$ 的分布, 排队论中常用的有以下几种:

① 定长输入 (D): 顾客相继到达时间的间隔为一确定的常数.

② 最简单流输入 (M) (或称 Poisson 流、Poisson 过程): 顾客相继到达时间的间隔 $\{X_n\}$ 独立同负指数分布.

③ Erlang 输入 (E_k): 顾客相继到达时间间隔 $\{X_n\}$ 相互独立, 并具有相同的 Erlang 分布.

④ 一般独立输入 (GI): 顾客相继到达时间的间隔相互独立且同分布.

上面所有输入都是一般独立输入的特例.

9.1.1.2　排队规则

排队规则主要描述服务机构是否允许顾客排队, 顾客对排队长度、时间的容忍程度, 及在排队队列中等待服务的顺序. 常见的排队规则有如下几种情形:

1) 损失制排队系统

这种排队系统的排队空间为 0, 即不允许排队. 当顾客到达系统时, 若所有服务台均被占用, 则自动离去, 并假定不再回来.

2) 等待制排队系统

当顾客到达时, 若所有服务台都被占用且又允许排队, 则该顾客将进入队列等待. 服务台对顾客进行服务所遵循的规则通常有如下几种:

(1) 先来先服务 (first come first server, FCFS): 按顾客到达的先后对顾客进行服务.

(2) 后来先服务 (last come first server, LCFS).

(3) 带优先服务权 (priority server, PS): 服务设施优先对重要性级别高的顾客服务, 在级别相同的顾客中按到达先后次序排队.

(4) 随机服务 (random server): 到达服务系统的顾客不形成队伍, 当服务设施有空时, 随机选取一名顾客服务, 每一名等待顾客被选取的概率相等.

3) 混合制排队系统

该系统是等待制和损失制系统的结合, 一般是指允许排队, 但又不允许队列无限长下去. 具体说来, 大致有三种:

(1) 队长有限, 即系统的等待空间是有限的. 例如最多只能容纳 K 个顾客在系统中, 当新顾客到达时, 若系统中的顾客数 (又称为队长) 小于 K, 则可进入系统排队或接受服务; 否则, 便离开系统并不再回来.

(2) 等待时间有限, 即顾客在系统中的等待时间不超过某一给定的长度 T, 当等待时间超过 T 时, 顾客将自动离去并不再回来.

(3) 逗留时间 (等待时间与服务时间之和) 有限.

损失制和等待制可看成是混合制的特殊情形, 如记 s 为系统中服务台的个数, 则当 $K = s$ 时, 混合制即成为损失制; 当 $K = \infty$ 时, 即成为等待制.

9.1.1.3　服务机构

服务机构主要包括服务设施的数量、连接形式、服务方式及服务时间分布等. 服务设施数量有一个或多个之分, 分别称为单服务台排队系统与多服务台排队系统; 多服务台排队系统的连接方式有串联、并联、混联和网络等; 服务方式分为单个或成批服务. 在这些因素中, 服务时间的分布更为重要一些, 记某服务台的服务时间为 V, 其分布函数为 $B(t)$, 密度函数为 $b(t)$, 则常见分布有如下几种:

(1) 定长分布 (D): 每个顾客接受服务的时间是一个确定的常数.

(2) 负指数分布 (M): 每个顾客接受服务的时间相互独立, 具有相同的负指数分布.

(3) k 阶 Erlang 分布 (E_k): 每个顾客接受服务的时间服从 k 阶 Erlang 分布.

(4) 一般服务分布 (G): 所有顾客的服务时间相互独立且有相同的一般分布函数 $B(t)$. 前面介绍的各种分布是一般分布的特例.

9.1.2　符号表示

排队模型的记号是 20 世纪 50 年代初由 D. G. Kendall 引入的, 即

$$A/B/C/n$$

这里 A 记输入过程, B 记服务时间, C 记服务台数目, n 记系统空间数. 若 $n = \infty$, 即等待制时, 省去 n 而只用 A/B/C 记一个排队系统. 若无进一步的说明, 约定顾客源无限, 服务是按到达先后次序进行, 服务过程与输入过程独立. 如 M/M/n/K 代表顾客输入为 Poisson 流, 服务时间为负指数分布, 有 n 个并联服务站, 系统空间为 K 个的排队服务系统; D/G/1 代表定长输入, 一般服务时间, 单个服务站的排队服务系统; GI/E_k/1 代表一般独立输入, Erlang 服务时间分布, 单个服务台的排队服务系统, 如此等等.

9.1.3　数量指标

下面, 给出上述一些主要数量指标的常用记号:

$N(t)$ 为 t 时刻系统中的顾客数 (又称为系统的状态), 即队长;

$N_q(t)$ 为 t 时刻系统中排队的顾客数, 即排队长;

$w(t)$ 为 t 时刻到达系统的顾客在系统中的逗留时间;

$w_q(t)$ 为 t 时刻到达系统的顾客在系统中的等待时间.

这些数量指标一般都和系统运行时间有关, 其瞬时分布的求解一般很困难. 在许多情形下, 系统运行足够长的时间后将趋于统计平衡. 在统计平衡状态下, 队长的分布、等待时间的分布等都和系统所处的时刻无关, 而且系统的初始状态的影响也会消失. 因此, 将主要讨论统计平衡性质.

记 $P_n(t)$ 为时刻 t 时系统处于状态 n 的概率, 即系统的瞬时分布. 记 P_n 为系统达到统计平衡时处于状态 n 的概率. 又记

N 为系统处于平稳状态时的队长, 记均值 $L = E[N]$, 称为平均队长;

N_q 为系统处于平稳状态时的排队长, 记均值 $L_q = E[N_q]$, 称为平均排队长;

w 为系统处于平稳状态时顾客的逗留时间, 记均值 $W = E[w]$, 称为平均逗留时间;

w_q 为系统处于平稳状态时顾客的等待时间, 记均值 $W_q = E[w_q]$, 称为平均等待时间;

λ_n 为当系统处于状态 n 时新来顾客的平均到达率 (即单位时间内来到系统的平均顾客数);

μ_n 为当系统处于状态 n 时整个系统的平均服务率 (即单位时间内可以服务完的平均顾客数).

当系统中顾客的平均到达率 λ_n 为常数时, 记 $\lambda_n = \lambda$, 当系统中每个服务台的平均服务率为常数 μ, 则当 $n \geqslant s$ 时, 有 $\mu_n = s\mu$. 因此, 顾客相继到达的平均时间间隔为 $\frac{1}{\lambda}$, 平均服务时间为 $\frac{1}{\mu}$. 令 $\rho = \frac{\lambda}{s\mu}$, 则 ρ 为系统的服务强度 (其中, s 为系统中并行的服务台数).

衡量一个排队系统工作状况的主要指标有:

(1) 系统中平均队长 (L) 或平均排队长 (L_q). 这是顾客和服务机构都关心的指标, 在设计排队服务系统时也很重要, 因为它涉及系统需要的空间大小.

(2) 顾客从进入到服务完毕离去的平均逗留时间 W (或顾客排队等待服务的平均等待时间 W_q). 每个顾客都希望这段时间越短越好.

(3) 忙期和闲期. 忙期定义为从顾客到达空闲服务机构开始到服务机构再一次变成空闲状态为止的时间. 它是衡量服务机构工作强度和利用效率的指标. 与忙期相对的是闲期, 闲期为服务机构空闲的时间长度. 在服务过程中, 忙期和闲期是相互交替出现的.

上述指标实际上反映了排队服务系统工作状态的几个侧面, 是互相联系、互相转换的. 设以 λ 表示单位时间内顾客的平均到达数, μ 表示单位时间内被服务完毕离去的平均顾客数, 则 $\frac{1}{\lambda}$ 表示相邻两个顾客到达的平均间隔时间, $\frac{1}{\mu}$ 表示对

每个顾客的平均服务时间, 有

$$L = \lambda W \text{ 或 } W = \frac{L}{\lambda}, \quad L_q = \lambda W_q \text{ 或 } W_q = \frac{L_q}{\lambda}, \quad W = W_q + \frac{1}{\mu}$$

称 $L = \lambda W$ 和 $L_q = \lambda W_q$ 为 Little 公式, 是排队论中的一个非常重要的公式.

将前两式代入最后一式得到

$$L = L_q + \frac{\lambda}{\mu}$$

又由于

$$L = \sum_{n=0}^{\infty} n P_n, \quad L_q = \sum_{n=s+1}^{\infty} (n-s) P_n$$

因此只要求得 P_n 的值即可得 L, L_q, W 和 W_q. 当 $n = 0$ 时, P_n 值即为 P_0, 当 $s = 1$ 时, $(1 - P_0)$ 即是服务系统的忙期.

9.2 分布函数

9.2.1 Poisson 过程

Poisson 过程 (又称为 Poisson 流、最简单流) 是排队论中一种常用来描述顾客到达规律的特殊的随机过程, 需同时满足如下四个条件:

(1) 平稳性. 指在一定时间间隔内, 来到服务系统有 k 个顾客的概率 $P_k(t)$ 仅与这段时间区间隔的长短有关, 而与这段时间的起始时刻无关. 即在时间区间 $[0, t]$ 或 $[a, a + t]$ 内, $P_k(t)$ 的值是一样的.

(2) 无后效性. 即在不相交的时间区间内顾客到达数是相互独立的, 即在时间区间 $[a, a + t]$ 内来到 k 个顾客的概率与时刻 a 之前来到多少个顾客无关.

(3) 普通性. 指在足够小的时间区间内只能有一个顾客到达, 不可能有两个及两个以上顾客同时到达. 如用 $\phi(t)$ 表示在 $[0, t]$ 内有两个或两个以上顾客到达的概率, 则有 $\phi(t) = o(t)(t \to 0)$.

(4) 有限性. 任意有限时间内到达有限个顾客的概率为 1.

只要一个顾客流具有上面的四个性质, 由文献 [26, 37] 等知, 则在时间区间 $[0, t)$ 内到达系统的顾客数 $N(t) = k$ 个顾客来到服务系统的概率 $P_k(N(t))$ 服从 Poisson 分布, 即

$$P_k(N(t)) = \frac{(\lambda t)^k}{k!} e^{-\lambda t} \quad (k = 0, 1, 2, \cdots) \tag{9.1}$$

其数学期望 $E[N(t)] = \lambda t$, 方差 $\text{Var}(N(t)) = \lambda t$. 特别地, 当 $t = 1$ 时有 $E[N(1)] = \lambda$, 因此, λ 可看成单位时间内到达顾客的平均数, 也称为到达率.

在很多实际问题中, 顾客到达系统的情况与 Poisson 过程是近似的, 因而排队论中大量研究的是 Poisson 输入的情况.

9.2.2　负指数分布

负指数分布常用于描述元件的使用寿命, 随机服务系统的服务时间等, 若其参数为 λ, 则概率密度函数和分布函数分别为

$$f(t) = \begin{cases} \lambda e^{-\lambda t}, & t \geqslant 0 \\ 0, & t < 0 \end{cases}$$

$$F(t) = \begin{cases} 1 - e^{-\lambda t}, & t \geqslant 0 \\ 0, & t < 0 \end{cases}$$

负指数分布有如下性质:

(1) 当顾客的到达过程为参数 λ 的 Poisson 过程时, 则顾客相继到达的时间间隔 T 必服从负指数分布.

(2) 假设服务设施对每个顾客的服务时间服从负指数分布, 密度函数为 $f(t) = \mu e^{-\mu t} (t \geqslant 0)$, 则它对每个顾客的平均服务时间 $E[t] = \frac{1}{\mu}$, 方差 $\mathrm{Var}(t) = \frac{1}{\mu^2}$. 称 μ 为每个忙碌的服务台的平均服务率, 是单位时间内获得服务离开系统的顾客数的均值.

(3) 当服务设施对顾客的服务时间 t 为参数 μ 的负指数分布, 则有:

① 在 $[t, t + \Delta t]$ 内没有顾客离去的概率为 $1 - \mu \Delta t$;

② 在 $[t, t + \Delta t]$ 内恰好有一个顾客离去的概率为 $\mu \Delta t$;

③ 若 Δt 足够小的话, 在 $[t, t + \Delta t]$ 内有多于两个以上顾客离去的概率为 $\phi(\Delta t) \to o(\Delta t)$.

(4) 负指数分布具有 "无记忆性", 或者说 Markov 性, 即对任何 $t > 0, \Delta t > 0$ 有 $P(T > t + \Delta t | T > \Delta t) = P(T > t)$. 在连续型分布函数中, "无记忆性" 是负指数分布独有的特性.

(5) 设随机变量 $T_1, T_2, \cdots, T_n$ 相互独立且服从参数分别为 $\mu_1, \mu_2, \cdots, \mu_n$ 的负指数分布, 令 $U = \min\{T_1, T_2, \cdots, T_n\}$, 则随机变量 U 也服从负指数分布. 这个性质说明: 若来到服务系统的有 n 类不同类型的顾客, 每类顾客来到服务台的间隔时间服从参数 μ_i 的负指数分布, 则作为总体来讲, 到达服务系统的顾客的间隔时间服从参数为 $\sum\limits_{i=1}^{n} \mu_i$ 的负指数分布; 若一个服务系统中有 s 个并联的服务台, 且各服务台对顾客的服务时间服从参数 μ 的负指数分布, 则整个服务系统的输出就是一个具有参数 $s\mu$ 的负指数分布.

9.2.3　Erlang 分布

随机变量 ξ 服从 k 阶 Erlang 分布的概率密度函数与分布函数为

$$f(t) = \frac{\lambda(\lambda t)^{k-1}}{(k-1)!}e^{-\lambda t} \quad (t \geqslant 0) \tag{9.2}$$

$$F(t) = \begin{cases} 1 - \displaystyle\sum_{i=0}^{k-1}\frac{(\lambda t)^i}{i!}e^{-\lambda t}, & t \geqslant 0 \\ 0, & t < 0 \end{cases} \tag{9.3}$$

其中, $\lambda > 0$ 是常数.

其数学期望和方差分别为 $E[\xi] = \dfrac{k}{\lambda}, \mathrm{Var}(\xi) = \dfrac{k}{\lambda^2}$.

在 k 阶 Erlang 分布中, 若令 $E[\xi] = \dfrac{1}{\mu}$, 则 $\lambda = k\mu$. 此时 k 阶 Erlang 分布的密度函数为

$$f(t) = \frac{k\mu(k\mu t)^{k-1}}{(k-1)!}e^{-k\mu t} \quad (t \geqslant 0) \tag{9.4}$$

均值和方差分别为 $E[\xi] = \dfrac{1}{\mu}, \mathrm{Var}(\xi) = \dfrac{1}{k\mu^2}$.

定理 9.1　设 $t_1, t_2, \cdots, t_k$ 是相互独立且服从参数 λ 的负指数分布的随机变量, 则 $\xi = t_1 + t_2 + \cdots + t_k$ 服从 k 阶 Erlang 分布, 其概率密度函数见 (9.2).

定理 9.1 的详细证明可参见文献 [41]. 由定理 9.1 可知, 对 k 个串联的服务台, 其服务时间 $t_1, t_2, \cdots, t_k$ 相互独立且都服从参数为 $k\mu$ 的负指数分布, 则总服务时间 $T = t_1 + t_2 + \cdots + t_k$ 服从 k 阶 Erlang 分布. 即一个顾客走完这 k 个串联的服务台 (台与台之间没有排队现象) 所需要时间服从 k 阶 Erlang 分布.

Erlang 分布比负指数分布具有更多的适应性. 当 $k = 1$ 时, Erlang 分布为负指数分布; 当 k 增加时, Erlang 分布逐渐变对称. 事实上, 当 $k \geqslant 30$ 以后, Erlang 分布近似于正态分布. 当 $k \to \infty$ 时, 方差 $\dfrac{1}{k\mu^2}$ 趋于 0, 即为完全非随机的. 所以 k 阶 Erlang 分布可看成完全随机 ($k = 1$) 与完全非随机 ($k \to \infty$) 之间的分布, 能更广泛地适应于现实世界. 图 9.2 显示了一些 k 值对应的分布的形状.

在实际中, 可采用统计学中的 χ^2 假设检验方法检验实际排队模型中顾客的到达或离去是否服从某一概率分布, 参见文献 [29].

9.3　生灭系统

本节介绍基于生灭过程的排队系统, 其假设有 Poisson 输入流和负指数服务时间. 这里主要给出各类排队系统的 Lingo 实现, 参见文献 [30]; 相应的理论准备可参见文献 [3]. 对于基于非灭过程的排队系统, 可参见文献 [1].

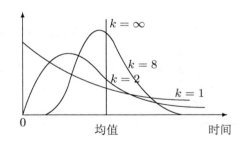

图 9.2   均值相同, 形状参数 k 不同的 Erlang 分布

9.3.1   生灭过程

在排队论中, 若 $N(t)$ 表示时刻 t 系统中的顾客数, 则 $\{N(t), t \geqslant 0\}$ 就构成一个随机过程. 若用 "生" 表示顾客的到达, "灭" 表示顾客的离去, 则对许多排队过程来说, $\{N(t), t \geqslant 0\}$ 也是一类特殊的随机过程 —— 生灭过程.

定义 9.1   设 $\{N(t), t \geqslant 0\}$ 为一随机过程, 若其概率分布有如下性质:

(1) 给定 $N(t) = n$, 到下一个生 (顾客到达) 的间隔时间服从参数 λ_n ($n = 0, 1, 2, \cdots$) 的负指数分布.

(2) 给定 $N(t) = n$, 到下一个灭 (顾客离去) 的间隔时间是服从参数 μ_n ($n = 1, 2, \cdots$) 的负指数分布.

(3) 在同一时刻只可能发生一个生或一个灭, 即同时只能有一个顾客到达或离去.

则称 $\{N(t), t \geqslant 0\}$ 为生灭过程.

由以上定义知, 生灭过程实际上是一特殊的连续时间 Markov 链, 即 Markov 过程. 根据上述 Poisson 分布同负指数分布的关系, λ_n 就是系统处于 $N(t)$ 时单位时间内顾客的平均到达率, μ_n 则是单位时间内顾客的平均离去率. 将上面几个假定合在一起, 则可用生灭过程的发生率来表示 (见图 9.3). 图 9.3 中箭头指明各种系统状态发生转换的可能性. 在每个箭头边上注出了当系统处于箭头起点状态时转换的平均率.

除了少数特别情况以外, 要求出系统的瞬时状态 $N(t)$ 的概率分布是很困难的, 故下面只考虑系统处于稳定状态的情形. 先考虑系统处于某一特定状态 $N(t) = n$ ($n = 0, 1, 2, \cdots$). 从时刻 0 开始, 分别计算该过程进入这个状态和离开这个状态的次数. 为此, 记 $E_n(t)$ 表示到时刻 t 之前进入状态 n 的次数, $L_n(t)$ 表示到时刻 t 之前离开状态 n 的次数.

因为这两个事件 (进入或离开) 是交替进行的, 因此进入和离开的次数或者相

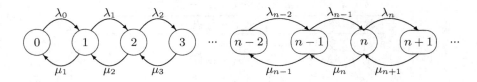

图 9.3   生灭过程的发生率图

等, 或者相差一次, 即

$$|E_n(t) - L_n(t)| \leqslant 1$$

两边同时除以 t, 并令 $t \to \infty$, 则有

$$\left| \frac{E_n(t)}{t} - \frac{L_n(t)}{t} \right| \leqslant \frac{1}{t}$$

故

$$\lim_{t \to \infty} \left| \frac{E_n(t)}{t} - \frac{L_n(t)}{t} \right| = 0$$

其中, $\dfrac{E_n(t)}{t}, \dfrac{L_n(t)}{t}$ 分别表示单位时间内进入或离开的次数.

令 $t \to \infty$, 则可得单位时间内进入或离开的平均次数为

$$\lim_{t \to \infty} \frac{E_n(t)}{t} = \text{进入状态 } n \text{ 的平均率}$$

$$\lim_{t \to \infty} \frac{L_n(t)}{t} = \text{离开状态 } n \text{ 的平均率}$$

由此可知, 对系统的任何状态 $N(t) = n\ (n = 0, 1, 2, \cdots)$, 进入事件平均率 (单位时间平均顾客到达数) 等于离去事件平均率 (单位时间平均顾客离开数), 即所谓输入率等于输出率原则, 表示此原则的方程称做系统的状态平衡方程.

先考虑 $n = 0$ 的状态. 状态 0 的输入仅仅来自状态 1. 处于状态 1 时系统的稳态概率为 P_1, 而从状态 1 进入状态 0 的平均转换率为 μ_1. 因此从状态 1 进入状态 0 的输入率为 $\mu_1 P_1$, 又从其他状态直接进入状态 0 的概率为 0, 所以状态 0 的总输入率为 $\mu_1 P_1 + 0(1 - P_1) = \mu_1 P_1$. 根据类似上面的理由, 状态 0 的总输出率为 $\lambda_0 P_0$. 于是有状态 0 的状态平衡方程

$$\mu_1 P_1 = \lambda_0 P_0$$

对其他每一个状态, 都可以建立类似的状态平衡方程, 但要注意其他状态的输入输出均有两个可能性. 表 9.1 中列出了对各个状态建立的平衡方程.

表 9.1   生灭过程的状态平衡方程

状态	输入率 = 输出率
0	$\mu_1 P_1 = \lambda_0 P_0$
1	$\lambda_0 P_0 + \mu_2 P_2 = (\lambda_1 + \mu_1) P_1$
2	$\lambda_1 P_1 + \mu_3 P_3 = (\lambda_2 + \mu_2) P_2$
$\vdots$	$\vdots$
$n-1$	$\lambda_{n-2} P_{n-2} + \mu_n P_n = (\lambda_{n-1} + \mu_{n-1}) P_{n-1}$
n	$\lambda_{n-1} P_{n-1} + \mu_{n+1} P_{n+1} = (\lambda_n + \mu_n) P_n$
$\vdots$	$\vdots$

由表 9.1, 有

$$P_1 = \frac{\lambda_0}{\mu_1} P_0$$

$$P_2 = \frac{\lambda_1}{\mu_2} P_1 + \frac{1}{\mu_2} (\mu_1 P_1 - \lambda_0 P_0) = \frac{\lambda_1}{\mu_2} P_1 = \frac{\lambda_1 \lambda_0}{\mu_2 \mu_1} P_0$$

$$P_3 = \frac{\lambda_2}{\mu_3} P_2 + \frac{1}{\mu_3} (\mu_2 P_2 - \lambda_1 P_1) = \frac{\lambda_2}{\mu_3} P_2 = \frac{\lambda_2 \lambda_1 \lambda_0}{\mu_3 \mu_2 \mu_1} P_0$$

$$\cdots\cdots\cdots\cdots$$

$$P_n = \frac{\lambda_{n-1}}{\mu_n} P_{n-1} + \frac{1}{\mu_n} (\mu_{n-1} P_{n-1} - \lambda_{n-2} P_{n-2})$$

$$= \frac{\lambda_{n-1}}{\mu_n} P_{n-1} = \frac{\lambda_{n-1} \lambda_{n-2} \cdots \lambda_0}{\mu_n \mu_{n-1} \cdots \mu_1} P_0$$

$$\cdots\cdots\cdots\cdots$$

若令

$$C_n = \frac{\lambda_{n-1} \lambda_{n-2} \cdots \lambda_0}{\mu_n \mu_{n-1} \cdots \mu_1} \quad (n = 1, 2, \cdots) \tag{9.5}$$

且定义 $C_0 = 1$, 则各稳态概率公式可以写为

$$P_n = C_n P_0 \quad (n = 0, 1, 2, \cdots)$$

因为 $\sum\limits_{n=0}^{\infty} P_n = \sum\limits_{n=0}^{\infty} C_n P_0 = 1$, 所以, 有

$$P_0 = \left[\sum_{n=0}^{\infty} C_n \right]^{-1}$$

求得 P_0 后可以推出 P_n, 再根据 9.1 节公式求出排队系统的各项指标, 即 L, L_q, W, W_q.

$$L = \sum_{n=0}^{\infty} nP_n, \quad L_q = \sum_{n=s}^{\infty} (n-s)P_n, \quad W = \frac{L}{\lambda_e}, \quad W_q = \frac{L_q}{\lambda_e}$$

其中, λ_e 是整体平均到达率.

因为 λ_n 是系统处于状态 n ($n = 0, 1, 2, \cdots$) 时的平均到达率, 且 P_n 是相应系统处于状态 n 的概率, 于是, 有

$$\lambda_e = \sum_{n=0}^{\infty} \lambda_n P_n$$

以上结论是当参数 λ_n, μ_n 给定, 且该过程可以达到稳态的条件下推出的. 当 $\sum_{n=0}^{\infty} C_n = \infty$ 时不再成立.

9.3.2　M/M/s/∞ 模型

M/M/s/∞ 排队模型假设:

(1) 顾客到达系统的相继到达时间间隔独立, 且服从参数为 λ 的负指数分布 (即输入过程为 Poisson 过程).

(2) 服务台的服务时间也独立同分布, 且服从参数为 μ 的负指数分布.

(3) 系统空间无限, 允许永远排队.

这是一类最简单的排队系统, 是生灭过程的特例, 其发生率图见图 9.4 与图 9.5. 其中该排队系统的平均到达率和工作状态的服务台的平均服务率分别为与状态无关的常数 λ, μ. 当只有一个服务台, 即 $s = 1$ 时, 有 $\lambda_n = \lambda$ ($n = 0, 1, 2, \cdots$), $\mu_n = \mu$ ($n = 1, 2, \cdots$); 当有多个服务台, 即 $s > 1$ 时, 有

$$\mu_n = \begin{cases} n\mu, & n < s \\ s\mu, & n \geqslant s \end{cases}$$

设 $\rho = \dfrac{\lambda}{s\mu} < 1$, 排队系统最终能达到稳定状态, 于是可应用生灭过程的结论.

在 Lingo 中, 可以利用与排队论中有关的概率函数 (见 A.2.5.4 节) 直接计算. 对于等待制模型, 有如下指标:

(1) 顾客等待的概率为

$$P_{\text{wait}} = @\text{peb}(\text{load}, S) \tag{9.6}$$

其中, S 是服务台或服务员的个数, load 是系统到达负荷, 即 $\text{load} = \dfrac{\lambda}{\mu} = RT$, 式中 $R = \lambda$, $T = \dfrac{1}{\mu}$.

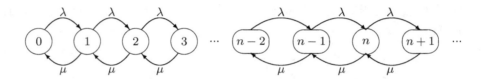

图 9.4   M/M/1/∞ 模型发生率图

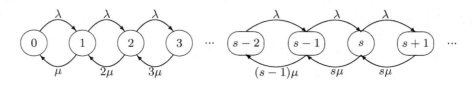

图 9.5   M/M/s/∞ 模型发生率图

(2) 顾客的平均等待时间为

$$W_q = P_{\text{wait}} \cdot \frac{T}{S - \text{load}} \tag{9.7}$$

其中, $\dfrac{T}{S - \text{load}}$ 是一个重要指标, 可以看成一个 "合理的长度间隔".

注意, 当 load $\to S$ 时, 此值趋于无穷. 即系统负荷接近服务台的个数时, 顾客平均等待时间将趋于无穷. 当 load $> S$ 时, (9.7) 无意义, 其直观的解释是: 当系统负荷超过服务台的个数时, 排队系统达不到稳定的状态, 其队将越排越长. 这与前面的解释相同.

(3) 顾客的平均逗留时间 W、队长 L 与等待队长 L_q 等仍由 Little 公式计算.

在下面的讨论中, 一方面给出基于生灭过程理论推导的各种数量指标, 从而给出以上面公式计算等待制排队系统数量指标的理论依据. 另一方面, 在 Lingo 程序中, 将直接利用上面的公式给出相应的结论.

9.3.2.1   单服务台 (M/M/1 排队模型)

对于单服务台 $s = 1$ 的情形, 由 (9.5), 有

$$C_n = \left(\frac{\lambda}{\mu}\right)^n = \rho^n \quad (n = 0, 1, 2, \cdots)$$

又由于

$$P_0 = \left(\sum_{n=0}^{\infty} C_n\right)^{-1} = \left(\sum_{n=0}^{\infty} \rho^n\right)^{-1} = \left(\frac{1}{1-\rho}\right)^{-1} = 1 - \rho \tag{9.8}$$

因此, 有

$$P_n = \rho^n P_0 = (1-\rho)\rho^n \quad (n = 0, 1, 2, \cdots) \tag{9.9}$$

在单服务台系统中, $\rho = \dfrac{\lambda}{\mu}$, 它是单位时间顾客平均到达率与服务率的比值, 反映了服务机构的忙碌或利用的程度. 而另一方面, 由于服务机构的忙期为 $(1-P_0) = 1-(1-\rho) = \rho$, 这与直观理解是完全一致的.

进一步, 可求出其他数量指标为

$$L = \sum_{n=0}^{\infty} nP_n = \sum_{n=0}^{\infty} n(1-\rho)\rho^n = (1-\rho)\rho\frac{\mathrm{d}}{\mathrm{d}\rho}\left(\sum_{n=0}^{\infty}\rho^n\right)$$

$$= (1-\rho)\rho\frac{\mathrm{d}}{\mathrm{d}\rho}\left(\frac{1}{1-\rho}\right) = \frac{\rho}{1-\rho} = \frac{\lambda}{\mu-\lambda} \tag{9.10}$$

$$L_q = \sum_{n=1}^{\infty}(n-1)P_n = L-1(1-P_0) = \frac{\lambda^2}{\mu(\mu-\lambda)} \tag{9.11}$$

$$W = \frac{L}{\lambda} = \frac{1}{\mu-\lambda}, \quad W_q = \frac{L_q}{\lambda} = \frac{\lambda}{\mu(\mu-\lambda)} \tag{9.12}$$

若 $\lambda \geqslant \mu$ 时, 则有 $\rho \geqslant 1$, 即平均到达率超过平均服务率, 上述结果不再适用. 在这种情况下, 排队队长会增加至无限.

例 9.1 某修理店只有一个修理工, 来修理的顾客到达过程为 Poisson 流, 平均 4 人/小时; 修理时间服从负指数分布, 平均需要 6 分钟. 试求该系统的主要数量指标.

解 本例是一个 M/M/1/∞ 排队问题, 其中, $\lambda = 4$, $\mu = \dfrac{1}{0.1} = 10$, $\rho = \dfrac{\lambda}{\mu} = \dfrac{2}{5}$. 其 Lingo 程序既可以直接利用上述公式直接计算, 也可以利用 Lingo 中的排队模型有关的函数来计算:

```
MODEL:
S=1; R=4; T=0.1; load=R*T;
Pwait=@peb(load,S);
W_q = Pwait*T/(S-load);  W = W_q+T;
L_q = R*W_q;             L = W*R;
END
```

Lingo 计算得

```
Feasible solution found at iteration:      0
                    Variable        Value
                          S       1.000000
```

$$
\begin{array}{ll}
\text{R} & 4.000000 \\
\text{T} & 0.1000000 \\
\text{LOAD} & 0.4000000 \\
\text{PWAIT} & 0.4000000 \\
\text{W\_Q} & 0.6666667\text{E-}01 \\
\text{W} & 0.1666667 \\
\text{L\_Q} & 0.2666667 \\
\text{L} & 0.6666667
\end{array}
$$

9.3.2.2　多服务台 (M/M/s 排队模型)

对有 s 个服务台的服务系统, 由假设有 $\lambda_n = \lambda$ 及

$$
\mu_n = \begin{cases}
n\mu, & n = 1, 2, \cdots, s \\
s\mu, & n = s, s+1, \cdots
\end{cases}
$$

因此

$$
C_n = \begin{cases}
\dfrac{\left(\frac{\lambda}{\mu}\right)^n}{n!}, & n = 1, 2, \cdots, s \\[4mm]
\dfrac{\left(\frac{\lambda}{\mu}\right)^s}{s!}\left(\dfrac{\lambda}{s\mu}\right)^{n-s} = \dfrac{\left(\frac{\lambda}{\mu}\right)^n}{s!s^{n-s}}, & n = s, s+1, \cdots
\end{cases}
$$

由此, 利用 (9.8) 可知

$$
\begin{aligned}
P_0 &= \left[1 + \sum_{n=1}^{s-1} \frac{\left(\frac{\lambda}{\mu}\right)^n}{n!} + \frac{\left(\frac{\lambda}{\mu}\right)^s}{s!} \sum_{n=s}^{\infty} \left(\frac{\lambda}{s\mu}\right)^{n-s} \right]^{-1} \\
&= \left[\sum_{n=0}^{s-1} \frac{\left(\frac{\lambda}{\mu}\right)^n}{n!} + \frac{\left(\frac{\lambda}{\mu}\right)^s}{s!} \frac{1}{1-\rho} \right]^{-1}
\end{aligned} \tag{9.13}
$$

其中, $\rho = \dfrac{\lambda}{s\mu}$.

而且

$$
P_n = \begin{cases}
\dfrac{\left(\frac{\lambda}{\mu}\right)^n}{n!} P_0, & n = 0, 1, 2, \cdots, s \\[4mm]
\dfrac{\left(\frac{\lambda}{\mu}\right)^n}{s!s^{n-s}} P_0, & n = s, s+1, \cdots
\end{cases} \tag{9.14}
$$

当 $n \geqslant s$ 时, 即系统中顾客数不少于服务台个数, 这时再来的顾客必须等待, 且必须等待的概率为

$$
\sum_{n=s}^{\infty} P_n = \sum_{n=s}^{\infty} \frac{\left(\frac{\lambda}{\mu}\right)^n}{s!s^{n-s}} P_0 = \frac{1}{s!}\left(\frac{\lambda}{\mu}\right)^s \sum_{k=0}^{\infty} \left(\frac{\lambda}{s\mu}\right)^k P_0 = \frac{\left(\frac{\lambda}{\mu}\right)^s}{s!(1-\rho)} P_0 \tag{9.15}
$$

上式称为 Erlang 等待公式, 即 Lingo 中的顾客等待概率公式 (9.6).

进一步, 可求出其他的数量指标

$$L_q = \sum_{n=s}^{\infty}(n-s)P_n = \sum_{j=0}^{\infty}jP_{s+j} = \sum_{j=0}^{\infty}j\frac{\left(\frac{\lambda}{\mu}\right)^s}{s!}\rho^j P_0$$

$$= P_0\frac{\left(\frac{\lambda}{\mu}\right)^s}{s!}\rho\sum_{j=0}^{\infty}\frac{\mathrm{d}}{\mathrm{d}\rho}(\rho^j) = P_0\frac{\left(\frac{\lambda}{\mu}\right)^s}{s!}\rho\frac{\mathrm{d}}{\mathrm{d}\rho}\left(\frac{1}{1-\rho}\right) = \frac{P_0\left(\frac{\lambda}{\mu}\right)^s\rho}{s!(1-\rho)^2} \qquad (9.16)$$

记系统中正在接受服务的顾客的平均数为 $\overline{s}$, 显然, $\overline{s}$ 也是正在忙的服务台的平均数, 故

$$\overline{s} = \sum_{n=0}^{s-1}nP_n + s\sum_{n=s}^{\infty}P_n = \sum_{n=0}^{s-1}\frac{n\left(\frac{\lambda}{\mu}\right)^n}{n!}P_0 + s\frac{\left(\frac{\lambda}{\mu}\right)^s}{s!(1-\rho)}P_0$$

$$= \frac{\lambda}{\mu}P_0\left[\sum_{n=1}^{s-1}\frac{\left(\frac{\lambda}{\mu}\right)^{n-1}}{(n-1)!} + \frac{\left(\frac{\lambda}{\mu}\right)^{s-1}}{(s-1)!(1-\rho)}\right] = \frac{\lambda}{\mu}$$

上式说明, 平均在忙的服务台个数不依赖于服务台个数 s, 这是一个有趣的结果. 由此, 可得到平均队长 L, 即

$$L = 平均排队长 + 正在接受服务的顾客平均数 = L_q + \frac{\lambda}{\mu} \qquad (9.17)$$

对多服务台系统, Little 公式仍然成立, 于是有

$$W_q = \frac{L_q}{\lambda}, \quad W = W_q + \frac{1}{\mu}$$

当 $\lambda \geqslant s\mu$ 时, 排队系统的队长将趋于无穷, 以上结论不再适用.

例 9.2　某售票点有两个售票窗口, 顾客按参数 $\lambda = 8$ 人/分钟的 Poisson 流到达, 每个窗口的售票时间均服从参数 $\mu = 5$ 人/分钟的负指数分布, 试比较以下两种排队方案的运行指标.

(1) 顾客到达以后, 以 $\frac{1}{2}$ 的概率站成两个队列.

(2) 顾客到达后排成一个队列, 顾客发现哪个窗口空闲, 他就接受那个窗口的服务.

解　(1) 实质上是两个独立的 M/M/1/∞ 排队模型, 其中, $S = 1$, $R = \lambda_1 = \lambda_2 = 4$, $T = \frac{1}{\mu} = \frac{1}{5} = 0.2$, Lingo 程序为

```
MODEL:
S=1; R=4; T=1/5; load=R*T;
Pwait=@peb(load,S);
W_q = Pwait*T/(S-load); W = W_q+T;
L_q = R*W_q;              L = W*R;
END
```

Lingo 求解得

```
Feasible solution found at iteration:    0
                    Variable        Value
                           S     1.000000
                           R     4.000000
                           T     0.2000000
                        LOAD     0.8000000
                       PWAIT     0.8000000
                         W_Q     0.8000000
                           W     1.000000
                         L_Q     3.200000
                           L     4.000000
```

(2) 是两个并联系统, 其中 $S = 2, R = \lambda = 8, T = \dfrac{1}{\mu} = \dfrac{1}{5} = 0.2$, 其 Lingo 程序为

```
MODEL:
S=2; R=8; T=1/5; load=R*T;
Pwait=@peb(load,S);
W_q = Pwait*T/(S-load); W = W_q+T;
L_q = R*W_q;           L = W*R;
END
```

Lingo 求解得

```
Feasible solution found at iteration:    0
                    Variable        Value
                           S     2.000000
                           R     8.000000
                           T     0.2000000
                        LOAD     1.600000
                       PWAIT     0.7111111
                         W_Q     0.3555556
                           W     0.5555556
```

$$L\_Q \qquad 2.844444$$
$$L \qquad 4.444444$$

从计算结果可以看出, 在服务台的各种性能指标不变的情形下, 采用不同的排队方式, 其结果是不同的. 采用多队列排队系统的队长为 4, 而采用单排队系统的总队长为 4.444, 即每一个子队的队长为 2.222, 几乎是多列队排队系统的 $\frac{1}{2}$, 效率几乎提高了一倍.

9.3.3 M/M/s/K 模型

区别于 M/M/s 等待制排队模型, 一般地, M/M/s 混合制排队模型用 M/M/s/K 表示.

假设在一个服务系统中可以容纳 K $(K \geqslant s)$ 个顾客 (包括被服务与等待的总数, 等待位置只有 $K - s$ 个). 假设顾客的到达率为常数 λ. 在排队系统中已有 K 个顾客的情况下, 新到的顾客将自动离去. 于是, 有

$$\lambda_n = \begin{cases} \lambda, & n = 0, 1, 2, \cdots, K - 1 \\ 0, & n \geqslant K \end{cases}$$

$$\mu_n = \begin{cases} n\mu, & n = 0, 1, 2, \cdots, s \\ s\mu, & n = s, s+1, \cdots, K \end{cases}$$

M/M/s/K 模型的发生率图除了在状态 K 时停止外, 其余与 M/M/s 等待制排队系统的发生率图 (图 9.4、9.5) 相同.

9.3.3.1 损失制情形

损失制排队模型即为 $s = K$ 的情形, 通常记为 M/M/s/s, 当 s 个服务机构被占用后, 顾客自动离去.

在 LNIGO 中, 可由与排队论模型有关的概率函数 (见 A.2.5.4 节) 计算如下排队模型的数量指标 (相关理论准备参见文献 [3]):

(1) 系统损失的概率为

$$P_{\text{lost}} = @\text{pel}(\text{load}, S)$$

其中, load 是系统到达负荷, S 是服务台或服务员的个数.

(2) 单位时间内顾客的有效到达率 (R_e 或 λ_e) 为

$$R_e = \lambda_e = \lambda(1 - P_{\text{lost}}) = R(1 - P_{\text{lost}})$$

(3) 系统的相对通过能力 (Q) 与绝对通过能力 (A) 为

$$Q = 1 - P_{\text{lost}}, \quad A = \lambda_e Q = R_e Q$$

(4) 系统的队长为

$$L = \frac{\lambda_e}{\mu} = R_e T$$

显然, 在损失制排队系统中, 等待队长 $L_q = 0$.

(5) 系统的服务效率为

$$\eta = \frac{L}{S}$$

(6) 顾客在系统内的平均逗留时间为

$$W = \frac{1}{\mu} = T$$

显然, 在损失制排队系统中, 平均等待时间 $W_q = 0$.

在上述公式中, 有效到达率的概念引入比较重要. 因为尽管顾客以平均 λ (或 R) 的速率到达, 但当系统被占满后, 有一部分顾客会自动离去, 因此, 真正进入系统的顾客输入率 $\lambda_e < \lambda$.

例 9.3   某单位电话交换台有一台 200 门内线的总机. 已知在上班的 8 小时内, 有 20% 的内线分机平均每 40 分钟要一次外线电话, 80% 的分机平均隔两个小时要一次外线电话, 从外单位打来的电话呼唤率平均每分钟一次, 设外线通话时间平均为 3 分钟, 以上两个时间均属负指数分布. 若要求电话接通率为 95%, 问该交换台应设置多少外线?

解   (1) 对电话交换台的呼唤分类: 一是各分机往外打的电话, 二是从外单位打进来的电话. 前者 $\lambda_1 = \left(\frac{60}{40} \times 0.2 + \frac{1}{2} \times 0.8\right) \times 200 = 140$, 后者 $\lambda_2 = 60$, 由 Poisson 分布性质可知, 来到交换台的总呼唤流为 Poisson 分布, 参数为 $\lambda = \lambda_1 + \lambda_2 = 200$.

(2) 这是一个具有多个服务台带损失制的服务系统, 要使电话接通率为 95%, 就是要使损失率低于 5%, 也即

$$P_{\text{lost}} \leqslant 0.05$$

(3) 外线是整数, 在满足条件下, 条数越少越好.

由上述讨论, 相应的 Lingo 程序为

```
MODEL:
R=200; T=3/60; load=R*T;
Plost = @PEL(load, S); Plost<=0.05;
Q = 1-Plost;  R_e = Q*R;  A = Q*R_e;
L = R_e*T;    eta = L/S;
MIN=S; @GIN(S);
END
```

Lingo 求解得

```
Local optimal solution found at iteration:          99
Objective value:                           15.00000
         Variable          Value      Reduced Cost
                R       200.0000          0.000000
                T     0.5000000E-01       0.000000
             LOAD       10.00000          0.000000
            PLOST     0.3649695E-01       0.000000
                S       15.00000          1.000000
                Q      0.9635031          0.000000
              R_E       192.7006          0.000000
                A       185.6676          0.000000
                L       9.635031          0.000000
              ETA      0.6423354          0.000000
```

根据计算可以看出, 为了使外线接通率达到 95%, 外线应不少于 15 条. 在此条件下, 交换台的顾客损失率为 3.65%, 有 96.35% 的电话得到了服务, 通话率为平均每小时 185.67 次, 交换台每条外线的服务效率为 64.23%.

注意, 在计算中没有考虑外单位打来的电话时, 内线是否占用, 也没有考虑分机打外线时对方是否占用; 当电话一次打不通时, 就要打两次、三次 · · · · · · . 因此, 实际上呼唤次数要远远高于计算次数, 实际接通率也比 95% 低得多.

9.3.3.2   混合制情形

对混合制情形, 模型通常记为 $M/M/s/K$, 即有 s 个服务台或服务员, 系统空间容量为 K. 当 K 个位置已被顾客占用时, 新到的顾客自动离去, 当系统中有空位置时, 新到的顾客进入系统排队.

对于混合制排队模型, Lingo 软件并没有提供特殊的计算函数, 因此需要混合制排队模型的基本公式进行计算, 参见文献 [3].

由假设 $P_n \, (n = 1, 2, \cdots, K)$ 是系统有 n 个顾客的概率, P_0 为系统空闲时的概率, 因此有

$$\sum_{n=0}^{K} P_n = 1, \quad P_n \geqslant 0, \qquad n = 0, 1, \cdots, K$$

由表 9.1 可得状态平衡方程为

$$\lambda_0 P_0 = \mu_1 P_1$$

$$(\lambda_i + \mu_i) P_n = \lambda_{n-1} P_{n-1} + \mu_{n+1} P_{n+1}, \quad n = 1, 2, \cdots, K-1$$

$$\lambda_{K-1} P_{K-1} = \mu_K P_K$$

在 Lingo 中, 对混合制排队模型, 可依次计算如下相关数量指标:

(1) 系统的损失概率为

$$P_{\text{lost}} = P_K$$

(2) 系统的相对通过能力 (Q) 与单位时间内顾客的有效到达率 (R_e 或 λ_e) 为

$$Q = 1 - P_{\text{lost}} = 1 - P_K$$

$$R_e = \lambda_e = \lambda Q = \lambda(1 - P_K) = RQ = R(1 - P_K)$$

(3) 系统的平均队长 (L) 与平均排队长 (L_q) 为

$$L = \sum_{n=0}^{K} n P_n$$

$$L_q = \sum_{n=S}^{K} (n - S) P_n = L - \frac{\lambda_e}{\mu} = L - R_e T$$

(4) 顾客在系统内平均逗留时间 (W) 和平均排队等待时间 (W_q) 仍由 Little 公式得到:

$$W = \frac{L}{\lambda} = \frac{L}{R_e}$$

$$W_q = \frac{L_q}{\lambda_e} = W - \frac{1}{\mu} = W - T$$

这里采用 λ_e 而不是 λ, 其理由同损失制排队系统.

例 9.4 某美容屋系私人开办并自理业务, 由于屋内面积有限, 只能安置 3 个座位供顾客等候, 一旦满座后则后来者不再进屋等候. 已知顾客到达间隔与美容时间均为负指数分布, 平均到达间隔 80 分钟, 平均美容时间为 50 分钟. 试求任一顾客期望等候时间及该美容屋潜在顾客的损失率.

解 这是一个 M/M/1/4 系统. 由题意知, $\frac{1}{\lambda} = 80$ 分钟/人, $\frac{1}{\mu} = 50$ 分钟/人, 故 Lingo 程序为

```
MODEL:
SETS:
states/1..10/: P;
ENDSETS
S=1; K=4; R=0.75; T=5/6;  !相关参数;
```

```
!计算相应的损失概率P_K;
P0*R=1/T*P(1);
(R+1/T)*P(1)=R*P0+S/T*P(2);
@FOR(states(n) | n #gt# 1 #and# n #lt# K:
    (R+S/T)*P(n)=R*P(n-1)+S/T*P(n+1) );
R*P(K-1)=S/T*P(K);
P0+@SUM(states(n) | n #le# K: P(n))=1;
Plost = P(K);
!计算各项数量指标;
Q = 1-Plost;  R_e= Q*R;
L = @SUM(states(n) | n #le# K: n*P(n) );
L_q=L-R_e*T;    W = L/R_e;    W_q = W-T;
END
```

在程序中, states 所在行的 10 不是必须的, 但必须大于等于 K, 通常取一个较大的数即可. Lingo 求解得

```
Feasible solution found at iteration:      4
                 Variable           Value
                        S        1.000000
                        K        4.000000
                        R       0.7500000
                        T       0.8333333
                       P0       0.4145329
                    PLOST   0.6325271E-01
                        Q       0.9367473
                      R_E       0.7025605
                        L        1.139561
                      L_Q       0.5540937
                        W        1.622011
                      W_Q       0.7886776
```

即理发店的空闲概率为 41.45%, 顾客的损失率为 63.26%, 每小时进入理发店的平均顾客数为 0.70 人, 理发店内的平均顾客数 (队长) 为 1.14 人, 顾客在理发店的平均逗留时间是 1.622 小时, 理发店里等待理发的平均顾客数 (等待队长) 为 0.55 人, 顾客在理发店的平均等待时间为 0.79 小时.

例 9.5　某工厂的机器维修中心有 9 名维修工, 因为场地限制, 中心内最多可以容纳 12 台需要维修的设备. 假设待修的设备按 Poisson 过程到达, 平均每天 4 台, 维修设备服从负指数分布, 每台设备平均需要 2 天时间, 求该系统的各项数量指标.

解 系统的参数为 $S = 9$, $K = 12$, $R = \lambda = 4$, $T = \frac{1}{\mu} = 2$, 其 Lingo 程序为

```
MODEL:
SETS:
states/1..20/: P;
ENDSETS
S=9; K=12; R=4; T=2; !相关参数;
!计算相应的损失概率P_K;
P0*R=1/T*P(1);
(R+1/T)*P(1)=R*P0+2/T*P(2);
@FOR(states(n) | n #gt# 1 #and# n #lt# S:
    (R+n/T)*P(n)=R*P(n-1)+(n+1)/T*P(n+1) );
@FOR(states(n) | n #ge# S #and# n #lt# K:
    (R+S/T)*P(n)=R*P(n-1)+S/T*P(n+1) );
R*P(K-1)=S/T*P(K);
P0+@SUM(states(n) | n #le# K: P(n))=1;
Plost = P(K);
!计算各项数量指标;
Q = 1-Plost;  R_e= Q*R;
L = @SUM(states(n) | n #le# K: n*P(n) );
L_q=L-R_e*T;   W = L/R_e;   W_q = W-T;
END
```

Lingo 求解得

```
Feasible solution found at iteration:  4

                Variable          Value
                       S          9.000000
                       K          12.00000
                       R          4.000000
                       T          2.000000
                      P0          0.3314540E-03
                   PLOST          0.8610186E-01
                       Q          0.9138981
                     R_E          3.655593
                       L          7.872193
                     L_Q          0.5610074
                       W          2.153466
                     W_Q          0.1534655
```

由上述结论可知: 维修中心的空闲概率 $P_0 = 0.033\%$, 设备的损失率 $P_{\text{lost}} =$

8.61%, 每天进入维修中心需要维修的设备 $\lambda_e = 3.66$ 台, 维修中心平均维修的设备 (队长) $L = 7.87$ 台, 待修设备在维修中心的平均逗留时间 $W = 2.15$ 天, 维修中心内平均等待维修的设备 (等待队长) $L_q = 0.561$ 台, 待修设备在维修中心的平均等待时间 $W_q = 0.153$ 天.

9.3.4* 有限源模型

对于 $M/M/s/K$ 混合制排队模型, 现假定顾客源有限, 不妨设只有 N 个顾客, 则模型通常记为 $M/M/s/K/N$. 每个顾客来到系统中接受服务后回到原来的总体, 还有可能再来. 当排队系统中有 n $(n = 0, 1, \cdots, N)$ 个顾客时, 则只剩下 $N - n$ 个潜在的顾客在排队系统外. 因此, 模型实际上是 $M/M/s/K/K$, 见图 9.6. 这类有限源排队系统 (也可称为闭合式排队系统) 的典型例子有:

(1) s 个工人共同负责 K 台机器的维修.

(2) K 个打字员共用一台打字机等.

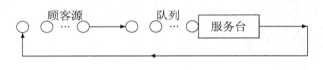

图 9.6　有限源排队系统

下面, 以机器维修问题为例进行说明. 每一台机器交替出现在排队系统中和排队系统外. 类似于 $M/M/s$ 模型, 假定每一个顾客 (机器) 的相继到达间隔时间 (即从离开系统到再次进入排队系统的时间) 服从参数 λ 的负指数分布, 当前系统中有 n 个顾客, 即有 $K - n$ 个在系统外. 再次有顾客进入排队系统的相继到达时间间隔服从参数为 $\lambda_n = (K - n)\lambda$ 的负指数分布 (由负指数分布的性质可知). 于是模型仍为生灭过程的一种特殊形式. 且当 $\lambda_n = 0, n = K$ 时, 模型最终会达到平稳状态. 单服务台有限源排队模型及多服务台有限源排队模型发生率图如图 9.7 与图 9.8 所示.

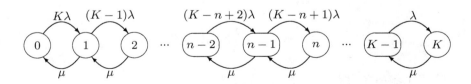

图 9.7　单服务台有限源排队模型发生率图

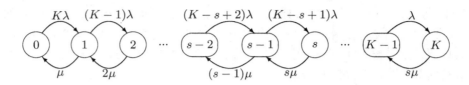

图 9.8   多服务台有限源排队模型发生率图

在 LNIGO 中, 可由与排队论模型有关的概率函数 (见 A.2.5.4 节) 计算如下排队模型的数量指标 (相关理论准备参见文献 [3]):

(1) 平均队长为

$$L = \texttt{@pfs(load, S, K)}$$

其中, $\texttt{load}$ 是系统的负荷, 其计算公式为 $\texttt{load} = K \cdot \dfrac{\lambda}{\mu} = KRT$, 即

$$系统的负荷 = 系统的顾客数 \times 顾客的到达率 \times 顾客的服务时间$$

(2) 单位时间内的顾客有效到达率 (λ_e 或 R_e) 为

$$\lambda_e = \lambda(K - L) = R(K - L) = R_e$$

(3) 顾客处于正常的概率为

$$P = \frac{K - L}{K}$$

(4) 平均逗留时间 (W)、平均等待队长 (L_q) 与平均排队等待时间 (W_q) 可由 Little 公式得到

$$W = \frac{L}{\lambda_e} = \frac{L}{R_e}$$

$$L_q = L - \frac{\lambda_e}{\mu} = L - R_e T$$

$$W_q = W - \frac{1}{\mu} = W - T$$

(5) 每个服务台 (服务员) 的工作强度为

$$P_{\text{work}} = \frac{\lambda_e}{s\mu}$$

例 9.6　工人负责照看机床. 当机床需要加料、发生故障或刀具磨损时就自动停车, 等待工人照管. 设平均每台机床两次停车的时间间隔为 1 小时, 停车时需要工人照管的平均时间是 6 分钟, 并均服从负指数分布. 分别求以下情形下系统的数量指标:

(1) 由 1 名工人负责照管 6 台自动机床.

(2) 由 3 名工人负责联合看管 20 台自动机床.

解　(1) 这是一个有限源排队模型 M/M/1/6/6, 参数为 $s = 1$, $K = 6$, $R = \lambda = 1$, $T = \dfrac{1}{\mu} = \dfrac{6}{60}$, 其 Lingo 程序为

```
MODEL:
S = 1;  K = 6;  R = 1;  T = 0.1;
L = @pfs(K*R*T, S, K);
R_e=R*(K-L);  P =(K-L)/K;  L_q=L-R_e*T;
W = L/R_e;  W_q=W-T;  Pwork=R_e/S*T;
END
```

Lingo 计算得

```
Feasible solution found at iteration:  0

        Variable          Value
            S          1.000000
            K          6.000000
            R          1.000000
            T          0.1000000
            L          0.8451490
          R_E          5.154851
            P          0.8591418
          L_Q          0.3296639
            W          0.1639522
          W_Q          0.6395218E-01
        PWORK          0.5154851
```

即机床的平均队长为 0.845 台, 平均等待队长为 0.330 台, 机床的平均逗留时间为 0.164 小时 (9.84 分钟), 平均等待时间为 0.064 小时 (3.84 分钟), 机床的正常工作概率为 85.91%, 工人的劳动强度为 0.515.

(2) 这是 M/M/3/20 模型, 部分参数改为 $s = 3$, $K = 20$, 其余不变, 按照 (1) 的模型计算可得:

```
Feasible solution found at iteration:  0
```

Variable	Value
S	3.000000
K	20.00000
R	1.000000
T	0.1000000
L	2.126232
R_E	17.87377
P	0.8936884
L_Q	0.3388548
W	0.1189582
W_Q	0.1895822E-01
PWORK	0.5957923

从以上结论可以看出, 在第二种情形下, 尽管每个工人看管的机器数增加了, 但机器逗留时间和等待维修时间却缩短了, 机器的正常运转率和工人的劳动强度都提高了.

9.3.5* 依赖状态模型

在实际的排队问题中, 服务率或到达率可能是随系统状态的变化而变化的. 例如, 当系统中顾客数已经比较多时, 后来的顾客可能不愿意再进入该系统; 而此时服务员的服务率也可能会提高.

对单服务台系统, 可分别假设实际的服务率和到达率 (它们均依赖于系统所处的状态 n) 为

$$\mu_n = n^a \mu_1 \quad (n = 1, 2, \cdots), \qquad \lambda_n = (n+1)^{-b} \lambda_0 \quad (n = 0, 1, 2, \cdots)$$

其中, λ_n, μ_n 表示系统中处于状态 n 的平均到达率和服务率; a, b 可称为压力系数, 且为给定正数.

下面以 $\mu_n = n^a \mu_1$ 为例来说明正数 a 的含义. 若取 $a = 1$, 则表示假设平均服务率与 n 成正比; 若取 $a = \frac{1}{2}$, 则假设平均服务率与 $\sqrt{n}$ 成正比. 在前面的各模型中, 均假设压力系数 $a = 0$. 类似可解释正数 b. 上述假设表明, 到达率 λ_n 同系统中已有顾客数 n 呈反比关系; 服务率 μ_n 同系统状态 n 呈正比关系.

对多服务台系统, 可假设实际的平均到达率和平均服务率为

$$\mu_n = \begin{cases} n\mu_1, & n \leqslant s \\ \left(\dfrac{n}{s}\right)^a s\mu_1, & n \geqslant s \end{cases}$$

$$\lambda_n = \begin{cases} \lambda_0, & n \leqslant s-1 \\ \left(\dfrac{s}{n+1}\right)^b \lambda_0, & n \geqslant s-1 \end{cases}$$

于是, 对多服务台系统, 有

$$C_n = \begin{cases} \dfrac{\left(\frac{\lambda_0}{\mu_1}\right)^n}{n!}, & n = 0, 1, 2, \cdots, s \\[4mm] \dfrac{\left(\frac{\lambda_0}{\mu_1}\right)^n}{s!\left(\frac{n!}{s!}\right)^c s(1-c)(n-s)}, & n = s, s+1, \cdots \end{cases}$$

其中, $c = a + b$.

考虑一个顾客到达率依赖状态的单服务台等待制系统 M/M/1/∞, 参数为

$$\lambda_n = \frac{\lambda}{n+1} \quad (n = 0, 1, 2, \cdots)$$

$$\mu_n = \mu \qquad (n = 1, 2, \cdots)$$

于是有

$$C_n = \frac{\lambda \cdot \left(\frac{\lambda}{2}\right) \cdot \left(\frac{\lambda}{3}\right) \cdots \left(\frac{\lambda}{n}\right)}{\mu^n} = \frac{\lambda^n}{n!\mu^n}$$

设 $\dfrac{\lambda}{\mu} < 1$, 有

$$P_0 = \left[\sum_{n=0}^{\infty} \frac{1}{n!}\left(\frac{\lambda}{\mu}\right)^n\right]^{-1} = e^{-\frac{\lambda}{\mu}}$$

$$P_n = \frac{\lambda^n}{n!\mu^n} P_0 \quad (n = 1, 2, \cdots)$$

$$L = \sum_{n=0}^{\infty} n P_n = \sum_{n=0}^{\infty} \frac{n\left(\frac{\lambda}{\mu}\right)^n}{n!} P_0 = \frac{\lambda}{\mu}$$

$$L_q = \sum_{n=0}^{\infty} (n-1) P_n = L - (1 - P_0) = \frac{\lambda}{\mu} + e^{-\frac{\lambda}{\mu}} - 1$$

$$\lambda_e = \sum_{n=0}^{\infty} \frac{\lambda}{n+1} P_n = \mu\left(1 - e^{-\frac{\lambda}{\mu}}\right)$$

$$W = \frac{L}{\lambda_e} = \frac{\frac{\lambda}{\mu}}{\mu\left(1 - e^{-\frac{\lambda}{\mu}}\right)}, \quad W_q = \frac{L_q}{\lambda_e} = W - \frac{1}{\mu}$$

9.4* 特殊系统

在前面介绍的排队系统中, 若对输入过程、排队规则与服务规则进行扩展,

则可得到其他特殊的排队系统, 如成批服务的系统、有优先权的系统、成批到达的系统、随机服务的系统、后到先服务的系统、到达时刻依赖于队长的系统、输入不独立的系统, 以及休假服务系统与随机环境中的系统等, 可参见文献 [1, 26, 37]. 限于篇幅, 下面仅介绍顾客具有优先权服务的排队系统.

在优先权排队模型中, 顾客不再按照先来先服务的原则进行服务. 级别较高的顾客比级别较低的顾客享有优先服务权, 在同一级别的顾客中则按照先来先服务的原则进行服务. 如打电报分加急和一般; 到医院治病有急诊与普通门诊等.

假定在一个排队系统中, 顾客划分为 N 个等级, 第一级享有最高优先权, 第 N 级享有最低级别优先权. 第 i 级优先权顾客的到达服从参数为 $\lambda_i\,(i = 1, 2, \cdots, N)$ 的 Poisson 分布, 同时, 系统对任何级别顾客的服务时间均服从参数为 μ 的负指数分布, 即服务台对任何级别顾客的平均服务时间为 $\dfrac{1}{\mu}$. 当一个具有较高级别优先权的顾客到来时, 若正被服务的顾客是一个具有较低级别优先权的顾客, 则该顾客将被中断服务, 回到排队系统中等待重新得到服务.

根据以上假定, 对具有最高级别优先权的顾客来到排队系统时, 只有当具有同样最高级别的顾客正得到服务时需要等待外, 其余情况下均可以立即得到服务. 因此, 对具有第一级优先权的顾客在排队系统中得到服务的情况就如同没有其他级别的顾客时一样. 即 (9.12) 对最高级优先权的顾客完全适用.

现同时考虑享有第一及第二优先级的顾客. 由于他们的服务不受其他级别顾客的影响, 设 $\overline{W}_{12}$ 表示第一、第二两级综合在一起的每个顾客在系统中的平均逗留时间, 则有

$$(\lambda_1 + \lambda_2)\overline{W}_{12} = \lambda_1 W_1 + \lambda_2 W_2$$

其中, W_1, W_2 分别表示享有第一级和第二级优先服务权的顾客在系统中的平均逗留时间. 根据负指数分布的性质, 对于高一级顾客到达而中断服务, 重新回到队伍中的较低级别顾客的服务时间的概率分布, 不因前一段已得到服务及服务了多长时间而有所改变, 因此对 $\overline{W}_{12}$ 只需将具有第一、第二级优先级的顾客的输入率加在一起, 即 $\lambda_1 + \lambda_2$, 于是按 9.3.2 节中 (9.12) 可以进行计算. 由此, 又可求出 W_2, 有

$$W_2 = \frac{\lambda_1 + \lambda_2}{\lambda_2}\overline{W}_{12} - \frac{\lambda_1}{\lambda_2}W_1$$

同理, 有

$$(\lambda_1 + \lambda_2 + \lambda_3)\overline{W}_{123} = \lambda_1 W_1 + \lambda_2 W_2 + \lambda_3 W_3$$

所以

$$W_3 = \frac{\lambda_1 + \lambda_2 + \lambda_3}{\lambda_3}\overline{W}_{123} - \frac{\lambda_1}{\lambda_3}W_1 - \frac{\lambda_2}{\lambda_3}W_2$$

依次类推, 可以求得

$$
W_N = \frac{\sum\limits_{i=1}^{N} \lambda_i}{\lambda_N} \overline{W}_{12\cdots N} - \frac{\sum\limits_{i=1}^{N} \lambda_i W_i}{\lambda_N}
$$

其中, $\sum\limits_{i=1}^{N} \lambda_i < s\mu$.

例 9.7　来到某医院门诊部就诊的病人按照 $\lambda = 2$ 人/小时的 Poisson 分布到达, 医生对每个病人的服务时间服从负指数分布, $\dfrac{1}{\mu} = 20$ 分钟. 假如病人中 60% 属一般病人, 30% 属重病急病, 10% 是需要抢救的病人. 该门诊部的服务规则是先治疗抢救病人, 然后重病或急病人, 最后一般病人. 属同一级别的病人, 按到达先后次序进行治疗. 当该门诊部分别有一名医生和两名医生就诊时, 试分别计算各类病人等待治疗的平均等待时间.

解　假设需要抢救的病人属于第一类, 重病、急病病人属于第二类, 一般病人属于第三类, 根据条件, $\mu = 3, \lambda = 2$ 人/小时, 于是有 $\lambda_1 = 0.2, \lambda_2 = 0.6, \lambda_3 = 1.2$.

(1) 当有一名医生就诊时, Lingo 程序为

```
MODEL:
SETS:
priority/1..3/: R, W,W_q,!R,为到达率,W,W_q为逗留/等待时间;
  load, Pwait, Wbar_q, Wbar;
ENDSETS
DATA:
R = 0.2, 0.6, 1.2;
ENDDATA
S=1; T=1/3;
@for(priority(i):
   load (i) = @sum(priority(j) | j #le# i: R(j))*T;
   Pwait(i) = @peb(load(i), S);
   Wbar_q(i)= Pwait(i)*T/(S-load(i));
   Wbar(i)  = Wbar_q(i)+T;
   @sum(priority(j) | j #le# i: R(j))*Wbar(i)
       = @sum(priority(j) | j #le# i: R(j)*W(j));
   W(i)-T   = W_q(i);
);
END
```

Lingo 求解得

```
Feasible solution found at iteration:      0
```

```
              Variable              Value
                     S           1.000000
                     T           0.3333333
                  R( 1)          0.2000000
                  R( 2)          0.6000000
                  R( 3)          1.200000
                  W( 1)          0.3571429
                  W( 2)          0.4870130
                  W( 3)          1.363636
                W_Q( 1)          0.2380952E-01
                W_Q( 2)          0.1536797
                W_Q( 3)          1.030303
```

(2) 有两名医生就诊时, 在上面的 Lingo 程序中, 只需令 $S = 2$ 即可, Lingo 解得

```
Feasible solution found at iteration:        0
              Variable              Value
                     S           2.000000
                     T           0.3333333
                  R( 1)          0.2000000
                  R( 2)          0.6000000
                  R( 3)          1.200000
                  W( 1)          0.3337041
                  W( 2)          0.3412540
                  W( 3)          0.3987557
                W_Q( 1)          0.3707824E-03
                W_Q( 2)          0.7920649E-02
                W_Q( 3)          0.6542232E-01
```

9.5　优化设计

排队系统的优化设计是指设计一个未来的排队系统, 使利益指标函数最优化. 常用利益指标有: 稳态系统单位时间的平均总费用或平均总利润. 稳态系统单位时间的平均总费用由服务费用和等待费用构成. 优化目标之一是使两者费用之和为最小, 并确定达到最优目标值的最优的服务水平. 这类优化模型被称为费用模型, 见图 9.9.

服务水平可以由不同形式来表示, 如平均服务率 μ, 服务台的个数 s, 系统容量 K, 及服务强度 ρ 等. 于是以上平均总费用函数是关于平均服务率 μ, 服务台数

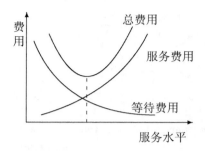

图 9.9　服务系统描述

s, 系统容量 K 等决策变量的函数. 由于 μ 连续, s, K 离散, 因而决策变量类型复杂, 再加上利益指标函数的形式也很复杂, 所以这类优化稳态的求解很复杂. 通常采用数值法并需要在计算机上实现. 对于少数能够采用解析法求解的, 如对离散变量常用边际分析法, 对连续变量常用经典的微分法, 有时需要采用非线性规划或动态规划等方法.

9.5.1　M/M/1 模型

9.5.1.1　标准模型

先考虑 M/M/1/∞ 排队模型, 取目标函数 z 为单位时间服务成本与顾客在系统中逗留费用之和的期望值, 即

$$z = c_s\mu + c_w L \tag{9.18}$$

其中, c_s 是当 $\mu = 1$ 时服务机构单位时间的平均费用, c_w 是每个顾客在系统中逗留单位时间的费用.

另外, 若设 c_w 为平均每个顾客在队列中等待单位时间的损失, 则需用 L_q 取代 (9.18) 中的 L.

例 9.8　设有一电话亭, 其到达率为每小时 12 位顾客. 假定每一位接受服务的顾客其等待费用为每小时 5 元. 服务成本为每位顾客 2 元. 欲使总平均总费用最小化的服务率应为多少?

解　设以一小时为时间单位, 可得出 $\lambda = 12$ 人/小时, $c_w = 5$ 元, $c_s = 2$ 元. 要求最小成本的服务率 μ^*, 则 Lingo 程序为

```
MODEL:
S=1; R=12; c_w=5; c_s=2; T=1/mu; load=R*T;
Pwait=@peb(load,S);
```

```
W_q = Pwait*T/(S-load);  !W = W_q+T;
L_q = R*W_q;             !L = W*R;
MIN = c_s*mu+c_w*L_q;
END
```

Lingo 求解得

```
Local optimal solution found at iteration:        296
Objective value:                             42.44993
        Variable           Value        Reduced Cost
               S        1.000000           0.000000
               R        12.00000           0.000000
             C_W        5.000000           0.000000
             C_S        2.000000           0.000000
               T    0.5807356E-01          0.000000
              MU        17.21954           0.000000
            LOAD        0.6968827          0.000000
           PWAIT        0.6968827          0.000000
             W_Q        0.1335142       -0.8573380E-08
             L_Q        1.602170           0.000000
```

若设每个顾客在系统中的逗留单位时间费用仍为 5 元, 则 Lingo 程序为

```
MODEL:
S=1; R=12; c_w=5; c_s=2; T=1/mu; load=R*T;
Pwait=@peb(load,S);
!为避免计算不稳定, 除数形式被改为乘积形式;
W_q*(S-load) = Pwait*T;   W*mu = W_q*mu+1;
L_q = R*W_q;              L = W*R;
MIN = c_s*mu+c_w*L;
END
```

上述程序不完全同于 L_q 情形下的程序, 原因在于 Lingo 对 L 情形下的优化计算不是很稳定, 故程序中的除数形式被改为乘积形式. Lingo 求解得

```
Local optimal solution found at iteration:         50
Objective value:                             45.90890
        Variable           Value        Reduced Cost
               S        1.000000           0.000000
               R        12.00000           0.000000
             C_W        5.000000           0.000000
             C_S        2.000000           0.000000
```

```
         T        0.5721732E-01        0.000000
        MU          17.47722          0.000000
      LOAD         0.6866079          0.000000
     PWAIT         0.6866079          0.000000
       W_Q         0.1253569          0.000000
         W         0.1825742          0.000000
       L_Q          1.504283          0.000000
         L          2.190891          0.000000
```

9.5.1.2　顾客最大数限制

针对 M/M/1/K 模型, 从使服务机构利润最大化的角度来考虑: 如果系统中已有 K 个顾客, 则后来的顾客不能再进入该系统, 即 P_K 为被拒绝的概率, $1 - P_K$ 为能接受服务的概率. 在平稳状态下, 单位时间内到达并能够进入排队系统的平均顾客数为 $\lambda(1 - P_K)$, 也等于单位时间内实际服务完的平均顾客数.

设每服务一名顾客服务机构能收入 r 元. 于是, 单位时间收入的期望值为 $\lambda(1 - P_K)r$ 元, 纯利润为

$$z = \lambda(1 - P_K)r - c_s\mu$$

则优化目标是求解使得系统的纯利润达到最大的服务水平.

例 9.9　对某服务台进行实测, 得到数据如表 9.2 所示. 平均服务时间为 10 分钟, 服务一个顾客的收益为 2 元, 服务机构运行单位时间成本为 1 元, 问服务率为多少时可使单位时间平均总收益最大?

解　首先通过实测数据估计平均到达率 λ. 由于该系统为 M/M/1/3 系统, 故有 $\dfrac{P_n}{P_{n-1}} = \rho$. 因此, 可用下式来估计 ρ, 即

表 9.2　某服务系统中实测的顾客数据

系统中的顾客数 (n)	0	1	2	3
记录到的次数 (m_n)	161	97	53	34

$$\hat{\rho} = \frac{1}{3}\sum_{n=1}^{3}\frac{m_n}{m_{n-1}} = \frac{1}{3}(0.60 + 0.55 + 0.64) = 0.60$$

由 $\mu = 6$ 人/小时, 可得 λ 的估计值为 $\hat{\lambda} = \hat{\rho}\mu = 0.6 \times 6 = 3.6$ 人/小时. 求最优服务率的 Lingo 程序为

```
MODEL:
```

```
SETS:
states/1..10/: P;
ENDSETS
S=1; K=3; R=3.6; !mu=3; !mu is unknown;
T=1/mu; r_G=2; c_s=1; !相关参数;
!计算相应的损失概率P_K;
P0*R=1/T*P(1);
!以下三句对S>1情形适用;
!(R+1/T)*P(1)=R*P0+2/T*P(2);
!@FOR(states(n) | n #gt# 1 #and# n #lt# S:
     (R+n/T)*P(n)=R*P(n-1)+(n+1)/T*P(n+1) );
!@FOR(states(n) | n #ge# S #and# n #lt# K:
     (R+S/T)*P(n)=R*P(n-1)+S/T*P(n+1) );
!以下两句对S=1情形适用;
(R+1/T)*P(1)=R*P0+S/T*P(2);
@FOR(states(n) | n #gt# 1 #and# n #lt# K:
     (R+S/T)*P(n)=R*P(n-1)+S/T*P(n+1) );
R*P(K-1)=S/T*P(K);
P0+@SUM(states(n) | n #le# K: P(n))=1;
Plost = P(K);
MAX = G;
G = R*(1-Plost)*r_G-c_s*mu;
@GIN(mu);
END
```

Lingo 求解得

```
Local optimal solution found at iteration:        14
Objective value:                           1.882265
          Variable         Value      Reduced Cost
                 S      1.000000          0.000000
                 K      3.000000          0.000000
                 R      3.600000          0.000000
                 T      0.3333333         0.000000
                MU      3.000000          0.000000
               R_G      2.000000          0.000000
               C_S      1.000000          0.000000
                P0      0.1862891         0.000000
             PLOST     0.3219076          0.000000
                 G      1.882265          0.000000
              P( 1)     0.2235469         0.000000
```

| P(2) | 0.2682563 | 0.000000 |
| P(3) | 0.3219076 | 0.000000 |

在上述程序中, 若没有要求服务率为整数, 则应将 @GIN(mu); 这一句注释掉, 此时结果是近似相等的, 为 2.964254.

例 9.10　考虑一个 $M/M/1/K$ 系统, 具有 $\lambda = 10$ 人/小时, $\mu = 30$ 人/小时, $K = 2$. 管理者想改进服务机构, 方案有两个: 方案 A 是增加一个等待空间, 即使 $K = 3$; 方案 B 是提高平均服务率到 $\mu = 40$ 人/小时. 设每服务一个顾客的平均收入不变, 问哪个方案将获得更大的收入? 当 λ 增加到 30 人/小时时, 又将得到什么结果?

解　问题是求单位时间内顾客有效到达率为最大的方案, 关键是求顾客损失率 P_K, 因此这里的 Lingo 程序与例 9.9 的程序类似, 略去.

对方案 A, 单位时间内实际进入系统的顾客的平均数为

$$\lambda_A = \lambda(1 - P_3) = 9.75 \,(\text{人/小时})$$

对方案 B, 当 $\mu = 40$ 人/小时, 单位时间内实际进入该系统的顾客平均数为

$$\lambda_B = \lambda(1 - P_2) = 9.52 \,(\text{人/小时})$$

因此, 采取扩大等待空间将获得更多的利润.

当 λ 增加到 30 人/小时时, 类似地有 $\lambda_A = 22.5$ 人/小时, $\lambda_B = 22.7$ 人/小时. 此时, 采取提高服务率到 $\mu = 40$ 人/小时将会得到更多的收益.

9.5.2　M/M/s 模型

下面仅讨论 $M/M/s/\infty$ 模型, 已知在平稳状态下单位时间内总费用 (服务费用与等待费用之和) 的期望值为

$$z = c'_s \cdot s + c_w \cdot L \tag{9.19}$$

其中, s 是服务台数, c'_s 是每个服务台单位时间内的总费用, c_w 是每个顾客在系统停留单位时间的费用, L 是系统中的顾客平均数 (也可以将 L 换成是系统中等待的顾客平均数 L_q).

显然, 它们都随 s 值的不同而不同. 因为 c'_s 和 c_w 都是给定的, 唯一可能变动的是服务台数 s, 所以 z 是 s 的函数 $z(s)$, 现在是求最优解 s^* 使 $z(s^*)$ 为最小.

例 9.11　某检验中心为各工厂服务, 要求做检验的工厂 (顾客) 的到来服从 Poisson 流, 平均到达率 λ 为每天 48 次, 每次来检验由于停工等原因损失为 6 元. 服务 (做检验) 时间服从负指数分布, 平均服务率 μ 为每天 25 次, 每设置 1 个检

验员服务成本 (工资及设备损耗) 为每天 80 元. 其他条件适合标准 M/M/S 的模型, 问应设几个检验员 (及设备) 才能使总费用的期望值为最小?

解 因为, $c'_s = 4$ 元/每检验员, $c_w = 6$ 元/次, $\lambda = 48, \mu = 25, \frac{\lambda}{\mu} = 1.92$. 下面以 Lingo 程序来计算最优服务率 (此程序源自于 Lingo 帮助系统自带算例):

```
MODEL:
 service_cost=80;
 lambda=48;
 waiting_cost=6;
 mu=25; ! mu;
 !N= 1; !Seervers is unknown;
!Minimize total cost =  service costs + lost customer cost;
 [COST]  MIN = SCOST + WCOST ;
!Cost of servers;
  SCOST = service_cost * N ;
!Cost of lost customers;
  WCOST = waiting_cost *( Fwait * lambda/(mu-lambda)+lambda/mu);
!The fraction of customers lost;
  Fwait = @PEB( lambda / mu , N);
!N is a gin;
  @GIN(N);
END
```

Lingo 计算得

```
 Local optimal solution found at iteration:        510
 Objective value:                              246.4166
         Variable          Value       Reduced Cost
     SERVICE_COST       80.00000          0.000000
           LAMBDA       48.00000          0.000000
     WAITING_COST       6.000000          0.000000
               MU       25.00000          0.000000
            SCOST       240.0000          0.000000
            WCOST       6.416613          0.000000
                N       3.000000          84.98972
            FWAIT      0.4075622          0.000000
```

即检验员数为 3.

除了从上面的费用模型中估算费用的参数以外, 在实际问题中还可以利用系统的进行特征确定某个参数的最优值, 这就是愿望模型.

例 9.12 (愿望模型)　某医院为了解决看病难问题, 想增添 B 超设备, 现已统计出平均每 6 分钟就有 1 人做 B 超检查, 每人平均做 20 分钟. 若假定患者到达的时间间隔和检查时间均服从负指数分布, 管理人员要求合理确定 B 超台数, 使得系统满足两个目标:

(1) 每台设备空闲率不大于 40%.

(2) 每位患者平均等待检查的时间不超过 5 分钟.

试确定最佳 B 超设备台数 s.

解　依题意, 有 $\lambda = \dfrac{60}{6} = 10$ (人/小时), $\mu = \dfrac{60}{20} = 3$ (人/小时). 显然, S 的值是越小越好, 故在给定约束条件下寻求最适宜的 B 超台数的 Lingo 程序为

```
MODEL:
!S=5; !S is unknown;
R=10; T=1/3; load=R*T;
Pwait=@peb(load,S);
W_q*(S-load)=Pwait*T; W_q<=5/60;
rho=R*T/S; P0=1-rho; P0<=0.4; rho<=1;
MIN = S;
@gin(S);
END
```

在上述程序中, 加上 MIN = S; 一句是为了排除多个可行解的情形. 此句若注释掉, 则 Lingo 给出一个可行解. 在这里, Lingo 对两种情形的求解结果都是一样的, 为

```
Feasible solution found at iteration:    4
               Variable          Value
                      R       10.00000
                      T       0.3333333
                   LOAD       3.333333
                  PWAIT       0.3266693
                      S       5.000000
                    W_Q       0.6533386E-01
                    RHO       0.6666667
                     P0       0.3333333
```

即应设置 5 台 B 超. 当然, 若不存在能同时满足两个目标的 s 值, 则需要修正其中某个目标, 或者采用目标规划模型.

9.6* 排队模拟

当排队系统的到达间隔时间和服务时间的概率分布很复杂时, 或不能用公式

给出时, 那么就不能用解析法求解, 这就需用随机模拟法求解, 关于模拟的一般性方法与步骤可参见第 12 章.

例 9.13　设某仓库前有一卸货场, 货车一般是夜间到达, 白天卸货, 每天只能卸货 3 车, 若一天内到达数超过 3 车, 那么就推迟到次日卸货, 根据表 9.3 所示的经验, 货车到达数的概率分布 (相对频率) 平均为 2.4 车/天, 求每天推迟卸货的平均车数.

表 9.3　货车到达的相对频率表

到达车数	0	1	2	3	4	5	$\geqslant 6$
概率	0.05	0.30	0.30	0.10	0.05	0.20	0.00

解　这是单服务台的排队系统, 可验证到达车数不服从 Poisson 分布, 服务时间也不服从负指数分布 (这是定长服务时间), 不能用以前的方法求解.

随机模拟法首先要求能按经验的概率分布规律出现. 为此, 可利用随机数表. 表 9.4 就是一个 2 位数的随机数表的一部分.

表 9.4　2 位数的部分随机数表

到达车数	概率	累计概率	对应随机数	到达车数	概率	累计概率	对应随机数
0	0.05	0.05	$00 \sim 04$	3	0.10	0.75	$65 \sim 74$
1	0.30	0.35	$05 \sim 34$	4	0.05	0.80	$75 \sim 79$
2	0.30	0.65	$35 \sim 64$	5	0.20	1.00	$80 \sim 99$

在进行模拟求解时, 先按到达车数的概率分别来分配随机数, 见表 9.4, 然后开始模拟, 见表 9.5. 前 3 天作为模拟预备期, 日期记为 x. 然后依次是第 1 天, 第 2 天 $\cdots\cdots$, 第 30 天. 如第 1 天的随机数是 66, 由表 9.4 可知, 到达的车应为 3; 第 2 天得到的随机数是 96, 到达的车数应为 5; 等等. 如此, 直到第 30 天. 将每天的随机数和应到达的车数记入表 9.5 的第 2 列和第 3 列, 然后计算出第 4, 5, 6 列的值. 公式为

$$当天到达的车数 (3) + 前一天推迟卸货车数 (6) = 当天需要卸货车数$$

$$卸货车数 (5) = \begin{cases} 需要卸货数 (4), & 当需要卸货车数 \leqslant 3 \\ 3, & 当需要卸货车数 > 3 \end{cases}$$

分析结果时, 不考虑前 3 天的预备阶段的数据, 是为了使模拟从一个稳定过程中任意点开始, 否则, 如认为开始时没有积压就失去随机性. 表 9.5 中给出 30 天的模拟情况, 在 21 天里没有发生由于推迟卸货而造成的积压, 平均到达车数为 2.27, 比期望值略低, 平均每天有 0.7 车推迟卸货. 当然, 模拟时间越长, 结果会越

准确. 这种方法适用于不同方案可能产生的结果进行比较, 并可以利用计算机进行模拟, 模拟方法只能得到数字结果, 不能得出解的解析表达式.

表 9.5　排队过程的模拟

日期	随机数	到达车数	需要卸货车数	卸货车数	迟卸车数	日期	随机数	到达车数	需要卸货车数	卸货车数	迟卸车数
x	97	5	5	3	2	15	44	2	2	2	0
x	02	0	2	2	0	16	93	5	5	3	2
x	80	5	5	3	2	17	20	1	3	3	0
1	66	3	5	3	2	18	86	5	5	3	2
2	96	5	7	3	4	19	12	1	3	3	0
3	55	2	6	3	3	20	42	2	2	2	0
4	50	2	5	3	2	21	29	1	1	1	0
5	29	1	3	3	0	22	36	2	2	2	0
6	58	2	2	2	0	23	01	0	0	0	0
7	51	2	2	2	0	24	41	2	2	2	0
8	04	0	0	0	0	25	54	2	2	2	0
9	86	5	5	3	2	26	68	3	3	3	0
10	24	1	3	3	0	27	21	1	1	1	0
11	39	2	2	2	0	28	53	2	2	2	0
12	47	2	2	2	0	29	91	5	5	3	2
13	60	2	2	2	0	30	48	2	4	3	1
14	65	3	3	3	0						

最后需要说明, 有关排队论模型的软件实现, 特别是 $M/M/s$ 类的排队模型, 可在 Lingo 或 WinQSB 软件中找到相应的工具.

思考题

9.1 判断下列说法是否正确:

(1) 若到达排队系统的顾客为 Poisson 流, 则依次到达的两名顾客之间的间隔时间服从负指数分布.

(2) 假如到达排队系统的顾客来自两个方面, 分别服从 Poisson 分布, 则这两部分顾客合起来的顾客流仍为 Poisson 分布.

(3) 若两两顾客依次到达的间隔时间服从负指数分布, 又将顾客按到达的先后排序, 则第 $1, 3, 5, 7, \cdots$ 名顾客到达的间隔时间也服从负指数分布.

(4) 对 $M/M/1$ 或 $M/M/s$ 的排队系统, 服务完毕离开系统的顾客流也为 Poisson 流.

(5) 在排队系统中, 一般假定对顾客服务时间的分布为负指数分布, 这是因为通过对大量实际系统的统计研究, 这样的假定比较合理.

(6) 一个排队系统中, 不管顾客到达和服务时间的情况如何, 只要运行足够长的时间后, 系统将进入稳定状态.

(7) 排队系统中, 顾客等待时间的分布不受排队服务规则的影响.

(8) 在顾客到达及机构服务时间的分布相同的情况下, 对容量有限的排队系统, 顾客的平均等待时间将少于允许队长无限的系统.

(9) 在顾客到达分布相同的情况下, 顾客平均等待时间同服务时间分布的方差大小有关, 当服务时间分布的方差越大时, 顾客的平均等待时间将越长.

(10) 在机器发生故障的概率及工人修复一台机器的时间分布不变的条件下, 由 1 名工人看管 5 台机器, 或由 3 名工人联合看管 15 台机器时, 机器因故障等待工人维修的平均时间不变.

9.2 来到一个加油站加油的汽车服从 Poisson 分布, 平均每 5 分钟到达 1 辆, 设加油站对每辆汽车的加油时间为 10 分钟, 问在这段时间内发生以下情况的概率:

(1) 没有一辆汽车到达.

(2) 有两辆汽车到达.

(3) 不少于 5 辆汽车到达.

9.3 某服务系统, 假设相继顾客到达间隔时间服从均值为 1 的负指数分布. 现在有一名顾客正好中午 12:00 到达. 试求下一顾客在下午 1:00 以前到达的概率; 在下午 1:00 到 2:00 之间到达的概率; 在下午 2:00 以后到达的概率.

9.4 某混凝土搅拌站只有一台混凝土搅拌机, 购买混凝土料车的到来服从 Poisson 分布, 平均每小时到达 5 辆. 搅拌时间服从负指数分布, 平均每 6 分钟搅拌一车. 假设停车场地不受限制. 求:

(1) 前来购买混凝土的车辆需要等待的概率.

(2) 场地上购买混凝土的车辆平均数是多少.

(3) 场地上等待装车的车数超过 2 辆的概率是多少.

(4) 在这个系统中购买一车混凝土所需的平均逗留时间是多少.

9.5 某加油站只有一台加油设备, 其汽车的平均到达率为 60 台/小时, 由于加油站面积小且较拥挤, 到达的汽车中平均每 4 台中有 1 台不能进入站内而离去. 这种情况下排队等待加油的汽车队列 (不计正在加油的) 为 3.5 台, 求进入该加油站汽车等待加油的平均时间.

9.6 一个有 2 名服务员的排队系统, 该系统最多容纳 4 名顾客. 当顾客处于稳定状态时, 系统中恰好有 n 名顾客的概率为 $P_0 = \frac{1}{16}$, $P_1 = \frac{4}{16}$, $P_2 = \frac{6}{16}$, $P_3 = \frac{4}{16}$, $P_4 = \frac{1}{16}$. 试求:

(1) 系统中的平均顾客数 L.

(2) 系统中平均排队的顾客数 L_q.

(3) 某一时刻正在被服务的顾客的平均数.

(4) 若顾客的平均到达率为 2 人/小时, 求顾客在系统中的平均逗留时间 W.

(5) 若 2 名服务员具有相同的服务效率, 利用 (4) 的结果求服务员为 1 名顾客服务的平均时间 $\left(\frac{1}{\mu}\right)$.

9.7 某加油站有一台油泵. 来加油的汽车按 Poisson 分布到达, 平均每小时 20 辆, 但当加油站已有 n 辆汽车时, 新来的汽车中将有部分不愿意等待而离去, 离去的概率为 $\frac{n}{4}$ $(n = 0, 1, 2, 3, 4)$, 油泵给一辆汽车加油所需要的时间为具有均值 3 分钟的负指数分布.

(1) 画出此排队系统的速率图.

(2) 导出其平衡方程式.

(3) 求出加油站中汽车数的稳态概率分布.

(4) 求出那些在加油站的汽车的平均逗留时间.

9.8 某街道口有一电话亭, 在步行距离为 4 分钟的拐弯处有另一电话亭. 已知每次电话的平均通话时间为 $\frac{1}{\mu} = 3$ 分钟的负指数分布, 又已知到达这两个电话亭的顾客均为 $\lambda = 10$ 人/小时的 Poisson 分布. 假如有名顾客去其中一个电话亭打电话, 到达时正有人通话, 并且还有一人在等待, 问该顾客应在原地等待, 还是转去另一电话亭打电话.

9.9 两个各有一名理发员的理发店, 且每个店内都只能容纳 4 名顾客. 两个理发店具有相同顾客到达率, $\lambda = 10$ 人/小时, 服从 Poisson 分布. 当店内顾客满员时, 新来的顾客自动离去. 已知第一个理发店内, 对顾客服务时间平均每人 15 分钟, 收费 11 元, 第二个理发店内, 对顾客服务时间平均每人 10 分钟, 收费 7.5 元, 以上时间服从负指数分布. 若两个理发店每天均营业 12 小时, 问哪个店内的理发员收入更高一些?

9.10 一个车间内有 10 台相同的机器, 每台机器运行时能创造 4 元/小时, 且平均损坏 1 次/小时. 而一个修理工修复一台机器平均需 4 小时. 以上时间均服从负指数分布. 设一名修理工工资为 6 元/小时, 试求:

(1) 该车间应设多少修理工, 使总费用为最小?

(2) 若要求不能运转的机器的期望数小于 4 台, 则应设多少修理工?

(3) 若要求损坏机器等待修理的时间少于 4 小时, 又应设多少名修理工?

9.11 到达某门诊部的病人按 $\lambda = 3$ 人/小时的 Poisson 分布到达, 医生诊治的时间服从 $\mu = 4$ 人/小时的指数分布. 在这些病人中, $\frac{1}{3}$ 的病人属急诊病人, $\frac{2}{3}$ 的病人属一般病人. 同诊别的病人按到达的先后顺序诊治, 急诊的病人相对于一般病人要优先得到治疗. 当该门诊部分别有一名医生及两名医生出诊时, 试分别计算两类病人的平均逗留时间.

9.12 某公司打字室平均每天接到 22 份要求打字文件, 一个打字员完成一个文件打字平均需时 20 分钟, 以上分别服从 Poisson 分布和负指数分布. 为减轻打字员负担, 有两个方案: 一是增加一名打字员, 每天费用为 40 元, 其工作效率同原打字员; 二为购一台自动打字机, 以提高打字效率, 已知有三种类型打字机, 其费用及提高打字的效率见表 9.6. 据公司估测, 每个文件若晚发出 1 小时将损失 0.80 元. 设打字员每天工作 8 小时, 试确定该公司应采用的方案.

表 9.6　三种打字机费用及提高打字效率表

型号	每天费用/元	打字员效率提高程度/%
1	37	50
2	39	75
3	43	150

第 10 章

可靠论

可靠性理论大约起源于 20 世纪 30 年代, 最早被研究的领域之一是机器维修问题. 从 20 世纪 50 年代至今, 可靠性理论的应用已从军事技术扩展到国民经济的许多领域. 随着可靠性理论的日趋完善, 用到的数学工具也越来越深刻. 可靠性数学已成为可靠性理论的最重要的基础理论之一. 一般说来, 在解决可靠性问题中所用到的数学模型大体可分为以下三类:

(1) 统计模型. 从观察数据出发, 对部件或系统的寿命等进行估计、检验等.

(2) 概率模型. 从系统的结构与部件的寿命分布、时间分布等有关信息出发, 来推断出与系统寿命有关的可靠性数量指标, 进一步可讨论系统的最优设计、使用维修策略等.

(3) 优化模型. 研究在一定资源 (如费用、时间、重量、体积等) 限制下, 如何合理地配置部件, 使系统可靠性指标或其他技术经济指标达到最优.

以下仅介绍产品的可靠性指标和一些典型不可修系统的可靠性分析. 而对可修系统的可靠性分析等其他内容的介绍, 可参见文献 [1, 37, 42].

10.1 基本概念

10.1.1 寿命分布

1) 指数分布

非负随机变量 X 的密度函数及其相应的分布函数分别是

$$f(t) = \lambda e^{-\lambda t} \quad (\lambda > 0; t \geqslant 0), \quad F(t) = 1 - e^{-\lambda t} \quad (t \geqslant 0)$$

则称 X 服从参数为 λ 的指数分布, 其均值与方差为 $E[X] = \dfrac{1}{\lambda}, \mathrm{Var}(X) = \dfrac{1}{\lambda^2}$.

经验表明, 电子元器件的寿命大多数都服从指数分布. 此外, 指数分布具有很好的性质, 它是可靠性理论中最重要的一个分布函数.

2) Γ 分布

非负随机变量 X 有密度函数为

$$f(t) = \frac{\lambda(\lambda t)^{\alpha-1}}{\Gamma(\alpha)} e^{-\lambda t} \quad (\lambda, \alpha > 0; t \geqslant 0)$$

其中, $\Gamma(\alpha) = \int_0^\infty x^{\alpha-1} e^{-x} \, dx$, 则称 X 遵从参数为 (α, λ) 的 Gamma 分布, 其中, α 称为形状参数, λ 称为尺度参数, 简记为 $X \sim \Gamma(\alpha, \lambda; t)$. 显然, 可计算得, $E[X] = \frac{\alpha}{\lambda}, \text{Var}(X) = \frac{\alpha}{\lambda^2}$.

特别地, 当 $\alpha = 1$ 时, $\Gamma(1, \lambda; t)$ 为指数分布; 当 $\alpha = n$ 为自然数时, $\Gamma(n, \lambda; t)$ 为 n 阶 Erlang 分布.

3) Weibull 分布

当非负随机变量的密度函数

$$f(t) = \lambda\alpha(\lambda t)^{\alpha-1} e^{-(\lambda t)^\alpha} \quad (\alpha, \lambda > 0; t \geqslant 0)$$

和分布函数

$$F(t) = 1 - e^{-(\lambda t)^\alpha} \quad (t \geqslant 0)$$

则称 X 遵从参数为 (α, λ) 的 Weibull 分布, 记为 $W(\alpha, \lambda; t)$, 其中, α 称为形状参数, λ 称为尺度参数, $W(1, \lambda; t)$ 为指数分布. Weibull 分布可用来描述疲劳失效、真空管失效和轴承失效等寿命分布. 易计算得

$$E[X] = \frac{1}{\lambda}\Gamma\left(\frac{1}{\alpha} + 1\right), \quad \text{Var}(X) = \frac{1}{\lambda^2}\left[\Gamma\left(\frac{2}{\alpha} + 1\right) - \Gamma^2\left(\frac{1}{\alpha} + 1\right)\right]$$

除此之外, 连续随机变量的寿命分布还有对数正态分布与截尾正态分布等; 离散随机变量的寿命分布有两点分布、二项分布、泊松分布和几何分布等, 在此不作介绍. 进一步的阅读可参见文献 [37, 42].

10.1.2　可靠性指标

衡量产品质量高低的指标有技术指标、可靠性指标等. 可靠性指标是用来描述产品经久耐用的程度, 即表示产品维持规定性能时间长短的能力. 由于产品 (部件、设备、系统) 性质的不同, 评定产品的可靠性指标也有所不同.

10.1.2.1　不可修产品指标

不可修产品是指产品失效以后不进行任何维修, 或失效后就废弃的产品. 有时系统本身是可维修的, 但可以先近似地当作不可修系统进行研究, 以便取得进一步考虑维修的因素. 不可修产品的主要可靠性指标有产品的寿命分布与可靠度、平均寿命、失效率等.

1) 寿命分布与可靠度

产品从开始工作到失效前的一段时间称为寿命. 当产品丧失规定的功能, 即当产品失效时, 它的寿命也就终止. 显然, 对同一个产品, 在同样的环境条件下使用, 由于规定的功能不同, 产品的寿命将会不同.

通常, 用一个非负随机变量 X 来描述产品的寿命, X 相应的分布函数为

$$F(t) = P(X \leqslant t) \quad (t \geqslant 0)$$

称为寿命分布. 于是, 产品在时刻 t 以前都正常 (不失效) 的概率, 即产品在时刻 t 的生存概率为

$$R(t) = P(X > t) = 1 - F(t) \tag{10.1}$$

(10.1) 中的 $R(t)$ 称为该产品的可靠度函数或简称可靠度. 由此可知, $R(t)$ 是产品在时间 $[0, t]$ 内不失效的概率. 因此, 可靠度也可定义为 "产品在规定的条件下, 在规定的时间内, 完成规定功能的概率". 对于一个给定的产品, 规定的条件和规定的功能确定了产品寿命 X 这个随机变量, 规定的时间就是 (10.1) 中的时间 $[0, t]$.

2) 失效率

设产品的寿命为非负随机变量 X, 其分布函数为 $F(t)$, 概率密度函数为 $f(t)$, t 时刻产品的失效率 (或故障率) 定义为

$$\lambda(t) = \frac{f(t)}{1 - F(t)} = \frac{f(t)}{R(t)} \quad (\forall t \in \{t | F(t) < 1\}) \tag{10.2}$$

$\lambda(t)$ 有如下概率含义: 若产品正常工作直到时刻 t, 则它在 $(t, t + \triangle t]$ 中失效的概率为

$$P(X \leqslant t + \triangle t | X > t) = \frac{P(t < X \leqslant t + \triangle t)}{P(X > t)} \approx \frac{f(t)\triangle t}{1 - F(t)} = \lambda(t)\triangle t$$

因此, 当 $\triangle t$ 很小时, $\lambda(t)\triangle t$ 表示该产品在 t 以前正常工作的条件下, 在 $(t, t + \triangle t]$ 中失效的概率.

由于 $f(t) = \dfrac{\mathrm{d}F(t)}{\mathrm{d}t} = -\dfrac{\mathrm{d}R(t)}{\mathrm{d}t}$, 故由 (10.2) 可得

$$\lambda(t) = \frac{f(t)}{R(t)} = -\frac{R'(t)}{R(t)} \tag{10.3}$$

若产品在开始使用时是好的, 即 $R(0) = 1$, 则由 (10.3) 可解得

$$R(t) = \exp\left\{ -\int_0^t \lambda(u)\,\mathrm{d}u \right\} \tag{10.4}$$

即当密度函数存在且 $R(0) = 1$ 时, $\lambda(t)$ 和 $F(t)$ 由 (10.3) 和 (10.4) 互相唯一确定.

一般根据经验发现, 一般产品的失效率函数和时间的关系呈现出浴盆形状, 如图 10.1 所示. 在 I 以前, $\lambda(t)$ 呈下降的趋势, 这是早期失效期. 在 I 和 II 之间一段, $\lambda(t)$ 基本上保持常数, 这是偶然失效期. 这段时间是产品最佳的工作阶段. 在 II 以后, $\lambda(t)$ 又呈上升趋势, 这是磨损失效期.

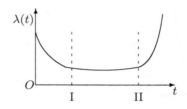

图 10.1   失效率函数随时间变化图

3) 平均寿命

产品寿命的期望值称为平均寿命, 记做 MTTF (mean time to failure). 由于

$$E[X] = \int_0^\infty \mathrm{d}F(t) = \int_0^\infty \int_0^t \mathrm{d}u\, \mathrm{d}F(t)$$

$$= \int_0^\infty \int_u^\infty \mathrm{d}F(t)\, \mathrm{d}u = \int_0^\infty R(u)\, \mathrm{d}u = \int_0^\infty [1 - F(u)]\, \mathrm{d}u$$

即平均寿命与产品可靠度有关系式 $E[X] = \int_0^\infty R(t)\, \mathrm{d}t$.

10.1.2.2   可修产品指标

可修产品的情形要复杂些. 由于有修理的因素, 产品故障后可以予以修复. 描述可修产品的可靠性数量指标有:

1) 首次故障时间分布

可修产品的运行随时间的进程是正常和故障交替出现的. 记 X_i 和 Y_i 分别表示第 i ($i = 1, 2, \cdots$) 个周期的开工时间和停工时间. 产品首次故障前时间 X_1 的分布为 $F_1(t) = P\{X_1 \leqslant t\}$. 首次故障前平均时间 (MTTFF) 是

$$\mathrm{MTTFF} = E[X_1] = \int_0^\infty t\, \mathrm{d}F_1(t)$$

对可修产品, 也常用可靠度的概念, 为 $R(t) = P\{X_1 > t\} = \overline{F}_1(t)$, 表示可修产品在 $[0, t]$ 时间内都正常的概率.

对一个可修产品一旦发生故障将要产生灾难性后果的情形, 首次故障前时间分布及其均值是该产品最重要的可靠性数量指标.

2) 可用度

产品在时刻 t 的瞬时可用度定义为 $A(t) = P\{$产品在时刻 t 正常$\}$. 瞬时可用度 $A(t)$ 只涉及时刻 t 产品是否正常, 对 t 以前产品是否发生过故障并不关心. 在瞬时可用度 $A(t)$ 的基础上, 可以定义 $[0, t]$ 时间内平均可用度为

$$\widetilde{A}(t) = \frac{1}{t} \int_0^t A(u)\, \mathrm{d}u$$

若极限存在的话, 分别称 $\widetilde{A} = \lim_{t\to\infty} \widetilde{A}(t)$, $A = \lim_{t\to\infty} A(t)$ 为极限平均可用度和稳态可用度. 显然, 若 A 存在, 则 $\widetilde{A}$ 必存在, 且 $\widetilde{A} = A$.

可用度是可修产品重要的可靠性指标之一. 在工程应用中特别感兴趣的是稳态可用度. 它表示产品经长期运行, 大约有 A 的时间比例处在正常状态.

3) 维修度和修复率

在可靠性工程中, 将维修度定义为一个产品故障后的修理时间 Y 的分布 $G(t) = P\{Y \leqslant t\}$. 当修理时间 Y 有密度函数 $g(t)$ 时, 修复率为

$$\mu(t) = \frac{g(t)}{\overline{G}(t)}, \quad t \in \{t \mid G(t) < 1\}$$

维修度反映了产品在时间 t 内完成修理的概率. 因此是表征可修产品维修难易程度的数量指标. 修复率的定义在形式上与失效率的定义完全类似. 因此, 对充分小的 $\Delta t > 0$, 有 $\mu(t)\Delta t \sim P\{Y \leqslant t + \Delta t \mid Y > t\}$, 它表示产品在 t 以前尚未修复的条件下, 在 $(t, t + \Delta t]$ 修理完成的概率. 进一步地, 有

$$\overline{G}(t) = \exp\left\{ -\int_0^t \mu(u)\, \mathrm{d}u \right\}$$

4) 故障频度

可修产品随时间的进程是一串正常和故障次数交替出现的过程. 因此, 令 $N(t)$ 表示产品在 $(0, t]$ 时间内的故障次数, 则产品在 $(0, t]$ 内故障次数的分布为 $P_k(t) = P\{N(t) = k\}$, $k = 0, 1, 2, \cdots$. 产品在 $(0, t]$ 时间内平均故障次数为

$$M(t) = E[N(t)] = \sum_{k=1}^{\infty} k P_k(t)$$

若 $M(t)$ 的微商存在, 则产品的瞬时故障频度为 $m(t) = \dfrac{\mathrm{d}}{\mathrm{d}t} M(t)$. 若极限存在的话, 进一步地, 稳态故障频度为 $M = \lim_{t\to\infty} \dfrac{M(t)}{t}$. $M(t)$ 和 M 也是重要的可靠性数量指标. 例如, 在更换问题的研究中, 它表示大约需要准备多少个备件.

5) 其他可靠性指标

可修产品的其他可靠性数量指标还有很多. 例如, 平均开工时间 (MUT 或 MTBF)、平均停工时间与平均周期分别为

$$\text{MUT} = \lim_{n \to \infty} \frac{1}{n} \sum_{i=1}^{n} E[X_i], \ \text{MDT} = \lim_{n \to \infty} \frac{1}{n} \sum_{i=1}^{n} E[Y_i], \ \text{MCT} = \text{MUT} + \text{MDT}$$

除反映可修产品自身的可靠性数量指标外, 有时还需要反映修理设备 (修理工) 忙闲程度的指标, 如修理设备忙的瞬时概率 $B(t) = P\{时刻\ t\ 修理设备忙\}$. 若极限存在的话, 进一步称修理设备忙的稳态概率为 $B = \lim_{t \to \infty} B(t)$. B 表示产品经长期运行后, 在大约有多长的时间比例内修理设备是忙的. $B(t)$ 或 B 是反映修理能力的配备是否合理的一个数量指标. 这些指标在形式上与瞬时可用度和稳态可用度一样, 在求法上也类似.

对于一个复杂系统, 瞬时可靠性数量指标不容易求到. 在多数情形下, 只能求出相应 Laplace 变换 (记为 L 变换) 或 Laplace-Stieltjes 变换 (记为 L-S 变换), 它们一般不容易反演出来. 但是有关平均值或稳态指标通常比较容易得到.

10.2 不可修系统

这里提到的 "系统" 是指由一些基本部件 (其中包括硬件、软件, 也可以包括人) 组成的完成某种特定功能的整体. 所谓典型不可修系统, 是指组成系统的部件失效后并不对其进行维修 (更换) 的系统, 包括串联系统、冗余系统、混联系统等.

10.2.1 串联系统

所谓串联系统, 是指系统由 n 个部件组成, n 个部件中的任何一个部件失效均将引起系统失效. 串联系统的可靠性结构框图如图 10.2 所示.

图 10.2　串联系统的可靠性结构框图

设第 i 个部件的寿命为 X_i, 可靠度为 $R_i(t) = P(X_i > t)\ (i = 1, 2, \cdots, n)$, 并设系统寿命为 X, 可靠度为 $R(t)$. 假定 $X_1, X_2, \cdots, X_n$ 相互独立, 在初始时刻 $t = 0$ 所有部件都是新的, 且同时开始工作.

由串联系统定义可知, 系统寿命 X 应等于各部件寿命 X_i 的最小者, 即 $X = \min\{X_1, X_2, \cdots, X_n\}$. 于是, 系统的可靠度为

$$R(t) = P(X > t) = P(X_1 > t, X_2 > t, \cdots, X_n > t)$$

$$= \prod_{i=1}^{n} P(X_i > t) = \prod_{i=1}^{n} R_i(t) \quad (t \geqslant 0) \tag{10.5}$$

当第 i 个部件的失效率为 $\lambda_i(t)$ 时, 则由 (10.4) 知, 系统可靠度为

$$R(t) = \prod_{i=1}^{n} \exp\left\{ - \int_0^t \lambda_i(u)\,\mathrm{d}u \right\} = \exp\left\{ - \int_0^t \sum_{i=1}^{n} \lambda_i(u)\,\mathrm{d}u \right\}$$

系统的失效率为

$$\lambda(t) = -\frac{R'(t)}{R(t)} = \sum_{i=1}^{n} \lambda_i(t) \tag{10.6}$$

因此, 一个由独立部件组成的串联系统的失效率是所有部件失效率之和. 系统的平均寿命为

$$\mathrm{MTTF} = \int_0^\infty R(t)\,\mathrm{d}t = \int_0^\infty \exp\left\{ - \int_0^t \lambda(u)\,\mathrm{d}u \right\} \mathrm{d}t$$

当 $R_i(t) = e^{-\lambda_i t}$ $(i = 1, 2, \cdots, n)$, 即所有部件寿命 X_i 服从参数为 λ_i 的负指数分布, 显然有

$$R(t) = \exp\left\{ - \sum_{i=1}^{t} \lambda_i t \right\}, \quad \mathrm{MTTF} = \left[\sum_{i=1}^{n} \lambda_i \right]^{-1} \tag{10.7}$$

因此, 系统的寿命分布也遵从负指数分布.

特别地, 当上述各负指数分布的参数相同, 即 $\lambda_i = \lambda$ $(i = 1, 2, \cdots, n)$ 时, 有

$$R(t) = e^{-n\lambda t}, \quad \mathrm{MTTF} = \frac{1}{n\lambda} \tag{10.8}$$

由 (10.8) 可知, 由 n 个相互独立的相同负指数部件组成的串联系统中, 部件数 n, 失效率 λ 和工作时间 t 三者对串联系统可靠度的影响相同. 因此, 为了提高串联系统可靠度, 可采取减少部件数, 降低部件失效率或缩短工作时间这三者中的任何一项措施都是有效的.

10.2.2 并联系统

所谓并联系统, 是指系统由 n 个部件组成, 只要其中至少有一个部件不失效, 系统就能正常工作, 换言之, 当系统中所有部件都失效时系统才失效. 并联系统的可靠性结构框图如图 10.3 所示.

设一并联系统由 n 个部件组成, 其中第 i 个部件的寿命为 X_i, 可靠度为 $R_i(t)$ $(i = 1, 2, \cdots, n)$, 系统的寿命为 X, 可靠度为 $R(t)$. 假设 $X_1, X_2, \cdots, X_n$ 相互独立, 且在初始时刻 $t = 0$ 系统中 n 个部件都是新的, 并同时开始工作.

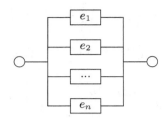

图 10.3　并联系统可靠性结构框图

显然, 并联系统的寿命 X 应等于各部件寿命 X_i 中的最大者, 即

$$X = \max\{X_1, X_2, \cdots, X_n\}$$

于是, 系统的可靠度为

$$
\begin{aligned}
R(t) &= P(\max\{X_1, X_2, \cdots, X_n\} > t) \\
&= 1 - P(\max\{X_1, X_2, \cdots, X_n\} \leqslant t) \\
&= 1 - P(X_1 \leqslant t, X_2 \leqslant t, \cdots, X_n \leqslant t) \\
&= 1 - \prod_{i=1}^{n}[1 - R_i(t)]
\end{aligned}
\tag{10.9}
$$

若 $R_i(t) = e^{-\lambda_i t}$ $(i = 1, 2, \cdots, n)$, 即所有部件寿命 X_i 服从参数为 λ_i 的负指数分布, 则有系统可靠度为

$$R(t) = 1 - \prod_{i=1}^{n}[1 - e^{-\lambda_i t}]$$

将上式的乘积展开, 可求得系统的平均寿命为

$$
\begin{aligned}
\mathrm{MTTF} &= \int_0^{\infty} R(t)\,\mathrm{d}t = \sum_{i=1}^{n}\frac{1}{\lambda_i} - \sum_{1 \leqslant i < j \leqslant n}\frac{1}{\lambda_i + \lambda_j} \\
&\quad + \cdots + (-1)^{n-1}\frac{1}{\lambda_1 + \lambda_2 + \cdots + \lambda_n}
\end{aligned}
\tag{10.10}
$$

特别地, 当 $n = 2$ 时, 有

$$R(t) = e^{-\lambda_1 t} + e^{-\lambda_2 t} - e^{-(\lambda_1 + \lambda_2)t} \tag{10.11}$$

$$\text{MTTF} = \frac{1}{\lambda_1} + \frac{1}{\lambda_2} - \frac{1}{\lambda_1 + \lambda_2} \tag{10.12}$$

当 $R_i(t) = e^{-\lambda t}$ $(i = 1, 2, \cdots, n)$ 时, 即上述各负指数分布的参数相等时, $\lambda_1 = \lambda_2 = \cdots = \lambda$, 系统的可靠度为

$$R(t) = 1 - (1 - e^{-\lambda t})^n \tag{10.13}$$

系统的平均寿命为 (可利用变量替换 $x = 1 - e^{-\lambda t}$)

$$\text{MTTF} = \int_0^\infty R(t)\,\mathrm{d}t = \int_0^1 (1 - x^n)\frac{1}{\lambda(1-x)}\,\mathrm{d}x = \frac{1}{\lambda}\sum_{i=1}^n \frac{1}{i} \tag{10.14}$$

由于 $\lim\limits_{n\to\infty}\left(\sum\limits_{i=1}^n \frac{1}{i} - \ln n\right) = \gamma = 0.57712\cdots$, γ 为 Euler 常数. 故当 n 很大时, 有

$$\text{MTTF} = \frac{1}{\lambda}\sum_{i=1}^n \frac{1}{i} \approx \frac{1}{\lambda}(\ln n + \gamma)$$

由 (10.14) 可知, 当用 n 个相同的负指数寿命的部件组成并联系统时, 其系统平均寿命 MTTF 将随着部件数成自然对数增长.

除此之外, 并联系统还有许多独特的性质. 例如, 对串联系统来说, 当部件失效率为常数时, 由 (10.6) 知系统失效率也是常数, 但并联系统并非如此. 以两部件并联系统为例, 若两个部件的失效率均为 λ 时, 由 (10.11) 知, 系统可靠度为

$$R(t) = 2e^{-\lambda t} - e^{-2\lambda t}$$

此时, 系统失效率

$$\lambda(t) = -\frac{R'(t)}{R(t)} = \frac{2\lambda e^{-\lambda t} - 2\lambda e^{-2\lambda t}}{2e^{-\lambda t} - e^{-2\lambda t}}$$

上式说明, 并联系统的失效率已不再像部件失效率那样是常数, 而是时间 t 的函数. 对于足够小的 t, 利用近似等式 $e^{-\lambda t} \approx 1 - \lambda t$ 还可以得到

$$\lambda(t) = \frac{2\lambda e^{-\lambda t} - 2\lambda e^{-2\lambda t}}{2e^{-\lambda t} - e^{-2\lambda t}} \approx 2\lambda^2 t, \quad \lim_{t\to\infty}\lambda(t) = \lim_{t\to\infty}\frac{\lambda - \lambda e^{-\lambda t}}{1 - \frac{1}{2}e^{-\lambda t}} = \lambda$$

以上两式说明, 并联系统使用初期, 系统失效率是时间 t 的线性函数, 即随着时间的增长, 其失效率将越来越大. 当系统运行足够大时间后, 此时两部件并联系统失效率与单部件失效率相等.

可靠性框图表示部件好坏与系统好坏之间的关系, 表示部件和系统之间的可靠性关系. 可靠性框图与工程结构图并不是完全等价的. 例如, 最简单的振荡器由一个电感 L 和一个电容 C 组成, 在工程结构图中, 电感 L 和电容 C 是并联连接. 但在可靠性框图中, 它们却是串联关系. 这是因为电感 L 和电容 C 中任何一个失效都引起震荡器失效, 它们的关系符合串联系统的定义. 在以下讨论的所有可靠性模型中, 注意, 不要将可靠性框图与工程结构图混淆 (图 10.4).

图 10.4　某可靠性框图与工程结构图

10.2.3　混联系统

由串联系统和并联系统混合而成的系统称为混联系统. 最常见的混联系统是串并联系统和并串联系统, 其系统可靠性结构框图如图 10.5 及图 10.6 所示. 当混联系统中所有部件相互独立且已知每个部件的可靠度时, 只需根据该混联系统的可靠性结构框图, 用串联系统 (10.8) 和并联系统 (10.13) 就可写出混联系统的可靠度公式.

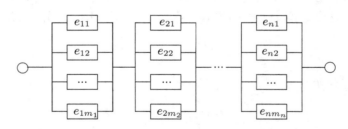

图 10.5　串并联系统可靠性结构框图

1) 串并联系统

设系统由相互独立工作的 n 级子系统串联构成. 其中第 i 级子系统由相互独立工作的 m_i 个同型部件并联组成, 其部件可靠度为 $R_{ij}(t)$ $(i = 1, 2, \cdots, n;$ $j = 1, 2, \cdots, m_i)$, 则可立即求得串并联系统的可靠度

$$R(t) = \prod_{i=1}^{n} \left\{ 1 - \prod_{j=1}^{m_i} [1 - R_{ij}(t)] \right\}$$

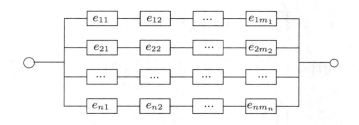

图 10.6　并串联系统可靠性结构框图

2) 并串联系统

设系统由相互独立工作的 n 级子系统并联构成, 其中第 i 级子系统又由相互独立工作的 m_i 个同型部件串联组成, 其部件可靠度为 $R_{ij}(t)$ $(i = 1, 2, \cdots, n;$ $j = 1, 2, \cdots, m_i)$. 则可立即求得该并串联系统的可靠度

$$R(t) = 1 - \prod_{i=1}^{n} \left[1 - \prod_{j=1}^{m_i} R_{ij}(t) \right]$$

3) 部件冗余与系统冗余的比较

串并联系统是一个部件冗余系统, 并串联系统是一个子系统冗余系统. 考虑以下两个系统, 如图 10.7 和图 10.8 所示.

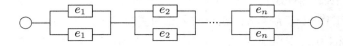

图 10.7　某串并联系统的可靠性结构框图

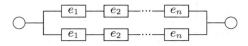

图 10.8　某并串联冗余系统的可靠性结构框图

设系统中所采用的部件个数及其型号均相同, 且分别用 $R_1(t), R_2(t)$ 表示串并联系统和并串联系统的可靠度. 由图 10.7 与图 10.8 可知, 有

$$R_1(t) = \prod_{i=1}^{n} [1 - (1 - R_i(t))^2] = \prod_{i=1}^{n} [1 - F_i^2(t)]$$

$$= \prod_{i=1}^{n}[1 - F_i(t)] \prod_{i=1}^{n}[1 + F_i(t)]$$

$$R_2(t) = 1 - \left[1 - \prod_{i=1}^{n} R_i(t)\right]^2 = \prod_{i=1}^{n} R_i(t)\left[2 - \prod_{i=1}^{n} R_i(t)\right]$$

$$= \prod_{i=1}^{n}[1 - F_i(t)]\left[2 - \prod_{i=1}^{n}[1 - F_i(t)]\right]$$

注意到

$$\prod_{i=1}^{n}[1 + F_i(t)] = 1 + \sum_{i=1}^{n} F_i(t) + \sum_{1 \leqslant i \leqslant j < n} F_i(t)F_j(t) + \cdots + \prod_{i=1}^{n} F_i(t)$$

$$\prod_{i=1}^{n}[1 - F_i(t)] = 1 - \sum_{i=1}^{n} F_i(t) + \sum_{1 \leqslant i \leqslant j < n} F_i(t)F_j(t) + \cdots + (-1)^{\nu} \prod_{i=1}^{n} F_i(t)$$

于是, 有

$$\prod_{i=1}^{n}[1 + F_i(t)] - 2 + \prod_{i=1}^{n}[1 - F_i(t)] > 0$$

故有 $R_1(t) - R_2(t) > 0$, 即说明部件冗余优于子系统冗余.

10.2.4 表决系统

系统由 n 个部件组成, 仅当 n 个部件中有 k 个或 k 个以上部件正常工作时, 系统才正常工作 ($1 \leqslant k \leqslant n$), 或当失效部件数大于或等于 $n-k+1$ 时, 系统失效, 这样的系统称为 n 中取 k 的表决系统, 记为 $k/n(\mathrm{G})$. 显然, 串联系统是 $n/n(\mathrm{G})$ 系统, 并联系统是 $1/n(\mathrm{G})$ 系统. $k/n(\mathrm{G})$ 系统的可靠性结构框图如图 10.9 所示.

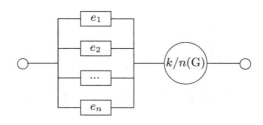

图 10.9 表决系统的可靠性结构框图

设 $X_1, X_2, \cdots, X_n$ 分别表示这 n 个部件的寿命, 它们相互独立, 系统的寿命为 X, 设每个部件的可靠度均为 $R_0(t)$, 系统的可靠度为 $R(t)$, 设初始时刻各部件全新且同时开始工作. 在下面的讨论中, 为处理方便起见, 只讨论同型部件组成的 $k/n(\mathrm{G})$ 系统.

易知, 系统的可靠度为

$$R(t) = \sum_{i=k}^{n} C_n^i P(X_{i+1}, \cdots, X_n \leqslant t < X_1, \cdots, X_i)$$

$$= \sum_{i=k}^{n} C_n^i [1 - R_0(t)]^{n-i} [R_0(t)]^i$$

$$= \frac{n!}{(n-k)!(k-1)!} \int_0^{R_0(t)} x^{k-1}(1-x)^{n-k} \, \mathrm{d}x \qquad (10.15)$$

若部件寿命存在密度函数 $f_0(t)$, 则系统的失效率为

$$\lambda(t) = \frac{f_0(t)[R_0(t)]^{k-1}[1-R_0(t)]^{n-k}}{\int_0^{R_0(t)} x^{k-1}(1-x)^{n-k} \, \mathrm{d}x}$$

当 $R_0(t) = e^{-\lambda t}$, 即各部件均服从参数为 λ 的负指数分布时, 有

$$R(t) = \sum_{i=k}^{n} C_n^i e^{-i\lambda t}(1 - e^{-\lambda t})^{n-i} = \sum_{i=0}^{n-k} C_n^i e^{-\lambda(n-i)t}(1 - e^{-\lambda t})^i$$

将上式积分, 并作变量替换 $x = 1 - e^{-\lambda t}$, 有

$$\mathrm{MTTF} = \int_0^\infty R(t) \, \mathrm{d}t = \sum_{i=0}^{n-k} C_n^i e^{-\lambda(n-i)t}(1 - e^{-\lambda t})^i$$

$$= \sum_{i=0}^{n-k} C_n^i \int_0^1 (1-x)^{n-i-1} x^i \, \mathrm{d}x$$

当 k 较大时, 则有

$$\mathrm{MTTF} = \frac{1}{\lambda} \sum_{i=0}^{n-k} \frac{1}{n-i} = \frac{1}{\lambda} \left[\sum_{i=1}^{n} \frac{1}{i} - \sum_{i=1}^{k-1} \frac{1}{i} \right]$$

$$\approx \frac{1}{\lambda} [\ln n + c - \ln(k-1) - c] = \frac{1}{\lambda} \ln\left(\frac{n}{k-1}\right)$$

注意到 $\frac{1}{\lambda}$ 即为部件的平均寿命. 上式说明当 k 较大时由 n 个部件组成的 $k/n(\mathrm{G})$ 系统的 MTTF 是单部件系统的 MTTF 的 $\ln\left(\frac{n}{k-1}\right)$ 倍.

当部件的可靠度不相同时, 可类似求得表决系统的可靠度. 例如, 一个 $2/3(\mathrm{G})$ 系统, 设各部件的可靠度为 $R_i(t)(i = 1, 2, 3)$, 则有

$$
\begin{aligned}
R(t) = {}& R_1(t)R_2(t)R_3(t) + R_1(t)R_2(t)\overline{R}_3(t) \\
& + R_1(t)\overline{R}_2(t)R_3(t) + \overline{R}_1(t)R_2(t)R_3(t)
\end{aligned}
$$

另外, 表决系统还有另外一种形式 $k/n(\mathrm{F})$, 它表示 n 个部件中有 k 个或 k 个以上部件失效时, 系统才会失效. 易见, $k/n(\mathrm{F})$ 系统等价于 $(n - k + 1)/n(\mathrm{G})$ 系统. 表决系统有如下特殊情形:

(1) $n/n(\mathrm{G})$ 系统或 $1/n(\mathrm{F})$ 系统等价于 n 个部件的串联系统.

(2) $1/n(\mathrm{G})$ 系统或 $n/n(\mathrm{F})$ 系统等价于 n 个部件的并联系统.

(3) $(n + 1)/(2n + 1)(\mathrm{G})$ 系统或 $(n + 1)/(2n + 1)(\mathrm{F})$ 系统是多数表决系统.

为提高系统的可靠性, 在系统上增加一些多余部件后得到的系统称为冗余系统 (多余部件除去后, 系统仍能正常工作, 但可靠性要下降), 以上介绍的并联系统和表决系统均为冗余系统.

10.3　可靠性最优化

在各类系统可靠性最优化分析中, 主要考虑以下几方面:

(1) 通过增加每个特定子系统里的冗余部件, 使系统的可靠性最大.

(2) 通过选择每一级合适的可靠性值, 使系统的可靠性最大.

(3) 在满足系统最低限度可靠性要求的同时, 使系统的 "费用" 为最小. 或者在满足每个单独系统可靠性最低限度要求的同时, 使多级功能系统的费用为最小.

价格、重量、体积或者这些项目的一些组合即 "费用" 约束, 对于串联、并联或者复杂结构的系统是重要的. 每一个约束函数都是部件可靠度的增函数, 或者是每一级所使用的部件数是增函数, 或者是这二者的增函数. 各种 "费用" 函数都是有用的. 对此, 下面陈述几类基本的可靠性最优化问题, 参见文献 [43].

1) n 级串联模型

对于一个 n 级串联模型 (图 10.2), 问题在于如何对每个部件进行可靠度分配, 以此使整个系统的可靠性最大. 记 R_s 为系统的可靠度, R_j 为第 j 级部件的可靠度, $g_{ij}(R_j)$ 为消耗在第 j 级上的资源 i, b_i 为资源 i 可用的总数. 函数 $g_{ij}(R_j)$ 与部件可靠度 R_j 的关系可以是线性的, 也可以是非线性的. 则其模型为

$$
\max R_s = \prod_{j=1}^{n} R_j
$$
$$
\text{s.t.} \ \sum_{j=1}^{n} g_{ij}(R_j) \leqslant b_i \quad (i = 1, 2, \cdots, m)
$$

2) 冗余分配模型

对于如图 10.3 ∼ 图 10.9 所示冗余系统来说, 其冗余分配模型有两类模型.

(1) 模型可以描述为在费用约束条件下, 进行最优的冗余, 使系统的可靠度为最大. 其模型为

$$\max R_s = \prod_{j=1}^{n} R_j(x_j)$$
$$\text{s.t.} \sum_{j=1}^{n} g_{ij}(R_j) \leqslant b_i \quad (i = 1, 2, \cdots, m)$$

其中, R_j 是第 j 级 (第 j 个子系统) 的可靠度, 它是每一级部件数 x_j 的函数.

(2) 在系统可靠度等于或大于所希望水平的约束条件下, 使系统的费用为最少. 其模型为

$$\min C_s = \sum_{j=1}^{n} c_j(x_j)$$
$$\text{s.t.} \ R_s = \prod_{j=1}^{n} R_j(x_j) \geqslant R_r$$

其中, C_s 是系统的总费用; c_j 是第 j 级的费用, 它是每一级部件数 x_j 的函数; R_s 是系统的可靠度, 它大于或等于系统所要求的可靠度 R_r.

3) 复杂系统模型

对于更为复杂的系统, 如非串 – 并联可靠性系统、复杂的桥式网络系统 (参见文献 [1, 43]) 的可靠度, 可以通过条件概率, 或者其他网络算法获得, 因此此类问题的系统可靠度为最大的最优化模型为

$$\max R_s = f(R_1, R_2, \cdots, R_n)$$
$$\text{s.t.} \sum_{j=1}^{n} g_{ij}(R_j) \leqslant b_i \quad (i = 1, 2, \cdots, m)$$

这里, 系统的可靠度是部件可靠度 R_j 的函数.

类似地, 还可以列出可靠度分配与冗余数分配模型.

以上模型可以扩充为: 系统的收益为最大; 系统的可靠性与系统机能要求的比为最大等等. 故对于一些新的研究方向来说, 只要在这些方向里附加最优化工作, 就会得到有益的效果. 例如, 一般可靠性最优化问题的一个扩展, 就是同时确定部件可靠度的最优水平和每一级的冗余数. 这个问题是: 部件的失效率是变量, 所决定的是怎样在添加的冗余部件之间, 或者在单个部件可靠度之间做最优的权衡. 另一个例子是, 对于多级系统可靠性的最优化, 可以从一系列可能的候选者当中, 选出比较可靠的部件作为第一级, 在第二级中添加并联的冗余部件, 在第三级中用一个 n 中取 k 的 G 结构来实现.

下面以一个 n 级并–串联系统为例来介绍这类模型, 模型假设:

(1) 各级间是串联的, 对完成系统任务的全部功能来说, 每一级都必不可少.

(2) 所有的级以及每级上的所有并联都是统计独立的. 同一级的并联的部件都具有相同的失效概率.

(3) 每一级的所有部件都是同时工作的, 必须是该级里的所有部件都失效, 该级才失效.

(4) 不考虑短路失效, 即假设仅有一种失效模式.

(5) 各级间的费用是可加的.

在同时要确定该系统第 j 级的部件数 x_j 和部件的可靠度 R_j 的情形下, 则可靠性最优化模型为

$$
\begin{aligned}
R_s(\boldsymbol{R}, \boldsymbol{x}) &= \prod_{j=1}^{n}\left(1-(1-R_j)^{x_j}\right) \\
\text{s.t.} \quad & \sum_{j=1}^{n} g_{ij}(R_j, x_j) \leqslant b_i \quad (i = 1, 2, \cdots, r)
\end{aligned}
\tag{10.16}
$$

其中, 系统可靠度 $R_s \equiv R_s(R_1, \cdots, R_n; x_1, \cdots, x_n)$, n 是系统总级数, r 是约束类型的总数; 对 $j = 1, 2, \cdots, n$, R_j 全是 $[0,1]$ 之间的实数, x_j 全是正整数; b_i 表示第 i $(i = 1, 2, \cdots, r)$ 类资源的可用量, g_{ij} 表示第 j 级消耗第 i 类资源的总量.

在实际的可靠性问题中, 对冗余数和部件的可靠度的改进, 都将以 "费用" 为代价, 而 "费用" 可以用货币、重量、体积或三者的组合来表示. 为此, 约束条件可详细描述为这三类约束条件. 从应用的观点来看, 改进系统可靠性的费用数据是十分需要的, 但目前有用的数据很少. 为了使目标函数和约束公式化, 实际的费用数据对逼真地模拟问题是必须的.

另外, 随着现代化设备复杂程度的日益增加, 在军事和工业两个领域, 包含高性能、高可靠性和高维修性的新工程问题随之而来. 作为可维修性和可靠性的综合度量的有效度, 越来越广泛地被用作系统可用性的度量.

■ 思考题

10.1 设产品的寿命 X 服从 Weibull 分布, 求该产品的 $R(t)$, MTTF 与 $\lambda(t)$.

10.2 设 $F(x)$ 是连续型寿命分布, $F(0) = 0$, 试证明: $F(x) = 1 - e^{-\lambda t}$, $t \geqslant 0$, $\lambda > 0$ 的充要条件是 $\lambda(t) = \lambda > 0$, 对所有的 $t \geqslant 0$ 成立.

10.3 有六个相互独立工作的相同部件, 按图 10.10 所示三种可靠性结构方式组成系统, 今设各部件可靠度均为 0.9, 试求三个系统的可靠度, 并比较其优劣.

10.4 某混联系统由五个单元组成, 其可靠性结构框图如图 10.11 所示. 今设各单元的工作相互独立, 寿命分布均为指数分布, 且设单元 e_1, e_2, e_3 的失效率均为 λ_1,

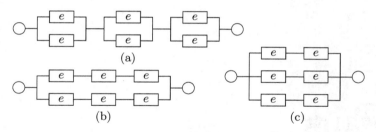

图 10.10　三种可靠性系统结构框图

而单元 e_4, e_5 的失效率为 λ_2 与 λ_3. 求该系统的可靠度及 MTTF.

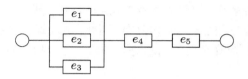

图 10.11　某混联系统可靠性结构框图

10.5 某型喷气式飞机有三个发动机, 必须至少有两台发动机正常工作时才能安全飞行. 今设飞机事故的发生仅由发动机失效所引起, 若三台发动机寿命相互独立, 且具有相同的指数分布, 平均寿命为 2×10^3 小时, 试求当 $t = 100$ 小时时飞机的可靠度.

第 11 章

预　　测

在前面分析的许多模型 (例如库存管理模型) 中, 基本上都是基于对某种产品需求量的预测, 或至少是需求的概率分布. 因此, 成功运用这些模型 (如库存模型) 所不可缺少的一个步骤就是要对需求进行预测. 这些相关数据的预测就被称为数据挖掘.

数据挖掘 (data mining) 是从大量的、不完全的、有噪声的、模糊的、随机的数据中, 提取隐含在其中的、人们事先不知道的、但又是潜在有用的信息和知识的过程. 数据挖掘的主要技术有:

(1) 关联分析. 在大型数据集中发现各项之间感兴趣的关联关系.

(2) 分类分析. 通过分类可以找出描述并区分数据类或概念的模型 (或函数), 以便能够使用模型预测类标记未知的对象类.

(3) 聚类分析. 根据最大化类内的相似性、最小化类间的相似性的原则进行将对象聚类或分组, 所形成的每个簇 (聚类) 可以看作一个对象类, 由它可以导出规则. 聚类也便于分类编制, 将观察到的内容组织成类分层结构, 把类似的事件组织在一起.

(4) 演变分析. 描述行为随时间变化的对象的规律或趋势, 并对其建模, 包括时间序列分析、序列模式分析、周期模式匹配等.

(5) 异常分析. 一个数据集往往包含一些特别的数据, 这些数据的行为和模式与一般的数据不同, 称为异常数据. 对异常数据的分析称为异常分析.

从数据分析的观点来看, 数据挖掘分为两类: 描述性数据挖掘和预测性数据挖掘. 描述性数据挖掘以概要方式描述数据, 提供数据有用的一般性质; 预测性数据挖掘方法分析数据, 建立一个或一组模型, 产生关于数据的预测. 本章主要针对预测性数据挖掘介绍一些定量预测技术, 主要有抽样调查法、时间序列分析、因果分析法和模拟等. 抽样调查法主要用于截面数据的预测, 而时间序列分析与因果分析法等主要用于时间序列数据预测.

由于模拟技术的作用还不仅限于实现预测功能, 所以第 12 章将更为详细地对其进行陈述. 下面主要介绍前三类预测技术的一般性理论与方法, 参见文献 [3].

11.1　预测概述

预测成为一门学科, 广泛应用于各个领域还是近几十年来的事. 下面所要研究的预测是在对现实和历史进行调查研究的基础上, 找出事物发展的客观规律, 对未来事件状态的科学分析. 预测的主要特点有:

(1) 预测是把过去、现在和未来视为不可截然分开的整体, 根据现在和过去预计未来, 根据已知推断未知. 人们的实践、实验及统计数据等等都是过去和现在的 "已知", 预测就是通过对这些 "已知" 的研究来科学地推测 "未知" 的.

(2) 预测本身不是目的, 而是一种手段, 其功能在于提供关于未来的信息, 提高人们的决策水平, 以便人们去努力争取实现有利的未来, 尽力减少或避免不利的未来所带来的损失.

(3) 预测结果具有近似性和随机性特点, 预测的对象是现实事件的未来状态和未来发生的事件. 这些事件与状态具有不确定性, 预测的结果往往带有随机性, 与实际发生的结果有偏差, 人们不能奢求预测结果完全准确. 随着人们对客观世界的认识能力不断提高, 随着数学方法与计算工具的完善, 预测结果的准确度会不断提高, 但不可能完全避免预测结果的近似性和随机性.

(4) 预测工作具有科学性, 也具有艺术性, 预测的科学性表现在预测工作要基于能指导实践的理论、详尽的调查研究、系统而可靠的资料、科学的方法和计算工具等. 预测的艺术性则表现在预测工作的质量很大程度上取决于预测工作者进行调查研究、搜集资料、分析数据、提出假设、选择方法、建立模型、推理判断的技巧以及预测工作自身的素质、经验及能力. 任何成功的预测决不是仅仅依靠数学模型所能办到的.

11.1.1　应用范围

预测技术已在各个领域中被广泛应用, 下面略举数例加以说明.

1) 销售预测

预测产品需求只是预测方法的一个重要应用, 所有销售产品的企业都需要对产品的需求进行预测. 一方面, 制造商需要知道生产多少; 批发商和零售商需要知道储备多少货物. 对需求估计过低会导致失去许多销售机会, 使顾客不满意, 可能还会使竞争对手在市场上占得上风. 另一方面, 对需求估计太高的代价也是十分昂贵的, 可能导致过多的库存费用、价格被迫下降、不必要的生产和存储能力, 或者失去销售其他获利产品的机会. 成功的营销和制造经理很清楚拥有一个好的销售预测的重要性.

2) 备件需求预测

尽管有效的销售预测事实上对于任何一个公司都是关键的, 一些组织还必须依赖于其他类型的预测. 对备件需求的预测就是一个很好的例子. 许多公司都需要维持一定数量的备件库存, 使得公司能够快速地维修自己的设备以及销售或租赁给用户的产品. 在一些例子中, 库存量是相当大的. 与准备出售的成品库存一样, 对备件库存的有效管理来自于获得对库存需求的可靠预测. 尽管对需求的错误估计会导致不同类型的费用损失, 但是, 对备件需求的错误预测所造成的后果也一样严重.

3) 产品合格率预测

生产过程的合格品率是指达到质量标准的成品的百分比 (可能经过返工). 若对合格品率的预测低于100%, 产量就要以相应程度高于预定数量, 以满足对可接受质量产品的定货. 生产数量和预定数量的差异称为可接受拒绝量, 对合格品率的可能预测对于选择一个可接受拒绝量的适当值很关键.

4) 经济趋势预测

除了销售预测, 运用预测手段最多的地方是对地区、国家甚至世界的经济趋势进行预测. 经济趋势预测统计模型 (常称为计量经济模型) 通过使用历史数据来预测. 这些模型考虑推动经济发展的大量因素, 一些模型包括成百个变量和方程. 然而除了其规模和范围之外, 基本与用于销售预测的统计预测方法相似.

5) 雇员需求预测

随着经济发展的主要趋势之一是把重点从制造业移向服务业, 越来越多的企业专注于提供服务产品. 预测 "销售" 变为对服务需求的预测, 这又转化为对提供这些服务的雇员的需求预测.

11.1.2　程序步骤

预测的程序因预测对象、预测目标的不同而各不相同, 一般的经济预测工作有如下几个步骤:

1) 确定预测目标

预测是为决策服务的, 要根据决策所提出的要求来确定预测的目标. 具体包括预测内容、精确度要求和预测期限 (预测结果距现在的时间).

2) 搜集、分析资料

资料是预测的依据, 应根据预测目标的要求搜集有关资料. 其中应该包括: 预测对象本身发展的历史资料, 对预测对象发展变化有影响的各种因素的历史和现状的资料, 有关的历史背景资料等. 要尽量使搜集到的资料系统而全面.

资料的主要来源有: 社会经济统计资料; 国家、地区或行业的技术经济公报; 有关公司的报告、产品目录和广告; 展览会、订货会和学术会议资料; 通过销售网和技术服务网了解的情况; 咨询公司提供的情报以及通过抽样调查或向有关专家进行调查获取的资料.

要对搜集到的各种资料进行分析, 判断资料的真实性与可靠性, 剔除不可靠的或对预测没有用的资料. 在搜集、分析资料的过程中, 确定预测对象发展变化的主要决定因素或相关因素是至关重要的. 以市场需求预测为例, 消费品需求的变化一般取决于人口数量及其结构的变化, 居民收入水平的增长和收入分布等, 而资本品 (生产资料) 需求的增长则取决于下游产业的增长和设备更新速度. 产品的市场前景还会受到各种相关因素的影响, 如相关技术的发展, 代用品的出现, 主要竞争者的情况, 关税、汇率的变化, 政策法规的变化, 用户观念的变化, 等等. 充分占有这些决策因素和相关因素变化趋势的资料是做出正确预测的前提.

3) 选择预测方法

预测方法有许多种, 对于所面临的预测问题, 往往可以用多种方法得到预测结果. 预测方法各有特点, 有的适用于短期预测, 有的适用于长期预测; 有的要求有系统的历史资料, 有的对资料要求不高; 有的预测精度高, 有的预测精度低. 而实际工作中需要根据预测目标的要求和具体的工作条件, 本着效果好、经济、实用的原则, 选择合适的预测方法.

4) 建立预测模型

在建立预测模型过程中, 还包括对模型进行检验与评价.

5) 分析情况做预测

有相当一部分预测方法是利用数学得到预测结果的. 建立数学模型不可避免地要对问题加以简化, 有必要根据具体情况对预测结果做进一步分析和修正.

11.2　抽样调查法

抽样调查是在所研究的总体中抽取一个有代表性的样本进行调查, 并通过统计推理对总体量值及其误差做出估计和判断的一种方法. 它是获取预测基础数据的一个重要途径, 在市场需求预测中被广泛应用. 抽样调查用于预测的基本步骤是: ① 问卷设计; ② 抽样调查; ③ 统计分析; ④ 推理预测.

11.2.1　问卷设计

问卷也称调查表, 问卷设计是抽样调查的重要环节. 问卷设计要注意以下几个方面:

1) 问题类型

问卷中问题的提问形式可分为开放式提问和封闭式提问两类. 问卷设计者应根据问题的性质与特点选择合适的提问形式.

(1) 开放式提问, 是在问卷上无已经拟好的答案, 应答者可自由地按自己喜欢的方式发表意见. 开放式提问的好处是对应答者没有束缚, 便于应答者准确表达自己的看法, 缺点是资料整理与分析比较困难.

(2) 封闭式提问, 是指在问卷上已有调查者事先拟好的若干种答案由应答者选择. 可以是单项选择, 也可以是多项选择, 还可以要求应答者对备选项目进行排序或打分. 封闭式提问节省应答者的时间, 调查所获资料的整理与分析比较容易, 但问卷设计比较困难, 若问题或备选答案的设计不合理, 便会影响应答者回答的真实性. 例如, 在没有合适备选答案的情形下, 应答者可能只好选择一种并非真正代表自己意见的答案. 封闭式提问的备选出答案应能覆盖全部的可能选择, 备选项目应避免模棱两可.

问卷中的问题按其内容可分为针对事实的问题、针对人们态度或意愿的问题和针对人们行为的问题.

(1) 对于针对事实的问题, 设计问题时要注意帮助应答者回忆有关事实, 打消可能导致不据实回答的应答者的种种顾虑.

(2) 对于针对人们态度或意愿的问题, 设计问题时要注意态度或意愿的条件和强度差异.

(3) 对于针对人们行为的问题, 设计问题时要注意尽量使行为具体化. 问卷设计者应根据调查的目的合理搭配不同类型的问题.

2) 问题措辞

问卷调查中应尽量避免因问题措词不当影响调查效果. 问题的表述要简明清晰具体, 易于回答, 在措辞上要避免使用多义词, 避免使用含糊不清易引起误解的句子. 为保证调查的客观性, 要避免引导性的提问, 避免使用带感情色彩的语句, 避免在问题中隐含某些不可靠的断定或假设.

3) 问题次序

应答者的意见有时会受问题次序的影响. 在问卷设计中对问题次序的安排要注意逻辑顺序. 可按照 "漏斗" 原则决定问题次序, 即首先提涉及范围广泛的一般性问题, 然后逐步缩小范围, 最后提具体的特殊性问题. 问题次序的安排还要注意先易后难, 提高应答者回答问题的兴趣, 减少应答者可能产生的偏见.

总之, 问卷设计要 "设身处地", 从应答者的角度考虑问题类、问题措辞和问题次序是否适当.

11.2.2　抽样调查

常用的抽样方法分为随机抽样与非随机抽样两类. 在随机抽样时, 研究对象总体 (或次总体) 中每个个体被抽取的机会相等, 所得的样本统计量为一随机变量, 可以通过概率统计分析方法估计研究对象总体的均值、误差以及估计值的置信区间, 但操作比较复杂, 所需费用较高. 非随机抽样比较方便, 所需费用较少, 但研究对象总体中每个个体被抽取的概率不可知, 无法进行误差分析.

11.2.2.1 随机抽样

随机抽样方法有单纯随机抽样、分层抽样和分群抽样.

1) 单纯随机抽样

单纯随机抽样是从研究对象全部个体中随机抽取样本. 具体做法是将全部个体从 1 到 m (个体总数)编号, 利用随机数表抽取或利用计算机产生随机数, 按随机数对应的编号选取所要调查的样本.

2) 分层抽样

分层抽样的目的在于增加样本的代表性. 具体做法是先将研究对象总体按照某种特性差异划分为若干个次总体, 这些次总体就是层, 再由各层中分别随机抽取若干样本个体. 在进行层的划分时, 要尽量使各层之间有显著差异, 而使各层之内的个体保持某种同一性. 分层抽样法又分为比例抽样法、最佳抽样法和最低费用抽样法.

(1) 比例抽样法. 比例抽样法是根据各层中的个体数量占研究对象总体中个体数量的比例决定各层中所应抽取的样本数, 即

$$n_i = w_i n, \quad w_i = \frac{N_i}{N}$$

其中, n_i 是第 i 层应抽取的样本数; n 是总样本数; w_i 是权重; N_i 是第 i 层的个体总数; N 是研究对象总体中的个体总数.

比例抽样法主要适用于各层的标准差大致相近或假定各层标准差相同的情况. 若各层的标准差差异过大, 应采用非比例抽样的最佳抽样法.

(2) 最佳抽样法. 采用最佳抽样法各层中应抽取的样本数决定于

$$n_i = \frac{N_i S_i}{\sum N_i S_i}$$

其中, S_i 是第 i 层样本数据标准差的估计值, 可通过一次试验抽样来确定.

(3) 最低费用抽样法. 最低费用抽样法在考虑抽样统计效果的同时兼顾了减少抽样调查的费用. 各层中应抽取的样本数决定于

$$n_i = \frac{N_i S_i / \sqrt{c_i}}{\sum N_i S_i / \sqrt{c_i}}$$

其中, c_i 是第 i 层每个样本个体的调查费用.

3) 分群抽样

分群抽样是将研究对象总体分为若干个特性尽量相近的群, 先从中随机选取若干样本群, 再从各个样本群中随机抽取样本个体进行调查.

分群抽样与分层抽样的区别是: 分层抽样要求各层之间有显著特性差异, 而各层之内个体特性尽量相近; 分群抽样则要求各群之间特性尽量相近, 各群之内的个体间具有差异性; 分层抽样必须从所有的层中抽取样本个体; 而分群抽样则先从全部群中抽取样本群, 再从样本群中抽取样本个体.

例如, 若要对某城市居民家庭收入高低分成若干层, 分别从不同的收入层中抽取样本进行调查. 采用分群抽样可按地域 (如街道) 将全部居民家庭分成若干群, 先抽取样本群, 再在样本群中进行随机抽样调查.

根据分群抽样调查的数据, 可分别计算出各个样本群内的样本平均值, 在此基础上再计算样本群平均值.

11.2.2.2　非随机抽样

常用的非随机抽样方法有配额抽样、判断抽样、滚动抽样和偶然抽样.

1) 配额抽样

配额抽样与分层抽样类似, 需要将研究对象总体中的个体按某些社会经济特性分类, 并按各类个体占总体的比例分配抽样调查的样本数. 与分层抽样不同的是, 配额抽样假定每类研究对象个体具有某些相同特征, 其行为、态度及意愿相近, 不需要在同类研究对象中再做随机抽样, 任一个体只要具有某些控制特性, 即可作为调查的样本.

配额抽样是非随机抽样, 无法估计抽样误差. 具体步骤如下:

(1) 根据调查目的选定控制特性 (如性别、年龄、职业、教育程度、收入水平等) 作为分类基础.

(2) 根据控制特性对调查对象进行分类, 若只有一种控制特性, 分类只有一个层次, 若有多个控制特性, 则需要进行多层分类, 控制特性越多, 分类越复杂.

(3) 根据不同类别个体数量占研究对象总体数量的比例分配在各类个体中进行抽样调查的样本数.

(4) 按配额样本数对各类个体抽样调查.

(5) 分别计算各类样本调查数据的平均值, 在此基础上估计总体平均值.

2) 判断抽样

判断抽样也称有目的抽样, 是研究者根据自己的研究目的和主观判断选择特定的样本进行调查. 这种抽样方法适用于研究对象总体不容易被界定情形下的典型研究和对具有明显特征差异的个体群做比较研究.

3) 滚动抽样

在研究对象不易被发现或辨认的情形下, 可以采用滚动抽样方法, 即通过对一个样本的调查发现更多的样本, 像滚雪球那样逐步增加样本数量.

4) 偶然抽样

偶然抽样是指完全以偶然方式取得调查样本, 如在商店或街头向行人做调查. 这种抽样方法可用于检验问卷设计的好坏, 所获数据不具有代表性.

判断抽样、滚动抽样与偶然抽样的调查均可用来发现某些问题, 但都不能作为对总体状况进行估计的有效依据.

11.2.3　统计分析

基于抽样调查的基础数据, 就可以进行初步的统计分析. 可计算样本平均值 (如平均收入、平均消费等) 及其标准差, 进而对于给定的置信度可以估计出研究对象总体平均值的置信区间.

这里仅对运筹学问题所需要的统计方法进行简单介绍, 更多的理论方法与软件实现可以参见文献 [44].

11.2.3.1　参数估计

本节重点介绍从样本数据来估计总体分布的两个点参数 —— 总体均值 μ 与总体方差 σ^2, 以及这两个点参数的区间估计问题. 这些参数估计主要用于前面各类问题中的参数以及相应的灵敏度分析.

样本数据集合的样本均值 $\overline{x}$ (又称为样本平均数), 是把样本数据集合中的所有数据加起来, 然后再除以样本数据集合的样本个数 (样本容量) 所得到的结果. 数学定义式为

$$\overline{x} = \frac{1}{n} \sum_{i=1}^{n} x_i$$

其中, $x_i, i = 1, 2, \cdots, n$ 是样本观察值 (样本数据), $\overline{x}$ 是一个数字.

而刻画样本离散状况的统计值描述是由样本方差来表示的. 作为样本观察值的样本方差 (sample variance) s^2 被定义为: 离差平方和与 $n - 1$ 的比值. 其基本含义是通过样本个数对 "偏离情况" 的影响, 以便较为客观地反映样本数据对样本均值的平均偏离情况. 样本方差 s^2 的计算公式如下:

$$s^2 = \frac{1}{n-1} \sum_{i=1}^{n} (x_i - \overline{x})^2$$

样本标准差 (standard deviation) s 的定义为

$$s = \sqrt{\frac{1}{n-1} \sum_{i=1}^{n} (x_i - \overline{x})^2}$$

在实际应用中, 样本数据的均值与方差可以用来刻画总体均值与总体方差的估计.

例 11.1　从某城市抽出来的 30 个商店中, 查出某商品的价格数据, 如表 11.1 所示, 试对其进行参数估计.

表 11.1　某商品在抽样商店的单价 (单位: 元)

9.98	10.02	10.00	10.04	10.01	9.99	10.05	10.04	10.06	10.01
10.03	9.99	9.93	9.93	10.01	10.03	10.03	10.02	10.05	9.99
9.95	9.96	10.00	10.00	9.97	10.01	10.00	9.99	9.98	10.00

解　本问题可以把所分析的商品作为总体, 而所面对的数据可以理解为从该商品抽样的结果.

1) 用频次分析模块 (frequency process) 来计算

(1) 启动 SPSS, 输入样本值, 部分数据截图见图 11.1.

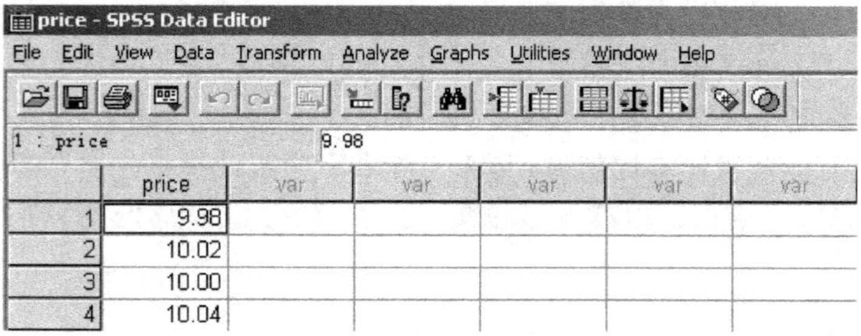

图 11.1　数据编辑器窗口

(2) 点击 Analyze|Descriptive Statistics|Frequencies, 就可以进入频次分析模块 (frequency process).

(3) 在频次分析模块的主窗口 (见图 11.2) 中, 把价格变量输入右框.

点击 Statistics 按钮, 系统弹出频次模块的统计子窗口. 在此子窗口中, 选择左下角的标准差 (Std. deviation), 方差 (Variance) 和右上角的均值 (Mean). 此时的选择结果如图 11.3 所示.

(4) 在点击 Continue 返回频次分析模块的主窗口后, 点击 OK, 得到结果如图 11.4 所示.

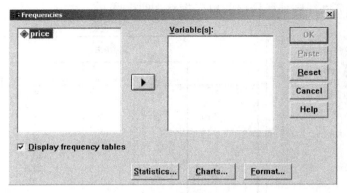

图 11.2　频次分析模块的主窗口

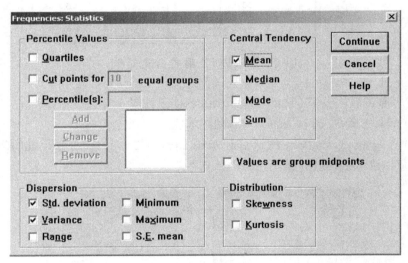

图 11.3　频次分析输出统计量的选择窗口

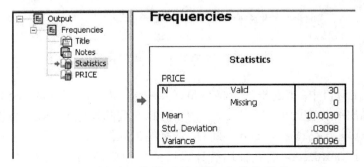

图 11.4　价格的均值与方差估计值

同时也可以得到抽样价格的出现频率, 见图 11.5.

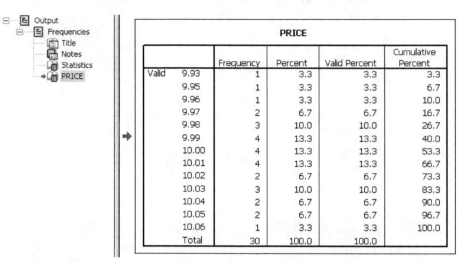

图 11.5   抽样价格的出现频率

2) 用描述统计模块 (descriptive process) 来计算

(1) 启动 SPSS, 调入上面所输入的样本值.

(2) 点击 **Analyze|Descriptive Statistics|Descriptives**. 此时, 系统弹出一个窗口进入描述统计模块, 见图 11.6.

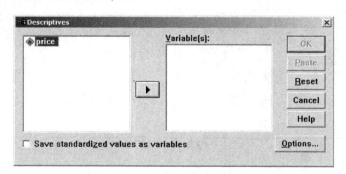

图 11.6   描述统计选项子窗口

(3) 在此窗口中, 把左框的价格变量送入右框. 点击右下角的 **Options**, 系统弹出选择输出统计值的窗口. 在此窗口中, 选择左列的均值 (**Mean**), 标准差 (**Std. deviation**) 与方差 (**Variance**). 此时, 选择结果如图 11.7 所示.

(4) 点击 **Continue** 返回描述统计模块的主窗口后, 点击 **OK**, 得到结果如图 11.8 所示.

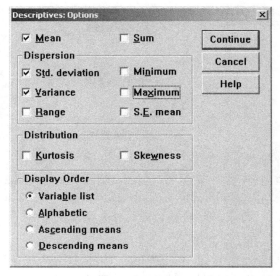

图 11.7 描述统计的选择窗口

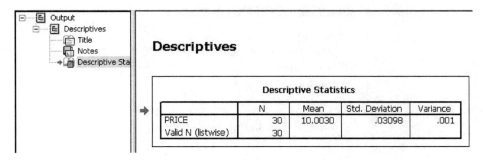

图 11.8 价格的均值与方差估计值

3) 总体均值的置信区间的计算

在以上参数估计的基础之上, 可以分析总体均值 μ 的置信区间. 置信区间是指在给定概率范畴内, 估计出总体参数可能在其内的一种数值范围. 对置信区间的估计是以总体参数可能包含在此区间内的概率来表述的一种推断方法.

(1) 在调入数据后, 点击 Analyze|Descriptive Statistics|Explore. 此时, 系统弹出一个窗口, 见图 11.9.

(2) 用箭头把 "价格" 变量送入 Dependent list (因变量清单) 框中, 当然, 若图中左框中有多个变量可供选择, 可以选多个变量, 送入 "变量清单框".

图 11.9 中左下角的 Display 小框的默认值是同时输出统计量和图形. 可以接受它, 也可以改变它. 本问题仅要求输出统计量.

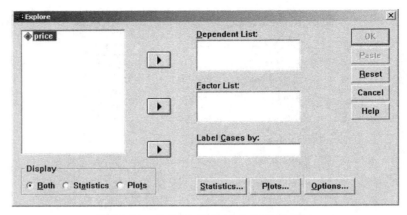

图 11.9 价格问题的探索模块主窗口

(3) 点击 Statistics 按钮, 系统弹出一个 "探索分析统计" 窗口, 见图 11.10. 该窗口的系统默认值正是输出均值的 95% 的置信区间, 可以接受它, 也可以改变

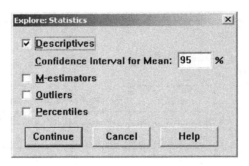

图 11.10 探索分析统计选择窗口

它为 99% 的置信区间, 或其他百分点的置信区间. 在本问题中与此区间估计相联系的概率为 0.95 或 0.99, 这时的显著性水平为 0.05 或 0.01.

(4) 点击 Continue, 返回主窗口. 点击 OK, 输出结果, 见图 11.11.

从图 11.11 中可以读出均值的估计值为 10.003 (元), 覆盖总体均值的 95% 的随机区间的一个观察区间是 (9.9914, 10.0146). 注意, 此图同时还输出了总体方差和总体标准差的估计值等. 若对价格做灵敏度分析时, 就有基本的分析数据.

11.2.3.2 假设检验

假设检验包括了参数假设检验与非参数假设检验两类.

1) 参数假设检验的实现

在参数假设检验中, 例如, 对于例 11.1 中的一组价格样本, 可以检验总体均

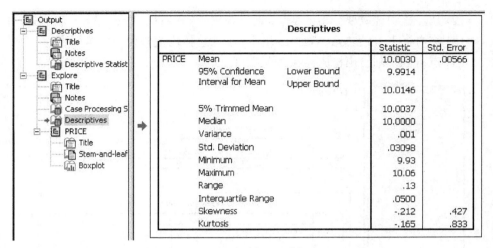

图 11.11　价格均值的 95% 置信区间

值是否为某个值. 在 SPSS 中, 该检验问题主要是由单样本 T 检验 (one-sample T test) 模块来实现.

例 11.2　针对例 11.1 中的样本观察值. 假设 H_0: 总体价格均值 $\mu = 10$ 元, 试判断假设 H_0 是否正确.

解　在启动 SPSS, 定义变量、输入数据后:

(1) 点击 **Analyze|Compare Means|One-Sample T Test**. 屏幕上弹出一个对话窗口, 见图 11.12.

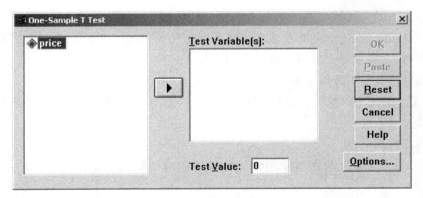

图 11.12　单样本 T 检验的主窗口

点击 Reset 键, 以此清除以前所用模块时的设置. 建议: 在作任何分析之前, 都要点击一下 Reset 键, 以确保本次计算的单纯性.

(2) 从左框中选取要分析的变量, 通过箭头, 放入右框 (**Test Variables**) 中.

(3) 在右框下方的 **Teat Value** 格中, 填入总体均值假设 μ_0, 本问题为 10.

(4) 点击 **OK**, 则给出检验结果, 见图 11.13.

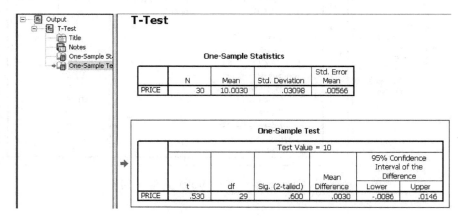

图 11.13　单样本 T 检验结果

图 11.13 中的结果表明: 在 **Sig. (2-tailed)** 名称下的值 0.600, 是 t 的显著性概率 p 值 (即 $2[1 - P(T \leqslant t)]$ 之值). $p > 0.05$, 表明统计值 t 落在 $t_{0.025}$ 的左边, 应当接受假设 H_0 (总体均值为 10 元).

2) 非参数假设检验的实现

对于问题 "检验一组样本的总体分布是否与猜测的分析 (正态、均匀、泊松、指数分布) 相同" 来说, 检验方法比较多. 下面仅介绍拟合优度 k-s 检验法的软件实现.

例 11.3　在高速公路某观测点观测每分钟内通过的汽车数. 共做了 2000 余次的观测, 数据频率统计数据见图 11.14[①].

试就车流量的分布函数进行猜测检验.

解　注意, 该问题的数据存放在 SPSS 中是一列. 在 1 分钟的时间内, 观察到的车辆数目为变量值.

输入数据后:

(1) 点击 **Analyze|Nonparametric|1 Sample k-s**, 系统弹出一个话窗口, 见图 11.15.

在对话窗口中, 要求选择所要分析的变量 (可以多选, 此时, SPSS 是一个一个地做检验分析的, 结果还是单样本问题), 选择所猜测的总体分布与所要输出的统计值等.

---

① 此例来自于文献 [44], 详细的数据可参见本书教学光盘中的数据文件 roadflow.sav.

ROADFLOW

		Frequency	Percent	Valid Percent	Cumulative Percent
Valid	.00	53	2.1	2.1	2.1
	1.00	192	7.5	7.5	9.5
	2.00	355	13.8	13.8	23.3
	3.00	527	20.5	20.5	43.8
	4.00	534	20.7	20.7	64.5
	5.00	413	16.0	16.0	80.6
	6.00	273	10.6	10.6	91.2
	7.00	139	5.4	5.4	96.6
	8.00	45	1.7	1.7	98.3
	9.00	27	1.0	1.0	99.4
	10.00	16	.6	.6	100.0
	Total	2574	100.0	100.0	

图 11.14　某观察点每分钟观察到的车次数

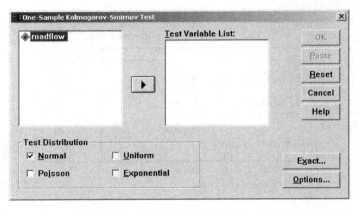

图 11.15　单样本 K-s 检验主对话窗

(2) 选左边的变量, 用箭头送入右边的 **Test Variable List** 框中.

(3) 在下边的 **Test Distribution** 框中, 有 4 项选择:

- **Normal**: 正态分布. 系统的默认值. SPSS 允许用户设定正态分布的均值和标准差.
- **Uniform**: 均匀分布.
- **Poisson**: 泊松分布.
- **Exponential**: 指数分布.

因为不知道数据可能服从何种分布, 所以可以把上述选项都选中. 当然也可以先做条形图、直方图等进行初步观察, 依据经验判断后再选择具体的选项. 但在经验不足的前提下, 还是都选择为好.

(4) 点击 Options, 选择输出的统计值和缺失值的处理方式.

- Descriptive: 输出均值、标准差等.
- Quartiles: 输出四分位值.
- Missing Values: 缺失值的处理方式, 其中
  - Exclude cases test by test: 默认值, 在检验中删除缺失值.
  - Exclude cases listwise: 一次删除所有含缺失值的个体, 适用于多个变量的情形.

此问题只有一个变量, 两种缺失值处理方式的选项效果相同.

(5) 结果分析. 点击 OK, 系统输出一系列计算结果.

图 11.16 是关于正态分布的检验结果, 显著性概率 $p = 0.00 < 0.01$, 这表明样本与正态分布有显著差异.

One-Sample Kolmogorov-Smirnov Test

		ROADFLOW
N		2574
Normal Parameters[a,b]	Mean	3.9075
	Std. Deviation	1.89380
Most Extreme Differences	Absolute	.126
	Positive	.126
	Negative	-.083
Kolmogorov-Smirnov Z		6.384
Asymp. Sig. (2-tailed)		.000

a. Test distribution is Normal.
b. Calculated from data.

图 11.16　对假设为正态分布的检验结果

图 11.17 是关于均匀分布的检验结果, 显著性概率 $p = 0.00 < 0.01$, 这表明样本与正态分布有显著差异.

图 11.18 是关于泊松分布的检验结果, 显著性概率 $p = 0.850 > 0.05$, 这表明样本服从泊松分布.

图 11.19 是关于指数分布的检验结果, 显著性概率 $p = 0.00 < 0.01$, 这表明样本与正态分布有显著差异.

根据以上讨论, 可以认为公路上的车流服务泊松分布. 这也符合第 9 章排队论中的相关陈述.

11.2.4　推理预测

抽样调查作为获取基础资料的有效方法, 具有广泛的应用领域. 根据抽样调

One-Sample Kolmogorov-Smirnov Test 2

		ROADFLOW
N		2574
Uniform Parameters[a,b]	Minimum	.00
	Maximum	10.00
Most Extreme Differences	Absolute	.312
	Positive	.312
	Negative	-.105
Kolmogorov-Smirnov Z		15.820
Asymp. Sig. (2-tailed)		.000

a. Test distribution is Uniform.

b. Calculated from data.

图 11.17 对假设为均匀分布的检验结果

One-Sample Kolmogorov-Smirnov Test 3

		ROADFLOW
N		2574
Poisson Parameter[a,b]	Mean	3.9075
Most Extreme Differences	Absolute	.019
	Positive	.013
	Negative	-.019
Kolmogorov-Smirnov Z		.957
Asymp. Sig. (2-tailed)		.319

a. Test distribution is Poisson.

b. Calculated from data.

图 11.18 对假设为泊松分布的检验结果

One-Sample Kolmogorov-Smirnov Test 4

		ROADFLOW
N		2574[c]
Exponential parameter.[a,b]	Mean	3.9897
Most Extreme Differences	Absolute	.297
	Positive	.159
	Negative	-.297
Kolmogorov-Smirnov Z		14.916
Asymp. Sig. (2-tailed)		.000

a. Test Distribution is Exponential.

b. Calculated from data.

c. There are 53 values outside the specified distribution range. These values are skipped.

图 11.19 对假设为指数分布的检验结果

查的资料, 结合其他相关知识和信息进行必要的分析, 可以进行社会、技术、市场等方面的预测. 下面介绍根据抽样调查资料对市场潜量进行估计的方法步骤, 以此作为推理预测实际应用范例.

市场潜量指在一定环境条件和营销努力条件下, 在一定时间内一个行业或一个公司在特定地域内所能达到对某种产品的最大销量 (销售数量或销售金额).

市场整体往往可根据某些特性 (如收入水平、年龄、职业等) 划分为若干个目标市场. 总市场潜量是各个目标市场潜量的总和.

企业为了制定有效的市场营销策略, 往往需要了解各个不同地区的市场潜量. 地区市场潜量可以通过对各个地区的购买者人数及平均购买量进行调查来估算. 消费品的地区市场潜量也可以根据总市场潜量和不同地区的相对购买力指数来推断. 购买力指数反映了不同地区消费者的相对购买力, 由影响市场需求的一些主要因素共同决定.

对于特定企业, 除总市场潜量和各地区的市场潜量之外, 还应该了解本公司的市场潜量. 公司的总市场潜量等于全行业总市场潜量乘以公司的市场占有率. 公司在某地的市场潜量等于地区市场潜量乘以公司在该地区的市场占有率. 公司的市场率可根据行业统计资料或抽样调查资料进行估算.

所有的预测都是建立在过去事实与现在事实、过去行为与现在行为、对未来事实预期和对未来行为意向这六种信息的基础之上的. 这些信息中相当大一部分都可以通过抽样调查来获取. 本章接下来的两节中将要介绍的预测方法在很大程度上依赖于抽样调查得到的基础数据.

11.3　时间序列法

时间序列分析力求以历史数据为基础预测未来, 包括了很多模型, 如朴素法、移动平均法、指数平滑法、趋势外推法等. 各模型的复杂程度是不相同的. 企业选用哪一种预测模型取决于: 预测的时间范围、能否获得相关数据、所需的预测精度、预测预算的规模、合格的预测人员. 当然, 选择预测模型时, 还需考虑其他一些问题, 如企业的柔性程度 (企业对变化的快速反应能力越强, 预测模型所需的精度就越低) 和不良预测所带来的后果. 若是根据预测进行大规模的投资决策, 那么该预测一定得是个良好的预测.

11.3.1　时间序列

时间序列是指将某一现象所发生的数量变化, 依时间先后顺序排列, 以揭示随着时间推移这一现象的发展规律, 从而用以预测现象发展的方向及其数量.

时间序列有离散型时间序列和连续型时间序列, 这里只讨论离散型时间序列.

11.3.1.1　时间序列类型

时间序列的种类主要有如下几种:

1) 水平型时间序列

水平型时间序列的走势无倾向性, 既不倾向于逐步增加, 也不倾向于逐步减少, 总是在某一水平上下波动, 且波动无规律性, 即时间序列的后序值, 既可高于水平值也可低于水平值. 因这一水平是相对稳定的, 故水平型序列又称为稳定型时间序列或平稳型时间序列. 通常呈水平型时间序列的有日用生活必需品的销售量, 某种耐用消费品的开箱合格率、返修率等.

2) 季节型时间序列

季节型时间序列的走势按日历时间周期起伏, 即在某日历时间段内时间序列的后序值逐步向上, 到达顶峰后逐步向下, 探谷底后又逐步向上, 周而复始. 因为最初研究产生于伴随一年四季气候的变化而出现的现象数量变化, 故称为季节型时间序列. "季节" 可是一年中的四季、一年中的 12 个月、一月中的 4 周、一周中的 7 天等.

通常呈季节型时间序列的有月社会零售额, 与气候有关的季节性商品的季度、月度销售量等.

3) 循环型时间序列

循环型时间序列的走势也呈周期性变化, 但它不是在一个不变的时间间隔中反复出现, 且每一周期长度一般都有若干年. 通常呈循环型时间序列的有期货价格、商业周期等.

4) 直线趋势型时间序列

直线趋势型时间序列的走势具有倾向性, 即在一段较长的时期之内 ("长" 是相对于所研究数列的时间尺度而言), 时间序列的后序值逐步增加或逐步减少, 显示出一种向上或向下的趋势, 相当于给水平型时间序列一个斜率. 通常呈直线型时间序列的有某段时期的人均收入、商品的销售量等.

5) 曲线趋势型时间序列

曲线趋势型时间序列的走势也具有倾向性, 且会逐渐转向, 包括顺转和逆转, 但不发生周期性变化, 时间序列后序值增加或减少的幅度会逐渐扩大或缩小. 通常呈曲线型时间序列的有某种商品从进入市场到被市场淘汰的销售量变化等. 其实, 季节型时间序列和循环型时间序列也是曲线趋势型时间序列, 只不过它们具有周期性特征而各单独成为一种时间序列而已.

11.3.1.2　时间序列分解

分解时间序列意味着将过去数据分成几部分, 然后用于外推. 目前常用的是

X-12-ARIMA 季节调整方法, 其核心是 X-11 法, 参见文献 [45].

一个典型的时间序列可分成四个部分: 趋势、季节、周期和随机波动.

(1) 趋势 (trend) 是数据在一段时间内的逐渐向上或向下的移动.

(2) 季节 (seasonality) 是数据自身经过一定周期的天数、周数、月数或季数等不断重复的特性.

(3) 周期 (cycle) 是数据每隔几年重复发生的时间序列形式. 一般与经济周期有关, 并对短期经营分析与计划起重要作用.

(4) 随机波动 (irregular) 是由偶然、非经常性原因引起的数据变动. 没有可识别的形式.

时序季节调整方法有如下几种:

(1) 乘法分解: $x_t = T \times C_t \times S_t \times I_t$.

(2) 加法分解: $x_t = T + C_t + S_t + I_t$.

(3) 伪加法分解: $x_t = T(C_t + S_t + I_t)$.

(4) 对数加法分解: $\lg(x_t) = \lg(T) + \lg(C_t) + \lg(S_t) + \lg(I_t)$.

在大多数实际模型中, 一般假定随机波动平均后可不考虑其影响, 主要注意季节成分及趋势和周期相结合的成分. 在经济分析和经济时序建模中, 大多用季节调整后的数据. SPSS 与 Eviews 软件都能很好地处理这种情形.

为求取季节指数以单独衡量季节的影响, 可将相同季节 S_t 相加而求取平均数, 以去除不规则的成分, 得到各季节的季节因子. 由于计算时的平均与四舍五入, 使得季节因子总和不等于季节指数总和, 因此应对季节因子加以调整, 才能得到以 1 为基数的季节指数. 其调整公式如下:

$$\text{某季的季节指数} = \frac{\text{某季的季节因子}}{\text{季节因子总和}} \times \text{期数}$$

季节调整后数据的优点: ① 具有可比性; ② 可以及时反映经济的瞬间变化, 发现经济变化的转折点. ③ 可以进行年度化测算. 季节调整后数据的不足: ① 调整后的时间序列与未经调整的实际核算数据之间存在很大差异, 因而与核算期的实际经济含义具有很大差异; ② 季节调整后的时序, 由于常对末端数据进行修订, 故其终端数据比中间数据的可信度低.

11.3.2　方法介绍

例 11.4　某公司通过与顾客电话下单 (以及网上下单和传真下单) 确定价格的方式销售各种计算机产品. 公司每年将产品目录寄给用户及大量的未来顾客, 还通过电脑杂志发行微型目录, 其目录明确告知用户使用 800 免费电话下单. 最近三年公司呼叫中心各季度的日平均电话呼叫量 (单位: 次) 与产品的销售量 (单位: 千元) 如表 11.2 所示, 试据此对今后一年的电话呼叫量进行预测.

表 11.2　某公司过去三年中每个季度接到的日平均电话数

年份	第一年				第二年				第三年			
季度	1	2	3	4	1	2	3	4	1	2	3	4
实际呼叫量	6809	6465	6569	8266	7257	7064	7784	8724	6992	6822	7949	9650
产品销售量	4894	4703	4748	5844	5192	5086	5511	6107	5052	4985	5576	6647
调整呼叫量	7322	7183	6635	7005	7803	7849	7863	7393	7518	7580	8029	8178

一般地, 在考虑特定的预测模型前, 需要先讨论如何处理季节因素. 当然, 产生呼叫量的波动除了季节因素影响外, 还有别的因素影响, 例如新产品热销、产品目录的发布以及其他一些随机性波动等等.

预测呼叫量过程的概要如下:

(1) 选择时间序列预测方法.

(2) 将此法用于经过季节调整的时间序列, 得到下个季度调整的呼叫量预测.

(3) 将这个预测值乘以相应的季节性因子, 得到实际的预测呼叫量 (没有季节因素调整).

在上述步骤中, 如何根据给定时间序列观测下一个数据点是最为关键的, 下面对此加以详细介绍. 为此, 设 $x(t)$ 表示 t $(t = 1, 2, \cdots, n)$ 时期的实际历史数据, $F(t)$, $F'(t)$ 表示 t 时的平滑或导数, $T(t)$ 表示 t 时的趋势, $S(t)$ 表示 t 时的季节因子, $f(t + h)$ 表示从 t 时开始对未来 h 时期的预测.

1) 平均值预测法

平均值预测法 (averaging forecasting method) 使用序列的全部数据点, 而非一个, 并简单地求平均值. 即

$$F(t) = \frac{1}{t} \sum_{i=1}^{t} x(i), \qquad f(t + h) = F(t)$$

注意, 在例 11.4 中, 每个预测值都是前几个呼叫量的平均数. 每当呼叫量有大的涨落时, 预测值跟上此涨落非常慢. 通过给出的相应预测误差, 得到使用该方法的平均预测误差为 400.

2) 移动平均预测法

与使用无关的旧数据不同, 移动平均预测法 (moving-average forecasting method) 仅对最近一段时期的数据求平均. 令 m 为与预测下一个时期相关的最近的时期数, 即

$$F(t) = \frac{1}{m} \sum_{i=t-m+1}^{t} x(i), \qquad f(t + h) = F(t)$$

其中, m 是移动平均的时期数.

在例 11.4 中, 可以使用 $n = 4$, 因为环境在大约四个季度 (一年) 里保持相对的稳定. 即在得到四个季度的呼叫量后才能进行第一次预测. 第二年的一至三季度的季节调整预测值分别为 7036, 7157, 7323. 这时, 预测误差平均值是 437, 是目前为止所有方法中误差最高的. 当环境变化很大时, 如同第二年初和第三年中期的大跳跃, 接下来的几个预测误差就会变得十分大. 移动平均方法对环境变化大的响应有些慢. 一个原因是它为时间序列的过去几个值赋予相同权重, 尽管较老的数据在目前情况下比新观察值缺乏代表性.

3) 加权移动平均法

相应的公式为

$$F(t) = \frac{\sum\limits_{i=t-m+1}^{t} w(t-i+1)x(i)}{\sum\limits_{i=t-m+1}^{t} w(t-i+1)}, \qquad f(t+h) = F(t) \tag{11.1}$$

其中, m 是移动平均的时期数; $w(1), w(2), \cdots, w(m)$ 是与 $x(t), \cdots, x(t-m+1)$ 相对应的权重.

4) 有线性趋势的加权移动平均法

相应的公式为

$$F(t) = \frac{1}{m} \sum_{i=t-m+1}^{t} x(i)$$

$$F'(t) = F'(t-1) + a[(m-1)x(t) + (m+1)x(t-m) - 2mF(t-1)]$$

$$f(t+h) = F(t) + F'(t)\left[\frac{m-1}{2} + h\right]$$

其中, m 是移动平均的时期数; $a = \dfrac{6}{m(m^2-1)}$.

5) 指数平滑预测法

指数平滑预测法 (exponential smoothing forecasting method) 是对移动平均方法的改进, 将最重的权重赋予时间序列最近的值, 将比较轻的权重赋予较老的值. 它使用一个简单的公式获得结果而不必每次都计算加权平均, 即

$$F(t) = \alpha x(t) + (1-\alpha)F(t-1)$$

其中, α 称为平滑常数, $0 \leqslant \alpha \leqslant 1$; 默认的 $F(0) = x(1)$.

当确定 α 值后, 就可以一个时期接着一个时期地应用这个公式来产生对一个时间序列的一系列的预测.

平滑常数值 α 的选取对预测的影响很大, 选取时必须要小心. 小的 α 值 (如 $\alpha = 0.1$) 适合于环境相对稳定的情况, 较大的 α 值 (如 $\alpha = 0.3$) 则适合于环境变化相对较快的情况. 例 11.4 中季节调整时间序列变动频繁, 可以认为取 $\alpha = 0.5$ 是个恰当的值 (大多数情况下 α 取值在 0.1 至 0.3 之间, 但在目前情况下可以使用更大的值).

开始预测时没有上次预测值可以代入上面等式的右边. 开始时要对时间序列的平均值做一个初始估计. 这个初始估计值被用来作为第一个值的预测, 然后公式就可以用来进行下一个值的预测.

在例 11.4 中, 呼叫量在过去三年里平均超过 7500, 而且第一年以前的业务量显著不同. 可认为初始估计值为 7500, 以这个值产生过去三年的预测值.

进一步地, 有

$$F(t) = \alpha x(t) + (1 - \alpha)F(t - 1)$$
$$= F(t - 1) + \alpha[x(t) - F(t - 1)]$$

在上述公式中, $(x(t) - F(t - 1))$ 的绝对值是上次预测的误差, 公式的最终形式表明每一个新的预测是用加上或减去 α 倍的上次预测误差的方法对上次预测进行调整. 结果预测误差通常来自于时间序列值的随机波动, 调整时应使用较小的 α 值. 当预测误差主要来自时间序列的变动时, 就应使用较大的 α 值进行快速的调整.

当使用 $\alpha = 0.5$ 时, 可以看出每个预测值介于上一次的呼叫量与预测值之间. 每次呼叫量有大的波动时, 预测能够快速跟上这个变动, 其平均预测误差为 324.

下一个方法通过评估目前的趋势, 并将这个趋势延伸以帮助预测时间序列下一个值的方法对指数平滑进行调整.

6) 趋势性指数平滑预测法

趋势性指数平滑预测法 (exponential smoothing with trend) 使用时间序列最近的数据来估计当前的向上或向下的趋势 (trend).

趋势的定义为: 若目前的方式延续, 从一个时间序列值到另一个时间序列值的平均变化.

对时间序列下一个值的预测公式则是通过在先前的方法上添加趋势估计修改得到的, 新的公式为

$$F(t) = \alpha x(t) + (1 - \alpha)[F(t - 1) + T(t - 1)]$$
$$T(t) = \beta[F(t) - F(t - 1)] + (1 - \beta)T(t - 1)$$
$$f(t + h) = F(t) + hT(t)$$

其中, α, β 称为平滑常数, $0 \leqslant \alpha \leqslant 1$, $0 \leqslant \beta \leqslant 1$; 默认的 $F(0) = x(1)$, $T(0) = 0$.

在开始预测前先要做两个对时间序列状况的初始估计. 这两个初始估计为:

(1) 若在开始预测前环境没有变化趋势时, 对时间序列平均值的初始估计.

(2) 在开始预测前对时间序列趋势的初始估计.

第一个时期的预测值为平均值的初始估计加趋势的初始估计, 第二次预测值可以从以上的公式中获得. 趋势的初始估计被用做公式中的上次趋势估计, 平均值的初始估计被用做最近的趋势公式中的倒数第二个值和倒数第二个预测值. 接着, 以上的公式就可以直接获得一系列预测值.

此方法的计算是相互关联的, 通常用计算机完成计算. 趋势平滑常数 β 的选取与 α 的选取类似. 大的 β 值 (如 $\beta = 0.3$) 对趋势的最近变化比较敏感, 而较小的 β 值 (如 $\beta = 0.1$) 使用更多的数据来估计趋势.

在例 11.4 中, 可认为取 $\alpha = 0.3$, $\beta = 0.3$ 是最好的. 这两个值都是常用范围 $(0.1 \sim 0.3)$ 内的最大值, 但是例 11.4 中时间序列的频繁变化要求更大的值. 然而, 在分析中考虑趋势能够使得对变化的响应更快, 可对先前方法中使用的 $\alpha = 0.5$ 做减小的调整. 早先假使用没有趋势性的指数平滑时, 选择 7500 作为季节调整的呼叫量平均值的初始估计. 注意到在第二年以前的预测中, 呼叫量没有明显的趋势, 在进行趋势性指数平滑预测时, 可以认为平均值的初始估计为 7500, 趋势的初始估计为 0. 用这些初始估计处理前面给出的季节调整呼叫量, 得到季节调整预测值, 在计算中, 每一个呼叫量向上或向下的趋势如何使得预测值以相同的方向逐渐变化, 但是, 当呼叫量的趋势突然发生变向时, 预测值的趋势用了两个季度来改变方向. 经过计算, 可知过去三年共 12 个季度的平均预测误差为 345, 略高于指数平滑预测法的 324.

7) 二次指数平滑预测法

预测计算公式为

$$F(t) = \alpha x(t) + (1 - \alpha)F(t-1)$$
$$F'(t) = \alpha F(t) + (1 - \alpha)F'(t-1)$$
$$f(t + h) = F'(t)$$

其中, α 称为平滑常数, $0 \leqslant \alpha \leqslant 1$; 默认的 $F(0) = F'(0) = x(1)$.

8) 有线性趋势的二次指数平滑预测法

预测公式为

$$F(t) = \alpha x(t) + (1 - \alpha)F(t-1)$$
$$F'(t) = \alpha F(t) + (1 - \alpha)F'(t-1)$$

$$f(t+h) = 2F(t) - F'(t) + \frac{\alpha}{1-\alpha}h[F(t) - F'(t)]$$

其中, α 称为平滑常数, $0 \leqslant \alpha \leqslant 1$; 默认的 $F(0) = F'(0) = x(1)$.

9) 时间线性回归预测法

预测公式计算为

$$\mu = \frac{1}{n}\sum_{i=1}^{n} x(i), \quad \theta = \sum_{i=1}^{n} ix(i), \quad \sigma^2 = \sum_{i=1}^{n} (x(i))^2$$

$$b = \frac{\theta - n\mu\frac{n+1}{2}}{\frac{\theta^2 - n(n+1)^2}{4}}, \quad a = \mu - b\frac{n+1}{2}$$

$$f(t+h) = a + bt$$

10) Holt-Winters 加法算法

预测公式为

$$F(t) = \alpha[x(t) - S(t-c)] + (1-\alpha)[F(t-1) + T(t-1)]$$

$$T(t) = \beta[F(t) - F(t-1)] + (1-\beta)T(t-1)$$

$$S(t) = \gamma[x(t) - F(t)] + (1-\gamma)S(t-c)$$

$$f(t+h) = F(t) + hT(t) + S(t+h-c) \quad \text{对 } h = 1, 2, \cdots, c$$

$$f(t+h) = F(t) + hT(t) + S(t+h-2c) \quad \text{对 } h = c+1, c+2, \cdots, 2c$$

$$f(t+h) = F(t) + hT(t) + S(t+h-3c) \quad \text{对 } h = 2c+1, 2c+2, \cdots, 3c$$

$$\vdots$$

其中, c 是季节循环的时间长度; α, β, γ 是平滑常数, $0 \leqslant \alpha \leqslant 1, 0 \leqslant \beta \leqslant 1, 0 \leqslant \gamma \leqslant 1$.

设 μ 是第一个循环的平均值, 即 $t=1$ 直到 c. 默认的初始设置是: $F(0) = \mu$, $T(0) = 0, S(t) = x(t) - \mu$ 对 $t=1$ 到 c 均成立.

11) Holt-Winters 乘法算法

预测公式计算为

$$F(t) = \alpha x(t)/S(t-c) + (1-\alpha)[F(t-1) + T(t-1)]$$

$$T(t) = \beta[F(t) - F(t-1)] + (1-\beta)T(t-1)$$

$$S(t) = \gamma x(t)/F(t) + (1-\gamma)S(t-c)$$

$$f(t+h) = F(t) + hT(t) + S(t+h-c) \quad \text{对 } h = 1, 2, \cdots, c$$
$$f(t+h) = F(t) + hT(t) + S(t+h-2c) \quad \text{对 } h = c+1, c+2, \cdots, 2c$$
$$f(t+h) = F(t) + hT(t) + S(t+h-3c) \quad \text{对 } h = 2c+1, 2c+2, \cdots, 3c$$
$$\vdots$$

其中, c 是季节循环的时间长度; α, β, γ 是平滑常数, $0 \leqslant \alpha \leqslant 1$, $0 \leqslant \beta \leqslant 1$, $0 \leqslant \gamma \leqslant 1$.

设 μ 是第一个循环的平均值, 即 $t = 1$ 直到 c. 默认的初始设置是: $F(0) = \mu$, $T(0) = 0$, $S(t) = x(t)/\mu$ 对 $t = 1$ 到 c 均成立.

11.3.3　软件求解

类似例 11.4 的数据预测问题, 在 WinQSB 能得到很好的实现, 参见文献 [21]. 时间序列的预测用 Lingo 也能很好地实现, 例 11.4 的语句为

```
SETS:
    PERIODS /1..12/: OBSERVED, PREDICT, ERROR;
    QUARTERS /1..4/: SEASFAC;
ENDSETS
DATA:
    OBSERVED = 6809 6465 6569 8266 7257 7064
               7784 8727 6992 6822 7949 9650;
ENDDATA
MIN = @SUM( PERIODS: ERROR ^ 2);
@FOR( PERIODS: ERROR = PREDICT - OBSERVED);
@FOR( PERIODS( P): PREDICT( P) =
      SEASFAC( @WRAP( P, 4))*( BASE + P * TREND));
@SUM( QUARTERS: SEASFAC) = 4;
@FOR( PERIODS: @FREE( ERROR));
```

注意, 这里采用了原始数据, 以 SEASFAC 处理季节因子, 求解结果为

```
Local optimal solution found at iteration: 81
  Objective value:                  933220.1
            Variable            Value
                BASE        6829.678
               TREND        106.1640
          PREDICT( 1)       6603.024
          PREDICT( 2)       6390.458
          PREDICT( 3)       7026.747
```

```
PREDICT( 4)          8396.853
PREDICT( 5)          7007.303
PREDICT( 6)          6775.823
PREDICT( 7)          7444.189
PREDICT( 8)          8888.390
PREDICT( 9)          7411.582
PREDICT( 10)         7161.189
PREDICT( 11)         7861.632
PREDICT( 12)         9379.928
  ERROR( 1)         -205.9758
  ERROR( 2)         -74.54231
  ERROR( 3)          457.7468
  ERROR( 4)          130.8535
  ERROR( 5)         -249.6970
  ERROR( 6)         -288.1768
  ERROR( 7)         -339.8107
  ERROR( 8)          161.3905
  ERROR( 9)          419.5817
  ERROR( 10)         339.1886
  ERROR( 11)        -87.36824
  ERROR( 12)        -270.0725
 SEASFAC( 1)        0.9520148
 SEASFAC( 2)        0.9074769
 SEASFAC( 3)        0.9830134
 SEASFAC( 4)         1.157495
```

在给定情形下哪一种方法特别适合, 很大程度上取决于时间序列的稳定性程度. 稳定与不稳定的定义是: 当时期变化时, 概率分布保持相同, 则时间序列是稳定的 (任何分布的变动都是偶尔发生且微小的). 当分布变动频繁且变动幅度大时, 时间序列是不稳定的.

时间序列类型相适应的预测方法总结:

(1) 平均值法: 适用于十分稳定的时间序列, 甚至最初的几个数据对预测下一个值也是显著相关的.

(2) 移动平均法: 适用于中等稳定的时间序列, 最后几个数对预测下一个值有相关性. 移动平均中所包含的数据的个数反映了时间序列的稳定程度.

(3) 指数平滑法: 适用于从不太稳定到十分稳定的时间序列, 平滑常数需要进行调整以适应不同程度的稳定性. 它在移动平均方法的基础上为最近的数赋予最大的权重. 但这种方法不如移动平均方法那样容易为管理人员理解.

(4) 趋势性指数平滑法: 适用于概率分布的均值有向上或向下变动趋势的时

间序列. 趋势的变化只是偶然情况或变化缓慢.

例 11.4 的电话呼叫量的时间序列是一个相对不稳定的例子. 其季节调整时间序列对于这些方法都过于不稳定. 甚至在使用了趋势性指数平滑时, 趋势的变化也过于频繁和剧烈.

11.4　因果分析法

因果分析法主要是先找出可用于预测的有关原因与关系, 然后据此原因和关系对变量加以预测. 在这种关系中, 属于原因的变量成为自变量 (independent variable), 它的变动会引起因变量 (dependent variable) 的跟随变动. 在变量与变量的关系中, 存在确定性关系与不确定性关系之分. 确定性关系主要是指变量之间存在确定的函数关系, 而非确定性关系是指变量具有随机性特征. 下面所介绍的是非确定性关系中的回归分析法.

1) 一元线性回归

线性回归直线方程的形式为

$$y = a + bx$$

其中, y 是线性回归直线给出的因变量的估计值, a 是线性回归直线在 y 轴的截距, b 是线性回归直线的斜率, x 是自变量值.

2) 多元线性回归

多元线性回归是指自变量与因变量之间的关系仍为线性关系, 但自变量的个数通常不止一个, 即因变量对多个自变量同时存在线性依赖关系. 多元线性回归要求各自变量之间的相对独立性较好.

多元线性回归模型的拟合直线方程为

$$y = a + b_1 x_1 + b_2 x_2 + \cdots + b_m x_m \tag{11.2}$$

拟合方法仍采用最小二乘法, 具体做法与一元线性回归相类似.

一元线性回归分析与多元线性回归分析统称为线性回归分析, 是回归分析的主要内容, SPSS 的实现命令是 **Analyze|Regression|Linear**.

3) 非线性回归

在许多情形下, 变量之间的关系不是线性关系而是曲线关系, 这就需要用到曲线拟合. 遇到曲线拟合的情形, 通常需要对拟合的曲线进行适当变换成线性关系后再进行回归. 常见的非线性关系很多, 例如

$$y = b_0 x^{b_1}, \quad y = b_0 \exp(b_1 x), \quad y = b_0 + b_1 \ln x$$

$$y = \frac{x}{b_0 + x + b_1}, \quad y = \exp\left(b_0 + \frac{b_1}{x}\right)$$

上面的几种曲线在取了对数后均能变成线性方程. 将非线性问题转变为线性问题后, 便同样可以采用线性模型进行拟合.

在例 11.4 中, 呼叫量 (因变量) 与产品销售量 (自变量) 相关, 可用来进行预测. 表 11.3 列出了 12 个季度中每个季度的日平均销售量 (单位: 千元). 注意, 此时表中数据都未经过季节调整.

表 11.3　日平均电话数与产品销售量情况表

年份	第一年				第二年				第三年			
季度	1	2	3	4	1	2	3	4	1	2	3	4
实际呼叫量	6809	6465	6569	8266	7257	7064	7784	8724	6992	6822	7949	9650
产品销售量	4894	4703	4748	5844	5192	5086	5511	6107	5052	4985	5576	6647

当然, 对于因果预测的一些应用, 自变量的值要预先知道. 自变量是下一个时期的销售量, 而销售量是比较好预测的, 其预测值可以作为线性回归直线中获得的呼叫量预测的自变量值. 经过以上分析, 公司管理层认为电话呼叫量的新的预测步骤如下:

(1) 通过时间序列预测方法获得下个月总销售量 (日均销售量) 的预测.

(2) 用这个销售量的预测值从线性回归直线中预测下个月的日均呼叫量.

事实上, 该公司将预测转向对销售量进行预测. 虽然不易搞清楚呼叫量的趋势, 但公司营销部门对销售量有较好的把握. 在营销部门的帮助下, 可以看到是什么因素引起了变动.

上述预测成功真正的关键是: 若简单地将时间序列预测方法应用于历史数据而不明白是什么因素引起了变动, 就会造成预测的大量浪费. 就像此研究问题一样, 让营销部门介入此问题是关键. 让营销部门识别影响销售量的主要新产品, 然后对它们进行分别预测.

Lingo 可以同时实现上面的两个步骤, 即用回归分析法求出产品销售量和呼叫量的回归系数, 然后根据对销售量的预测结果求得呼叫量的预测数据, 为

```
MODEL:
! Linear Regression with one independent variable:
    Y(i) = CONS + SLOPE * X(i);
 SETS:
! The OBS set contains the data points for X and Y;
  OBS/1..12/:
   Y, !The dependent variable (annual road casualties);
```

```
   X; !The independent or explanatory variable (annual licensed vehicles);
! The OUT set contains the output of the model.;
   OUT/ CONS, SLOPE, RSQRU, RSQRA/: R;
! The derived set OBS contains the mean shifted values of
  the independent and dependent variables;
   OBSN( OBS): XS, YS;
 ENDSETS
! Our data on yearly road casualties vs. licensed vehicles,
  was taken from Johnston, Econometric Solver_Methods;
 DATA:
  Y =4849 4703 4748 5844 5192 5086
     5511 6107 5052 4985 5576 6647;
  X =6809 6465 6569 8266 7257 7064
     7784 8727 6992 6822 7949 9650;
 ENDDATA
! Number of observations;
 NK = @SIZE( OBS);
! Compute means;
 XBAR = @SUM( OBS: X)/ NK;
 YBAR = @SUM( OBS: Y)/ NK;
! Shift the observations by their means;
 @FOR( OBS( I):
 XS( I) = X( I) - XBAR;
 YS( I) = Y( I) - YBAR);
! Compute various sums of squares;
 XYBAR = @SUM( OBSN: XS * YS);
 XXBAR = @SUM( OBSN: XS * XS);
 YYBAR = @SUM( OBSN: YS * YS);
! Finally, the regression equation;
 R( @INDEX( SLOPE)) = XYBAR/ XXBAR;
 R( @INDEX( CONS)) = YBAR - R( @INDEX( SLOPE))* XBAR;
 RESID = @SUM( OBSN: ( YS - R( @INDEX( SLOPE))* XS)^2);
! A measure of how well X can be used to predict Y - the unadjusted
  (RSQRU) and adjusted (RSQRA) fractions of variance explained;
 R( @INDEX( RSQRU)) = 1 - RESID/ YYBAR;
 R( @INDEX( RSQRA)) = 1 - ( RESID/ YYBAR) *( NK - 1)/( NK - 2);
! XS and YS may take on negative values;
 @FOR( OBSN: @FREE( XS); @FREE( YS));
 END
```

产品销售量和呼叫量的预测结果为

XS(1)	-720.5000
XS(2)	-1064.500
XS(3)	-960.5000
XS(4)	736.5000
XS(5)	-272.5000
XS(6)	-465.5000
XS(7)	254.5000
XS(8)	1197.500
XS(9)	-537.5000
XS(10)	-707.5000
XS(11)	419.5000
XS(12)	2120.500
YS(1)	-509.3333
YS(2)	-655.3333
YS(3)	-610.3333
YS(4)	485.6667
YS(5)	-166.3333
YS(6)	-272.3333
YS(7)	152.6667
YS(8)	748.6667
YS(9)	-306.3333
YS(10)	-373.3333
YS(11)	217.6667
YS(12)	1288.667

在实现产品销售量和呼叫量之间关系的回归分析中, 也可用 SPSS 来实现. SPSS 的优点在于, 不但能实现本节的回归分析, 还可以实现其他统计工作, 如 11.2 节介绍的对抽样调查数据的处理. 另外, SPSS 也能很好地处理回归分析中的几个常见的, 但很关键的基本问题, 如多重共线性问题、异方差问题、自相关问题等.

▋11.5　判断预测法

前面陈述了许多基于历史数据的统计预测方法, 然而这些方法在没有可用的数据或数据不能体现当前的状况时是没有用的. 在这种情况下, 要使用判断预测方法 (judgmental forecasting methods). 甚至在有可用的数据时, 一些管理人员也更愿意使用判断预测方法而不是正规的统计预测方法. 在许多情况下会将这两种方法结合使用. 下面对一些主要判断预测方法进行简要介绍.

(1) 经理意见法 (manager's opinion): 这是最不正规的方法, 仅仅涉及一个经理用个人最佳判断能力进行预测. 在有些情况下, 一些数据可以帮助预测. 在有些情况下, 也可能只依靠经验和对当前状况的熟知程度来进行量化的预测.

(2) 部门主管集体讨论法 (jury of executive opinion): 与经理意见法类似, 所不同的是, 涉及一小群高层管理人员用他们的最佳判断能力集体进行预测. 该方法用于对比较关键问题的预测, 几个执行人共担责任, 提供多种不同的专业知识.

(3) 销售人员意见汇集法 (sales-force composite): 这个方法经常用于当公司雇用一个销售员队伍来帮助创造销业绩售时对销售量的预测. 这是一个自下而上的方法, 每一个销售员提供自己区域的销售估计.

(4) 消费者市场调查 (consumer market survey): 它包含对消费者和潜在消费者未来购买计划及对各种产品新特点的反应的调查. 这对于设计新产品和确定销售量的最初预测具有特殊的帮助, 对计划一个营销活动也有帮助.

(5) 德尔菲法 (Delphi method): 这个方法通常仅用做公司最高层或政府对整体趋势的长期预测, 本书 6.9.2 节对此已有所叙述.

11.6 实际应用

这里介绍一下在应用预测技术时应注意的大致问题和预测模型选择方法, 详细的应用案例可参见文献 [21].

11.6.1 方法选择

表 11.4 列出了一些时间序列预测模型的特征与选择方法.

在实际应用中, 下面几个基本问题也需要注意:

1) 自适应平滑

自适应平滑是运用跟踪信号进行监控时的一种对预测结果进行调整的手段. 它也是自适应预测中的一种重要方法. 自适应预测是指由计算机监控跟踪信号, 并当信号超出控制线时自动进行调整. 当预测用的是指数平滑法时, 首先以使预测误差最小化的原则来选取 a 和 b; 接着, 当计算机注意到异常跟踪信号时, 自动进行 a 和 b 的调整. 这就是自适应平滑 (adaptive smoothing).

2) 监控预测

完成一项预测以后, 还必须对该预测进行监控, 看实际需求与预测结果是否存在显著的不同, 以使预测结果趋于准确. 监控预测的一种常用方法是用跟踪信号. 跟踪信号 (tracking signal) 是用来衡量预测的准确程度的. 当预测每周、每月或每季都更新时, 将新的已获得的实际需求量与相应预测值比较.

正的跟踪信号表明实际需求大于预测值, 负的则表明实际需求小于预测. 一个令人满意的跟踪信号应有较低的 RSFE, 其正负误差差不多同样大. 这就是说,

表 11.4　预测模型选择方法

预测方法	历史数据量	数据形态	预测范围	准备时间	人员背景
简单指数平滑	5 ~ 10 个观测值以确定权重	必须为静态	短期	短	复杂
Holt 指数平滑	10 ~ 15 个观测值以确定双方权重	呈趋势变动但不含季节性	短期到中期	短	略复杂
Winters 指数平滑	每季度至少 4 ~ 5 个预测值	趋势变动且含季节性	短期到中期	短	一般复杂
回归趋势模型	10 ~ 20 个观测值; 对于有季节性因素的, 每季度至少 5 个	趋势变动且含季节性	短期到中期	短	一般复杂
因果回归模型	每个独立变量需 10 个预测值	可处理复杂类型的数据	短期、中期或长期	开发时间长, 但实施时间短	相当复杂
时间序列分解	能出现两个波峰和波谷即可	可处理周期性、季节性数据	短期到中期	短到中等	不复杂
B-J 法	50 个以上观测值	必须为静态, 否则转化为静态	短期、中期或长期	长	很复杂

小的偏差是允许的, 但偏差正负项应相互抵消, 这样跟踪信号才接近于 0. 一旦跟踪信号算出来以后, 就要将之与预定的控制界限比较. 若超过上下控制限, 说明预测方法存在问题, 管理人员应重新评估其所用的预测方法. 运用跟踪信号进行监控的具体手段有自适应平滑和聚焦预测等.

3) 聚焦预测

在进行预测之前, 先试验各种预测模型, 然后选出预测误差最小的预测模型进行预测, 这种方法称为聚焦预测 (focus forecasting). 聚焦预测提供了一种合理的短期预测方法, 这里的短期是指月度或季度等不到一年的一段时期. 聚焦预测的一个典型作用便是严密监控和快速响应. 聚焦预测是基于以下两个原则的: 首先是非常复杂的预测模型并不总比简单的强; 其次是不存在能适用于所有产品或服务预测的单个技术.

聚焦预测就是根据某些规则进行简单试算, 这些规则较符合逻辑, 并且将其历史数据外推至未来的过程易于理解. 在计算机程序中分别利用所有这些规则进行实际外推需求计算, 然后通过将结果与实际需求对比, 衡量出运用这些规则来预测的效果如何. 由此可见, 聚焦预测系统的两要素是: ① 有一些简单的预测规则; ② 利用历史数据对预测规则进行计算机模拟.

开发聚焦预测系统时要注意以下几条建议:

(1) 不要试图添加季节因子. 让预测系统自己找出季节性, 对新产品而言, 尤其如此. 因为只有当历年数据已知、系统已达稳态时, 季节性才是适用的.

(2) 若预测值异常偏高或偏低 (比如, 当季节性因素存在时, 预测值为上一期或上年的两倍或三倍), 则标出一个指示符号如字母 R, 以通知受此需求影响的人修正预测结果. 一定注意不要舍弃这类需求异常值, 因为它可能是对需求类型的有效反映.

(3) 让进行预测活动的人 (如买方或库存计划员) 参与创建预测规划.

(4) 确保规则简单明了、通俗易懂, 并为预测人员所信赖.

总之, 若需求是独立于系统产生的, 比如预测末端产品需求、零配件以及用于众多产品的原材料和零件, 聚焦预测有着明显的优越之处.

11.6.2 预测误差

误差通常指预测值与实际结果的偏差. 统计学中的误差也称残差. 只要预测值位于置信区间内, 它就不算是真正的误差. 但通常将偏差当作误差.

产品需求是很多因素共同作用的结果, 这些因素复杂得难以用模型精确描述. 因此, 所有预测都肯定会有误差. 在讨论预测误差时为方便起见, 最好区分开误差来源和误差测量.

11.6.2.1 误差来源

误差可能有多种来源, 一种常见的来源是将过去的趋势外推至未来的过程. 例如, 回归分析中的统计误差, 指的是观测值对回归曲线的偏移量. 为减少不可解释误差, 通常为回归曲线附上一个置信区间 (如统计控制限). 但当将回归曲线外推至未来, 并以之作为预测手段时, 预测误差不一定能被外推后的置信区间正确定义. 这是因为置信区间的确立建立在历史数据之上, 它对外推后的数据点也许适用, 也许不适用, 因此不能用相同的置信度.

经验表明, 实际误差大于预测模型误差. 误差可分为偏移误差和随机误差. 偏移误差出现在连续产生错误之时, 其来源有: 未包含正确变量; 变量间关系定义错误; 趋势曲线不正确; 季节性需求偏离正常轨迹; 存在某些隐式趋势等. 随机误差可定义为无法由预测模型解释的误差项.

11.6.2.2 误差测量

用来描述误差程度的常用术语有标准差、均方差 (或方差) 和平均绝对偏差 (MAD). 此外, 跟踪信号可用于显示预测中误差. 由于标准差是个平方根, 因此, 用该平方数本身更为方便, 即均方差或方差. 近些年来, 由于 MAD 简单明了并且可以获得跟踪信号值, MAD 得到关注. MAD 是预测误差的平均值, 用绝对值表示. 与标准偏差一样, MAD 的优点在于其度量了观测值与期望值的离差.

在不考虑符号的情况下, MAD 由实际需求和预测需求间的差异计算而得. 它等于用绝对偏差总和除以数据点个数, 以等式形式给出为

$$\text{MAD} = \frac{\sum\limits_{t=1}^{n} |F_t - x_t|}{n}$$

其中, t 是时期; F_t 是 t 期预测; n 是时期总数.

若预测误差呈正态分布 (通常如此), 则平均绝对误差与标准偏差的关系为: 1 倍标准偏差 $= \sqrt{\frac{\pi}{2}} \times \text{MAD}$ 或近似等于 1.25 倍 MAD. 如某一片点的 MAD 为 60 个单位, 则其标准偏差应为 75 单位. 在通行的统计行为中, 若控制限设为加减 3 个标准差, 则 99.7% 的点将落在控制限之内. 反之, 1 倍 MAD = 0.8 倍标准偏差.

跟踪信号是表示预测均值与实际需求的变化方向是否一致的一种测量手段. 实际应用于中, 它等于预测值超出或低于实际值的平均绝对偏差的数量. 跟踪信号 (TS) 可以用预测偏差的算术平均数值除以其偏差计算得出

$$\text{TS} = \frac{\text{RSFE}}{\text{MAD}}$$

其中, RSFE 表示考虑误差性质后的预测误差总和 (例如, 副误差项抵消正误差项, 反之亦然); MAD 表示全部预测误差的平均值 (不考虑偏差为正或为负), 它是绝对偏差的平均值.

跟踪信号的允许限度不仅取决于所预测需求量的规模 (对于产量大, 对收入影响大的项目应经常地加以监督检查), 也取决于现有的人力 (允许限度过窄会导致更多的预测值超出控制界限, 从而需要更多时间进行调查研究). 表 11.5 是一个范围从 1 至 4 倍 MADs 的控制界限.

表 11.5   MADs 控制限内所包括的百分数控制限

MAD 范围	相应的标准偏差量	落在控制限内的点的百分数
±1	0.798	57.048
±2	1.595	88.946
±3	2.394	98.334
±4	3.192	99.856

对于理想预测模型, 累计实际预测误差应为 0, 高估的误差应由低估的误差全部抵消. 此时跟踪信号也应为 0, 说明这是无偏模型, 不超前也不滞后于实际需求.

一般用 MAD 来预测误差. 若使得 MAD 对近期数据的反应更为敏感则再好不过. 对此, 一种有效的方法是以指数平滑 MAD 作为对下一期误差范围的预测.

MAD 预测值提供了一个误差范围. 在库存控制的例子中, 用它来确定安全库存水平很有用.

$$\text{MAD}_t = \alpha|A_{t-1} - F_{t-1}| + (1 - \alpha)\text{MAD}_{t-1}$$

其中, MAD_t 是 t 期的 MAD 预测值; α 是平滑常数 (通常在 $0.05 \sim 0.20$ 之间); A_{t-1} 是 $t-1$ 时期的实际需求量; F_{t-1} 是 $t-1$ 时期的需求预测量.

■ 思考题

11.1 即使当经济状况保持稳定时, 失业率也会因为季节影响而发生波动. 例如由于学生 (包括应届毕业生) 进入劳动力市场, 第三季度的行业率通常会上升. 第四季度在学生返回学校并且公司为雇用临时工时, 失业率会趋于下降. 因此, 使用季节性因子获得季节调整的失业率对比较真实地体现经济趋势是很有帮助的.

在过去的 10 年中, 一个地区四个季度的平均失业率 (未经过季节调整) 分别为 6.2%, 6.0%, 7.5%, 5.5%. 总的平均为 6.3%.

(1) 计算四个季度的季节性因子.

(2) 下一年四个季度的失业率 (未经过季节调整) 分别为 7.8%, 7.4%, 8.7%, 6.1%. 计算四个季度的季节调整失业率. 失业率的变动是否表明这个地区的经济状况在改善?

11.2 一家房地产公司的经理希望预测下一年公司房产的销售量. 过去三年公司季度销售数据如表 11.6 所示.

表 11.6

季度	第一年	第二年	第三年
1	23	19	21
2	22	21	26
3	31	27	32
4	26	24	28

(1) 计算四个季度的季节性因子.

(2) 在考虑季节影响的情况下用上期值方法预测下一年一季度的销售量.

(3) 假设每一个季度预测是正确的. 用上期值预测法对下一年四个季度销售量的预测结果是什么?

(4) 基于对目前房产市场状况的评估, 如果得出判断: 公司将会在明年销售 100 套住房. 给定这个预测, 根据季节性因子, 每个季度的预测值是多少?

11.3 主要家用电器, 如洗衣机, 有着相对稳定的销售量水平. 去年洗衣机的月销售量如表 11.7 所示.

表 11.7

月份	销售量/台	月份	销售量	月份	销售量/台
1	23	5	22	9	21
2	24	6	27	10	29
3	22	7	20	11	23
4	28	8	26	12	28

(1) 由于销售量水平相对较稳定, 你认为在最基本的预测方法 —— 上期值方法、平均值方法或移动平均方法中, 哪一种最适合于预测未来的销售量?

(2) 使用上期值预测法预测过去 11 个月的销售量. MAD 值是多少?

(3) 使用平均值预测方法预测过去 11 个月的销售量. MAD 值是多少?

(4) 使用 $n = 3$ 的移动平均预测方法预测过去 11 个月销售量. MAD 值是多少?

(5) 使用 MAD 值比较三种方法.

(6) 三种方法中, 哪一种所对未来的做出的预测最准确, 你能否基于这 12 个月的数据得出一个明确的结论?

(7) 现在打算使用指数平滑方法对洗衣机的未来销售量进行预测, 但要决定平滑常数是多少. 设初始估计为 24, 将 $\alpha = 0.1, 0.2, 0.3, 0.40, 0.5$ 应用于去年 12 个月的数据. 比较 5 个不同 α 带来的 MAD 值.

11.4 一旅游景点打算做大量的广告为其招揽足够的旅客, 现公司需要为做多少广告进行决策. 表 11.8 显示了过去 5 年的广告量和销售量 (已经预定的旅客数).

表 11.8

广告量/千元	225	400	350	275	450
销售量/千人	16	21	20	17	23

(1) 当用现有数据进行因果预测时, 什么是自变量, 什么是因变量?

(2) 画出这些数据散点图.

(3) 找到适合这些数据线性回归直线方程, 在 (2) 构造的图中画出此直线.

(4) 预测花费 30 万元带来的销售量.

(5) 预计要获得 2.2 万旅客的订单, 需要做多少广告.

(6) 根据线性回归直线, 每 1 千元的广告量的增长会带来多少销售量的增长?

第 12 章

模　　拟

模拟通过反映系统本质的数学模型, 运用数字计算机对过程或系统的运行进行模仿, 从而定量地获得系统的性状指标, 为决策服务. 广义地讲, 模拟也可以通过其他手段如物理模型、模拟计算机等实现. 本章仅介绍基本的随机模拟, 其他如模糊模拟与粗糙模拟, 以及模拟结果的统计分析等内容可参见文献 [1, 46].

■ 12.1　模拟概述

模拟模型包括了数学表达式和逻辑表达式, 这些表达式告诉人们, 怎样在给定输入值的条件下计算出输出量的值. 任何模拟模型都有两种输入量: 可控输入量和概率输入量, 其概念示意图可参见图 12.1.

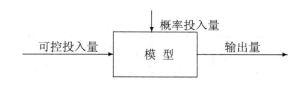

图 12.1　模拟模型图

下面首先给出模拟的分类, 模拟的分类取决于分类的标准.

按模拟模型中变量的形式来分类, 可分为确定性模拟和随机性模拟. 在进行随机性模拟时需要模拟一个随机过程 (stochastic process).

按实际系统行为的动态形式来分类, 可分为连续性模拟和离散性模拟. 连续系统和离散系统并不是绝对的. 如工厂生产系统是离散系统, 但当产品数量很多时, 可以作为连续系统来处理; 而对连续系统的研究, 又往往采用离散的方法, 即只在一些离散的采样点上进行研究.

　　离散系统的模拟又可分为离散时间系统 (discrete-time system) 模拟和离散事件系统 (discrete-event system) 模拟. 前者是每隔一定时间区间取一个分析系统的数据点; 后者是根据发生事件的瞬间作为分析事件的数据点. 经济管理中的库存管理、机器维修、生产线、交通运输等都属于随机性的离散事件系统.

　　此外, 按模拟实施手段来分类, 模拟可分为人工模拟和计算机模拟. 而计算机模拟又可分为模拟计算机模拟、数字计算机模拟和两者结合的混合模拟.

12.1.1　模拟步骤

　　下面介绍计算机的模拟步骤. 用计算机模拟对问题求解的工作步骤可以用图 12.2 来表示, 参见文献 [37].

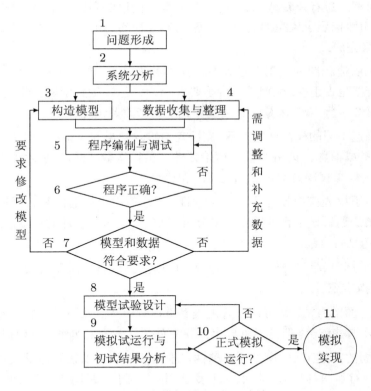

图 12.2　计算机模拟的工作步骤

　　(1) 对问题的内容、结构和范围表达清楚, 明确模拟的目标和要求, 确定模拟系统的环境, 说明各种有关的影响因素, 以及现有的数据情况. 这里需要决策者和模拟分析者反复地相互讨论和商确.

(2) 对系统进行层次结构分析, 确定具体的系统边界、实体、发生、活动或过程、子系统, 以及它们之间的相互关系. 设计出目标函数、可控变量、模拟参数和输入/输出格式等.

(3) 根据分析结果设计系统的因果关系循环图. 选择合适的建模方法. 最后确定算法和身家模型的逻辑框图.

(4) 在建模型的同时, 根据模型的要求, 对现有的数据进行加工处理和数据结构的设计. 确定统计分布和参数, 进行有关的统计检验, 选择合适的抽样方法等.

(5) 根据模型的逻辑框图和有关算法, 编制模拟程序, 除了通用的算法语言可以使用外, 也有若干专用的计算机模拟语言, 如 GPSS, Promodel, GASP, SLAM, Simscript, CSMP 和 Dynamo 等.

(6) 对程序进行反复地调试工作, 排除其中的语法和逻辑错误. 检查程序是否全面和确切地描述了模型的逻辑关系和动态进程的要求, 这里主要是靠经验、常识和合作来完成.

(7) 按照流程图的逻辑关系和数据结构的设计, 再参考和对照程序调试的结果, 检查模型是否正确, 数据是否合乎要求, 若有问题, 则分别进行修改 (在实际问题中, 从第 3 步到 第 7 步是一个反复和大量的修改调试过程).

(8) 确定不同的模拟试验方案, 主要是对输入变量和模拟参数进行变化. 如改变决策变量或参数、策略变量、初始条件、运行次数、活动规则和控制变量等, 使得不同的模拟试验方案可以加经比较和评价.

(9) 为了检验模拟设计方案的正确性, 往往使用少量的已知数据进行初步的试运行模拟. 通过试运行的输出结果分析, 判断模拟试验设计的正确性, 以及采用的模拟技巧是否合适.

(10) 依据第 9 步的结果, 确定是否可以用正式数据进行模拟, 若可以, 转入第 11 步的模拟实现.

基于上面的方法, 就可以很好地理解 9.6 节中排队系统的随机模拟. 尽管在那里未涉及这些细节, 但是仍可想像计算机对排队系统是如何进行模拟的.

从上面的陈述可知, 模拟的优越性在于模拟模型可以较好地反映系统的真实运行环境. 对那些具有随机性的大型复杂问题, 由于变量间错综复杂的内外联系, 使问题无法用适当的数学形式表达, 此时模拟是唯一能获得问题答案的方法. 随着高速大容量计算机的发展及模拟软件的不断完善, 模拟方法在系统分析、运筹学及管理科学等学科中越来越受到重视. 但是, 模拟亦有其缺点. 在构造与确认模型, 以及运行模拟模型时都要做大量的工作, 因此费用较高. 合理的做法是, 可以用分析方法处理模型就尽量不用模拟去做.

12.1.2　应用举例

模拟技术的应用范围相当广泛, 下面仅举数例加以说明.

1) 排队系统的设计和运行

从第 9 章可以看到, 许多数学模型可以用来分析相对简单的排队系统. 然而, 在处理一些较为复杂的排队系统时, 用这些方法只能粗略地得到对系统的近似估计. 模拟却可以很好地解决复杂的排队系统问题, 所以, 模拟被大量地运用到这一领域. WinQSB 不但在 "Queuing Analysis" 的各个问题带有模拟分析, 而且有一个专门的 "Queuing System Simulation" 模块来进行模拟运算.

2) 管理库存系统

在第 8 章中, 当产品的需求不稳定时, 有一些数学模型可以处理这一类系统. 尽管可以用数学模型来分析这类复杂问题, 但模拟起着更重要的作用. WinQSB 的 "Inventory Theory and System" 模块的各类问题中也带了模拟运算功能.

3) 估计截止期完成项目的概率

在第 5.2 节中, 在工时的估计中运用了三点估计法. 现在, 越来越多的运用模拟来获得更为精确的概率估计值. WinQSB 的 "PERT_CPM" 就自带了大量的工序时间的概率分布. 这种模拟的方法包括了根据项目中任务的完成时间的概率分布来产生的随机观察. 而后, 运用网络化的计划, 模拟每一工序开始和结束以及整个任务何时结束. 在一个模拟周期内大量地重复这一过程, 就可以非常精确地估计出完成任务的概率值.

4) 制造系统的设计与运行

在这类系统中, 许多都可以看作是某一类型的排队系统. 例如, 在一类排队系统中机器被看作是服务机构, 而要完成的工作是顾客. 然而, 这种系统的内在复杂性 (例如, 机器故障、需要重新加工次品以及工作形式的多样性) 远远超出一般排队系统的范围. 用模拟就能比较容易地解决这类复杂问题.

5) 配送系统的设计和运作

任何大型工厂都需要有效的配送系统, 将货物从厂区运到仓库再送到顾客手中. 在这一系统中有许多不确定因素. 什么时候有可以运货的交通工具? 一次运货的时间是多长? 不同的客户的需求是什么? 通过相关概率分布而产生随机观察数, 模拟能轻松地解决这些不确定性问题. 所以, 在检测多种可能性时, 可以使用模拟来改善系统的设计和运行.

6) 财务风险分析

最早运用模拟技术的就是财务风险分析. 例如, 考虑对具有不稳定现金流的资本投资的评估问题. 通过根据不同时期现金流的概率分布而产生的随机观察数 (考虑各个时期关联性), 模拟可以产生大量投资方案的结果. 这就提供了投资收益

(例如, 净现值) 的概率分布. 这种分布 (或称为风险分布) 有助于管理层评价投资的风险性. 同样的方法可以用在投资其他证券领域的风险分析上.

7) 其他服务领域的应用

例如, 保险与投资的风险分析一样, 未来不确定性的分析对做出决策有很大的影响. 所以, 模拟也被用于保险领域中.

此外, 模拟技术也充分应用到了其他服务领域. 这些领域包括政府机构、银行、酒店、饭店、教育、灾害处理、国防军事部门等. 大多数情况下, 这些模拟的系统都是排队系统中的一种. 这也正是 WinQSB 有一个专门的模块来处理排队系统模型的一个原因所在.

■ 12.2　模拟方法

在计算机模拟技术中, 产生于 20 世纪 40 年代的蒙特卡洛法 (Monte Carlo method) 是一种应用广泛的系统模拟技术, 也称为统计模拟法 (statistical simulation method) 或随机采样技术 (stochastic sampling techniques) 等.

Monte Carlo 模拟的最大优点是收敛速度和问题维数无关, 适应性强. 不仅适用于处理随机性问题, 如存储问题、排队问题、质量检验问题、市场营销问题、社会救急系统问题、生态竞争问题和传染病扩散问题等; 也可处理确定性问题, 如解整数规划 (特别是非线性整数规划) 等.

Monte Carlo 模拟的原理与程序结构比较简单, 其基本原理是: 利用各种不同分布随机变量的抽样序列模拟实际系统的概率统计模拟模型, 给出问题数值解的渐近统计估计值.

Monte Carlo 模拟的基本要点是:

(1) 对问题建立简单而又便于实现的概率统计模型, 使要求的解恰好是所建模型的概率分布或其数学期望.

(2) 根据概率统计模型的特点和实际计算的需要, 改进模型, 以便减小模拟结果的方差, 降低费用, 提高效率.

(3) 建立随机变量的抽样方法, 其中包括产生伪随机数及各种分布随机变量抽样序列的方法.

(4) 给出问题的解的统计估计值及其方差或标准差.

下面仅介绍模拟方法中的随机数生成和随机事件的模拟, 相应的模拟实例可参见文献 [21].

12.2.1　随机数生成方法

一组来自 $[0,1]$ 上均匀分布的独立样本 $x_1, x_2, \cdots$ 称作随机数. 它们是构造服从其他分布的随机数的基础. 随机数可以由计算机附加的硬件来生成, 但是它不具有再现性. 现在通用的方法是由计算机按一定的算法生成的从统计上看满足独立性及均匀性的一串数字, 这样的数称作伪随机数, 或简称为随机数. 用算法生成一串随机数, 至少应满足: 算法容易执行, 生成速度快; 产生的数字序列能通过独立性及均匀性统计检验. 目前常用的方法是线性同余法. 由于绝大多数计算机语言中都有产生随机数的程序, 并且通常都已经过大量的统计检验, 因此可以用它们来构造服从其他分布的随机数.

许多系统中的输入变量是随机的, 如排队系统中常假定顾客的到达是独立同分布的随机变量. 因此, 在系统模型中需要产生大量服从某个分布的随机数. 在下面的叙述中, 为了方便起见, 把 $(0,1)$ 上均匀随机数简称为随机数.

1) 反变换法

基于如下定理, 由随机数可以容易地获得服从某个分布的随机数.

定理 12.1   设 U 是 $(0,1)$ 上均匀随机数, F 是任意的连续分布函数. 令

$$F^{-1}(u) = \inf\{x|F(x) > u\} \quad (0 < u < 1), \qquad X = F^{-1}(U)$$

则随机数 X 有分布函数 F.

证明   对 $\forall x$, 有

$$P(X \leqslant x) = P(F^{-1}(U) \leqslant x)$$

由于 F 连续及单调递增, 故 $F^{-1}(U) \leqslant x$, 当且仅当 $U \leqslant F(x)$. 因此上式右端变为

$$P(U \leqslant F(x)) = F(x)$$

故结论成立. **证毕**.

从原则上讲, 反变换法可以求得服从任何连续分布的随机数. 然而有些情况下反函数无显式, 或者计算很复杂, 此时需要采用其他方法.

2) 舍选法

设 f, g 是两个密度函数, 且满足对 $\forall x$, 有

$$f(x) \leqslant cg(x) \tag{12.1}$$

其中, $c > 1$ 是常数, 选取时应尽量小.

若能生成服从 $g(x)$ 的随机数, 则如下步骤可以产生服从 $f(x)$ 的随机数.

(1) 独立地产生一个均匀随机数 U 服从 $g(x)$ 的随机数 Y;

(2) 若 $U \leqslant \dfrac{f(Y)}{cg(Y)}$, 则置 $X = Y$; 否则, 转 (1). 此时 X 即为所需随机数.

12.2.2   随机数生成实例

对于大多数常用分布, 采用直接产生法更为方便. 这里对此给出一些常用概率分布的随机数产生方法, 见图 12.3, 参见文献 [1].

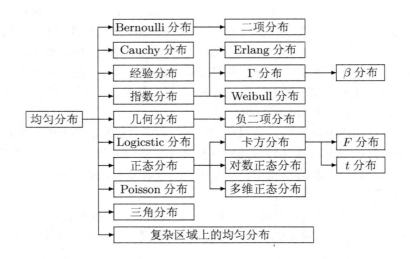

图 12.3　随机数生成树

1) 均匀分布 $\mathcal{U}(a, b)$

设随机变量 x 服从 $[0, 1]$ 上的均匀分布, 其概率密度函数为

$$f(x) = \begin{cases} \dfrac{1}{b - a}, & a \leqslant x \leqslant b \\ 0, & \text{其他} \end{cases}$$

其中, a 和 b 是给定实数, 且 $a < b$.

均匀分布的随机数是产生其他分布的随机数的基础. 实际上, 均匀分布是通过一串称为随机数的确定序列产生的. 这个确定序列被看作随机数序列的原因在于经此序列所产生的数具有独立性和均匀性.

下面介绍一种常见的产生随机数的方法, 称为同余法. 令

$$x_{i+1} = ax_i + c (\text{mod} m), \quad (i = 1, 2, \cdots, n - 1) \tag{12.2}$$

其中, a 是正整数, 称为乘子; c 是非负整数, 称为增量; x_1 称为种子, $0 \leqslant x_1 < m$; m 称为模数, 同时也是伪随机数序列的长度.

这样, 对任何一个初始值 x_1, 可由 (12.2) 产生一个序列 $\{x_1, x_2, \cdots, x_n\}$. 则通过

$$u_i = \frac{x_i}{m - 1}, \quad (i = 1, 2, \cdots, n)$$

就可产生区间 $[0, 1]$ 上的均匀分布的随机数. 等价地, $[a, b]$ 上的均匀分布的随机

数可以由下式产生:

$$u_i = a + \frac{x_i}{m-1}(b-a), \quad (i = 1, 2, \cdots, n)$$

可以看出, 通过同余法产生的伪随机数序列完全由参数 x_1, a, c 和 m 确定. 为了得到较满意的统计结果, 应谨慎选取这些参数, 建议取 $a = 2^7 + 1$, $c = 1$, $m = 2^{35}$. 当然, 对 Java 语言, 在 j2se 里可以直接使用 Math.random( ) 方法来产生一个 0 到 1 之间的 (double) 随机数 (也可用 java.util 包里面的 Random 类来产生随机数, 其实现方式就是上面的同余法).

算法 12.1 (均匀分布)

步 1: $u = $ Math.random( ).

步 2: 返回 $a + u(b - a)$.

2) Bernoulli 分布 $\mathcal{BE}(p)$

设随机变量 x 服从参数为 $p(0 < p < 1)$ 的 Bernoulli 分布, 其密度函数为

$$f(x) = \begin{cases} p, & \text{若 } x = 1 \\ 1 - p, & \text{若 } x = 0 \end{cases}$$

算法 12.2 (Bernoulli 分布)

步 1: 产生服从 $\mathcal{U}(0, 1)$ 的随机数 u.

步 2: 若 $\mu \leqslant p$, 则 $x = 1$; 否则 $x = 0$.

步 3: 返回 x.

3) 二项分布 $\mathcal{BN}(n, p)$

一个随机变量 x 服从二项分布, 若其概率密度函数为

$$f(x) = \frac{n!}{(n-x)!x!} p^x (1-p)^{n-x} \qquad (x = 0, 1, 2, \cdots, n)$$

其中, n 是正整数, p 是 0 和 1 之间的数. 二项分布描述了在 n 次独立试验中事件成功的次数, 其中每次试验成功的概率为 p.

算法 12.3 (二项分布)

步 1: 产生服从 $\mathcal{BE}(p)$ 的随机数 $y_1, y_2, \cdots, y_n$.

步 2: 返回 $y_1 + y_2 + \cdots + y_n$.

4) Cauchy 分布 $\mathcal{C}(\alpha, \beta)$

设随机变量 x 服从 Cauchy 分布, 其概率密度函数为

$$f(x) = \frac{\beta}{\pi[\beta^2 + (x - \alpha)^2]}, \quad (-\infty < x < \infty)$$

其中, $\alpha \in \Re$, $\beta > 0$.

算法 12.4 (Cauchy 分布)

步 1: 产生服从 $\mathcal{U}(0,1)$ 的随机数 u.

步 2: 返回 $\alpha - \dfrac{\beta}{\tan(\pi u)}$.

5) 经验分布

设 $a_1, a_2, \cdots, a_n$ 是 n 个观测样本, 且 $a_1 \leqslant a_2 \leqslant \cdots \leqslant a_n$, 则经验分布函数可表示为

$$F(x) = \begin{cases} 0, & \text{若 } x < a_1 \\ \dfrac{i-1}{n-1} + \dfrac{x-a_i}{(n-1)(a_{i+1}-a_i)}, & \text{若 } \begin{aligned} & a_i \leqslant x \leqslant a_{i+1} \\ & 1 \leqslant i \leqslant n-1 \end{aligned} \\ 1, & \text{若 } a_n \leqslant x \end{cases}$$

算法 12.5 (经验分布)

步 1: 产生服从 $\mathcal{U}(0,1)$ 的随机数 u.

步 2: 取 m 为 $(n-1)u+1$ 的整数部分.

步 3: 返回 $a_m + [(n-1)u - m + 1](a_{m+1} - a_m)$.

6) 指数分布 $\mathcal{EXP}(\beta)$

设随机变量 x 服从参数 β $(\beta > 0)$ 的指数分布, 其概率密度函数为

$$f(x) = \begin{cases} \dfrac{1}{\beta} \mathrm{e}^{-\frac{x}{\beta}}, & \text{若 } 0 \leqslant x < \infty \\ 0, & \text{其他} \end{cases}$$

算法 12.6 (指数分布)

步 1: 产生服从 $\mathcal{U}(0,1)$ 的随机数 u.

步 2: 返回 $-\beta \ln(u)$.

7) Erlang 分布 $\mathcal{ER}(k, \beta)$

若随机变量 x 是 k 个服从参数为 β/k 的指数分布的随机变量之和, 则随机变量 x 为服从自由度是 k, 均值是 β 的 Erlang 分布.

算法 12.7 (Erlang 分布)

步 1: 产生服从 $\mathcal{EXP}(\beta/k)$ 的随机数 $y_1, y_2, \cdots, y_k$.

步 2: 返回 $y_1 + y_2 + \cdots + y_k$.

8) Γ 分布 $\mathcal{G}(\alpha, \beta)$

设随机变量 x 是服从 Γ 分布, 其概率密度函数为

$$f(x) = \begin{cases} \dfrac{x^{\alpha-1}\mathrm{e}^{-\frac{x}{\beta}}}{\beta^{\alpha}\Gamma(\alpha)}, & 0 \leqslant x < \infty, \alpha > 0, \beta > 0 \\ 0, & \text{其他} \end{cases}$$

其中, $\alpha, \beta > 0$. 均值、方差分别为 $\alpha\beta$ 和 $\alpha\beta^2$. 注意到 $\mathcal{G}(\alpha, \beta)$ 分布与 $\mathcal{EXP}(\beta)$ 分布是等价的. 当 α 是整数时, 可按下列方法来产生随机数.

算法 12.8 (Γ 分布)

步 1: $x = 0$.

步 2: 产生服从 $\mathcal{EXP}(1)$ 的随机数 v.

步 3: $x \leftarrow x + v$.

步 4: $\alpha \leftarrow \alpha - 1$.

步 5: 重复步 2 至步 4, 直到 $\alpha = 1$.

步 6: 返回 βx.

9) β 分布 $\mathcal{B}(\alpha, \beta)$

设随机变量 x 服从 β 分布, 其概率密度函数为

$$f(x) = \frac{\Gamma(\alpha + \beta)}{\Gamma(\alpha)\Gamma(\beta)} x^{\alpha-1}(1-x)^{\beta-1}, \quad 0 \leqslant x \leqslant 1$$

其中, $\alpha, \beta > 0$. 当 α 和 β 是整数时, 按以下的方法产生随机数.

算法 12.9 (β 分布)

步 1: 产生服从 $\mathcal{G}(\alpha, 1)$ 的随机数 y_1.

步 2: 产生服从 $\mathcal{G}(\beta, 1)$ 的随机数 y_2.

步 3: 返回 $\dfrac{y_1}{y_1 + y_2}$.

10) Weibull 分布 $\mathcal{W}(\alpha, \beta)$

假设随机变量 x 服从 Weibull 分布 (其比指数分布更具有一般性, 且经常被应用到统计可靠性理论中), 其概率密度函数为

$$f(x) = \begin{cases} \dfrac{\alpha}{\beta^{\alpha}} x^{\alpha-1}\mathrm{e}^{-(\frac{x}{\beta})^{\alpha}}, & \text{若 } 0 \leqslant x < \infty \\ 0, & \text{其他} \end{cases}$$

其中, $\alpha, \beta > 0$.

算法 12.10 ($\mathcal{W}$ 分布)

步 1: 产生服从 $\mathcal{EXP}(1)$ 的随机数 v.

步 2: 返回 $\beta v^{\frac{1}{\alpha}}$.

11) 几何分布 $\mathcal{GE}(0)$

设随机变量 x 服从参数 p 的几何分布 $(0 < p < 1)$, 其概率密度函数为

$$f(x) = \begin{cases} p(1-p)^x, & x = 0, 1, 2, \cdots \\ 0, & \text{其他} \end{cases}$$

算法 12.11 (几何分布)

步 1: 产生服从 $\mathcal{U}(0,1)$ 的随机数 r.

步 2: 返回 $\dfrac{\ln r}{\ln(1-p)}$ 的整数部分.

12) 负二项分布 $\mathcal{NB}(k,p)$

若随机变量 x 是 r 个独立的服从参数为 p 几何分布的随机变量之和, 则随机变量 x 服从参数为 r 和 p 的负二项分布 $(r = 1, 2, \cdots$ 和 $0 < p < 1)$.

算法 12.12 (负二项分布)

步 1: 产生服从 $\mathcal{GE}(p)$ 的随机数 y_i, $i = 1, 2, \cdots, k$.

步 2: 返回 $y_1 + y_2 + \cdots + y_k$.

13) Logistic 分布 $\mathcal{L}(a,b)$

设随机变量 x 服从 Logistic 分布, 其概率密度函数为

$$f(x) = \frac{\exp\left[-\dfrac{(x-a)}{b}\right]}{b\left\{1 + \exp\left[-\dfrac{(x-a)}{b}\right]\right\}^2}$$

其均值、方差和众数分别为 $a, \dfrac{(b\pi)^2}{3}$ 和 a.

算法 12.13 (Logistic 分布)

步 1: 产生服从 $\mathcal{U}(0,1)$ 的随机数 u.

步 2: 返回 $a - b\ln\left(\dfrac{1}{u} - 1\right)$.

14) 正态分布 $\mathcal{N}(\mu, \sigma^2)$

设随机变量 x 服从正态分布, 其概率密度函数为

$$f(x) = \frac{1}{\sigma\sqrt{2\pi}} \exp\left[-\frac{(x-\mu)^2}{2\sigma^2}\right] \qquad (-\infty < x < \infty)$$

其中, μ 是均值, σ^2 是方差.

算法 12.14 (正态分布)

步 1: 产生服从 $\mathcal{U}(0,1)$ 的随机数 μ_1 和 μ_2.

步 2: $y = [-2\ln(\mu_1)]^{\frac{1}{2}} \sin(2\pi\mu_2)$.

步 3: 返回 $\mu + \sigma y$.

15) 卡方分布 $\mathcal{X}^2(k)$

设随机变量 $z_1, z_2, \cdots, z_k$ 服从标准正态分布 $\mathcal{N}(0,1)$, 称随机变量 $y = \sum_{i=1}^{k} z_i^2$ 服从自由度为 k 的卡方分布, 其概率密度函数为

$$f(x) = \frac{x^{(\frac{k}{2})-1} \exp\left(-\frac{x}{2}\right)}{\Gamma\left(\frac{k}{2}\right) 2^{\frac{k}{2}}}, x \geqslant 0$$

其均值与方差为 k 和 $2k$.

算法 12.15 (卡方分布)

步 1: 产生服从 $\mathcal{N}(0,1)$ 的随机数 $z_i, i = 1, 2, \cdots, k$.

步 2: 返回 $z_1^2 + z_2^2 + \cdots + z_k^2$.

16) F 分布 $\mathcal{F}(k_1, k_2)$

设随机变量 y_1 服从卡方分布 $\mathcal{X}^2(k_1)$, y_2 服从卡方分布 $\mathcal{X}^2(k_2)$, 则称随机变量 $x = \dfrac{y_1/k_1}{y_2/k_2}$ 服从 F 分布, k_1 和 k_2 为自由度.

算法 12.16 (F 分布)

步 1: 产生服从 $\mathcal{X}^2(k_1)$ 的随机数 y_1.

步 2: 产生服从 $\mathcal{X}^2(k_1)$ 的随机数 y_2.

步 3: 返回 $\dfrac{y_1/k_1}{y_2/k_2}$.

17) t 分布 $\mathcal{S}(k)$

设随机变量 z 服从标准正态分布 $\mathcal{N}(0,1)$, y 服从卡方分布 $\mathcal{X}^2(k)$, 则称随机变量 $x = \dfrac{z}{\sqrt{y/k}}$ 为服从自由度为 k 的 t 分布.

算法 12.17 (t 分布)

步 1: 产生服从 $\mathcal{N}(0,1)$ 的随机数 z.

步 2: 产生服从 $\mathcal{X}^2(k)$ 的随机数 y.

步 3: 返回 $\dfrac{z}{\sqrt{y/k}}$.

18) 对数正态分布 $\mathcal{LOGN}(\mu, \sigma^2)$

设随机变量 x 服从正态分布 $\mathcal{N}(\mu, \sigma^2)$, 则称 $y = e^x$ 服从对数正态分布, 其概率密度函数为

$$f(y) = \begin{cases} \dfrac{1}{\sqrt{2\pi}\sigma y} \exp\left[-\dfrac{(\ln y - \mu)^2}{2\sigma^2}\right], & 0 \leqslant y < \infty \\ 0, & \text{其他} \end{cases}$$

其均值和方差分别为 $\exp\left[\mu + \dfrac{\sigma^2}{2}\right]$ 和 $(\exp(\sigma^2) - 1)\exp[2\mu + \sigma^2]$.

算法 12.18 (对数正态分布)

步 1: 产生服从 $\mathcal{N}(\mu, \sigma^2)$ 的随机数 x.

步 2: 返回 $\exp[x]$.

19) 多维正态分布 $\mathcal{N}(\mu, \sigma)$

设 n 维随机变量 $\boldsymbol{x}$ 服从多维正态分布, 其概率密度函数为

$$f(\boldsymbol{x}) = \frac{1}{(2\pi)^{\frac{n}{2}} |\sum|^{\frac{1}{2}}} \exp\left[-\frac{1}{2}(\boldsymbol{x} - \boldsymbol{\mu})' {\sum}^{-1} (\boldsymbol{x} - \boldsymbol{\mu})\right]$$

其中, $\sum$ 表示一个正定对称的实矩阵, 且其逆存在, 是正定的.

算法 12.19 (多维正态分布)

步 1: 生成上三角矩节 C, 使得 $\sum = CC'$.

步 2: 产生服从 $\mathcal{N}(0, 1)$ 的随机数 $\mu_1, \mu_2, \cdots, \mu_n$.

步 3: $x_k = \mu_k + \sum_{i=1}^{k} c_{ki}\mu_i,\ (k = 1, 2, \cdots, n)$.

步 4: 返回 $(x_1, x_2, \cdots, x_n)$.

20) 三角分布 $\mathcal{T}(a, b, m)$

设随机变量 x 服从三角分布, 其概率密度函数为

$$f(x) = \begin{cases} \dfrac{2(x - a)}{(b - a)(m - a)}, & a < x \leqslant m \\ \dfrac{2(b - x)}{(b - a)(b - m)}, & m < x \leqslant b \\ 0, & \text{其他} \end{cases}$$

其中, $a < m < b$.

算法 12.20 (三角分布)

步 1: $c = \dfrac{m - a}{b - a}$.

步 2: 产生服从 $\mathcal{U}(0, 1)$ 的随机数 u.

步 3: 返回 $a + (b - a)y$.

21) Poisson 分布 $\mathcal{P}(\lambda)$

设随机变量 x 服从均值为 $\lambda(\lambda > 0)$ 的 Poisson 分布, 其概率密度函数为

$$f(x) = \begin{cases} \dfrac{\lambda^x e^{-\lambda}}{x!}, & x = 0, 1, 2, \cdots \\ 0, & \text{其他} \end{cases}$$

其均值和方差均为 λ.

算法 12.21 (Poisson 分布)

步 1: $x = 0$.

步 2: $b = 1$.

步 3: 产生服从 $\mathcal{U}(0, 1)$ 的随机数 u.

步 4: $b \leftarrow bu$.

步 5: $x \leftarrow x + 1$.

步 6: 重复步 3 至步 5, 直到 $b < e^{-\lambda}$.

步 7: 返回 $x - 1$.

22) 复杂区域上的均匀分布

下面给出在空间 $\Re^n$ 的一个复杂区域 S 中产生服从均匀分布的随机数 (实际上是随机数构成的向量). 首先, 确定一个包含 S 的简单区域 X, 如 n 维超几何体

$$X = \{(x_1, x_2, \cdots, x_n) \in \Re^n | a_i \leqslant x_i \leqslant b_i, i = 1, 2, \cdots, n\}$$

在超几何体中, 随机数比较容易产生. 事实上, 只要 x_i 是服从 $[a_i, b_i]$ $(i = 1, 2, \cdots, n)$ 上的均匀分布的随机数, $(x_1, x_2, \cdots, x_n)$ 就是服从超几何体 X 上的均匀分布的随机数. 所生成的随机数向量接受与否依赖于其是否在区域 S 内.

算法 12.22 (多维均匀分布)

步 1: 给定一包含 S 的超几何体 X.

步 2: 分别产生服从 $\mathcal{U}(a_i, b_i)$ 的随机数 x_i, $i = 1, 2, \cdots, n$.

步 3: 置 $\boldsymbol{x} = (x_1, x_2, \cdots, x_n)$.

步 4: 重复步 2 和步 3, 直到 $\boldsymbol{x} \in S$.

步 5: 返回 $\boldsymbol{x}$.

12.2.3　随机事件的模拟

设 $\boldsymbol{\xi}$ 为定义在概率空间 $(\Omega, \mathcal{A}, \mathrm{Pr})$ 上的 n 维随机向量, $f : \Re^n \to \Re$ 为一可测函数, 则 $f(\boldsymbol{\xi})$ 为随机变量. 下面分别模拟计算随机事件的期望值、概率值和临界值, 相应的函数为

$$U_1 : \boldsymbol{x} \to E[f(\boldsymbol{x}, \boldsymbol{\xi})]$$

$$U_2 : \boldsymbol{x} \to \mathrm{Pr}\{f(\boldsymbol{\xi}) \leqslant 0\}$$

$$U_3 : \boldsymbol{x} \to \max\{\overline{f} | \mathrm{Pr}\{f(\boldsymbol{x}, \boldsymbol{\xi}) \geqslant \overline{f}\} \geqslant \alpha\}$$

为计算期望值函数 $U_1(\boldsymbol{x})$, 首先根据概率测度 Pr, 从样本空间 Ω 中产生样本 ω_k, 记 $\xi_k = \boldsymbol{\xi}(\omega)$, $k = 1, 2, \cdots, N$. 这等价于根据概率分布 Φ 产生随机向量的观测值 ξ_k, $k = 1, 2, \cdots, N$.

由大数定律, 当 $N \to \infty$ 时, 有

$$\frac{1}{N}\sum_{k=1}^{N} f(\xi_k) \to U_1(\boldsymbol{x}), \text{a.s.}$$

因此, 只要 N 充分大, 可由下面的算法来估计 $E[f(\boldsymbol{\xi})]$.

算法 12.23 (期望值随机模拟)

步 1: 置 $L = 0$.

步 2: 根据概率测度 Pr, 从 Ω 中产生样本 ω.

步 3: $L \leftarrow L + f(\boldsymbol{\xi}(\omega))$.

步 4: 重复步 2 和步 3 共 N 次.

步 5: $U_1(\boldsymbol{x}) = \dfrac{L}{N}$.

为计算概率函数 $U_2(\boldsymbol{x})$, 令 N' 表示满足 $f(\boldsymbol{\xi}) \leqslant 0$ 成立的实验次数, $k = 1, 2, \cdots, N$. 定义

$$h(\xi_k) = \begin{cases} 1, & \text{若 } f(\boldsymbol{\xi}) \leqslant 0 \\ 0, & \text{其他} \end{cases}$$

由强大数定律, 当 $N \to \infty$ 时, 有

$$\frac{N'}{N} = \frac{1}{N}\sum_{k=1}^{N} h(\xi_k)$$

几乎处处收敛 (a.s.) 到 L. 因此, 当 N 充分大时, 可用下面的算法估计概率值 L.

算法 12.24 (概率值随机模拟)

步 1: 置 $N' = 0$.

步 2: 根据概率测度 Pr, 从 Ω 中产生样本 ω.

步 3: 若 $f(\boldsymbol{\xi}) \leqslant 0$, 则 $N'{++}$.

步 4: 重复步 2 和步 3 共 N 次.

步 5: $U_2(\boldsymbol{x}) = \dfrac{N'}{N}$.

为计算临界值函数 $U_3(\boldsymbol{x})$, 定义

$$h(\xi_k) = \begin{cases} 1, & \text{若 } f(\boldsymbol{\xi}) \leqslant \overline{f} \\ 0, & \text{其他} \end{cases} \qquad (k = 1, 2, \cdots, N)$$

根据强大数定律, 当 $N \to \infty$ 时, 有

$$\frac{1}{N}\sum_{k=1}^{N} h(\xi_k) \to \alpha = E[h(\xi_k)], \quad \text{a.s.}$$

注意到有限和 $\sum\limits_{k=1}^{N} h(\xi_k)$ 正是使得 $f(\boldsymbol{\xi}) \geqslant \overline{f}$ 成立的 ξ_k 的个数. 因此, $\overline{f}$ 应该处于序列 $\{f(\xi_1), f(\xi_2), \cdots, f(\xi_N)\}$ 中的第 N' 个最大的元素位置, 其中 $N' = \lfloor \alpha N \rfloor$.

算法 12.25 (乐观值随机模拟)

步 1: 置 $N' = \lfloor \alpha N \rfloor$.

步 2: 根据概率测度 $\Pr$, 从 Ω 中产生样本 $\omega_1, \omega_2, \cdots, \omega_N$.

步 3: 返回 $\{f(\xi(\omega_1)), f(\xi(\omega_2)), \cdots, f(\xi(\omega_N))\}$ 中的第 N' 个最大的元素.

12.3　数据处理

计算机模拟输出结果的正确性, 直接关系到决策的好坏. 因此, 对输出结果进行统计分析是计算机模拟的一个重要内容. 详细的讨论参见文献 [1, 37], 这里仅给出一些对模拟结果进行统计分析时的注意要点.

1) 独立性

对于模型模拟结果 (或称响应值) 的抽样, 当观测值为独立同分布时, 其估值问题比较简单, 可以应用中心极限定理估计其置信区间. 在实际问题中, 响应变量的观测值并非总是相互独立的. 在单一响应变量的抽样中, 观测值之间可能存在着自相关, 例如在排队问题中, 第 n 个顾客的等候时间依赖于他前面排队的人数和对他们的服务时间. 此时, 应当设法消除这种自相关现象. 一般采取如下办法:

(1) 简单地重复运行. 对相同的模拟重复地运行 n 次, 但是每一次使用的随机数列不一样. 这样, 可以保证各次运行之间是相互独立的. 响应变量的估值是 n 次重复运行均值的总平均值, 总方差是 n 次运行方差的均值.

(2) 输出结果进行分批. 对于单一的长时间的模拟运行, 分成若干个段. 每一段中可包括同样数目的观测值. 再用其总平均值作为响应变量的估值. 但是各段之间仍可能存在着自相关, 若模拟运行足够长时, 可以在两段之间舍弃一些数据, 亦即在两段之间有一个空白间隔期, 这样可以减小其自相关性.

(3) 再生法. 对于某些模拟, 可以使用再生法. 亦即在模拟运行过程中, 将条件相同的系统状态作为一个再生点. 如在排队问题中, 出现无人排队状态就可以作为一个再生点, 这种再生点在模拟运行过程中会不断地重复出现, 两个相邻再生点之间的间隔时间为一个间隔期, 各个间隔期之间认为是相互独立的, 不同间隔期中的观测值也认为是相互独立的. 此时, 可以应用中心极限定理来确定置信区间.

2) 稳定状态

对响应变量的采样, 希望是在系统模拟进入稳定状态中进行的. 所谓稳定状态是指当时的模拟状态或系统行为独立于初始条件, 并且其中所包含的随机因素

已由一个确定的概率函数所正常支配. 达到稳定状态的办法有如下几种:

(1) 采用试运行期. 由于初始状态会使模拟出现非稳定状态, 达到稳定状态的一种办法是在模拟运行中增加一个试运行期. 在试运行期中, 系统的状态认为是不稳定的, 对其输出结果不使用. 当试运行期结束时, 亦即认为系统处于稳态时, 再对响应变量进行数据的收集.

(2) 设计一个合理的或典型的初始状态. 若系统存在一种简单的系统状态, 可以用此作为初始状态. 如市内公共汽车运营系统, 可以用早晨刚开始发车时的系统状态作为初始状态, 此时, 车站无乘客, 汽车都处于待发车状态. 还有一种办法是使用以前试运行期结束时, 对系统状态变量的观测值加以修正, 以此作为初始状态, 但是这要求以过去的类似模型或简化模型为依据.

3) 试验设计

输入变量对响应变量的影响是在不同的水平上实现的. 输入变量, 如决策变量、系统构成和统计分布参数等, 被视为因子, 因子的每一个可能值称为因子的一个水平. 所有因子在给定水平上的一个组合, 称为一个水平组合. 模拟试验设计与一般统计学中的试验设计不同, 它对于系统本身的性能可以做到安全的控制, 即对于试验的过程本身可以构造一个模型. 不可预测性只是来自随机抽样方面, 在此意义下, 模拟试验设计比统计学中的试验设计困难要小一些.

因子分为定性和定量两种, 如排队系统中的服务规则是定性因子. 定量因子可以用数值表示, 如服务台数等. 有的因子可以控制, 如决策变量和策略变量等 (决定服务台个数); 有的因子无法控制, 像顾客到达率等. 然而在模拟试验中与一般统计学中的试验设计不同, 对不可控因素可以在模拟试验中加以控制. 假若模拟的目的是要了解策略变量与非策略变量之间的相互影响. 如想知道在不同的定货限额水平 (策略变量) 上, 需求速率 (非策略变量) 的变化对于总费用 (响应变量) 的影响效果, 就可以通过选择不同的定货限额值, 以及使用不同的需求分布参数值来控制. 若只考虑一个因子对响应变量的影响, 称为单因子随机试验设计, 这是最简单也是最常用的情况. 当考虑两个以上因素对响应变量的影响时, 称为多因子因素设计, 对此, 为了在设计开始时排除一些不必要的因子, 发展了分数因子设计方法, 它可以使模拟运行次数大大减少.

12.4　软件求解

例 12.1 (风险分析)　某制造台式电脑和相关设备的公司已经开发了一种新型、高质量的便携式打印机的模型. 这种新型打印机设计新颖, 并有可能在便携式打印机市场上占领很高的份额. 初步的市场营销和财务分析已经给出下列相关数据: 零售价为 2490 元/台; 第一年的行政管理费用为 400 万; 第一年的广告费用

600 万.

　　在针对上述问题而设计的模拟模型中, 前面提出的值都是常数, 被称为模型中的参数.

　　直接劳动力费用、零件费用以及第一年对打印机的产品需求都无法确切得知, 可以看做概率输入量. 在当前规划阶段, 公司管理层对这些输入量的最好预测是: 直接劳动力费用为每台 450 元, 零件费用为每台 900 元, 第一年的产品需求为 15000 台.

　　公司管理层希望对该打印机第一年可能带来的利润做一次分析. 在利润分析中, 公司现金流通状况紧张, 管理层尤为关注亏损的可能性.

　　进行风险分析的一种方法是灵敏度分析. 灵敏度分析包括生成概率输入量的值 (直接劳动力费用、零售价和第一年的产品需求), 并计算输出的值 (即利润). 若令 c_1 为每台打印机的直接劳动力费用, c_2 为每台打印机的零件费用, x 为第一年的需求, R 为第一年的利润, 可以得到公司利润模型为

$$R = (2490 - c_1 - c_2)x - 10000000$$

其概念示意图可参见图 12.4.

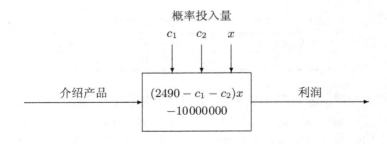

图 12.4　风险分析利润模型图

　　利用例 12.1 中的数据组成了公司的基本情况. 从基本情况可以得出预测利润为 710 万元.

　　但在风险分析中, 需要同时关注亏损的可能性和损失的大小. 尽管基本情况看上去很有吸引力, 但是公司管理层可能更关心这样的问题: 若对每台打印机的劳动费用、零件费用和第一年的需求的预测结果并不像在基本情形下预期的那样, 将会发生什么样的情况.

　　例如, 假设管理层认为直接劳动力费用可以从每台 430 ∼ 470 元不等, 零件费用可以是每台 800 ∼ 1000 元不等, 第一年的需求可以是 15000 ∼ 28500 台不等. 在这些范围内, 灵敏度分析可以用来分别评估最差情形和最好情形.

在最差情形中, $c_1 = 470$, $c_2 = 1000$, $x = 15000$. 则可以得到预测利润为 -847 万元. 类似地, 在最好情形中, 可以得到预测利润为 2591 万元. 至此, 可以得到结论: 利润可能在亏损 847 万元和盈利 2591 万元之间. 灵敏度分析指出, 在基本情况下尽管有可能达到 710 万元的盈利, 但有可能亏损很多, 也可能有很高的利润. 灵敏度分析的不足之处在于其并不表示出不同的盈利值或亏损值的概率. 特别是对公司管理更为关注的亏损概率一无所知.

用模拟来对风险问题进行风险分析, 就好像通过随机给定概率输入量的值来实现许多灵敏度分析情形. 模拟优点在于允许估计盈利概率和亏损概率.

在用灵敏度分析进行风险分析时, 选定了概率输入量的值, 然后计算出相关的利润. 将模拟应用于该问题, 要求生成概率输入量的值, 这些概率输入量代表在实践中可能观察到的各项数据. 为了生成这些值, 就必须知道每个概率输入量的概率分布.

经过进一步的分析, 公司管理层得到了每台打印机的直接劳动力费用、每台打印机的零件费用和第一年需求等三者的概率分布.

(1) 直接劳动力费用. 根据制造部门的估计, 可以认为直接劳动力费用从每台 430 元到每台 470 元不等, 见表 12.1.

表 12.1　每台打印机的直接劳动力费用的概率分布

单位直接劳动费用	430	440	450	460	470
概率	0.1	0.2	0.4	0.2	0.1

(2) 零件费用. 这一费用与经济总状况、对零件的总需求以及零件供应商的定价政策有关. 制造部门认为零件费用从每台 $800 \sim 1000$ 元不等, 可以用均匀分布来描述. 即每台打印机的费用在 $800 \sim 1000$ 元范围内的任何数字都有可能.

(3) 第一年的需求. 第一年的需求是一个正态分布, 其平均值或预计值是 15000 台, 而 4500 台的标准差指出了第一年需求的变化率.

为了模拟风险问题, 必须分别生成三个概率输入量的值, 并计算出相关的利润. 然后, 生成概率输入量的另一组值, 并计算出另一个利润值, 依此类推. 这种给定概率输入量的值并计算输出量的过程就称为模拟. 进行一次模拟所需要的逻辑和数学操作的顺序可以用一个流程图来表示, 见图 12.5.

根据这个流程图的逻辑顺序, 可以看出模型参数, 即零售价、行政管理费用与广告费用在整个模拟过程中将保持不变. 下面介绍如何应用随机数来生成问题中概率分布的值.

先介绍每台打印机的直接劳动力费用值的生成, 所描述的方法对生成任何离散概率分布的值同样适用. 给直接劳动力费用的每个可能值规定随机数的一个范

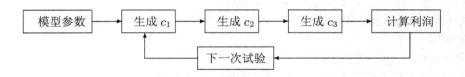

图 12.5 风险分析模拟的流程图

围, 使生成此范围内的一个随机数的概率等于相关的直接劳动力费用的概率, 见表 12.2.

表 12.2 生成每台打印机直接劳动力费用值的随机数范围

直接劳动力费用	430	440	450	460	470
发生概率	0.1	0.2	0.4	0.2	0.1
随机数范围	0.0 ∼ 0.1	0.1 ∼ 0.3	0.3 ∼ 0.7	0.7 ∼ 0.9	0.9 ∼ 1.0

在用随机数生成零件费用的值时, 略有不同, 这个随机变量与直接劳动力费用相比, 有不同的概率分布. 随机数与零件费用的相关值之间的关系式与均匀概率分布同时使用, 即

$$零件费用 = 800 + (1000 - 800)r = 800 + 200r$$

其中, r 是 $[0,1]$ 之间的随机数; 800 是零件费用的最小值; 1000 是零件费用的最大值.

最后, 需要一个随机数来求出第一年的需求量. 第一年的需求是正态分布的, 需要一个程序来根据正态分布而生成随机值. 由于数学计算的复杂性, 对根据正常概率分布求出随机值这一过程的详细讨论忽略不计. 但是, 可以根据软件的内设函数来生成相应的随机值.

至此, 根据风险模拟分析的要求, 对例 12.1 进行模拟的 Lingo 程序为

```
MODEL:
 SETS:
  Aux_const/1..5/: B;
  SERIES/1..500/: U, ZNORM,Demand, Parts, Labor,Profit,Number_loss;
  Aux_var(SERIES, Aux_const): Y;
 ENDSETS
 DATA:
  average_Dem=15000; dev_Dem=4500;
  Parts_min=800;      Parts_max=1000;
```

```
 Price=2490;          Fixed_cost=10000000;
 B=430,440,450,460,470;
ENDDATA
! Generate a series of Normal,
  Uniform and Discrete distributed random variables;
! First uniform is arbitrary;
 U( 1) = @RAND( .1234);
! Generate the rest recursively;
 @FOR( SERIES( I)| I #GT# 1:
  U( I) = @RAND( U( I - 1)));
! Generate some...;
 @FOR( SERIES( I):
!   Normal deviates...;
 @PSN( ZNORM( I)) = U( I);
!   ZNORM may take on negative values;
 @FREE( ZNORM( I)));
! Demand in the first year;
 @FOR(SERIES( I): Demand( I)= dev_Dem*ZNORM( I)+average_Dem);
! The cost of parts in the first year;
 @FOR(SERIES( I): Parts( I)=
       Parts_min+(Parts_max-Parts_min)*U(I));
! Labor cost in the first year;
 @FOR(SERIES( I): Labor( I)=
       @SUM(Aux_const( J): B(J)*Y(I,J));
     Y(I,1)=@IF( U(I) #GE# 0   #AND# U(I) #LT# 0.1, 1, 0);
     Y(I,2)=@IF( U(I) #GE# 0.1 #AND# U(I) #LT# 0.3, 1, 0);
     Y(I,3)=@IF( U(I) #GE# 0.3 #AND# U(I) #LT# 0.7, 1, 0);
     Y(I,4)=@IF( U(I) #GE# 0.7 #AND# U(I) #LT# 0.9, 1, 0);
     Y(I,5)=@IF( U(I) #GE# 0.9 #AND# U(I) #LT# 1.0, 1, 0)  );
! Profit in the first year;
 @FOR(SERIES( I): Profit( I)=
     (Price-Labor(I)-Parts(I))*Demand(I)-Fixed_cost;
     @FREE( Profit( I))  );
! Other outcomes in the first year;
 Profit_mean=@SUM( SERIES( I): Profit( I))/@SIZE( SERIES);
 Profit_dev=(@SUM( SERIES( I):
            (Profit( I)-Profit_mean)^2)/@SIZE( SERIES))^(1/2);
 @FOR(SERIES( I): Number_loss(I)=@IF( Profit(I) #LT# 0, 1, 0));
 sum_Number_loss=@SUM(SERIES( I): Number_loss(I));
 Prob_loss=sum_Number_loss/@SIZE( SERIES);
```

```
Profit_max=@MAX(SERIES( I): Profit( I));
Profit_min=@MIN(SERIES( I): Profit( I));
@FREE(Profit_min);
END
```

在例 12.1 中的分析结果中, 对于实验的模拟结果可以显示出来, 也可以不显示出来. 并且, 可以让实验结果以按照大小合理排列的数字表示. 这里主要注重于最低利润与最高利润, 以及亏损的可能性.

在答案窗口中, 前几行就显示了所关注的部分结果, 为

```
Feasible solution found at iteration:        0

                Variable           Value
             AVERAGE_DEM        15000.00
                 DEV_DEM        4500.000
               PARTS_MIN        800.0000
               PARTS_MAX        1000.000
                   PRICE        2490.000
              FIXED_COST        0.1000000E+08
             PROFIT_MEAN        7002761.
              PROFIT_DEV        4179585.
         SUM_NUMBER_LOSS        24.00000
               PROB_LOSS        0.4800000E-01
              PROFIT_MAX        0.1906160E+08
              PROFIT_MIN        -7923830.
```

在将风险问题的模拟方法与灵敏度分析结果进行比较时, 可以发现更多信息是通过模拟来得到的. 前面通过灵敏度分析知道了基本情形的预测利润为 710 万元, 最差情况的预测亏损为 847 万元, 而最好情况的预测利润为 2591 万元. 通过进行模拟的 500 次实验, 可以看出最差情况和最好情况尽管有可能成立, 但可能性不大. 在 500 次实验中, 没有一次亏损达到最差情况的预测亏损; 也没有一次盈利达到最好情况的预测利润.

实际上, 对于风险分析来说, 模拟的优点在于它能提供关于输出量的可能值的信息. 从模拟结果可以知道亏损的概率, 知道了利润值在其范围内是怎样分布的, 也知道了最可能的利润值.

相对来说, 公司管理层认为 4.8% 的亏损概率是完全可以接受的. 另一方面, 管理层也有可能还想进行进一步的市场调查, 再决定是否介绍该种新产品. 无论如何, 模拟结果应该都会对做出正确决策有所帮助.

在风险问题中, 应用了 Lingo 进行模拟分析. 作为一种建模语言, Lingo 具有

一定的便利性. 对于一般模拟分析中离散情形和连续情形的随机变量的生产, 这里所分析的问题都已涉及. 类似地, 作为建模语言, Cplex 也是一个选择.

近年来, 用分列表来进行模拟的趋势迅速增长, 因此, 作为第三方的软件开发商已经开发出了分列表增设软件, 从而使用分列表建立模拟模型更为容易. 这些增设程序为生成各种概率分布的随机值提供了一个简便工具, 同时还提供了丰富的统计学数组来描述的模拟结果. 两种流行的分列表增设软件是 Crystal Ball 软件和 RISK 软件. 尽管分列表可以成为一些模拟研究的宝贵工具, 但是一般只能用于较小、较简单的系统.

随着模拟应用的增多, 模拟用户和软件开发商都开始认识到, 计算机模拟有许多共同特征: 模型开发, 生成各种概率分布的值, 持续记录模拟中发生的情况, 记录并总结模拟结果. 现在有许多专用模拟软件包可供使用, 包括 GPSS, Goldsim, SIMSCRIPT, SLAM 和 Arena. 这些软件包有内设的模拟时钟, 有用来生成概率输入量的简化方法, 还有收集并总结模拟结果的程序. 专用模拟软件包使管理科学家们能够简化开发和实现模拟模型的过程.

为了决定使用哪种软件, 分析家要考虑分列表、专用模拟软件包和计算机通用程序设计语言的相关优点, 其目的是选择一个易操作而又能足够代表所研究系统的方法.

■ 思考题

12.1 某水果商店一天接待的顾客数、每个顾客购买的水果数均不确定, 并且由于季节和新鲜程度及品种等差别, 每千克水果的单价也不确定, 具体数字如表 12.3 所示. 试用模拟的方法确定该商店平均每天的营业额.

表 12.3

每天接待的顾客数	比例	每个顾客的购买数/千克	比例	每千克水果的单价/元	比例
40	0.18	1	0.16	1.20	0.14
50	0.10	1.25	0.23	1.50	0.17
60	0.29	1.50	0.35	0.80	0.38
70	0.22	1.75	0.10	0.60	0.09
80	0.16	2.00	0.09	0.70	0.22
90	0.05	2.50	0.07		

12.2 到达某售票所买票的客流情况如表 12.4 所示. 该售票所有三个售票口, 已知每个售票口服务速度不一样, 具体数字见表 12.5. 买票顾客到达时排成一行, 哪一个售票口空闲就上那个售票口买票, 同时空闲时去编号小的窗口. 试用模拟方法

确定每个顾客在售票所平均停留时间, 每个顾客平均排队等待时间及售票所各窗口空闲时间占的比例.

表 12.4

到达时间/分钟	占的百分比/%	到达间隔时间/分钟	占的百分比/%
0.4	7	0.7	20
0.5	10	0.8	10
0.6	52		

表 12.5

售票口 I		售票口 II		售票 III	
售票时间/分钟	占的百分比/%	售票时间/分钟	占的百分比/%	售票时间/分钟	占的百分比/%
0.8	18	1.0	18	1.2	15
0.9	22	1.1	19	1.3	22
1.0	33	1.2	35	1.4	36
1.1	27	1.3	28	1.5	27

12.3 设有 A、B 两个战斗小组, 在相距 35 米的距离上进行对抗, 其中 A 组有 12 人, B 组有 15 人, A 方射击命中 B 方的概率是 0.45, B 方命中 A 方的概率是 0.52. 双方对抗的原则是: 若 A 方射击命中 B 方, 则认为 B 方有一人被消灭的概率为 0.55, 若 B 方命中 A 方, 则消灭 A 方一人的概率是 0.6, 只要消灭对方一人, 其对方对本方的命中概率降低 0.01. 根据上面的原则, 分别模拟 400 次和 3000 次, 确定双方胜负的概率, 其每次对抗的胜负以对方所有人员被消灭为标准.

附录 A

软件简介

现在已有大量软件可实现本书中的运筹学问题, 常见的有 Lindo, Lingo, Cplex, Opl 与 Winqsb 等. 前面各章节已介绍了 Lindo 与 Lingo 的一些常见使用方法, 这里给出一个比较完整的的使用说明, 更为详细的介绍可参见文献 [30]. Cplex 与 Opl 软件都是 Ilog 公司的产品, 参见文献 [47]. Winqsb 的使用举例与软件简介可参见文献 [21], 该软件推荐仅作为教学软件使用, 或作为理解运筹学决策方法的经济含义使用.

在 Lindo 公司与 Ilog 公司的软件产品中, Lindo api 的作用与 Cplex 的作用相同, 均为算法引擎, 使用者可以应用此应用程序接口来设计自己的优化应用程序; Lingo 与 Opl 的作用相同, 都是数学建模工具, 其简洁的编程语言、友好的编辑环境和执行环境更方便纠错与调试, 它们都是调用相应的优化引擎程序来求解模型的. 从前面各章节的讨论可以看出, 只要对运筹学问题的数学模型及其求解算法理解的话, 程序实现就很容易得多, 因此, 这里仅简单地介绍 Lindo/Lingo, Cplex/Opl 的模型实现可参见本教材的立体化教学包.

■ A.1 Lindo

Lindo (linear, interactive, and discrete optimizer) 是一个专门求解数学规划问题的软件, 可以用来解决线性规划、整数规划和二次规划问题, 要注意的是, Lindo 已停止开发, 最终版本为 v6.1, 这里介绍的原因是其程序输入比较简便, 在理解教材中线性规划的单纯形法时使用更为方便. Lingo 从 v9.0 开始, 兼容原有的 Lindo 程序.

A.1.1 使用界面

进入 Lindo 后, 系统在屏幕下方打开一个编辑窗口, 其默认标题是 untitled, 就是无标题的意思. 屏幕的最上方有 file, edit, sovle, reports, windows, help 六个菜单, 除了 solve 与 reports 菜单外, 其他功能与一般 windows 菜单大致相同. 而 solve 与 reports 菜单的功能很丰富, 这里只对其最简单常用的命令作一简单的解释.

A.1.1.1 solve 菜单

(1) solve 子菜单. 用于求解在当前编辑窗口中的模型, 该命令也可以不通过菜单而改用快捷键 ctrl+s 或用快捷按钮来执行.

(2) compile model 子菜单, 用于编译在当前编辑窗口中的模型, 该命令也可以改用快捷键 ctrl+e 或用快捷按钮来执行. Lindo 求解一个模型时, 总是要将其编译成 Lindo 所能处理的程序而进行, 这一般由 Lindo 自动进行, 但有时用户需要先将模型编译一下查对是否有错, 则用到此命令.

(3) debug 子菜单, 当前模型有无界解或无可行解时, 该命令可用来调试当前编辑窗口中的模型. 该命令也可以改用快捷键 ctrl+d 来执行.

(4) pivot 子菜单, 对当前编辑窗口中的模型执行单纯形法的一次迭代, 该命令也可以改用快捷键 ctrl+n 来执行. 利用该命令, 可以对模型一步步求解, 以便观察中间过程.

(5) preemptive goal 子菜单, 用来处理具有不同优先权的多个目标函数的线性规划或整数规划问题, 该命令也可以改用快捷键 ctrl+g 来执行. 利用该命令, 可以求解目标规划.

A.1.1.2 reports 菜单

其他子菜单的用途较为复杂, 一部分内容已在教材中介绍过, 这里仅结合教学需要对部分子菜单进行介绍.

(1) solution 子菜单, 在报告窗口中建立一个关于当前窗口中的模型的解的报告, 该命令也可以改用快捷键盘 ctrl+0 或按快捷按钮来执行.

(2) tableau 子菜单, 在输出窗口中显示模型的当前单纯形表, 该命令也可以改用快捷键 alt+7 来执行. 该命令与 pivot 命令结合使用, 可得到单纯形法求解线性规划的详细过程.

A.1.2 注意事项

对于 Lindo 软件的简单输入与求解已在教材中进行了介绍, 下面系统地给出在教学过程可能会遇到的一些注意事项.

(1) 进行 Lindo 后, 光标闪烁表示 Lindo 已准备接受一个命令.

(2) 目标函数必须放在模型的开始, 以 max 或 min 开头, 只需要输入目标函数体 (变量及其系数), 而不要 z=....

(3) 目标函数及各约束条件之间一定要有 subject to 或 st 分开.

(4) Lindo 不区分大小写.

(5) 变量名不能超过 8 个字符, 第一个字符必须是字母, 其后可以是字母、数字等字符, 但不能包括空格、逗号、+、*、... 等运算符.

(6) 变量的系数放在变量名之前, 且变量名与其系数间可以有空格, 但不能有任何运算符号, 如乘号 (*) 等.

(7) 当模型中的目标函数或约束条件较长而一行容纳不下时, Lindo 允许换行, 除在变量名中间及系数和常数中间外, 其他位置均可插入 enter 键而换行.

(8) Lindo 中 < 或 > 已经表示了 <= 或 >= 的意思.

(9) Lindo 中已假定所有变量非负, 非负变量无需再加标识. 对于其他变量要求, 可用其他命令改变变量的要求.

(10) Lindo 中不允许变量出现在一个约束条件的右端.

(11) Lindo 中一般不能接受括号 ( ) 和逗号 (,). 例如, 3(x1+x2) 就应写为 3x1+3x2; 10,000 就应写为 10000.

(12) 表达式应当已经经过化简, 如不能出现 2x1+3x2-4x1, 而应写成 -2x1+3x2 等.

(13) Lindo 允许在输入的模型中插入注释. 在需要插入注释的位置, 先插入一个 !, 通知 Lindo 其后是注释, Lindo 将把该行 ! 右侧的所有字符当做注释.

(14) 在 Lindo 中还可以为约束命名, 约束名要放在相应约束的左侧, 名字结束后以右括号 ()) 标识, 例如

车床台时限制)　3x1+2x2<18

给约束命名可以增加 Lindo 输出的可读性. 用户在输入模型时没给约束命名, Lindo 在结果输出时将自动给各个约束条件命名, 编号为 2, 3, ⋯.

A.2　Lingo

Lingo 是用来求解线性和非线性优化问题的简易工具. Lingo 内置了一种建立最优化模型的语言, 可以简便地表达大规模问题, 利用 Lingo 高效的求解器可快速求解并分析结果. 下面较为详细地介绍 Lingo 在教材中的教学问题. 本部分内容大部分来源于网上资料整理, 其实, 这些内容也是对 Lingo 自带的帮助系统的解读.

A.2.1　集的概念

集是 Lingo 建模语言的基础, 是程序设计最强有力的基本构件. 借助于集, 能够用一个单一的、长的、简明的复合公式表示一系列相似的约束, 从而可以快速方便地表达规模较大的模型.

集是一群相联系的对象, 这些对象也称为集的成员. 一个集可能是一系列产品、卡车或雇员. 每个集成员可能有一个或多个与之有关联的特征, 这些特征称为属性. 属性值可以预先给定, 也可以是未知的, 有待于 Lingo 求解. 例如: 产品集中的每个产品可以有一个价格属性; 卡车集中的每辆卡车可以有一个牵引力属性; 雇员集中的每位雇员可以有一个薪水属性, 也可以有一个生日属性; 等等.

Lingo 有两种类型的集: 原始集 (primitive set) 和派生集 (derived set). 一个原始集是由一些最基本的对象组成的. 一个派生集是用一个或多个其他集来定义的, 也就是说, 其成员来自于其他已存在的集.

在例 1.1 中, `product_lines` 与 `product` 就是原始集; `links` 就是派生集.

集部分是 Lingo 模型的一个可选部分. 在 Lingo 模型中使用集之前, 必须在集部分事先定义. 集部分以关键字 `sets:` 开始, 以 `endsets` 结束. 一个模型可以没有集部分, 或有一个简单的集部分, 或有多个集部分. 一个集部分可以放置于模型的任何地方, 但是一个集及其属性在模型约束中被引用之前必须被定义.

1) 定义原始集

为了定义一个原始集, 必须详细声明: 集的名字, 集的成员 (可选), 集成员的属性 (可选). 定义一个原始集, 用下面的语法[①]:

```
setname[/member_list/][:attribute_list];
```

`setname` 是选择来标记集的名字, 最好具有较强的可读性. 集名字必须严格符合标准命名规则: 以拉丁字母或下划线 (_) 为首字符, 其后由拉丁字母 (a~z)、下划线、阿拉伯数字 (0, 1, ..., 9) 组成的总长度不超过 32 个字符的字符串, 且不区分大小写. 注意: 该命名规则同样适用于集成员名和属性名等的命名.

`member_list` 是集成员列表. 若集成员放在集定义中, 那么对它们可采取显式罗列和隐式罗列两种方式. 若集成员不放在集定义中, 那么可以在随后的数据部分定义它们.

当显式罗列成员时, 必须为每个成员输入一个不同的名字, 中间用空格或逗号搁开, 允许混合使用. 当隐式罗列成员时, 不必罗列出每个集成员. 可采用如下语法:

```
setname/member1..membern/[: attribute_list];
```

`member1` 是集的第一个成员名, `membern` 是集的最末一个成员名. Lingo 将自动产生中间的所有成员名. Lingo 也接受一些特定的首成员名和末成员名, 用于创建一些特殊的集, 见表 A.1.

---

① 注意: 用 [ ] 表示该部分内容可选. 下同, 不再赘述.

表 A.1　Lingo 集的成员定义类型

隐式成员列表格式	示例	所产生集成员
1..n	1..5	1, 2, 3, 4, 5
stringm..stringn	car2..car14	car2, car3, car4, ..., car14
daym..dayn	mon..fri	mon, tue, wed, thu, fri
monthm..monthn	nov..jan	nov, dec, jan
monthyearm..monthyearn	nov2004..jan2005	nov2004, dec2004, jan2005

集成员不放在集定义中, 而在随后的数据部分来定义. 集成员无论用何种字符标记, 它的索引都是从 1 开始连续计数. 在 `attribute_list` 可以指定一个或多个集成员的属性, 属性之间必须用逗号隔开.

可以把集、集成员和集属性同 c 语言中的结构体做个类比: 集 ↔ 结构体, 集成员 ↔ 结构体的域, 集属性 ↔ 结构体实例.

Lingo 内置的建模语言是一种描述性语言, 用它可以描述现实世界中的一些问题, 然后再借助于 Lingo 求解器求解. 集属性的值一旦在模型中被确定, 就不可能再更改. 在 Lingo 中, 只有在初始部分中给出的集属性值在以后的求解中可更改. 这与前面并不矛盾, 初始部分是 Lingo 求解器的需要, 并不是描述问题所必须的.

2) 定义派生集

为了定义一个派生集, 必须详细声明: 集的名字、父集的名字、集成员 (可选)、集成员的属性 (可选). 可用下面的语法定义一个派生集:

`setname(parent_set_list)[/member_list/][:attribute_list];`

`setname` 是集的名字. `parent_set_list` 是已定义的集的列表, 多个时必须用逗号隔开. 若没有指定成员列表, 那么 Lingo 会自动创建父集成员的所有组合作为派生集的成员. 派生集的父集既可以是原始集, 也可以是其他派生集.

成员列表被忽略时, 派生集成员由父集成员所有的组合构成, 这样的派生集称为稠密集. 若限制派生集的成员, 使它成为父集成员所有组合构成的集合的一个子集, 这样的派生集称为稀疏集. 同原始集一样, 派生集成员的声明也可以放在数据部分. 一个派生集的成员列表由两种方式生成: ① 显式罗列; ② 设置成员资格过滤器.

当采用方式 ① 时, 必须显式罗列出所有要包含在派生集中的成员, 并且罗列的每个成员必须属于稠密集. 若需要生成一个大的、稀疏的集, 那么显式罗列就很讨厌. 幸运的是许多稀疏集的成员都满足一些条件以便于和非成员相区分. 可以把这些逻辑条件看做过滤器, 在 Lingo 生成派生集的成员时把使逻辑条件为假的成员从稠密集中过滤掉.

```
sets:
  !学生集: 性别属性sex, 1表示男性, 0表示女性; 年龄属性age. ;
  students/john,jill,rose,mike/:sex,age;
  !男学生和女学生的联系集: 友好程度属性friend, [0, 1]之间的数. ;
  linkmf(students,students)|sex(&1) #eq# 1 #and# sex(&2) #eq# 0: friend;
  !男学生和女学生的友好程度大于0.5的集;
  linkmf2(linkmf) | friend(&1,&2) #ge# 0.5 : x;
endsets
data:
  sex,age = 1, 16, 0, 14, 0, 17, 0, 13;
  friend = 0.3 0.5 0.6;
enddata
```

用竖线 | 来标记一个成员资格过滤器的开始. #eq# 是逻辑运算符, 用来判断是否 "相等", 可参考 A.2.5 节. &1 可看做派生集的第一个原始父集的索引, 它取遍该原始父集的所有成员; &2 可看做派生集的第二个原始父集的索引, 它取遍该原始父集的所有成员; &3, &4, ······, 以此类推. 注意若派生集 b 的父集是另外的派生集 a, 那么上面所说的原始父集是集 a 向前回溯到最终的原始集, 其顺序保持不变, 并且派生集 a 的过滤器对派生集 b 仍然有效. 派生集的索引个数是最终原始父集的个数, 索引的取值是从原始父集到当前派生集所做限制的总和.

总的来说, Lingo 可识别的集只有两种类型: 原始集和派生集.

在一个模型中, 原始集是基本的对象, 不能再被拆分成更小的组分. 原始集可以由显式罗列和隐式罗列两种方式来定义. 当用显式罗列方式时, 需在集成员列表中逐个输入每个成员. 当用隐式罗列方式时, 只需在集成员列表中输入首成员和末成员, 而中间的成员由 Lingo 产生.

另一方面, 派生集是由其他的集来创建的. 这些集被称为该派生集的父集 (原始集或其他的派生集). 一个派生集既可以是稀疏的, 也可以是稠密的. 稠密集包含了父集成员的所有组合 (有时也称为父集的笛卡尔乘积). 稀疏集仅包含了父集的笛卡尔乘积的一个子集, 可通过显式罗列和成员资格过滤器这两种方式来定义. 显式罗列方法就是逐个罗列稀疏集的成员. 成员资格过滤器方法通过使用稀疏集成员必须满足的逻辑条件从稠密集成员中过滤出稀疏集的成员.

A.2.2　数据部分

在处理模型的数据时, 需要为集指派一些成员并且在 Lingo 求解模型之前为集的某些属性指定值. Lingo 为用户提供了两个可选部分: 输入集成员、数据的数据部分 (data section) 和为决策变量设置初始值的初始部分 (initial section).

数据部分提供了模型相对静止部分和数据分离的可能性, 这对模型的维护和维数的缩放非常便利.

数据部分以关键字 **data:** 开始, 以关键字 **enddata** 结束. 在这里, 可以指定集成员、集的属性. 其语法如下:

```
object_list = value_list;
```

对象列 (**object_list**) 包含要指定值的属性名、要设置集成员的集名, 用逗号或空格隔开. 一个对象列中至多有一个集名, 而属性名可以有任意多. 若对象列中有多个属性名, 那么它们的类型必须一致. 若对象列中有一个集名, 那么对象列中所有属性的类型就是这个集.

数值列 (**value_list**) 包含要分配给对象列中的对象的值, 用逗号或空格隔开. 注意属性值的个数必须等于集成员的个数.

模型的所有数据 —— 属性值和集成员 —— 被单独放在数据部分, 这可能是最规范的数据输入方式.

在数据部分也可以指定一些标量变量 (scalar variables). 当一个标量变量在数据部分确定时, 称之为参数.

1) 实时数据处理

在某些情况下, 对于模型中的某些数据并不是定值. 譬如模型中有一个通货膨胀率的参数, 想在 2% ~ 6% 范围内, 对不同的值求解模型, 来观察模型的结果对通货膨胀的依赖有多么敏感, 这种情况称为实时数据处理 (what if analysis). Lingo 有一个特征可方便地做到这件事. 在本该放数的地方输入一个问号 (?). 每一次求解模型时, Lingo 都会提示为参数输入一个值. 在 windows 操作系统下, 将会接收到一个对话框, 直接输入一个值再点击 **ok** 按钮, Lingo 就会把输入的值指定给参数, 然后继续求解模型.

除了参数之外, 也可以实时输入集的属性值, 但不允许实时输入集成员名.

2) 指定属性为一个值

可以在数据声明的右边输入一个值来把所有的成员的该属性指定为一个值.

3) 数据部分的未知数值

有时只想为一个集的部分成员的某个属性指定值, 而让其余成员的该属性保持未知, 以便让 Lingo 去求出它们的最优值. 在数据声明中输入两个相连的逗号表示该位置对应的集成员的属性值未知. 两个逗号间可以有空格.

A.2.3 初始部分

初始部分是 Lingo 提供的另一个可选部分. 在初始部分中, 可以输入初始声明 (initialization statement), 和数据部分中的数据声明相同. 对实际问题的建模时, 初始部分并不起到描述模型的作用, 在初始部分输入的值仅被 Lingo 求解器当做初始点来用, 并且仅仅对非线性模型有用. 和数据部分指定变量的值不同, Lingo 求解器可以自由改变初始部分初始化的变量的值.

　　一个初始部分以 `init:` 开始, 以 `endinit` 结束. 初始部分的初始声明规则和数据部分的数据声明规则相同. 也就是说, 可以在声明的左边同时初始化多个集属性, 可以把集属性初始化为一个值, 可以用问号实现实时数据处理, 还可以用逗号指定未知数值. 好的初始点会减少模型的求解时间.

A.2.4　计算部分

　　计算部分是 Lingo 提供的核心部分. 在计算部分中对实际问题的建模是最富有技巧的工作, 也是本书前面各章节讨论的重点. 一个计算部分以 `calc:` 开始, 以 `endcalc` 结束. 在 Lingo 10.0 以上版中, 可以显式地给出计算部分申明.

A.2.5　基本函数

　　Lingo 有 9 种类型的函数:

　　(1) 基本运算符: 包括算术运算符、逻辑运算符和关系运算符.

　　(2) 数学函数: 三角函数和常规的数学函数.

　　(3) 金融函数: Lingo 提供的两种金融函数.

　　(4) 概率函数: Lingo 提供了大量概率相关的函数.

　　(5) 变量界定函数: 这类函数用来定义变量的取值范围.

　　(6) 集操作函数: 这类函数对集的操作提供帮助.

　　(7) 集循环函数: 遍历集的元素, 执行一定的操作的函数.

　　(8) 数据输入输出函数: 这类函数允许模型和外部数据源相联系, 进行数据的输入输出.

　　(9) 辅助函数: 各种杂类函数.

A.2.5.1　*基本运算符*

　　这些运算符是非常基本的, 甚至可以不认为它们是一类函数. 事实上, 在 Lingo 中它们是非常重要的.

　　1) 算术运算符

　　算术运算符是针对数值进行操作的. Lingo 提供了 5 种二元运算符: `^` 乘方, `*` 乘, `/` 除, `+` 加, `-` 减. Lingo 惟一的一元算术运算符是取反函数 `-`.

　　2) 逻辑运算符

　　在 Lingo 中, 逻辑运算符主要用于集循环函数的条件表达式中, 来控制在函数中哪些集成员被包含, 哪些被排斥. 在创建稀疏集时用在成员资格过滤器中.

Lingo 具有 9 种逻辑运算符:

#not#: 否定该操作数的逻辑值, **#not#** 是一个一元运算符.

#eq#: 若两个运算数相等, 则为 true; 否则为 flase.

#ne#: 若两个运算符不相等, 则为 true; 否则为 flase.

#gt#: 若左边的运算符严格大于右边的运算符, 则为 true; 否则为 flase.

#ge#: 若左边的运算符大于或等于右边的运算符, 则为 true; 否则为 flase.

#lt#: 若左边的运算符严格小于右边的运算符, 则为 true; 否则为 flase.

#le#: 若左边的运算符小于或等于右边的运算符, 则为 true; 否则为 flase.

#and#: 仅当两个参数都为 true 时, 结果为 true; 否则为 flase.

#or#: 仅当两个参数都为 false 时, 结果为 false; 否则为 true.

3) 关系运算符

在 Lingo 中, 关系运算符主要是被用在模型中, 来指定一个表达式的左边是否等于、小于等于、或者大于等于右边, 形成模型的一个约束条件. 关系运算符与逻辑运算符 #eq#, #le#, #ge# 截然不同, 前者是模型中该关系运算符所指定关系的为真描述, 而后者仅仅判断一个该关系是否被满足: 满足为真, 不满足为假.

Lingo 有三种关系运算符: =, <= 和 >=. Lingo 中还能用 < 表示小于等于关系, > 表示大于等于关系. Lingo 并不支持严格小于和严格大于关系运算符. 然而, 若需要严格小于和严格大于关系, 可以在某一方加入一个小的正数 ε. 注意, 其值依赖于模型中的具体情形才算不等.

下面给出以上三类操作符的优先级:

高 #not# - (取反)

^

* /

+ -

#eq# #ne# #gt# #ge# #lt# #le#

#and# #or#

低 <= = >=

以上运算的次序可以用圆括号 ( ) 来改变, 推荐以此种方式来减少记忆量.

A.2.5.2　数学函数

Lingo 提供了大量的标准数学函数:

@abs(x): 返回 x 的绝对值.

@sin(x): 返回 x 的正弦值, x 采用弧度制; **@cos(x):** 返回 x 的余弦值; **@tan(x):** 返回 x 的正切值. Lingo 11.0 以上版本也提供了其他的三角函数, 如 **acos, asin, atan, atan2, cosh, sinh, tanh, asinh, acosh**, 以及 **atanh** 等.

@exp(x): 返回常数 e 的 x 次方.

@log(x): 返回 x 的自然对数.

@lgm(x): 返回 x 的 γ 函数的自然对数.

@sign(x): 若 $x < 0$ 返回 -1; 否则, 返回 1.

@floor(x): 返回 x 的整数部分. 当 $x \geqslant 0$ 时, 返回不超过 x 的最大整数; 当 $x < 0$ 时, 返回不低于 x 的最大整数.

@smax(x1,x2,...,xn): 返回 $x_1, x_2, \ldots, x_n$ 中的最大值.

@smin(x1,x2,...,xn): 返回 $x_1, x_2, \ldots, x_n$ 中的最小值.

@rank: 排序函数, 出现于 Lingo 11.0 以上版本中.

A.2.5.3　金融函数

Lingo 提供了两个金融函数.

(1) @fpa(i,n). 返回如下情形的净现值: 单位时段利率为 i, 连续 n 个时段支付, 每个时段支付单位费用. 若每个时段支付 x 单位的费用, 则净现值可用 x 乘以 @fpa(i,n) 算得. @fpa 的计算公式为

$$\sum_{k=1}^{n} \frac{1}{(1+i)^k} = \frac{1 - (1+i)^{-n}}{i}$$

净现值就是在一定时期内为了获得一定收益在该时期初所支付的实际费用.

(2) @fpl(i,n). 返回如下情形的净现值: 单位时段利率为 i, 第 n 个时段支付单位费用. @fpl(i,n) 的计算公式为

$$(1+i)^{-n}$$

这两个函数间的关系为

$$\text{@fpa}(i,n) = \sum_{k=1}^{n} \text{@fpl}(i,k)$$

A.2.5.4　概率函数

(1) @pbn(p,n,x). 二项分布的累积分布函数. 当 n 和 (或) x 不是整数时, 用线性插值法进行计算.

(2) @pcx(n,x). 自由度为 n 的 χ^2 分布的累积分布函数.

(3) @peb(a,x). 当到达负荷为 a, 服务系统有 x 个服务器且允许无穷排队时的 Erlang 繁忙概率.

(4) @pel(a,x). 当到达负荷为 a, 服务系统有 x 个服务器且不允许排队时的 Erlang 繁忙概率.

(5) @pfd(n,d,x). 自由度为 n 和 d 的 F 分布的累积分布函数.

(6) @pfs(a,x,c). 当负荷上限为 a、顾客数为 c、平行服务器数量为 x 时, 有限源的 Poisson 服务系统的等待或返修顾客数的期望值. a 是顾客数乘以平均服务时间, 再除以平均返修时间. 当 c 和 (或) x 不是整数时, 采用线性插值法进行计算.

(7) @phg(pop,g,n,x). 超几何 (hypergeometric) 分布的累积分布函数. pop 表示产品总数, g 是正品数. 从所有产品中任意取出 n ($n \leqslant$ pop) 件. pop, g, n 和 x 都可以是非整数, 这时采用线性插值进行计算.

(8) @ppl(a,x). Poisson 分布的线性损失函数, 即返回 max(0,z-x) 的期望值, 其中随机变量 z 服从均值为 a 的 Poisson 分布.

(9) @pps(a,x). 均值为 a 的 Poisson 分布的累积分布函数. 当 x 不是整数时, 采用线性插值进行计算.

(10) @psl(x). 单位正态线性损失函数, 即返回 max(0,z-x) 的期望值, 其中随机变量 z 服从标准正态分布.

(11) @psn(x). 标准正态分布的累积分布函数.

(12) @ptd(n,x). 自由度为 n 的 t 分布的累积分布函数.

(13) @qrand(seed). 产生服从 $(0,1)$ 区间的拟随机数. @qrand 只允许在模型的数据部分使用, 它将用拟随机数填满集属性. 通常, 声明一个 $m \times n$ 的二维表, m 表示运行实验的次数, n 表示每次实验所需的随机数的个数. 在行内, 随机数是独立分布的; 在行间, 随机数是非常均匀的. 这些随机数是用分层取样的方法产生的. 若没有为函数指定种子, 那么 Lingo 将用系统时间构造种子.

(14) @rand(seed). 返回 0 和 1 间的伪随机数, 依赖于指定的种子. 典型用法是 u(i+1)=@rand(u(i)). 注意, 若 seed 不变, 那么产生的随机数也不变.

例 A.1　利用 @rand 产生 15 个标准正态分布的随机数和自由度为 2 的 t 分布的随机数.

解　Lingo 模型为

```
model: !产生一列正态分布和 t 分布的随机数;
sets:
  series/1..15/: u, znorm, zt;
endsets
  !第一个均匀分布随机数是任意的;
  u( 1) = @rand( .1234);
  !产生其余的均匀分布的随机数;
  @for(series( i)| i #gt# 1:
    u( i) = @rand( u( i - 1))
```

```
);
@for( series( i):
    !正态分布随机数;
    @psn( znorm( i)) = u( i);
    !和自由度为2的t分布随机数;
    @ptd( 2, zt( i)) = u( i);
    !znorm 和 zt 可以是负数;
    @free( znorm( i)); @free( zt( i));
);
end
```

(15) @normsinv. 该函数出现于 Lingo 10.0 以上版本中, 是一个一元函数, 即标准正态分布的分布函数的逆函数, 其输入参数必须是一个不超过 1 的非负数. 记输入参数 p, 则 @normsinv(p) 计算标准正态分布 $N(0,1)$ 的 p 分位数, 结果可以取任意实数.

A.2.5.5 变量界定函数

变量界定函数实现对变量取值范围的附加限制:

(1) @bin(x): 限制 x 为 0 或 1.

(2) @bnd(l,x,u): 限制 $l \leqslant x \leqslant u$.

(3) @free(x): 取消对变量 x 的默认下界为 0 的限制, 即 x 可以取任意实数.

(4) @gin(x): 限制 x 为整数.

(5) @semic: 限制变量为半连续变量, 此函数出现于 Lingo 11.0 以上版本中.

在默认情况下, Lingo 规定变量是非负的, 也就是说下界为 0, 上界为 $+\infty$. @free 取消了默认的下界为 0 的限制, 使变量也可以取负值. @bnd 用于设定一个变量的上下界, 它也可以取消默认下界为 0 的约束.

A.2.5.6 集操作函数

Lingo 提供了如下几个函数帮助处理集:

(1) @in(set_name,primitive_index_1 [,primitive_index_2,...]). 若元素在指定集中, 返回 1; 否则, 返回 0.

(2) @index([set_name,] primitive_set_element). 该函数返回在集 set_name 中原始集成员 primitive_set_element 的索引. 若 set_name 被忽略, 那么 Lingo 将返回与 primitive_set_element 匹配的第一个原始集成员的索引. 若找不到, 则产生一个错误. 建议在使用 @index 函数时最好指定集.

(3) @wrap(index,limit). 该函数返回 j=index-k*limit, 其中 k 是一个整数, 取适当值保证 j 落在区间 [1, limit] 内. 该函数相当于 index 模 limit 再

加 1. 该函数在循环、多阶段计划编制中特别有用.

(4) @size(set_name). 该函数返回集 set_name 的成员个数. 在模型中明确给出集大小时最好使用该函数. 它的使用使模型更加数据中立, 集大小改变时也更易维护.

A.2.5.7　集循环函数

集循环函数遍历整个集进行操作. 其语法为

```
@function(setname[(set_index_list)[|conditional_qualifier]]:
              expression_list);
```

@function 相应于下面罗列的四个集循环函数之一; setname 是要遍历的集; set_index_list 是集索引列表; conditional_qualifier 是用来限制集循环函数的范围, 当集循环函数遍历集的每个成员时, Lingo 都要对 conditional_qualifier 进行评价, 若结果为真, 则对该成员执行 @function 操作, 否则跳过, 继续执行下一次循环. expression_list 是被应用到每个集成员的表达式列表, 当用的是 @for 函数时, expression_list 可以包含多个表达式, 其间用逗号隔开. 这些表达式将被作为约束加到模型中. 当使用其余的三个集循环函数时, expression_list 只能有一个表达式. 若省略 set_index_list, 那么在 expression_list 中引用的所有属性的类型都是 setname 集.

(1) @for. 该函数用来产生对集成员的约束. 基于建模语言的标量需要显式输入每个约束, 不过 @for 函数允许只输入一个约束, 然后, Lingo 自动产生每个集成员的约束.

(2) @sum. 该函数返回遍历指定的集成员的一个表达式的和.

(3) @min 和 @max. 返回指定的集成员的一个表达式的最小值和最大值.

A.2.5.8　输入和输出函数

输入和输出函数可以把模型和外部数据比如文本文件、数据库和电子表格等连接起来.

(1) @file 函数. 该函数从外部文件中输入数据, 可以放在模型中任何地方. 该函数的语法格式为 @file('filename'). filename 是文件名, 可以采用相对路径和绝对路径两种表示方式. @file 函数对同一文件的两种表示方式的处理和对两个不同的文件处理是一样的, 这一点必须注意.

例 A.2　以例 1.1 来讲解 @file 函数的用法.

解　注意到在例 1.1 中有两处涉及到数据. 第一个地方是集部分的三个 product_lines 集成员和两个 product 集成员; 第二个地方是数据部分的 a.

为使数据和模型完全分开, 把它们移到外部文本文件中. 修改模型代码以便用 **@file** 函数把数据从文本文件中拖到模型中来. 修改后的模型代码如下:

```
model: !product mix problem: a 3 product lines 2 product;
sets:
  product_lines/ @file('1_1t.txt') /: b;
  product/ @file('1_1t.txt') /: c,x;
  links(product_lines, product): a;
endsets
!the objective;
max = @sum(product(j): c(j)*x(j));
!the constraints;
@for(product_lines(i): @sum(product(j): a(i, j)*x(j))<=b(i));
!here is the data;
data:
  b = @file('1_1t.txt') ;
  c = @file('1_1t.txt') ;
  a = @file('1_1t.txt') ;
enddata
end
```

模型的所有数据来自于 **1_1t.txt** 文件. 其内容如下:

```
!product_lines成员;
b1 b2 b3~
!product成员;
x1 x2~
! b;
4,12,18~
! c;
3,5~
! a;
1,0,0,2,3,2
```

把记录结束标记之间的数据文件部分称为记录. 若数据文件中没有记录结束标记, 那么整个文件被看做单个记录. 注意到除了记录结束标记外, 模型的文本和数据同它们直接放在模型里是一样的.

现在来看一下在数据文件中的记录结束标记连同模型中 **@file** 函数调用是如何工作的. 当在模型中第一次调用 **@file** 函数时, Lingo 打开数据文件, 然后读取第一个记录; 第二次调用 **@file** 函数时, Lingo 读取第二个记录等等. 文件的最后一条记录可以没有记录结束标记, 当遇到文件结束标记时, Lingo 会读取最后一条记录, 然后关闭文件. 若最后一条记录也有记录结束标记, 那么直到 Lingo 求解完当前模型后才关闭该文件. 若多个文件保持打开状态, 可能就会导致一些问题, 这会使同时打开的文件总数超过允许同时打开文件的上限 16.

当使用 @file 函数时, 可把记录的内容 (除了一些记录结束标记外) 看做是替代模型中 @file('filename') 位置的文本. 这也就是说, 一条记录可以是声明的一部分, 整个声明, 或一系列声明. 在数据文件中注释被忽略. 注意在 Lingo 中不允许嵌套调用 @file 函数.

(2) @text 函数. 该函数被用在数据部分用来把解输出至文本文件中. 它可以输出集成员和集属性值. 其语法为

@text(['filename'])

filename 是文件名, 可以采用相对路径和绝对路径两种表示方式. 若忽略 filename, 那么数据就被输出到标准输出设备 (大多数情形都是屏幕). @text 函数仅能出现在模型数据部分的一条语句的左边, 右边是集名 (用来输出该集的所有成员名) 或集属性名 (用来输出该集属性的值).

称用接口函数产生输出的数据声明为输出操作. 输出操作仅当求解器求解完模型后才执行, 执行次序取决于其在模型中出现的先后.

(3) @ole 函数. @ole 是从 excel 中引入或输出数据的接口函数, 它是基于传输的 ole 技术. ole 传输直接在内存中传输数据, 并不借助于中间文件. 当使用 @ole 时, Lingo 先装载 excel, 再通知 excel 装载指定的电子数据表, 最后从电子数据表中获得 ranges. 为了使用 ole 函数, 必须有 excel5 及其以上版本. ole 函数可在数据部分和初始部分引入数据.

@ole 可以同时读集成员和集属性, 集成员最好用文本格式, 集属性最好用数值格式. 原始集每个集成员需要一个单元 (cell), 而对于 n 元的派生集, 每个集成员需要 n 个单元, 第一行的 n 个单元对应派生集的第一个集成员, 第二行的 n 个单元对应派生集的第二个集成员, 依此类推.

@ole 只能读一维或二维的 ranges (在单个的 excel 工作表 (sheet) 中), 但不能读间断的或三维的 ranges. ranges 是自左而右、自上而下来读的.

例 A.3   继续以例 1.1 来讲解 @ole 函数的用法.

解 首先, 用 Excel 建立一个名为 oledata.xls 的 Excel 数据文件, 见图 A.1.

其次, 为能够通过 @ole 函数与 Lingo 传递数据, 需要对此文件中的数据进行命名. 具体做法是: 用鼠标选中表格中的 C4:D6 单元, 然后选择 Excel 的菜单命令 "插入—名称—定义", 在弹出的对话框架中输入名称为 input. 类似地, 将 E4:E6 单元命名为 time; 将 C7:D7 单元命名为 u_profit; 将 C8:D8 单元命名为 solution (用于把结果显示在 Excel 表格中).

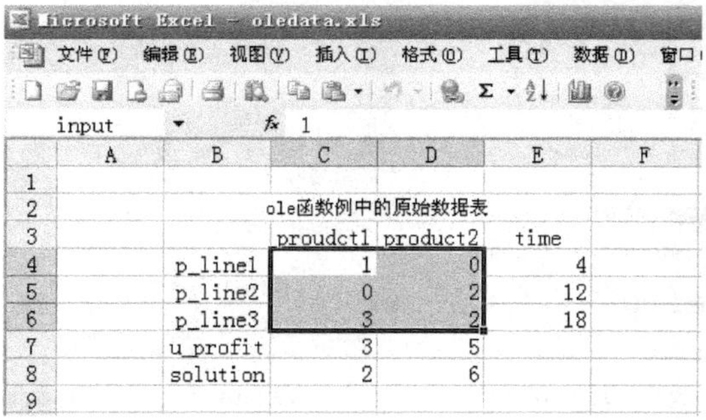

图 A.1 ole函数例中的原始数据

修改后的 Lingo 程序为

```
model: !product mix problem: a 3 product lines 2 product;
sets:
  product_lines/ 1..3/: b;
  product/ 1 2/: c,x;
  links(product_lines, product): a;
endsets
!the objective;
max = @sum(product(j): c(j)*x(j));
!the constraints;
@for(product_lines(i): @sum(product(j): a(i, j)*x(j))<=b(i));
!here is the data;
data:
  b = @ole('oledata.xls','time') ;
  c = @ole('oledata.xls','u_profit') ;
  a = @ole('oledata.xls','input') ;
  @ole('oledata.xls','solution')=x;!结果输出;
enddata
end
```

程序运行结果为

```
Global optimal solution found at iteration:            2
Objective value:                            36.00000

    Export Summary Report
    ---------------------
    Transfer Method:        OLE BASED
    Spreadsheet:            oledata.xls
```

```
Ranges Specified:              1
      solution
Ranges Found:                  1
Range Size Mismatches:         0

Values Transferred:            2
```

Variable	Value	Reduced Cost
B(1)	4.000000	0.000000
B(2)	12.00000	0.000000
B(3)	18.00000	0.000000
C(1)	3.000000	0.000000
C(2)	5.000000	0.000000
X(1)	2.000000	0.000000
X(2)	6.000000	0.000000
A(1, 1)	1.000000	0.000000
A(1, 2)	0.000000	0.000000
A(2, 1)	0.000000	0.000000
A(2, 2)	2.000000	0.000000
A(3, 1)	3.000000	0.000000
A(3, 2)	2.000000	0.000000

Row	Slack or Surplus	Dual Price
1	36.00000	1.000000
2	2.000000	0.000000
3	0.000000	1.500000
4	0.000000	1.000000

反之, 也可以在 Excel 表格文件中嵌入一个 Lingo 模型, 从而让用户不用每次都打开和运行 Lingo, 而是直接在 Excel 中进行数据维护, 同时进行模型优化等多项操作, 这将是非常实用的. 下面仍以例 A.3 来说明如何在 Excel 中嵌入一个 Lingo 模型.

用 Excel 将开刚才的 oledata.xls 另存为 oledata1.xls, 执行菜单命令 "插入—对象", 在弹出的对话框中选择 "新建—Lingo Document", 然后确定, 则会插入一个空的 Lingo 对象. 在这个空的对象中输入 Lingo 模型 (或直接将刚才的程序复制过来也可, 但需要将程序中的oledata.xls 改为 oledata1.xls). 用鼠标双击来激活这个对象, 则可以看到 Excel 菜单和工具栏变成了 Lingo 的菜单和工具栏, 此时 Excel 中的显示如图 A.2 所示. 直接执行 **Lingo|Solve** 则会得到同样的

结果.

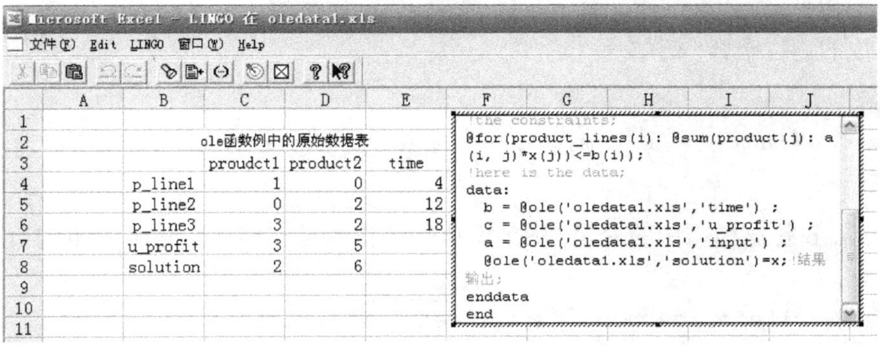

图 A.2 Excel 文件中的 Lingo 模型

当然, 若要插入的对象 (Lingo 模型) 是已有的文件时, 则在 Excel 的新建插入对象框中也可以选择 “由文件创建”, 同时还可以建立同这个对象的链接. 另外, 若希望 Excel 自动运行一个 Lingo 程序, 则需要将 Lingo 程序用命令脚本 (行命令序列) 进行描述, 并需要用到 Excel 宏命令, 可参见 Lingo 用户手册或在线帮助文档.

(4) **@odbc** 函数. 这个函数提供 Lingo 与 odbc (open data base connection, 开放式数据库连接) 的接口, 可参见 Lingo 的使用手册或参考 **ole** 函数的用法.

(5) **@pointer** 函数. 该函数出现于 Lingo 11.0 以上版本中, 其允许从应用程序中输入输出集合成员.

A.2.5.9 结果报告函数

这些函数主要用于输出计算结果和与之相关的一些其他结果, 以及控制输出格式等.

(1) **@iters( )**. 这个函数只能在程序的数据段使用, 调用时不需要任何参数, 总是返回 Lingo 求解器计算所使用的总迭代次数. 例如

@text( )=@iters( );

将迭代次数显示在屏幕上.

(2) **@newline(n)**. 这个函数在输出设备上输出 n 个新行 (n 为一个正整数).

(3) **@strlen(string)**. 这个函数返回字符串 “**string**” 的长度, 如 **@strlen(123)** 返回值为 3.

(4) **@name(var_or_row_reference)**. 这个函数返回变量名行名.

(5) **write(obj1[,...,objn])**. 这个函数只能在数据段中使用, 用于输出一系列结果 (obj1, ⋯, objn), 其中 obj1, ⋯, objn 等可以是变量 (但不能只是属

性), 也可以是串 (放在单引号中的字符串) 或换行 (@newline) 等. 结果可以输出到一个文件, 或电子表格 (如 excel) 或 数据库, 这取决于 write 所在的输出语句中左边的定位函数. 例如:

```
data:
  @text( )=@write('a is ', a, ' , b is', b, ', a/b is ', a/b);
 enddata
```

其中, a, b 是该模型中的变量, 则上面语句的作用是在屏幕上输出 a, b 与 a/b 的值.

(6) writefor(setname[(set_index_list)[|condition]]:obj1[1,...,objn]). 这个函数可以看作是函数 @write 在循环情形下的推广, 它输出集合上定义的属性对应的多个变量的取值 (因此它实际上也是一个集合循环函数).

(7) 符号 "*". 在 @write 和 @writefor 函数中, 可以使用符号 "*" 表示将一个字符串重复多次, 用法是将 "*" 放在一个正整数 n 和字个字符串之间, 表示将这个字符串重复 n 次.

(8) @format(value, format_descriptor). 在 @write 和 @writefor 函数中, 可以使用 @format 函数对数值设定输出格式. 其中 value 表示要输出的数值, 而 format_descriptor (格式描述符) 表示输出格式. 格式描述符的含义与 c 语言中的格式描述是类似的, 如 "12.2f" 表示出输出一个十进制数, 总共占 12 位, 其中有 2 位小数.

注意, 使用 @format 函数将把数值转换成字符串, 所以输出的实际上是字符串, 这对于向数据库、电子表格输出不一定合适.

(9) @ranged(variable_or_row_name). 为了保持最优基不变, 变量的费用系数或约束行的右端项允许减少的量.

(10) @rangeu(variable_or_row_name). 为了保持最优基不变, 变量的费用系数或约束行的右端项允许增加的量.

(11) @status(). 返回 Lingo 求解模型结束后的状态:

0 —— global optimum (全局最优).

1 —— infeasible (不可行).

2 —— unbounded (无界).

3 —— undetermined (不确定).

4 —— feasible (可行).

5 —— infeasible or unbounded (通常需要关闭 "预处理" 选项后重新求解模型, 以确定模型究竟是不可行还是无界).

6 —— local optimum (局部最优).

7 —— locally infeasible (局部不可行, 尽管可行解可能存在, 但是 Lingo 并没有找到一个).

8 —— cutoff (目标函数的截断值被达到).

9 —— numeric error (求解器因在某约束中遇到无定义的算术运算而停止).

通常, 若返回值不是 0, 4 或 6 时, 那么解将不可信, 几乎不能用. 该函数仅被用在模型的数据部分来输出数据.

(12) **@dual**. **@dual(variable_or_row_name)** 返回变量的判别数 (检验数) 或约束行的对偶 (影子) 价格 (dual prices).

(13) **@table**. 该函数出现于 Lingo 10.0 以上版本中, 其以表格形式输出与集合和集合的属性相关的数据, 并且只能在数据段 (data) 中使用. 目前该函数仅用于将数据输出到结果报告窗口或文本文件中, 而不能输出到数据库或电子表格 (excel) 文件中, 即能输出到 **@text** 函数, 而不能输出到 **@ole** 和 **@odbc** 函数.

若该函数只有一个输入参数, 则该输入参数必须是一个集合名或者是集合的某个属性名: 当输入参数是一个集合名时, 则显示该集合的成员 (元素), 对应的位置显示为 x (其他位置显示为空); 当输入参数是一个属性名时, 则对应的位置显示该属性 (数组变量) 的具体取值.

(14) **@divert**. 该函数出现于 Lingo 10.0 以上版本中, 其只能用在计算段 (calc), 可以改变缺省的输出设备. 其用法与数据段 (data) 中的 **@text** 函数类似, 即具体用法是:

```
@divert('filename')
```

其中, **filename** 表示文件名的字符串. 程序运行时将生成文本文件 **filename** (若这个文件已经存在, 旧文件将被新生成的文件覆盖), 以后的输出直接写入到这个文件, 直到再次遇到 **@divert( )** 语句时关闭这个文件, 结束这一输出模式.

若文本文件已经存在, 而希望将新的输出结果追加到原文件内容后面, 以通过增加一个参数 a 实现, 其用法是:

```
@divert('filename', 'a');
```

最后指出, **@divert** 函数是可以嵌套使用的, 从而在计算段中就可以实现将不同的内容写入到多个文件中去.

(15) **@solu**, **@objbnd** 与 **@time**. 这些函数出现于 Lingo 11.0 以上版本中, 主要用于计算段中: **@solu** 函数产生 Lingo 标准形式的解, **@objbnd** 返回目标目标函数的界限, **@time** 返回求解时间.

A.2.5.10 辅助函数

(1) @if(logical_condition,true_result,false_result). @if 函数将评价一个逻辑表达式 logical_condition, 若为真, 返回 true_result, 否则返回 false_result.

(2) @warn('text',logical_condition). 若 logical_condition 为真, 则产生一个内容为 text 的信息框.

(3) @user. 该函数是允许用户自己编写的函数, 该用户函数应当用 c 语言或 fortran 语言编写并编译, 返回值为用户函数计算的结果. 从编程角度来看, @user 函数包括两个参数: 第一个用于指定参数个数; 第二个用于指定参数向量 (类似于 c 语言中的 main(argc, argv) 的编写格式). 在 Lingo 中调用 @user 时则直接指定对应的参数 (类似于 c 语言中的 main(argc, argv) 的执行格式).

(4) @set 和@apiset. 该函数出现于 Lingo 10.0 以上版本中, 允许用户在计算段中通过函数 @set 和@apiset 对各种控制参数和选项进行修改. @set 只能修改 Lingo 系统的参数, 而 @apiset 可以修改 Lindo api 的所有参数. 这些修改后的参数取值只有当当前模型运行 (求解) 时有效, 一旦当前模型的求解完成 (程序运行结束), 所有参数值就会自动恢复到原有的状态. 这两个函数同样只能在计算段中使用.

A.2.6 编程功能

在 Lingo 10.0 以上版本中, 最显著的新特征在于增强了用 Lingo 编程的能力. 下面对此加以简单的介绍, 参见文献 [30] 的电子版附录.

A.2.6.1 程序流程的控制

在 Lingo 9.0 及更早的版本的计算段 (calc) 中, 控制程序流程的只有一种语句, 即合循环函数 @for 引导的语句, 此外所有计算段中的语句是顺序执行的. Lingo 10.0 在算段中增加了控制程序流程的语句, 主要包括条件分支控制 (@ifc 或 @ifc/@else 语)、条件循环控制 (@while 语句)、循环跳出控制 (@break 语句)、程序暂停控制 (@pause 语句) 以及程序终止控制 (@stop 语句).

1) 条件分支控制

在计算段 (calc) 中, 若只有当某个条件满足时才执行某个或某些语句, 则可以使用 @ifc 或 @ifc/@else 语句, 其中 @else 部分是可选的 (在下面的语法中用方括号表示). 其基本的使用语法是:

```
@ifc(condition:
 executable statements（可执行语句 1）;
 [@else
```

```
    executable statements（可执行语句 2）;]
)
```

详细的应用举例可参见例 5.9 的 Lingo 程序.

2) 条件循环控制及相关语句

在 Lingo 9.0 及更早的版本中, 只有一种控制程序流程的语句, 即集合循环 @for 引导的语句, 该函数对集合的元素逐个进行循环. 在 Lingo 10.0 中, 若只要当某个条件满足时就反复执行某个或某些语句, 直到条件不成立为止, 则可以使用 @while 语句. 其基本使用语法是:

```
@while(condition:
        executable statements（可执行语句）;  )
```

其中 condition 是一个逻辑表达式 (表示相应的条件), 当 condition 的逻辑值为 "真" (条件成立) 时, 程序就执行相应的语句, 直到条件不成立为止. 要注意的是, 条件循环控制也只能出现在计算段 (calc) 中.

在条件循环控制中, 还经常会使用到循环跳出控制 (@break 语句)、程序暂停控制 (@pause 语句) 以及程序终止控制 (@stop 语句):

(1) @break 函数不需要任何参数, 其功能是立即终止当前循环, 继续执行当前循环外的下一条语句. 这个函数可以用在条件循环语句 (@while 语句) 中, 也可以用在集合循环语句 (@for 语句) 中. 此外, 由于一般是在满足一定的特定条件时才终止当前循环的执行, 所以函数 @break 一般也要结合 @ifc/@else 使用.

(2) @pause 函数暂停程序执行, 并弹出一个窗口, 等待用户选择继续执行 (resume) 或者终止程序 (interrupt). 若希望在弹出的窗口中显示某些文本信息或某个变量的当前取值, 只需要将这些文本信息或变量作为 @pause 的调用参数即可.

(3) @stop 函数终止程序的运行, 并弹出一个窗口, 说明程序已经停止运行. 若希望在弹出的窗口中显示某些文本信息或某个变量的当前取值, 只需要将这些文本或变量作为 @stop 的调用参数即可.

需要注意的是, 由于 @break 函数不需要参数, 因此程序中的语句可直接写成 @break;. 而函数 @pause 和 @stop 是可以有参数的, 所以程序中即使不给出参数, 语句也应该写成 @pause( ); 和 @stop( );, 即标示参数表的小括号不能省略, 否则就会出现语法错误. 这和函数 @text 的用法非常类似.

A.2.6.2   子模型功能

在 Lingo 9.0 及更早的版本中, 在每个 Lingo 模型窗口中只允许有一个优化模型, 可以称为主模型 (main model). 在 Lingo 10.0 中, 每个 Lingo 模型窗口中除了主模型外, 用户还可以定义子模型 (submodel). 子模型可以在主模型的计算段中被调用, 这就进一步增强了 Lingo 的编程能力. 子模型必须包含在主模型之内, 即必须位于以 **model:** 开头、以 **end** 结束的模块内. 同一个主模型中, 允许定义多个子模型, 所以每个子模型本身必须命名, 其基本语法是:

```
@submodel mymodel:
可执行语句 (约束+目标函数);
endsubmodel
```

其中, **mymodel** 是该子模型的名字, 可执行语句一般是一些约束语句, 也可能包含目标函数, 但不可以有自身单独的集合段、数据段、初始段和计算段. 即在同一个主模型内的变量都是全局变量, 这些变量对主模型和所有子模型同样有效. 若已经定义了子模型 **mymodel**, 则在计算段中可以用语句 **@solve(submodel);** 求解这个子模型.

　　例 A.4 (背包问题 (knapsack problem))　　某登山者想要出门旅行, 需要将一些旅行用品装入一个旅行背包. 旅行背包有一个重量限制, 装入的旅行用品总重量不得超过 30 千克. 候选的旅行用品有 8 件, 其重量依次为 3, 4, 6, 7, 9, 10, 11, 12 (千克); 登山者认为这 8 件旅行用品的价值 (或重要性) 依次为 4, 6, 7, 9, 11, 12, 13, 15. 那么, 为了使背包装入的旅行用品的总价值最大, 则应该选择哪几件旅行用品?

　　解　用 val(i), wgt(i) 分别表示第 i 件物品的价值和重量, cap 表示背包的重量限制, 用 y(i) 表示是否装入第 i 件物品 (0-1 决策变量, 1 表示装, 0 表示不装), 则可以建立如下优化模型:

```
sets:
item: wgt, val, y;
soln: rhs; ! rhs表示根据每个最优解生成"割"时的右端项;
sxi(soln,item): cof; ! "割"的系数, 即1或-1;
endsets
data:
k=7;
val = 4 6 7 9 11 12 13 15;
wgt = 3 4 6 7 9 10 11 12;
cap = 30;
soln = 1..k;
enddata
submodel knapsack:
max = obj;
obj= @sum( item(j): val(j)*y(j)); !目标;
```

```
@sum( item(j): wgt(j)*y(j)) <= cap; !重量约束;
@for( item(j): @bin( y(j))); !0/1变量;
@for( soln(k)| k #lt# ksofar: !"割去"(排除)已经得到的解;
@sum( item(j): cof(k,j)*y(j)) >= rhs(k);
);
endsubmodel
calc:
@divert('knapsack.txt'); ! 结果保存到文件knapsack.txt;
@for( soln(ks): ! 对ks=1,2,…,k进行循环;
ksofar = ks; ! ksofar表示当前正在计算的是第几个最优解;
@solve( knapsack);
rhs(ks) = 1;
! 以下打印当前(第ks个)最优解y及对应的最优值obj;
@write(' ',ks,' ', @format( obj,'3.0f'),':');
@writefor(item(j):' ',y(j));
@write(@newline(1));
! 以下计算这个解生成的"割"的系数;
@for( item(j):
@ifc( y(j) #gt# .5:
cof(ks,j) = -1;
rhs(ks) = rhs(ks) - 1;
@else
cof(ks,j) = 1;
); ! 分支 @ifc / @else 结束;
); ! 循环 @for( item(j)结束;
); ! 对ks的循环结束;
@divert();! 关闭文件knapsack.txt,恢复正常输出模式;
endcalc
```

一般地, Lingo 求解到最优解时就会停止计算. 但对于上面的背包问题, 最优解并不是唯一的. 若希望找到所有的最优解, 或更一般地找出前 k 个最好的解, 则需要再次求解子模型 knapsack, 但必须排除再次找到刚刚得到的解. 此时, 在第 2 次求解子模型 knapsack 时, 增加一些约束条件 (一般称为 "割") 来排除刚刚得到的解. 生成 "割" 的方法可能有很多种, 上面程序中介绍的是一种针对 0-1 变量的特殊处理方法, 参见文献 [1]. 这种处理方法具有一般性, 可以用于找出背包问题的前 k 个最好解 (在 Lingo 11.0 以上版本中, 可以由 K-Best MIP Solver 自动给出前 k 个最好解).

Lingo 求解结果输出到程序所在文件夹下的文本文件中, 其中包括以下输出 (其他输出略去):

```
1 38: 0 1 0 1 1 1 0 0
2 38: 1 1 1 1 0 1 0 0
3 38: 1 1 0 0 0 0 1 1
4 37: 1 1 0 0 0 1 0 1
5 37: 0 1 1 1 0 0 0 1
6 37: 1 1 1 1 1 0 0 0
7 37: 0 1 1 0 1 0 1 0
```

可见, 前 7 个最好的解中, 最优值为 obj=38 的解一共有 3 个, 而 obj=37 的解至少有 4 个 (因为只计算了前 7 个最好的解, 暂时还无法判断 obj=37 的解是否只有 4 个), 每个解 (y 的取值) 也显示在结果报告中了.

从上面的讨论可以看出, 子模型可以在主模型的计算段中被调用, 这就进一步增强了 Lingo 的编程能力. 相应的新增函数还包括 **@solve**, **@gen**, **@pic**, **@smpi**, **@release** 等.

(1) **@gen**. 这个函数只能在计算段使用, 功能与菜单命令 **Lingo|generate** 和 Lingo 行命令 **gen** 类似, 即生成完整的模型并以代数形式显示 (主要作用是可供用户检查模型是否有误). 当不使用任何调用参数时, **@gen( )**; 语句只对主模型中出现在当前 **@gen( )**; 语句之前的模型语句进行处理.

(2) **@pic**. 这个函数只能在计算段使用, 功能与菜单命令 **Lingo|picture** 和行命令 **pic** 类似, 即以图形形式显示模型的大致模样 (主要作用是可供用户检查模型是否有误). 其使用方法与 **@gen** 完全类似.

(3) **@smpi**. 这个函数只能在计算段使用, 功能与 Lingo 行命令 **smpi** 类似, 即以 mpi 文件格式 (这是 Lindo api 专用的一种文件格式) 将模型保存到文件, 在需要时这个文件可供 Lindo api 使用. 调用 **@smpi** 时的第一个参数必须是将要保存到的文件的文件名, 其他参数的要求与**@gen** 相同, 即子模型 (一个或多个) 也是可以保存为 mpi 格式的文件.

(4) **@release**. 一般地, 一个变量 x 在计算段中被赋值 (或通过计算确定了它的值), 这个变量在模型求解时就被认为是常数, 不再作为决策变量进行优化. 若希望在模型求解时仍然将它作为决策变量进行优化, 可以在计算段中使用 **@release** 函数. 其用法是:

```
@release(x);
```

A.2.7　脚本文件

Lingo 命令脚本文件是一个普通的文本文件, 但是文件中的内容是由一系列 Lingo 命令构成的命令序列. 使用命令脚本文件, 可以同时运行一系列的 Lingo 批处理命令. 下面举例说明, 参见文献 [30].

例 A.5 (聘用计划) 一家快餐公司有三家分店, 分店 A 周一到周四每天至少需要 50 人, 周五至少 80 人, 周六和周日至少 90 人; 分店 B 周一到周四至少需要 80 人, 周五至少 120 人, 周六和周日至少 140 人; 分店 C 周一到周每天至少需要 90 人, 周五至少 120 人, 周六和周日至少 150 人.

现规定应聘者需连续工作 5 天, 试为每家分店确认聘用方案, 使在满足需要的条件下聘用总人数最少.

解 打开 Lingo 后, 使用 **File|New** 为三家分店新建数据文件. 分店 A 为 SegA.ldt, 其数据为

```
50 50 50 50 80 90 90
```

分店 A 为 SegB.ldt, 其数据为

```
80 80 80 80 120 140 140
```

分店 A 为 SegC.ldt, 其数据为

```
90 90 90 90 120 150 150
```

然后使用 **File|New** 建立脚本文件, 其内容为

```
MODEL:

Sets:
days/mon tue wed thu fri sat sun/: required, start;
Endsets

Data:
!读入需求数据required;
required = @file('SegA.ldt');
!将结果start写入文件, 此处还设计了表头和表尾;
@Text('SegA.txt')=@Write('员工聘用计划表',@Newline(1) );
@Text('SegA.txt')=@Write('------------',@Newline(1) );
@Text('SegA.txt')=@Writefor(days(I):
        days(I),'(星期',I,'):',4*' ',@Format(start(I),'3.0f'),@Newline(1) );
@Text('SegA.txt')=@Write('------------',@Newline(1) );
@Text('SegA.txt')=@Write(6*' ','合计:',5*' ',@Sum(days:start),@Newline(1) );
Enddata

!目标函数聘用中工的人数之和;
Min = @Sum(days(I):start(I) );
!约束条件是满足每天对服务人员的数量要求;
```

```
@For(days(J):
  @Sum(days(I)|I#LE#5: start(@Wrap(J-I+1,7)))>=required(J) );
@For(days: @Gin(start) );
END
!下面求A店的决策
Go
!下面转向求解B店的决策
Alter All 'SegA'SegB'
Go
!下面转向求解C店的决策
Alter All 'SegB'SegC'
Go
!恢复参数(恢复以正常方式显示求解结果)
Set Terseo 0
```

在上述程序中, 命令之间的说明语句不需要以 ; 结束. 但在程序段中, 说明语句必须以 ; 结束, 否则会因为读入的程序不符合 Lingo 语法而出错.

建立好上述文件后, 用 **File|Take Commands** 命令打开此脚本文件, 运行时命令窗口将显示一些脚本文件输入和求解模型相关的信息, 输出结果在 SegA.txt, SegB.txt 与 SegC.txt 等三个文件中.

SegA.txt 的结果为

```
员工聘用计划表
------------

MON(星期1):       0
TUE(星期2):       4
WED(星期3):      40
THU(星期4):       3
FRI(星期5):      40
SAT(星期6):       3
SUN(星期7):       4
------------
      合计:      94
```

SegB.txt 的结果为

```
员工聘用计划表
------------

MON(星期1):       0
TUE(星期2):       7
WED(星期3):      60
```

```
THU(星期4):        6
FRI(星期5):        60
SAT(星期6):        7
SUN(星期7):        7
------------
    合计:        147
```

SegC.txt 的结果为

员工聘用计划表
```
------------
MON(星期1):        0
TUE(星期2):        10
WED(星期3):        60
THU(星期4):        10
FRI(星期5):        60
SAT(星期6):        10
SUN(星期7):        10
------------
    合计:        160
```

上述结果正是问题所希望解决的功能. 虽然这里的问题比较简单, 命令脚本的优越性可能还未体现出来, 但体会这种编程的思想对编写复杂的程序是有益的. 尤其是在实际应用问题中, 寄希望于实际人员了解 Lingo 编程的技巧, 一般来说是不现实的. 对本书的内容深入理解后, 综合利用 Lingo 软件的各种功能, 编写一些使用方便的命令脚本文件, 提供给管理人员使用, 有可能确实解决一些实际问题中的决策问题.

案例分析

■ B.1 应用发展

大多数现行的运筹学方法在本书中都已介绍, 读者可从中注意到由各种不同的运筹学方法所解出的问题的相似之处. 不论运筹小组采取什么样的方法, 都循着一个基本的方向 —— 使各级管理都能做出所期望的最优决策.

在当今企业的生产经营活动中, 中下层管理阶层的很多决策活动是处于操作层次的, 可以编成程序, 让计算机来完成必要的运算, 依次给这些管理阶层提供最优解答或行动过程. 一旦问题被编成程序, 则可以把它们移交给一个管理信息系统. 中下层的管理部门就不必陷于本部门的日常决策中, 能把时间花费在各自的范畴里做计划、训练人员, 或者使各自的工作达到 "控制状态". 定量的运筹学方法的应用在当前中下层管理中正起着越来越大的影响.

最高层管理者主要关心的是企业的目标、方针和基本战略等全面性决策问题, 这些问题的解决为在变化环境中指导企业提供一个骨架. 管理人员对重大决策既有权力又有义务要负最后责任, 这就使他们有足够的理由要寻找运筹学技术这个客观的助手. 类似地, 决策者肩负着如此众多的任务, 他们需要各种可用的助手, 包括定量方法, 以应付他们所处的复杂情况. 软件化的运筹学模型的使用把管理者从日常工作解脱出来, 就能使他们集中解决更为困难的战略性问题. 一个最高决策者可能需要建立一个计划参谋部, 把运筹学专家、经济专家、市场专家和科学顾问都包括进去, 以便在进行决策时吸取他们的专业知识和智慧. 同样, 对于市场、制造、财务 (会计)、工程、研究和发展以及人事等方面的决策者来说, 也需要包括运筹学专家在内的顾问专家们, 以便应用多种学科的知识来解决复杂的业务问题.

但是, 需要指出, 管理部门应该把运筹学技术研究的成果作为解决问题的补充考虑. 若在决策过程中, 还有些对问题有影响的重要因素没有或不可能被包括进去, 或者曾做了某些重要的假设, 则管理者必须根据运筹学技术的结论来衡量这些因素. 一个运筹小组的职能是根据适合某个问题的客观方法所得出的结论向管理者提出建议, 而管理者必须斟酌这些建议是否适用于某些严格的条件.

在未来, 运筹学技术方法将适用于特殊问题的需要而得到发展, 其中有可能会构造出适应整个企业的数学模型. 这一模型将把企业所有部分之间的各种相互关系更为清楚地显示出来. 大规模的运筹学模型将不会被限制在一个企业而是用于整个市场活动的许多领域. 在考察管理功能传统方式上, 建立在信息平台上的运筹学定量方法已经被看成是一个主要转折点. 这一革命把经过提炼的信息提供给各级管理者以便于他们做出决策. 企业在结构上也应更好地应用这些运筹学技术进行改革, 使得对大型复杂公司的有效地集中控制成为可能. 管理者的工作不管是现在还是将来, 都将继续是制定、梳理、优化各种战略性活动的行动路线, 检验其相应的收益潜力和减少风险, 以在日益激烈和复杂性的竞争中谋求优势.

■ B.2 案例选讲

为了更接近于实际问题的描述, 下面给出一个从实际中简化而来的案例, 参见文献 [10]. 详细求解需要熟练掌握和综合运用本书中的各种技术. 这些技术在运筹学的分支理论中基本上已成为较经典的问题, 其模型化和软件化已体现在所介绍的软件中. 结合软件中的各种模型, 不难综合出更为复杂的运筹学模型.

B.2.1 问题描述

例 B.1 (食油生产) 某食油厂通过精炼两种植物原料油和非植物原料油, 得到一种食油, 以下简称产品油. 植物原料油来自两个产地: 产地 1 和产地 2, 而非植物原料油来自另外三个产地: 产地 3、产地 4 和产地 5. 据预测, 这五种原料油 1 ~ 6 月的价格如表 B.1 所示, 产品油售价 200 元/吨.

表 B.1　原料油的价格 (单位: 元/吨)

月份	植物油 1	植物油 2	非植物油 3	非植物油 4	非植物油 5
1	110	120	130	110	115
2	130	130	110	90	115
3	110	140	130	100	95
4	120	110	120	120	125
5	100	120	150	110	105
6	90	110	140	80	135

植物油和非植物油需要由不同生产线来精炼. 植物油生产线每月最大处理能力为 200 吨, 非植物油生产线最大处理能力为 250 吨/月. 五种原料油都备有贮

罐, 每个贮罐容量均为 1000 吨, 每吨原料油每月存贮费用为 5 元. 而各种精制油以及产品无油罐可存贮. 精炼的加工费用可略去不计, 产品销售没有任何问题.

产品油的硬度有一定的技术要求, 它取决于各种原料油的硬度以及混合比例. 产品油的硬度与各种成分的硬度以及所占比例成线性关系. 根据技术要求, 产品油的硬度必须不小于 3.0 而不大于 6.0. 植物 1、植物 2、非植物 3、非植物 4、非植物 5 各种原料油的硬度为 8.8, 6.1, 2.0, 4.2, 5.0, 其中硬度单位是无量纲的, 并且假定精制过程不会影响硬度.

假设在 1 月初, 每种原料油有 500 吨存贮而要求在 6 月底仍保持同样贮备.

(1) 根据表 B.1 预测的原料油价格, 编制各种原料油采购量、耗用量及库存量的逐月计划, 使本年内的利润最大.

(2) 考虑原料油价格上涨对利润的影响. 据市场预测分析, 若 2 月份植物原料油价格比表 B.1 中的数字上涨 $\delta\%$, 则非植物油在 2 月份的价格将比表 B.1 中的数字上涨 $2\delta\%$. 相应地, 3 月份植物原料油将上涨 $2\delta\%$, 非植物原料油将上涨 $4\delta\%$, 依此类推至 6 月份. 试分析 δ 在 $1 \sim 20$ 之间的利润将如何变化?

(3) 附加以下三个条件后, 再求解上面的问题: ① 每一个月所用的原料油不多于三种. ② 若在某一个月用一种原料油, 那么这种油不能少于 20 吨. ③ 若在一个月中用植物油 1 或植物油 2, 则这个月就必须用非植物油 5.

解　这里所介绍的问题可分两步. 首先, 它是一个系列简单的配料问题. 其次, 加上一个采购和存储问题. 为了理解怎样才能把问题列出公式来, 首先只考虑一个月的配料问题是比较方便的, 这就是单周期问题.

1) 单周期问题

设变量 x_1, x_2, x_3, x_4 和 x_5 分别代表要采购的各种原料油: 植物 1、植物 2、非植物 3、非植物 4 和非植物 5 的量. y 代表应加工的产品数量. z 为利润. 则若不允许存储原油, 就可把 1 月份怎样采购和怎样配料的问题列出如下:

$$\max z = -110x_1 - 120x_2 - 130x_3 - 100x_4 - 115x_5 + 150y$$

$$\text{s.t.} \begin{cases} x_1 + x_2 \leqslant 200 & \text{植物原料油} \\ x_3 + x_4 + x_5 \leqslant 250 & \text{非植物原料油} \\ 8.8x_1 + 6.1x_2 + 2x_3 + 4.2x_4 + 5x_5 - 6y \leqslant 0 & \text{硬度上限} \\ 8.8x_1 + 6.1x_2 + 2x_3 + 4.2x_4 + 5x_5 - 3y \geqslant 0 & \text{硬度下限} \\ x_1 + x_2 + x_3 + x_4 + x_5 - y = 0 & \text{连续性} \\ x_j \geqslant 0, y \geqslant 0 \quad (j = 1, 2, \cdots, 6) & \text{非负性} \end{cases}$$

上述模型的意义是: 其目标是要使利润最大; 而出售产品的收入和除去原油成本就是所得利润.

前两个约束条件代表植物原料油和非植物原料油的有限生产能力.

接下来的两个约束条件要求产品的硬度处于上限 6 和下限 3 之间. 正确地建立这些限制条件的模型是很重要的. 经常出现的一个错误就是如下面那样对这些限制条件建立的模型:

$$8.8x_1 + 6.1x_2 + 2x_3 + 4.2x_4 + 5x_5 \leqslant 6$$

$$8.8x_1 + 6.1x_2 + 2x_3 + 4.2x_4 + 5x_5 \geqslant 3$$

上面的约束条件在量纲上有错误. 左边两个表达式的量纲是硬度 × 数量, 而右边数字的量纲是硬度. 在上述两个不等式中所需要的变量是 $\frac{x_i}{y}$ 而不是 x_i, 它代表配料成分之比例而不是代表绝对值 x_i. 当用 $\frac{x_i}{y}$ 取代 x_i 后, 最终的不等式能够很容易地重新将它们表示成如具有硬度上限和硬度下限约束条件一样的线性约束形式.

最后, 需要保证最终成品的重量等于各成分重量之和. 这用最后那个使重量具有连续性的约束条件来实现.

对其他月份的单周期问题, 除了代表原油成本的目标系数有所不同外与一月份的类同.

2) 多周期问题

可把为今后使用做储备的每月采购决策编入线性规划模型中, 建立 "多周期" 模型. 必须把每月各种原油的采购量、消耗量、库存量区分开来. 这三种量必须用不同的变量来表示. 假定用下面命名的变量分别表示每月植物 1 的采购量、消耗量和库存量: $x_{B11}, x_{B12}, \cdots, x_{B16}$; $x_{U11}, x_{U12}, \cdots, x_{U16}$; $x_{S11}, x_{S12}, \cdots, x_{S16}$.

必须用下面的关系式把这些变量连接起来: 第 $(t-1)$ 月库存量 + 第 t 月采购量 =第 t 月消耗量 + 第 t 月库存量; 起始月份 (0 月) 和最后月份 (6 月) 其库存量是常值 (500).

由涉及植物 1 的上述关系导出下面的约束条件:

$$x_{B11} - x_{U11} - x_{S11} = -500$$

$$x_{S11} + x_{B12} - x_{U12} - x_{S12} = 0$$

$$x_{S12} + x_{B13} - x_{U13} - x_{S13} = 0$$

$$x_{S13} + x_{B14} - x_{U14} - x_{S14} = 0$$

$$x_{S14} + x_{B15} - x_{U15} - x_{S15} = 0$$

$$x_{S15} + x_{B16} - x_{U16} = 500$$

对其他 5 种原油也就确定类似的约束条件.

在目标函数中, "采购" 变量将由各月相应的原油成本给出. 库存变量将由 5 元成本 (或 −5 元 "利润") 给出. 分离变量 $y_1, y_2, \cdots, y_6$ 等代表各月要加工的产品的数量. 这些变量每一个都具有 200 元利润 (或 −200 元 "成本").

具有单一的目标函数的总模型其规模为

$6 \times 5 = 30$ 个采购变量, $6 \times 5 = 30$ 个消耗变量, $5 \times 5 = 25$ 个库存变量, 6 个产品变量, 总计 91 个变量.

$6 \times 5 = 30$ 个配料约束条件 (与单周期同), $6 \times 5 = 30$ 个存储连接约束条件, 总计 60 个约束条件.

认识到此模型能在中期规划中应用也是很重要的. 由求解一月份的模型, 能够确定一月份的采购和配料计划以及以后各月份的暂定计划. 二月份大都得用修正数字重新求解该模型, 从而得到二月份的执行计划和以后各月份的暂定计划. 用此方法可由后继月份信息构成最好的应用, 从而导出当月工作方针.

为了研究其最优解是怎样随未来市场价格增长而变化的, 可进行灵敏度分析. 规定一个附加表达式, 附加在目标函数上, 这个表达式习惯上写为

$$\delta \sum_{i=2}^{6} (\alpha_i x_{B1i} + \alpha_i x_{B2i} + \beta_i x_{B3i} + \beta_i x_{B4i} + \beta_i x_{B5i})$$

其中, 系数 α_i 和 β_i 取值为 $\alpha_2 = -1$, $\beta_2 = -2$, $\alpha_3 = -2$, $\beta_3 = -4$, $\alpha_4 = -3$; $\beta_4 = -6$, $\alpha_5 = -4$, $\beta_5 = -8$, $\alpha_6 = -5$, $\beta_6 = -10$.

当 δ 由 0 增加到 20 时, 其组合目标函数必将采取所期望的形式并可能刻划出最优解的变化.

3) 附加新条件后的求解

在配料问题中, 一些约定的额外限制条件是非常普遍的. 这些条件往往是:

- 在配料中限制成分的数目.
- 不考虑某种小量的成分.
- 把 "逻辑条件" 加在各成分的混合物上.

这些限制条件不能够采用常规的线性规划建立其模型, 整数规划是附加这些额外限制条件的好方法. 在问题中引入 0-1 变量. 对问题中每一个 "消耗" 变量也将引入一个相应的 0-1 变量. 把这个变量作为相应成分出现或不出现在该配料中的指示器. 例如, 与 x_{U11} 相应的变量, 可引入一个 0-1 变量 x_{D11}. 把这些变量用两个限制条件连接起来, 下面的额外约束条件附加到模型上

$$x_{U11} - 200 x_{D11} \leqslant 0, \quad x_{U11} - 20 x_{D11} \geqslant 0$$

x_{D11} 只允许取整数 0 或 1, 若 $x_{D11} = 1$, x_{U11} 只能是非零值 (即 1 月份配料中的植物 1) 且至少不低于 20 吨. 上面的第一个不等式的常数 200 是 x_{U11} 值域的已知上界 (一个月消耗植物油总量不得超过 200 吨). 对其他配料成分可引入类似 0-1 的变量和相应的 "连接" 约束条件. 类似地, 可以引入下面的约束条件和 0-1 变量

$$x_{U21} - 200x_{D21} \leqslant 0, \quad x_{U21} - 20x_{D21} \geqslant 0$$
$$x_{U31} - 250x_{D31} \leqslant 0, \quad x_{U31} - 20x_{D31} \geqslant 0$$
$$x_{U41} - 250x_{D31} \leqslant 0, \quad x_{U41} - 20x_{D41} \geqslant 0$$
$$x_{U51} - 250x_{D51} \leqslant 0, \quad x_{U51} - 20x_{D51} \geqslant 0$$

对于六个月都要重复所有这些变量和约束条件.

该问题说明中的第二个条件是自然地加上去的. 而第一个条件可用下面的第二种约束条件加上

$$x_{D11} + x_{D21} + x_{D31} + x_{D41} + x_{D51} \leqslant 3$$

也应对其他五个月加上相应的约束条件.

可用两种方法把第三个条件加上. 一种是采用下面的单个约束条件

$$x_{D11} + x_{D21} - 2x_{D51} \leqslant 0$$

另一种是采用一对约束条件 $x_{D11} - x_{D51} \leqslant 0$, $x_{D21} - x_{D51} \leqslant 0$.

采用第二种的一对约束条件会使连续问题约束得 "更紧", 给计算上带来好处. 当然也要对其他五个月份加上类似的约束条件.

模型扩充后增加了如下诸项:

$6 \times 5 = 30$ 个 0-1 变量, 总计 30 个额外变量 (全为整数).

$2 \times 6 \times 5 = 60$ 个连接约束条件, 6 个第 1 个条件的约束条件, $2 \times 6 = 12$ 个第 3 个条件的约束条件, 总计 78 个额外约束条件.

此外, 也必须在所有 30 个整数变量上加上上界 1.

B.2.2　软件描述

为了能适应不断变化的市场, 下面使用 Lingo 软件构造出一个一般化的数学规划模型, 来解决每月的采购量、耗用量和库存量问题. 从模型的软件实现中可以看出, 由于实现了问题的结构化, 从而不但使得软件描述比数学模型描述显得更为简单直观, 而且使得模型可以推广到适用于多工厂、多周期的动态生产计划情形. 这些程序实现与对策建议均来自本书的案例教学成果.

对问题一, 文献 [47] 也给出了相应的 Cplex 程序实现. 根据前面的问题描述, 可得问题一的 Lingo 程序为:

```
MODEL:
SETS:
MONTH/1..6/:OUTPUTY;
KIND/1..5/: rigidity;
OIL/1/:M,N;
LINK(KIND,MONTH):P,S,U,B;
!P,price;
ENDSETS
DATA:
P=110, 130, 110, 120, 100, 90,
  120, 130, 140, 110, 120, 110,
  130, 110, 130, 120, 150, 140,
  110, 90, 100, 120, 110, 80,
  115, 115, 95, 125 ,105, 135;
rigidity=8.8, 6.1, 2.0, 4.2, 5.0;
M=200;
N=250;
ENDDATA
!THE OBJECTIVE;
MAX=@SUM(MONTH(J):200*OUTPUTY(J))-@SUM(KIND(I):
    @SUM(MONTH(J):P(I,J)*U(I,J)))-@SUM(KIND(I):
    @SUM(MONTH(J)|J#LE#5:5*S(I,J)))-12500;
!植物原料油;
@FOR(OIL(K):@FOR(MONTH(J):@SUM(KIND(I)|I#LE#2: U(I,J))<=M(K)));
!非植物原料油;
@FOR(OIL(K):@FOR(MONTH(J):@SUM(KIND(I)|I#GE#3 #AND# I#LE#5:
            U(I,J))<=N(K)));
!硬度上限约束;
@FOR(MONTH(J):@SUM(KIND(I):U(I,J)*rigidity(I))<=6*OUTPUTY(J));
!硬度下限约束;
@FOR(MONTH(J):@SUM(KIND(I):U(I,J)*rigidity(I))>=3*OUTPUTY(J));
!连续性;
@FOR(MONTH(J):@SUM(KIND(I):U(I,J))=OUTPUTY(J));
!非负限制;
@FOR(KIND(I): @FOR(MONTH(J):U(I,J)>=0));
@FOR(MONTH(J):OUTPUTY(J)>=0);
!库存限制;
@FOR(kind(i):@FOR(MONTH(J): S(I,J)<=1000));
```

```
!第（t-1）月库存量+第t月采购量=第t消耗量+第t月库存量;
@FOR(KIND(I):@FOR(MONTH(J)|J#GE#2 #AND# J#LE#6:
            S(I,J-1)+B(I,J)-U(I,J)-S(I,J)=0));
@FOR(KIND(I): B(I,1)-U(I,1)-S(I,1)=-500);
@FOR(KIND(I):S(I,6)=500);
END
```

问题二的 Lingo 程序为：

```
MODEL:
SETS:
MONTH/1..6/:OUTPUTY,a,c;
KIND/1..5/:rigidity;
OIL/1/:M,N;
LINK(KIND,MONTH):P,S,U,B;
SEN/1/:Q;
!P,price;
ENDSETS
DATA:
P=110, 130, 110, 120, 100, 90,
  120, 130, 140, 110, 120, 110,
  130, 110, 130, 120, 150, 140,
  110, 90, 100, 120, 110, 80,
  115, 115, 95, 125 ,105, 135;
rigidity=8.8, 6.1, 2.0, 4.2, 5.0;
M=200;
N=250;
a=0,-1,-2,-3,-4,-5;
c=0,-2,-4,-6,-8,-10;
!语法格式，运行时可以弹出一个对话框以输入Q的值;
Q=?;
ENDDATA
!THE OBJECTIVE;
MAX=@SUM(MONTH(J):200*OUTPUTY(J))-@SUM(KIND(I):
    @SUM(MONTH(J):P(I,J)*U(I,J)))-@SUM(KIND(I):
     @SUM(MONTH(J)|J#LE#5:5*S(I,J)))-12500
    +@SUM(SEN(R):Q(R)*(@SUM(KIND(I)|I#LE#2:
     @SUM(MONTH(J)|J#GE#2:a(J)*B(I,J)))
    +@SUM(KIND(I)|I#GE#3:@SUM(MONTH(J)|J#GE#2:c(J)*B(I,J)))));
!植物原料油;
@FOR(OIL(K):@FOR(MONTH(J):@SUM(KIND(I)|I#LE#2: U(I,J))<=M(K)));
```

```
!非植物原料油;
@FOR(OIL(K):@FOR(MONTH(J):@SUM(KIND(I)|I#GE#3 #AND# I#LE#5:
            U(I,J))<=N(K)));
!硬度上限约束;
@FOR(MONTH(J):@SUM(KIND(I):U(I,J)*rigidity(I))<=6*OUTPUTY(J));
!硬度下限约束;
@FOR(MONTH(J):@SUM(KIND(I):U(I,J)*rigidity(I))>=3*OUTPUTY(J));
!连续性;
@FOR(MONTH(J):@SUM(KIND(I):U(I,J))=OUTPUTY(J));
!非负限制;
@FOR(KIND(I): @FOR(MONTH(J):U(I,J)>=0));
@FOR(MONTH(J):OUTPUTY(J)>=0);
!库存限制;
@FOR(kind(i):@FOR(MONTH(J): S(I,J)<=1000));
!第(t-1)月库存量+第t月采购量=第t消耗量+第t月库存;
@FOR(KIND(I):@FOR(MONTH(J)|J#GE#2 #AND# J#LE#6 :
            S(I,J-1)+B(I,J)-U(I,J)-S(I,J)=0));
@FOR(KIND(I): B(I,1)-U(I,1)-S(I,1)=-500);
@FOR(KIND(I):S(I,6)=500);
END
```

附加条件后问题一的 Lingo 程序为:

```
MODEL:
SETS:
MONTH/1..6/:OUTPUTY;
KIND/1..5/:rigidity;
OIL/1/:M,N,L;
LINK(KIND,MONTH):P,S,U,B,D;
!P,price;
ENDSETS
DATA:
P=110, 130, 110, 120, 100, 90,
  120, 130, 140, 110, 120, 110,
  130, 110, 130, 120, 150, 140,
  110, 90, 100, 120, 110, 80,
  115, 115, 95, 125 ,105, 135;
rigidity=8.8, 6.1, 2.0, 4.2, 5.0;
M=200;
N=250;
L=20;
```

```
ENDDATA
!THE OBJECTIVE;
MAX=@SUM(MONTH(J):200*OUTPUTY(J))-@SUM(KIND(I):
    @SUM(MONTH(J):P(I,J)*U(I,J)))-@SUM(KIND(I):
    @SUM(MONTH(J)|J#LE#5:5*S(I,J)))-12500;
!植物原料油;
@FOR(OIL(K):@FOR(MONTH(J):@SUM(KIND(I)|I#LE#2: U(I,J))<=M(K)));
!非植物原料油;
@FOR(OIL(K):@FOR(MONTH(J):@SUM(KIND(I)|I#GE#3 #AND# I#LE#5:
            U(I,J))<=N(K)));
!硬度上限约束;
@FOR(MONTH(J):@SUM(KIND(I):U(I,J)*rigidity(I))<=6*OUTPUTY(J));
!硬度下限约束;
@FOR(MONTH(J):@SUM(KIND(I):U(I,J)*rigidity(I))>=3*OUTPUTY(J));
!连续性;
@FOR(MONTH(J):@SUM(KIND(I):U(I,J))=OUTPUTY(J));
!非负限制;
@FOR(kind(i): @FOR(MONTH(J):U(I,J)>=0));
@FOR(MONTH(J):OUTPUTY(J)>=0);
!库存限制;
@FOR(kind(i):@FOR(MONTH(J): S(I,J)<=1000));
!第（t-1）月库存量+第t月采购量=第t消耗量+第t月库存量;
@FOR(KIND(I):@FOR(MONTH(J)|J#GE#2 #AND# J#LE#6 :
            S(I,J-1)+B(I,J)-U(I,J)-S(I,J)=0));
@FOR(KIND(I): B(I,1)-U(I,1)-S(I,1)=-500);
@FOR(KIND(I):S(I,6)=500);
!0-1变量定义;
@FOR(MONTH(J):@FOR(KIND(I):@BIN(D(I,J))));
!植物原料油的消耗限制;
@FOR(OIL(K):@FOR(MONTH(J):@FOR(KIND(I)|I#LE#2:
            U(I,J)<=M(K)*D(I,J))));
@FOR(OIL(K):@FOR(MONTH(J):@FOR(KIND(I)|I#LE#2:
            U(I,J)>=L(K)*D(I,J))));
@FOR(OIL(K):@FOR(MONTH(J):@FOR(KIND(I)|I#GE#3 #AND# I#LE#5:
            U(I,J)<=N(K)*D(I,J))));
@FOR(OIL(K):@FOR(MONTH(J):@FOR(KIND(I)|I#GE#3 #AND# I#LE#5:
            U(I,J)>=L(K)*D(I,J))));
!种类限制;
@FOR(MONTH(J):@SUM(KIND(I):D(I,J))<=3);
@FOR(MONTH(J):@FOR(KIND(I)|I#LE#2: D(I,J)<=D(5,J)));
```

END

  附加条件后问题二的 Lingo 程序为:

```
MODEL:
SETS:
MONTH/1..6/:OUTPUTY,a,c;
KIND/1..5/:rigidity;
OIL/1/:M,N,L;
LINK(KIND,MONTH):P,S,U,B,D;
SEN/1/:Q;
!P,price;
ENDSETS
DATA:
P=110, 130, 110, 120, 100, 90,
  120, 130, 140, 110, 120, 110,
  130, 110, 130, 120, 150, 140,
  110, 90, 100, 120, 110, 80,
  115, 115, 95, 125 ,105, 135;
rigidity=8.8, 6.1, 2.0, 4.2, 5.0;
M=200;
N=250;
L=20;
a=0,-1,-2,-3,-4,-5;
c=0,-2,-4,-6,-8,-10;
!语法格式，运行时可以弹出一个对话框以输入Q的值;
Q=?;
ENDDATA
!THE OBJECTIVE;
MAX=@SUM(MONTH(J):200*OUTPUTY(J))-@SUM(KIND(I):
    @SUM(MONTH(J):P(I,J)*U(I,J)))-@SUM(KIND(I):
    @SUM(MONTH(J)|J#LE#5:5*S(I,J)))-12500+
    @SUM(SEN(R):Q(R)*(@SUM(KIND(I)|I#LE#2:
    @SUM(MONTH(J)|J#GE#2:a(J)*B(I,J)))+
    @SUM(KIND(I)|I#GE#3:@SUM(MONTH(J)|J#GE#2:c(J)*B(I,J)))));
!植物原料油;
@FOR(OIL(K):@FOR(MONTH(J):@SUM(KIND(I)|I#LE#2: U(I,J))<=M(K)));
!非植物原料油;
@FOR(OIL(K):@FOR(MONTH(J):@SUM(KIND(I)|I#GE#3 #AND# I#LE#5:
          U(I,J))<=N(K)));
!硬度上限约束;
```

```
@FOR(MONTH(J):@SUM(KIND(I):U(I,J)*rigidity(I))<=6*OUTPUTY(J));
!硬度下限约束;
@FOR(MONTH(J):@SUM(KIND(I):U(I,J)*rigidity(I))>=3*OUTPUTY(J));
!连续性;
@FOR(MONTH(J):@SUM(KIND(I):U(I,J))=OUTPUTY(J));
!非负限制;
@FOR(kind(i): @FOR(MONTH(J):U(I,J)>=0));
@FOR(MONTH(J):OUTPUTY(J)>=0);
!库存限制;
@FOR(kind(i):@FOR(MONTH(J): S(I,J)<=1000));
!第（t-1）月库存量+第t月采购量=第t消耗量+第t月库存量;
@FOR(KIND(I):@FOR(MONTH(J)|J#GE#2 #AND# J#LE#6 :
            S(I,J-1)+B(I,J)-U(I,J)-S(I,J)=0));
@FOR(KIND(I): B(I,1)-U(I,1)-S(I,1)=-500);
@FOR(KIND(I):S(I,6)=500);
!0-1变量定义;
@FOR(MONTH(J):@FOR(KIND(I):@BIN(D(I,J))));
!植物油的消耗限制;
@FOR(OIL(K):@FOR(MONTH(J):@FOR(KIND(I)|I#LE#2: U(I,J)<=M(K)*D(I,J))));
@FOR(OIL(K):@FOR(MONTH(J):@FOR(KIND(I)|I#LE#2: U(I,J)>=L(K)*D(I,J))));
@FOR(OIL(K):@FOR(MONTH(J):@FOR(KIND(I)|I#GE#3 #AND# I#LE#5:
            U(I,J)<=N(K)*D(I,J))));
@FOR(OIL(K):@FOR(MONTH(J):@FOR(KIND(I)|I#GE#3 #AND# I#LE#5:
            U(I,J)>=L(K)*D(I,J))));
!种类限制;
@FOR(MONTH(J):@SUM(KIND(I):D(I,J))<=3);
@FOR(MONTH(J):@FOR(KIND(I)|I#LE#2: D(I,J)<=D(5,J)));
END
```

B.2.3　对策建议

下面根据 Lingo 求解结果给出简略的对策建议:

1) 问题一的对策建议

对问题一的 Lingo 求解后, 略加整理有如表 B.2 所示的对策建议, 表中单位为吨.

2) 问题二的灵敏度分析

对问题二的 Lingo 求解, 在弹出的对话框中依次输入 $\delta = 0, 1, \cdots, 20$, 则对原料油价格的灵敏度分析结果见表 B.3. 从表中可以看出, 随着 δ 的增加, 利润逐渐降低. 显然, 在 Lingo 10.0 以上版本中, 可以利用子模型在一个模型中得到灵敏度分析的结果, 这里的做法是为了使得程序适用于 Lingo 的各种版本.

表 B.2　问题一的建议计划

		植物油 1	植物油 2	非植物油 3	非植物油 4	非植物油 5
一月	采购量	0	0	0	0	0
	耗用量	159.259262	40.740742	0	250	0
	库存量	340.740753	459.259247	500	250	500
二月	采购量	0	0	0	0	0
	耗用量	159.259262	40.740742	0	250	0
	库存量	181.481476	418.518524	500	0	500
三月	采购量	0	0	0	0	0
	耗用量	96.296295	103.703705	10	0	240
	库存量	85.185188	314.814819	490	0	260
四月	采购量	0	0	0	0	0
	耗用量	0	200	250	0	0
	库存量	85.185188	114.814812	240	0	260
五月	采购量	0	0	0	0	0
	耗用量	85.185188	114.814812	0	0	250
	库存量	0	0	240	0	10
六月	采购量	659.259277	540.740723	260	750	490
	耗用量	159.259262	40.740742	0	250	0
	库存量	500	500	500	500	500

表 B.3　问题二的灵敏度分析结果

δ	利润/元	δ	利润/元	δ	利润/元
0	211770.4	7	210300.4	14	208830.4
1	211560.4	8	210090.4	15	208620.4
2	211350.4	9	209880.4	16	208410.4
3	211140.4	10	209670.4	17	208200.4
4	210930.4	11	209460.4	18	207990.4
5	210720.4	12	209250.4	19	207780.4
6	210510.4	13	209040.4	20	207570.4

3) 问题三的对策建议

在附加条件后, 对问题一的 Lingo 求解后, 略加整理有如表 B.4 所示的对策建议, 表中单位为吨.

对附加条件后问题二的 Lingo 求解, 在弹出的对话框中依次输入 $\delta = 0$, $1, \cdots, 20$, 则对原料油价格的灵敏度分析结果见表 B.5. 从表中可以看出, 随着 δ 的增加, 利润逐渐降低.

表 B.4 附加条件后问题一的建议计划

		植物油 1	植物油 2	非植物油 3	非植物油 4	非植物油 5
一月	采购量	0	0	0	0	0
	耗用量	200	—	103.333336	—	146.666672
	库存量	300	500	396.666656	500	353.333344
二月	采购量	0	0	0	0	0
	耗用量	—	200	—	230	20
	库存量	300	300	396.666656	270	333.333344
三月	采购量	0	0	0	0	0
	耗用量	200	—	103.333336	—	146.666672
	库存量	100	300	293.333344	270	186.666672
四月	采购量	0	0	0	0	0
	耗用量	—	200	—	230	20
	库存量	100	100	293.333344	40	166.666672
五月	采购量	0	14.814815	0	0	83.333336
	耗用量	85.185188	114.814812	—	—	250
	库存量	14.814815	0	293.333344	40	0
六月	采购量	485.185181	700	206.666672	690	520
	耗用量	—	200	—	230	20
	库存量	500	500	500	500	500

表 B.5 附加条件后问题二的灵敏度分析结果

δ	利润/元	δ	利润/元	δ	利润/元
0	203846.3	7	202389.0	14	200931.7
1	203638.1	8	202180.8	15	200723.5
2	203429.9	9	201972.6	16	200515.3
3	203221.7	10	201764.4	17	200307.1
4	203013.6	11	201556.3	18	200099.0
5	202805.4	12	201348.1	19	199890.8
6	202597.2	13	201139.9	20	199682.6

■ B.3 案例练习

在运筹学方法与技术的应用中, 难度比较大的是数学规划模型的建立, 所以在下面的案例练习中, 数学规划模型占了较大的比重, 参见文献 [9, 10, 20] 等.

案例 B.1 某大型公司有 D_1 和 D_2 两个分公司, 向零售商供应油和酒.

该公司打算将每位零售商分配给分公司 D_1 或分公司 D_2; 由分公司向其供应货物. 这种分配应尽可能使分公司 D_1 控制 40% 的销售量, D_2 控制其余的 60%

的销售量. 这些零售商的编号见下面给出的 $M_1 \sim M_{23}$. 每位零售商有个预计的油和酒的销售量. 编号 $M_1 \sim M_8$ 的零售商在 I 区, 编号 $M_9 \sim M_{18}$ 的在 II 区, 编号 $M_{19} \sim M_{23}$ 的在 III 区. 被认为有发展前途的一些零售商分在 A 组, 其余分在 B 组. 每位零售商有如表 B.6 给出的一些供应点. 希望将如下各项按 40/60 之比分给 D_1 和 D_2:

(1) 油销售量的控制;   (2) 零售商总数;   (3) 供应点总数;

(4) 酒销售量的控制;   (5) I 区油销售量的控制; (6) II 区油销售量的控制;

(7) III 区油销售量的控制; (8) A 组零售商总数;   (9) B 组零售商总数.

这里有某些灵活性, 任何分配可以变化 $\pm 5\%$ (包括零售商人数). 就是说, 每种分配可在 $35/65 \sim 45/55$ 之间变动. 而目标是保持百分偏差之和为最小. 数据如表 B.6 所示, 其中销售量单位是 (10^6) 公升.

表 B.6

区位	零售商	油销量	供应点	酒销量	类型	零售商	油销量	供应点	酒销量	类型
I 区	M_1	9	11	34	A	M_5	18	10	5	A
	M_2	13	47	411	A	M_6	19	26	183	A
	M_3	14	44	82	A	M_7	23	26	14	B
	M_4	17	25	157	B	M_8	21	54	215	B
II 区	M_9	9	18	102	B	M_{14}	17	16	96	B
	M_{10}	11	51	21	A	M_{15}	22	34	118	A
	M_{11}	17	20	54	B	M_{16}	24	100	112	B
	M_{12}	18	105	0	B	M_{17}	36	50	535	B
	M_{13}	18	7	6	B	M_{18}	43	21	8	B
III 区	M_{19}	6	11	53	B	M_{22}	25	10	65	B
	M_{20}	15	19	28	A	M_{23}	39	11	27	B
	M_{21}	15	14	69	B					

案例 B.2 某公司需要以下三类人员: 不熟练工人、半熟练工人和熟练工人. 据估计, 当前以及以后三年需要的各类人员的人数 (单位: 人) 如表 B.7 所示.

表 B.7   各类人员的需求

	不熟练	半熟练	熟练		不熟练	半熟练	熟练
当前拥有	2000	1500	1000	第一年	1000	1400	1000
第二年	500	2000	1500	第三年	0	2500	2000

为满足以上人力需要, 该公司考虑以下四种途径: ① 招聘工人; ② 培训工人; ③ 辞退多余人员; ④ 用短工.

每年都有自然离职的人员. 在招聘的工人中, 第一年离职的人数特别多, 工作一年以上再离职的人数就很少了. 离职人数的比例如表 B.8 所示.

表 B.8 离职的人数比例

	不熟练	半熟练	熟练
工作不到一年	25%	20%	10%
工作一年以上	10%	5%	5%

当前没有招工, 现有的工人都已工作一年以上.

(1) 招工. 假定每年可以招聘的工作数量有一定的限制. 不熟练、半熟练、熟练的每年招工人数限制 (单位: 人) 为 500, 800, 500.

(2) 培训. 每年最多可以将 200 个不熟练工人培训成半熟练工, 每人每年的培训费是 400 元. 每年将半熟练工培训成熟练工的人数不能超过该年初熟练工人的 $\frac{1}{4}$, 培训半熟练工人成为熟练工人的费用是每人 500 元.

公司可以把工人降等使用 (即让熟练工去做半熟练工或不熟练工的工作等), 虽然公司不需要支付额外的费用, 但被降等使用的工人中有 50% 会放弃工作而离去 (以上所说的自然离职不包括这种情况).

(3) 辞退多余人员. 辞退一个多余的不熟练工人要付给他 200 元, 而辞退一个半熟练工人或熟练工人要付给他 500 元.

(4) 额外招工. 该公司总共可以额外招聘 150 人, 对于每个额外招聘的人员, 公司要付给他额外的费用 (单位: 元/人年) 为 1500, 2000, 3000.

(5) 用短工. 对每类人员, 最多可招收 50 名短工, 每个不熟练、半熟练与熟练工的费用 (单位: 元/人年)为 500, 400, 400. 而每个短工的工作量相当于正常的一半.

现问:

(1) 若公司目标是尽量减少辞退人员, 则相应的招工和培训计划是什么?

(2) 若公司政策是尽量减少费用, 额外的费用与上面的政策相比, 可以减少多少? 而辞退的人员将会增加多少?

案例 B.3 (机械产品生产计划问题) 机械加工厂生产 7 种产品 (产品 1 到产品 7). 该厂有以下设备: 四台磨床、两台立式钻床、三台水平钻床、一台镗床和一台刨床. 每种产品的利润 (单位: 元/件, 利润定义为销售价格与原料成本之差) 以及生产单位产品需要的各种设备的工时 (小时/件) 如表 B.9 所示, 其中, 短划线表示这种产品不需要相应的设备加工.

从一月份到六月份, 每个月中需要检修的设备如表 B.10 所示 (在检修月份, 被检修设备全月不能用于生产). 每个月各种产品的市场销售量上限见表 B.11.

表 B.9   产品的利润和需要的设备工时

产品	1	2	3	4	5	6	7
单位产品利润	10.00	6.00	3.00	4.00	1.00	9.00	3.00
磨床	0.50	0.70	—	—	0.30	0.20	0.50
立钻	0.10	2.00	—	0.30	—	0.6	—
水平钻	0.20	6.00	0.80	—	—	—	0.60
镗床	0.05	0.03	—	0.07	0.10	—	0.08
刨床	—	—	0.01	—	0.05	—	0.05

表 B.10   设备检修计划

月份	计划检修设备及台数	月份	计划检修设备及台数
1	一台磨床	4	一台立式钻床
2	二台立式钻床	5	一台磨床和一台立式钻床
3	一台镗床	6	一台刨床和一台水平钻床

表 B.11   产品的市场销售量上限 (单位: 件/月)

月份\产品	1	2	3	4	5	6	7
1	500	1000	300	300	800	200	100
2	600	500	200	0	400	300	150
3	300	600	0	0	500	400	100
4	200	300	400	500	200	0	100
5	0	100	500	100	1000	300	0
6	500	500	100	300	1100	500	60

每种产品的最大库存量为 100 件, 库存费用为每件每月 0.5 元, 在一月初, 所有产品都没有库存; 而要求在 6 月底, 每种产品都有 50 件库存. 工厂每天开两班, 每班 8 小时, 为简单起见, 假定每月都工作 24 天.

在生产过程中, 各种工序没有先后次序的要求.

(1) 制定六个月的生产、库存、销售计划, 使六个月的总利润最大.

(2) 在不改变以上计划的前提下, 哪几个月中哪些产品的售价可以提高以达到增加利润的目的. 价格提高的幅度是多大?

(3) 哪些设备的能力应该增加? 请列出购置新设备的优先顺序.

(4) 是否可以通过调整现有的设备检修计划来提高利润? 提出一个新的设备检修计划, 使原来计划检修的设备在这半年中都得到检修而使利润尽可能的增加.

(5) 最优设备检修计划问题: 构造一个最优设备检修计划模型, 使在这半年中各设备的检修台数满足案例中的要求而使利润为最大.

案例 B.4 (炼油厂的生产优化问题)   炼油厂购买两种原油 (原油 1 和原油

2), 这些原油经过四道工序处理: 分馏、重整、裂化和调和, 得到的油和煤油用于销售.

1) 分馏

分馏将每一种原油根据沸点不同分解为轻石脑油、中石脑油、重石脑油、轻油、重油和残油. 轻、中、重石脑油的辛烷值分别是 90、80 和 70, 每桶原油可以产生的各种油分如表 B.12 所示, 在分馏过程中有少量损耗.

表 B.12　原油分馏得到的油分 (单位: 桶/桶)

	轻石脑油	中石脑油	重石脑油	轻油	重油	残油
原油 1	0.10	0.20	0.20	0.12	0.20	0.13
原油 2	0.15	0.25	0.18	0.08	0.19	0.12

2) 重整

石脑油可以直接用来调合成不同等级的汽油, 也可以进入重整过程. 重整过程产生辛烷值为 115 的重整汽油, 1 桶轻石脑油、中石脑油、重石脑油经过重整可以得到的重整汽油为 0.6, 0.52, 0.45 桶.

3) 裂化

轻油和重油可以直接经调合产生航空煤油, 也可以经过催化裂化过程而产生裂化油和裂化汽油, 裂化汽油的辛烷值为 105, 轻油和重油裂化产生的产品 (单位: 桶/桶) 如表 B.13 所示.

表 B.13　轻油与重油裂化产品

	裂化油	裂化汽油
轻油	0.68	0.28
重油	0.75	0.20

裂化油可以用于调合成煤油和航空煤油, 裂化汽油可用于调合成汽油. 残油可以用来生产润滑油或者用于调合成航空煤油或煤油, 一桶残油可以产生 0.5 桶润滑油.

4) 调合

(1) 汽油 (发动机燃料). 有两种类型的汽油: 普通汽油和优质汽油, 这两种汽油都可以用石脑油、重整汽油和裂化汽油调合得到. 普通汽油的辛烷值必须不低于 84, 而优质汽油的辛烷值必须不低于 94. 假定调合成汽油的辛烷值与各成分的辛烷值及含量成线性关系.

(2) 航空煤油. 航空煤油可以用汽油、重油、裂化油和残油调合而成. 航空煤油的蒸汽压必须不超过每平方厘米 1 公斤, 而轻油、重油、裂化油和残油的蒸汽

压 (单位: kg/cm²)分别为 1.0, 0.6, 1.5, 0.0.

可以认为, 航空煤油的蒸汽压与各成分的蒸汽压及含量成线性关系.

(3) 煤油. 煤油由轻油、裂化油、重油和残油按 10 : 4 : 3 : 1 的调合而成.

各种油品的数量及处理能力如下: ① 每天原油 1 的可供应量为 20000 桶; ② 每天原油 2 的可供应量为 30000 桶; ③ 每天最多可分馏 45000 桶原油; ④ 每天最多可重整 10000 桶石脑油; ⑤ 每天最多可裂化处理 8000 桶; ⑥ 每天生产的润滑油必须在 500 ~ 1000 桶之间; ⑦ 优质汽油的产量必须是普通汽油产量的 40%.

优质汽油、普通汽油、航空煤油、煤油、润滑油等各种产品的利润 (元/桶) 为 0.7, 0.6, 0.4, 0.35, 0.15.

图 B.1 表示炼油厂的整个炼油过程的工艺过程.

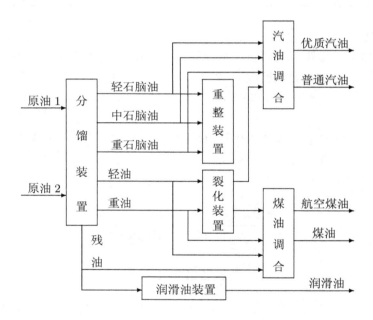

图 B.1　炼油厂的生产流程

问: 应如何制定炼油厂的生产计划, 以得到最大利润?

案例 B.5 (露天采矿)　某公司获准在 200m × 200m 的正方形场上进行露天采矿. 土壤的滑移角使得坑侧壁的坡度不得陡于 45°. 公司已经取得各个地点、各处深度上矿物价值的估计值. 考虑到滑移角的限制, 公司决定采用矩形块开采法. 每块水平尺寸为 50m × 50m, 垂直尺寸为 25m. 若把这些矩形块相互堆放起来, 如图 B.2 所示的垂直截面图 (图 B.2 以三维表示法表示, 自下而上堆放四块), 则只可能按倒锥体挖掘这些块.

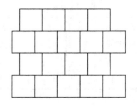

图 B.2

若采用最大可能开采倒锥体中每块的价值 (纯金属的百分率) 对矿石的价值做估价, 那么就得到如图 B.3 所示的值.

第一层 (地表)

1.5	1.5	1.5	1.5
1.5	2.0	1.5	0.75
1.0	1.0	0.75	0.5
0.75	0.75	0.5	0.5

第二层 (深度 25m)

4.0	4.0	2.0
3.0	3.0	1.0
2.0	2.0	0.5

第三层 (深度 50m)

12.0	6.0
5.0	4.0

第四层 (深度 75m)

6.0

图 B.3   矿石价值分布图

开采费随深度增加而增加. 各层开采一矩形块的费用是: 第一层为 3000 元, 第二层为 6000 元, 第三层为 8000 元, 第四层为 10000 元.

从一个 "100% 价值和矩形块" 中可得到的收入是 200000 元. 每个矩形块的收入与矿石价值成正比.

试建立模型以确定一些最好的矩形块开采, 其目标是使收入耗费比为最大.

案例 B.6 (采矿规划) 某采矿公司计划今后 5 年内在某地区连续进行开采. 该地区共有 4 个矿, 但每年最多只允许开采其中的 3 个. 若某矿在其中某一年不开采, 但今后仍准备开采, 该年内需付一定的维护费, 否则就永远关闭, 不准再开采. 已知各矿不开采年的维护费 (单位: 百万元) 及每年最大允许开采量 (单位: 百万吨) 如表 B.14 所示.

各矿矿石质量不一致, 用某种标度衡量, 1 矿为 1.0, 2 矿为 0.7, 3 矿为 1.5, 4 矿为 0.5. 而每年开采出来的矿石混在一起对外销售, 混合后矿石的标度按不同矿石所占比例进行线性加权计算. 对今后 5 年内外销的矿石要求恰好达到以下标度: 第 1 年为 0.9, 第 2 年为 0.8, 第 3 年为 1.2, 第 4 年为 0.6, 第 5 年为 1.0. 若混合后矿石不管标度为多少, 每年售价均为 100 元/吨不变. 若该公司的收入或支出在

表 B.14

	不开采年的维护费	最大允许开采的矿石数		不开采年的维护费	最大允许开采的矿石数
1 矿	50	2	2 矿	40	2.5
3 矿	40	1.3	4 矿	50	3

随后年份里均应扣除 10% 的各种税收. 试确定该公司今后 5 年的开采方案.

案例 B.7 (经济规划)　某经济机构由煤、钢、运输三种工业组成. 其中每种工业生产 (把一单位看做价值为 1 元的产值) 不但需要其他工业提供原材料而且需要该工业本身提供原材料. 由表 B.15 给出需要的原材料和劳力 (也以元计). 在该机构内有时间延迟, 第 $t+1$ 年的产出要在第 t 年就投入.

一种工业的产出既可以是其自身的生产能力, 又可以是其他工业未来年份的生产能力. 在表 B.16 中给出生产能力增长 (1 元额外产值的生产能力) 所需要的投入. 一种工业第 t 年的投入会带来第 $t+2$ 年生产能力的 (持续) 增长.

表 B.15

投入(第 t 年)	第 $t+1$ 年产出		
	煤	钢	运输
煤	0.1	0.5	0.4
钢	0.1	0.1	0.2
运输	0.2	0.1	0.2
劳力	0.6	0.3	0.2

表 B.16

投入(第 t 年)	第 $t+2$ 年生产能力		
	煤	钢	运输
煤	0.1	0.75	0.9
钢	0.1	0.1	0.2
运输	0.2	0.1	0.2
劳力	0.4	0.2	0.1

货物库存量各年保持不变. 当年 (0 年) 的库存量和生产能力 (以年计) 由表 B.17 给出 (以 10^6 元计). 每年劳力定额限定为 470×10^6 元.

表 B.17

	第一年	
	库存量	生产定额
煤	150	300
钢	80	350
运输	100	280

现希望对这个经济机构今后 5 年各种可能的增长模式进行分析. 尤其希望知道由实行下述目标而引起的增长模式:

(1) 在满足每年外来消耗煤 60×10^6 元、钢 60×10^6 元和运输 30×10^6 元的前提下, 仍能使 5 年结束时总生产能力为最大.

(2) 使第四和第五年的总生产额 (不是生产能力) 最大, 但不计每年外来的需要量.

(3) 在满足每年外来需要量 (1) 的同时, 仍应使所需总劳力最大 (不计劳力的限制).

案例 B.8 (分散)　某厂计划将它的一部分在市区的生产车间搬至该市的卫星城镇, 好处是土地、房租费及排污处理费用等都较便宜, 但会增加车间之间的交通运输费用.

设该厂原在市区车间有 A, B, C, D, E 五个, 计划搬迁去的卫星城镇有甲、乙两处. 规定无论留在市区或甲、乙两卫星城镇均不多于三个车间.

从市区搬至卫星城带来的年费用节约如表 B.18 所示.

表 B.18　(单位: 万元/年)

	A	B	C	D	E
搬至甲	100	150	100	200	50
搬至乙	100	200	150	150	150

但搬迁后带来运输费用增加由 c_{ik} 和 d_{jl} 值决定, c_{ik} 为 i 和 k 车间之间的年运量, d_{jl} 为市区同卫星城镇间单位运量的运费, 具体数据分别见表 B.19 和表 B.20.

表 B.19　c_{ik} 值 (单位: 吨/年)

	B	C	D	E
A	0	1000	1500	0
B		1400	1200	0
C			0	2000
D				700

表 B.20　d_{jl} 值 (单位: 元/吨)

	甲	乙	市区
甲	50	140	130
乙		50	90
市区			100

试为该厂确定一个最优的车间搬迁方案.

案例 B.9 (分布)　某公司有两个生产厂 A_1, A_2, 四个中转仓库 B_1, B_2, B_3 和 B_4, 供应六家用户 C_1, C_2, C_3, C_4, C_5 和 C_6. 各用户可从生产厂家直接进货, 也可从中转仓库进货, 其所需的调运费用 (单位: 元/吨) 如表 B.21 所示.

部分用户希望优先从某厂或某中转仓库得到供货. 他们是: C_1 —— A_1, C_2 —— B_1, C_5 —— B_2, C_6 —— B_3 或 B_4.

已知各生产厂月最大供货量为: A_1, 150 000 吨; A_2, 200 000 吨. 各中转仓库月最大周转量为: B_1, 70 000 吨; B_2, 50 000 吨; B_3, 100 000 吨; B_4, 40 000 吨. 用户每月的最低需求为: C_1, 50 000 吨; C_2, 10 000 吨; C_3, 40 000 吨; C_4, 35 000 吨; C_5, 60 000 吨; C_6, 20 000 吨.

表 B.21

	B_1	B_2	B_3	B_4	C_1	C_2	C_3	C_4	C_5	C_6
A_1	50	50	100	20	100	—	150	200	—	100
A_2	—	30	50	20	20	—	—	—	—	—
B_1					—	150	50	150	—	100
B_2					100	50	50	100	50	—
B_3					—	150	200	—	50	150
B_4					—	—	20	150	50	150

注: 表中 "—" 为不允许调运.

现问:

(1) 该公司采用什么供货方案, 使总调运费用最小?

(2) 增加生产厂或某个中转仓库的能力, 对调运费用会发生什么影响?

(3) 在调运费用、工厂或中转仓库能力以及需求量方面, 分别在什么范围内变化, 将不影响调运费用的变化?

(4) 能否满足所有用户优先供货的要求, 若都满足, 需增加多少额外费用?

在此分布问题中, 有人建议开设两个新的中转仓库 B_5 和 B_6, 并扩大 B_2 的中转能力. 假如最多允许新开设 4 个仓库, 可以关闭原仓库 B_1 或 B_4, 或两个都关闭.

新建仓库和扩建 B_2 的月费用及中转能力为: 建 B_5 需投资 120000 万, 中转能力为每月 30000 吨; 建 B_6 需投资 40000 元, 月中转能力为 25000 吨; 扩建 B_2 需投资 30000 元, 月中转能力比原增加 20000 吨. 关闭原仓库可带来的节约为: 关闭 B_3 月节省 100000 元; 关闭 B_4 可月节省 50000 元.

新建仓库 B_5, B_6 同生产厂及各用户间单位物资的调运费用 (单位: 元/吨) 见表 B.22.

表 B.22

	B_5	B_6	C_1	C_2	C_3	C_4	C_5	C_6
A_1	60	40						
A_2	40	30						
B_5			120	60	40	—	30	80
B_6			—	40	—	50	60	90

要求确定:

(1) 应新建哪几座仓库, B_2 是否需扩建, B_1 和 B_4 要否关闭.

(2) 重新确立使总调运费用为最小的供货关系.

案例 B.10 (救护车行程安排)　某市有两大主要医院: A 医院和 B 医院. A 医院坐落于城市的西南部, 而 B 医院位于东北部.

两医院的医院主管需要讨论救护车的时间和行程安排, 以便更好地协调两个医院间的救护工作, 提供尽可能快速的紧急服务.

通过一中心集散系统处理所有救护服务的提议正在考虑之中. 此集散系统会自动地把呼叫转到能够提供最快服务的医院. 在研究此提议的过程中, 一个由两个医院员工组成的工作组认为, 其最好的方法是把城市分为 20 个服务区. 在这个结构中, A 医院将会位于 1 区, 而 B 医院位于 20 区. 展示此 20 区域的布置图以及相关区域间的往返时间, 见图 B.4.

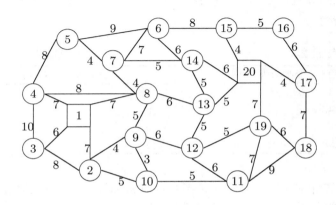

图 B.4　救护的服务网络

根据这个操作程序, 新的紧急呼叫将会以区号划分. 也就是说, 最靠近该区的医院会派出救护车来完成服务. 然而, 若最近医院的所有救护车都在使用之中, 此服务将由另一个医院完成. 无论哪一个医院负责服务, 要求紧急服务的个人将会被带到最近的医院.

为了使此协调性服务尽可能高效, 救护车司机必须预先知道到达每一区的最短路线. 需要知道救护者应被带到哪个医院以及最快到达该院的路线.

试为两个医院主管准备一个描述你自己对此问题的分析报告. 在你的报告陈述中, 应包括以下几点:

(1) 一张给调度员的划分城市医院救护服务区的地图.

(2) 一张给 A 医院救护车司机提供从 A 医院到城市中每一个区域需要最少时间的路线图, 包含 B 医院. 还包括一张可以告诉 A 医院司机此人应被带到哪个医院以及应走的路线.

(3) 一张给 B 医院救护车司机提供从 B 医院到城市中每个区域的最少时间路

线, 包含 A 医院. 还包括一张告诉 B 医院救护车司机此人应被带到哪个医院以及应走的路线.

(4) 关于此系统如何通过改动而适应一天中出现的交通情况的建议, 例如因暂时性道路建设而需要改变交通路线的建议.

案例 B.11 (**农产品定价**)　一个地区的政府部门需要为其制酪业生产的牛奶、奶油和乳酪规定价格. 所有这些产品都要直接或间接地从地区的生牛奶生产中得到. 这类生牛奶通常可分成脂肪和固体物质两部分. 扣除一定数量以制造出口产品或农场本身所消耗的脂肪和固体物质后, 每年总共还有脂肪 600000 吨和固体物质 750000 吨, 这是供生产地区内消费的牛奶、奶油和两种乳酪可能获得的总量. 表 B.23 列出这些产品的百分组成. 表 B.24 列出去年这些产品的该地区消费量及其价格.

表 B.23

	脂肪	固体物质	水
牛奶	4	9	87
奶油	80	2	18
乳酪 1	35	30	30
乳酪 2	25	40	35

表 B.24

	本区消费量/10^3 吨	价格/(元/吨)
牛奶	4820	297
奶油	320	720
乳酪 1	210	1050
乳酪 2	70	815

在以往统计的基础上计算出需要量的价格弹性, 从而建立消费者需要量与每种产品价格的关系. 产品价格弹性系数定义为

$$E = \frac{需要量的降低百分数}{价格的增长百分数}$$

对于这两种乳酪, 消费者需要量 (取决于相对价格) 有某种程度的替换性. 这由需要量对价格的交叉弹性系数来度量. 由产品 A 至产品 B 的交叉弹性系数 E_{AB} 定义为

$$E_{AB} = \frac{产品\ A\ 需要量的增长百分数}{产品\ B\ 价格的增长百分数}$$

牛奶、奶油、乳酪 1 与乳酪 2 的弹性系数分别为 0.4, 2.7, 1.1, 0.4; 从乳酪 1 到乳酪 2、从乳酪 2 到乳酪 1 的交叉弹性系数分别为 0.1, 0.4.

问: 价格定为多少, 有多少最终需要量才能使其总收入最多? 但是, 使某一种产品的价格指数上涨, 这在政策上是不能采纳的. 因这种计算指数的情况, 这种限制只要求不增加去年消费的总费用. 特别重要的一条附加要求是, 要定量地确定这种受政策限制的经济成本.

案例 B.12 (农场规划) 一个小农场计划今后 5 年的种植和饲养计划. 该农场有 200 公顷土地. 现有 120 头牛, 其中有 20 头小母牛、100 头奶牛. 喂养小母牛每头占地 $\frac{2}{3}$ 公顷, 喂养每头奶牛占地 1 公顷.

每头奶牛平均每年生养 1.1 头小牛, 其中一半为小公牛, 生下后立即出售, 每头 300 元; 其余一半为小母牛, 如立即出售, 每头 400 元, 若留下饲养则可用 2 年时间养成奶牛.

若规定从刚出生到满 1 年的牛龄为 1, 满 1 年到第 2 年末的牛龄为 2, 则牛龄到达 12 的奶牛一律出售, 每头为 1200 元. 小母牛的年死亡率为 5%, 奶牛的年死亡率为 2%.

1 头奶牛 1 年的产奶收入为 3700 元, 该农场最多饲养奶牛和小母牛数不超过 130 头, 当超过这个数时, 每头每年需额外支出 2000 元.

每头奶牛每年需 0.6 吨粮食和 0.7 吨甜菜. 若在农场的土地上种植时, 每公顷可产甜菜 1.5 吨/年. 农场土地中有 80 公顷左右用于种粮食, 这些土地可分成四部分:

第一部分有 20 公顷, 年产粮 1.1 吨/公顷; 第二部分有 30 公顷, 年产粮 0.9 吨/公顷; 第三部分有 20 公顷, 年产粮 0.8 吨/公顷; 第四部分有 10 公顷, 年产粮 0.65 吨/公顷.

每年粮食或甜菜若不足或多余时, 也可以买进或卖出. 粮食买进价为 900 元/吨, 卖出价为 750 元/吨; 甜菜买进价为 700 元/吨, 卖出价 580 元/吨.

对劳动力的需求为: 每头小母牛为 10 小时/年, 每头奶牛为 42 小时/年, 种 1 公顷粮食为 4 小时/年, 1 公顷甜菜需 14 小时/年.

其他费用支出为: 小母牛为 500 元/年, 奶牛为 1000 元/年, 每公顷粮食为 150 元/年, 每公顷甜菜为 100 元/年. 劳动力费用为 40000 元可提供 5500 小时/年, 超过这个时间为 12 元/小时.

各项投资费用将由为期 10 年、年息为 15% 的借款中得到. 利息和资本将一年一次等量归还, 10 年还清. 若该农场负责人希望任何一年利润值为正, 又要求第 5 年末奶牛数不少于 50 头、不多于 175 头. 问: 应如何安排今后 5 年种植和饲养计划, 使总盈利为最大?

案例 B.13 (收费比率) 责成若干发电站全天满足下面的电力负荷要求: 午夜 12 点至上午 6 点 15000MW, 上午 6 点至上午 9 点 30000MW, 上午 9 点至下午 3 点 25000MW, 下午 3 点至下午 6 点 40000MW, 下午 6 点至午夜 12 点 27000MW.

有三类发电设备可供使用: 1 类 12 台、2 类 10 台、3 类 5 台. 每台发电机必须在最低功率级和最高功率级之间运行, 运行在最低功率级的每台发电机每小时有一项费用. 此外, 若一台发电机工作超过此项最低功率级, 每小时每兆瓦要附加一项额外费用. 启动发电机也需要费用. 所有数据如表 B.25 所示.

表 B.25

	最低功率级 /MW	最高功率级 /MW	最低功率级的 每小时费用/元	超过最低功率级的 每兆瓦小时费用/元	启动费 用/元
类型 1	850	2000	1000	2	2000
类型 2	1250	1750	2600	1.30	1000
类型 3	1500	4000	3000	3	500

另外, 为了满足预测的负载需要量, 在任何时间必须有足够的发电机在工作, 使其有可能满足负载增长 15% 的需要. 这种增长必须通过调节在其容许范围内运转的一些发电机的输出来实现. 现问:

(1) 全天各周期应有多少台发电机工作, 才能使总费用最低?

(2) 全天各周期电力生产的边际成本是多少? 即各周期应收多少费?

(3) 降低 15% 后备输出能保证节约多少金额? 即这种供电的保障措施要花费多少钱?

案例 B.14 (股票发行) 某公司准备在 28 周之内完成股票发行的任务, 以此得到新的资金来确保公司能够从其竞争对手那里获得一些有价值的新业务并继续发展下去.

由于时间紧迫, 管理层决定制定原始公众股发行过程的步骤. 表 B.26 列出了需要完成的每个主要活动, 每个活动的紧前活动, 完成每个活动需要时间以及完成每个活动所需要的成本. 表中时间单位为周, 成本单位为元.

(1) 为公司股票的首次发行过程制作一个项目网络图. 整个过程会花费多少时间? 在此过程之中的关键活动是什么?

(2) 若分别出现如下情况, 会对完成这些活动所需要的时间产生怎样的影响?

- 财团的一些成员态度强硬, 关于每个成员责任的协商时间从两周增加到三周.
- 承销商的计算股票发行价格的时间从五周下降到四周.
- 证券交易委员会在最初的注册报告书中找到很多不足之处, 承销商要多花 2.5 周的时间来修改注册报告书并把它重新提交给证券委员会.
- 在新股票的发行过程中有些条款与证券法并不一致. 为保证一致, 对条款的修改时间增加到四周.

(3) 有消息称公司的主要竞争对手也正在计划上市融资. 公司决定必须在 22 周之内完成这个项目. 管理层认为, 假如向某些活动投入更多的资源 —— 人力和

表 B.26 股票发行的活动情况表

活动	紧前活动	时间/周	成本/元
A: 评估每个潜在经销商的声誉		3	8000
B: 选择一个经销商财团	A	1.5	4500
C: 协商财团每个成员的责任	B	2	9000
D: 协商财团每个成员的佣金	B	3	12000
E: 准备注册声明 (包括预计财务状况、公司历史、现有业务以及未来规划)	C	5	50000
F: 把注册报告书提交证券交易委员会	E	1	1000
G: 向社会公共机构的投资者进行介绍并激发潜在购买者的兴趣	F	6	25000
H: 分发招股说明书以及有吸引力的证券说明书	F	3	15000
I: 计算发行价格	F	5	12000
J: 从证券交易委员会接到材料不足备忘录	F	3	0
K: 修改注册报告书并把它提交给证券交易委员会	J	1	6000
L: 从证券交易委员会得到注册确认	K	2	0
M: 确认发行遵守证券法的条款	G, H, I, L	1	5000
N: 指定一个负责登记股票的信托公司	L	3	12000
O: 指定一个过户代理	L	3.5	13000
P: 发行最终的招股说明书, 其中包括通过邮件向所有股票认购者说明的最后价格和所做的修改	M, N, O	4.5	40000
Q: 打电话给有兴趣的购买者	M, N, O	4	9000

财力, 这个目标是可能实现的. 表 B.27 列出了所有可能被缩短的活动、全面缩短后活动所需要的时间, 以及缩短活动所需要的成本. 另外, 管理层也得出结论, 部分缩短如表 B.27 所示的活动时间是可以做到的, 而且当全面缩短时, 减少的时间和上升的成本成比例.

表 B.27 股票发行应急情况表

活动	时间/周	成本/元	活动	时间/周	成本/元
A	1.5	14000	K	0.5	9000
B	0.5	8000	L	0.5	8300
E	4	95000	N	1.5	19000
G	4	60000	O	1.5	21000
H	2	22000	P	2	99000
I	3.5	31000	Q	1.5	20000

此时, 怎样做才能满足设定的新的最后期限?

(4) 现公司从投资银行家那里知道竞争对手因公司的记账紊乱而且不完整,

不得不推迟上市. 获得这条消息后, 管理层认为公司在首次发行股票的时间限制上可以放宽一些. 可以设为在 24 周内, 而不是 22 周内完成新股发行的整个程序. 假设完成指定信托公司和过户机构的时间、成本和 (3) 中的一样. 那么, 怎样做才能满足管理层设定的新的最后期限?

案例 B.15 (药店库存管理)　某药店的库存经理正在考虑药店中某一品牌牙刷的库存管理. 他发现顾客对该产品非常忠诚, 顾客愿意为该产品等待, 因为该产品有项专利几乎被所有的牙医认可. 药店的售价比其他同类药店便宜得多, 产品经常缺货. 该产品的当地仓库距离只有 20 里, 一般情形下可以在向仓库下订单之后的几个小时内拿到牙刷. 但是, 当前的库存状况仍然引起很多问题, 突发的大量订单花去了商店不必要的时间和文案工作, 并且顾客也因为要在当天的晚些时候再来一趟而不满.

库存经理经过检查去年的牙刷需求和成本数据, 发现对牙刷的需求数据每月几乎是常数. 不管是冬天还是夏天, 顾客都需要该产品, 并且因为磨损而在几个月后会回来再买一个. 数据显示每月 (30 天) 的平均购买量是 250 个.

在检查过需求数据后, 经理开始调查成本数据. 因该药店是个好主顾, 故批发商给它最低的批发价, 即每个 1.25 元. 经理下一次订单要花上 20 分钟. 他的薪水和福利加起来是每小时 18.75 元. 年库存持有成本是库存所占用资金的 12%.

(1) 库存经理决定制定一种库存策略, 在正常情况下可以满足所有需求. 他认为出空存货与安慰顾客的口舌或未来订单的丢失相比是不值得的, 不允许任何计划内的缺货. 药店是在下订单之后的几个小时内收到货物的, 可以做一个简化的假设, 即送货是立即到达的. 则在此条件下的最优库存策略是什么? 应以怎样的频率下订单, 每次应购买多少件产品呢? 此政策下的年总可变库存成本是多少?

(2) 该品牌牙刷生产公司试图进入其他个人卫生用品的领域, 如发刷和牙线, 生产上资金的占用使公司面临着财务问题, 决定关闭离药店 20 里的仓库. 现在, 药店必须从 350 里之外的一个仓库定货, 同时必须在定货后等待 6 天才能收到送货. 问: 在新的提前期之下, 每次应该订购多少牙刷, 什么时候订购?

(3) 现在开始考虑若他允许有计划缺货的发生会不会省钱. 顾客们的忠诚度很高, 并且该品牌牙刷在药店卖得更便宜, 为了买这种牙刷, 一般地, 顾客们愿意等待. 即便顾客愿意为了从药店买牙刷而等待, 他们也会因为不得不为了牙刷再到商店来一次的可能而感到不快. 经理认为他需要就缺货的负面影响进行仔细分析. 他知道雇员不得不安抚不满的顾客, 并且追寻新的一批牙刷交货的日期. 估计对于接待不满的顾客, 失去顾客的忠诚和未来的销售, 其每年每单位缺货的成本为 1.5 元. 问: 在 6 天的提前期和允许缺货的情况下, 每次应订购多少牙刷, 什么时候订购? 在最优库存策略下的最大缺货量是多少? 年总可变库存成本是多少?

(4) 库存经理认识到他对缺货成本的估计仅仅是一个估计. 他认为, 在牙刷缺货的情况下, 雇员们有时必须为接待每一个想买这种牙刷的顾客都要花费几分钟的时间. 另外, 他认识到失去顾客的忠诚和未来的销售的成本可以在一个非常大的范围内变化. 他估计对于接待不满的顾客, 失去顾客的忠诚和未来的销售, 其每年每单位缺货的成本在 $0.85 \sim 25$ 元之间. 问: 改变对单位缺货成本的估计将会对最优库存策略和年总可变库存成本有什么影响?

(5) 关闭仓库并没有显著提高牙刷生产公司的财务底线, 于是公司决定建立折扣政策以鼓励更多的销售. 牙刷生产公司以每只牙刷 1.25 元的价格提供给订购量小于 500 只的客户, 以每只牙刷 1.15 元的价格提供给订购量大于 500 只小于 1000 只的客户, 以每只牙刷 1 元的价格提供给订购量超过 1000 只的客户. 仍假设提前期为 5 天, 但不想出现计划内缺货. 问: 在新的折扣政策之下, 每次应该订购多少牙刷, 什么时候订购? 年总库存成本 (包括采购成本) 是多少?

案例 B.16 (在制品库存管理)   某飞机制造公司的制造部门遇到一个需要降低在制品的库存问题.

车间有 10 台一样的冲压机都用于在经过特殊处理的金属薄板上冲压出机翼组件. 金属薄板以每小时 7 张的速度随机到达. 冲压机冲压出机翼组件的时间服从均值为 1 小时的指数分布. 完成后, 机翼组件以相同的到达率随机到达质检站 (每小时 7 套). 一个质检员全职检查这些机翼组件, 保证它们符合标准. 每次检查花费 7.5 分钟, 每小时可以检查 8 套机翼组件. 除了在冲压机那里已有的在制品库存外, 这个检查率导致了质检站大量的在制品库存. 也就是说, 等待完成检查的机翼组件的平均数量相当大. 相应的在制品库存成本估计是每小时 8 元/件. 制造部门提出了两个方案以降低在制品库存的平均水平.

方案一是略微降低冲压机的压力, 这会导致冲压一套机翼组件的平均时间增加到 1.2 小时, 使得质检员可以更好地跟上它们的产出速度, 同时将每台冲压机的成本 (运作成本扣折扣成本) 从每小时 7 元降低到每小时 6.5 元. 相反, 增大最大压力会使成本上升到 7.5 元/小时, 冲压一套机翼组件的平均时间减低到 0.8 小时.

方案二是用一个年纪较轻的质检员做这项工作. 他的工作速度比较快 (尽管由于缺少经验, 检查时间有一些波动), 能更好地跟上冲压机的产出速度. 他的检查时间服从均值为 7.2 分钟、参数为 $k = 2$ 的爱尔朗分布. 这个质检员的工作等级要求每小时的收入为 19 元. 现在的质检员工作等级低, 每小时为 17 元. 当然, 可以假设同一个工作等级中质检员的检查时间相同.

问: 分析每个方案能够降低多少在制品库存, 然后提出具体的建议.

(1) 为了提供一个比较的基础, 首先要评价现在的状态. 确定在冲压机那里和质检站的在制品期望库存量. 然后计算在制品库存、冲压机、质检员每小时的期望总成本.

(2) 方案一会有什么影响? 为什么? 要求将得到的结果与 (1) 中的结果进行比较说明.

(3) 方案二会有什么影响? 为什么? 要求将得到的结果与 (1) 中的结果进行比较说明.

(4) 对降低在冲压机那里和质检站的在制品期望库存量问题, 提出具体方案. 将得到的结果与 (1) 的结果进行比较说明, 并表示出所建议的方案的改进效果.

案例 B.17 (排队模拟)　某公司刨工班现有两个刨工负责将光滑的面板切成大块的铸件, 使用刨工的主要目的有两个: 一是加工大型水压机的上表面; 二是加工推土设备动力机的配对面. 每种工作的加工时间根据所加工产品上转换器的数量多少不同而不同. 每件产品的加工时间服从均值为 10 小时的指数分布.

铸件以单个的方式到达刨工, 滚筒的铸件以每小时平均两个的速度随机到达, 水压机铸件也同样是以每小时两个的速度随机到达.

问题是刨工跟不上工作的进度, 工作积压问题很严重, 计划滞后就影响了接下来的生产运作, 增加了过程中的库存、设备闲置和开工不足的成本. 刨工班的负责人认为主要是人手不足的原因, 想再多招一个刨工. 第二个原因是刨工班工作的不稳定性, 工作量的最高峰和最低谷都出现在该部门. 有时大量的工作一起下来, 就会造成处理不及时, 使得工作滞后. 而有时大家又找不到工作可做. 若其他部门能够保持工作量的稳定提供, 许多滞后问题就不会存在.

在刨工班建议的基础之上, 管理层要求分析下面两个方案:

方案一是增加一名刨工. 所增加的成本估计为 30 元/小时 (包括资金成本). 这一估计是假设增加一名刨工后, 所有刨工的工作时间是不变的.

方案二是减少工件到达的时间差. 滚筒铸件和水压机铸件交替着平均 10 分钟到达一个. 这需要调整原来的工作流程, 增加的成本为每小时 60 元.

这两个方案不是互斥的, 可以综合利用.

据估计, 在等待时间不是过分漫长的情形下, 滚筒铸件每等待一小时, 成本为 200 元, 而水压机铸件为每小时 100 元. 为了避免等待时间过长, 刨工加工遵循的是先到先加工的原则.

管理层的目标是尽可能地减少每个小时的总成本.

运用模拟方法评估各种可能的方案, 包括现行做法以及所提议方案的各种组合. 然后向管理层提出分析后的建议. 另外, 是否还有其他方法可以考虑?

案例 B.18 (企业竞争模拟)　下面介绍由王其文等开发的一个辅助教学软件——企业竞争模拟的规则, 以作为综合运用运筹学进行辅助决策的练习.

此软件适合在局域网 (Novell、NT 系统) 上运行. 模拟方法是假定每个公司使用一台计算机, 用于输入决策、查看模拟结果和其他信息. 管理者使用一台计算机进行管理、监控和模拟. 各公司和管理者都有自己的口令. 软件也可用交决策单或交软盘的方式进行单机模拟. 软件可支持 15 个班同时期在网络上模拟, 每个班可有 10 个企业. 模拟的复杂度有 8 种, 每种又有多种情景. 最多可以选择生产 3 种产品, 在 3 个市场竞争.

企业竞争模拟按期进行. 各公司在各期初要制定本期的生产、运输、市场营销、财务管理、人力资源管理等决策计划. 根据各公司的决策, 依据模拟的市场机制决定各公司的销售量以及其他各项经营指标. 经多期模拟后, 根据各公司的经营绩效做出综合评价, 排出优先次序.

1) 一般规则

模拟参加者要服从模拟管理者的领导和指挥, 按时、按规定的方式提交决策. 参加本次模拟的有 10 个组, 代表 10 个同类型、相同规模的企业 (或称公司), 它们可以生产 3 种产品, 在 4 个市场上销售. 模拟情景难度属第 7 级 (共 7 级).

各公司每期 (假定一期为一个季度) 做一个决策. 各公司要在管理者指定的时间内将决策输入计算机 (在网络上运行时), 或将决策交给模拟管理者 (在单机上运行时). 否则, 模拟管理者可以将该公司上期的决策作为该公司本期的决策. 公司做决策时应考虑本公司的现状、历史状况、经营环境以及其他公司的信息, 综合运用学过的管理学知识, 发挥集体科研智慧与创造精神, 追求成功的目标. 公司做决策时一定要注意决策的可行性. 比如, 安排生产时要有足够的机时、人力和原材料, 买机器要有足够的资金. 当决策不可行时, 模拟软件将改变公司的决策. 这种改变有一定的随意性, 并不遵循优化原则.

2) 市场机制

各市场对各种商品的需求与多种因素有关, 符合基本的经济规律. 对某公司的需求量依赖于该公司的决策及状况 (包括对商品的定价、广告费、促销费用及市场份额等), 也依赖于其他公司的决策及状况. 同时, 需求量也与整个市场的容量、经济发展水平、季节变动等因素有关.

价格、广告和促销费的绝对值会影响需求, 与其他公司比较的相对值也会影响需求. 企业对产品的广告影响该产品在各个市场上的需求, 可能有滞后作用. 促销费包括营销人员费用等, 企业在各市场的促销费影响其在该市场上的各种产品的需求.

企业的研发费、工人工资等会影响产品的等级, 等级高的产品可以较高的价格出售.

模拟中发布的动态消息是对下一期的经济环境、社会变革、自然现象等突发事件的预测, 事件是否真正发生以及将造成多大影响都具有随机性, 决策者要有风险意识.

3) 产品分销

企业本期生产产品的 75% 和在工厂的全部库存可以运往各个市场销售. 销售后的剩余作为在市场上的库存, 供以后在该市场销售, 不能运到其他市场. 产品运输费用见表 B.28 与表 B.29. 注意: 只要有产品运往市场, 就要付固定的运输费用; 变动的运输费用是每个产品的运输费用.

表 B.28   产品运输固定费用 (单位: 元)

产品 A	公司 1	公司 2	公司 3	公司 4	公司 5	公司 6	公司 7	公司 8	公司 9	公司 10
市场 1	500	2000	700	1800	900	1600	1100	1400	1200	1300
市场 2	2000	500	1800	700	1600	900	1400	1100	1300	1200
市场 3	4000	4000	4000	4000	4000	4000	4000	4000	4000	4000
市场 4	5000	5000	5000	5000	5000	5000	5000	5000	5000	5000
产品 B	公司 1	公司 2	公司 3	公司 4	公司 5	公司 6	公司 7	公司 8	公司 9	公司 10
市场 1	6000	10000	6200	9800	6400	9600	6600	9400	7000	9000
市场 2	10000	6000	9800	6200	9600	6400	9400	6600	9000	7000
市场 3	12000	12000	12000	12000	12000	12000	12000	12000	12000	12000
市场 4	13000	13000	13000	13000	13000	13000	13000	13000	13000	13000
产品 C	公司 1	公司 2	公司 3	公司 4	公司 5	公司 6	公司 7	公司 8	公司 9	公司 10
市场 1	12000	12000	12000	12000	12000	12000	12000	12000	12000	12000
市场 2	12000	12000	12000	12000	12000	12000	12000	12000	12000	12000
市场 3	16000	16000	16000	16000	16000	16000	16000	16000	16000	16000
市场 4	17000	17000	17000	17000	17000	17000	17000	17000	17000	17000

4) 库存与预订

(1) 库存. 剩余原材料可存在企业的仓库, 库存费为每件原材料每期 0.05 元. 成品可存于工厂的仓库中或各市场的仓库中, 单位成品每期库存费为: 产品 A, 30 元; 产品 B, 80 元; 产品 C, 120 元. 库存费在每期期末支付, 库存量按期初和期末的平均数计算.

(2) 预订. 当市场对某公司的产品需求多于公司在该市场的库存加本期运去的总量时, 多余的需求按表 B.30 的比例变为对下期的定货, 到时以本期价格付款. 公司下一期运到该市场的产品优先满足上一期的定货. 若上一期的定货不能被满足, 剩余的不再转为下一期的定货. 注意: 某公司不能满足的需求, 除了转为下一期的定货, 其余的可能变为对其他公司的需求.

5) 生产作业

生产单个产品所需的资源见表 B.31.

表 B.29　产品运输变动费用 (单位: 元)

产品 A	公司 1	公司 2	公司 3	公司 4	公司 5	公司 6	公司 7	公司 8	公司 9	公司 10
市场 1	25	100	35	90	45	80	55	70	60	65
市场 2	100	25	90	35	80	45	70	55	65	60
市场 3	200	200	200	200	200	200	200	200	200	200
市场 4	250	250	250	250	250	250	250	250	250	250

产品 B	公司 1	公司 2	公司 3	公司 4	公司 5	公司 6	公司 7	公司 8	公司 9	公司 10
市场 1	300	500	310	490	320	480	330	470	350	450
市场 2	500	300	490	310	480	320	470	330	450	350
市场 3	600	600	600	600	600	600	600	600	600	600
市场 4	650	650	650	650	650	650	650	650	650	650

产品 C	公司 1	公司 2	公司 3	公司 4	公司 5	公司 6	公司 7	公司 8	公司 9	公司 10
市场 1	600	600	600	600	600	600	600	600	600	600
市场 2	600	600	600	600	600	600	600	600	600	600
市场 3	800	800	800	800	800	800	800	800	800	800
市场 4	850	850	850	850	850	850	850	850	850	850

表 B.30

	产品 A	产品 B	产品 C
市场 1	30.0%	35.0%	40.0%
市场 2	30.0%.	35.0%	40.0%
市场 3	20.0%	25.0%	30.0%
市场 4	22.0%	28.0%	35.0%

表 B.31　生产单个产品所需的资源

	产品 A	产品 B	产品 C
机器/时	100	200	400
人力/时	140	240	180
原材料/单位	500	1200	2000

6) 班次

第一班正班: 6:00~14:00, 第一班加班: 14:00~18:00, 第二班正班: 14:00~22:00, 第二班加班: 22:00~2:00. 一期正常班为 520 小时 (一季度 13 周, 每周 40 小时), 加班为 260 小时.

7) 机器

机器可两班使用, 但第一班加班和第二班用的机器总数不能多于公司机器总数. 第一班加班用的机器在完工后四小时内也不能用于第二班正常班. 机器价格为 80000 元, 折旧期为 5 年, 每期 (季度) 折旧率为 5.0%, 不管使用与否. 若购买机器, 本期末付款, 下期运输安装, 再过一期才能使用, 使用时才计算折旧.

8) 材料定购

(1) 原材料的价格为 1 元, 但可以根据定货的多少得到批量价格优惠. 优惠价格如表 B.32 所示.

表 B.32　原材料价格

定购量 ⩾	0	1000000	150000	200000
单价	1.00	0.98	0.96	0.92

(2) 原材料的运输费用分为固定费用 (按是否定货) 和变动费用 (按定货量). 原材料的运输固定费用为 5000 元, 变动费用为 0.02 元. 购原材料的运费算作本期的成本, 批量优惠算作本期收入.

(3) 原材料运输时间. 由于运输的原因, 本期决策订购的原材料至多有 75% 可以用于本期使用.

9) 管理成本

(1) 管理成本. 公司每期的固定费用与生产的产品和班次有关. 第一班生产产品 A, 费用为 8000 元; 第二班生产产品 A, 费用为 10000 元. 第一班生产产品 B, 费用为元 12000; 第二班生产产品 B, 费用为 15000元. 第一班生产产品 C, 费用为 17500 元; 第二班生产产品 C, 费用为 20000 元.

(2) 维修费. 每台机器每期的维修费为 250 元, 不论使用与否.

10) 咨询

软件可以提供咨询服务, 检查企业的决策是否可行. 企业需按检查的次数付咨询费, 收费标准为每次 2000 元.

11) 研究开发

(1) 研发的作用. 企业要生产某种产品, 需先投入基本的研发费用, 其数量相当于表 B.33 的等级 1. 它包括生产该新产品所需的专利费用、设施的购置和技术的培训等.

为了提高该产品的等级, 企业还需要进一步投入研发费. 它包括为提高产品质量的技术革新和生产工艺的改进等. 这些费用相当于表 B.33 的等级 2, 3, 4, 5. 若产品等级高, 可以增加客户的需求. 在计算成本时, 将本期的研发费用平均分摊在本期和下一期.

(2) 研发费. 各种产品达到不同等级需要的累积研发费用 (简单加总) 如表 B.33 所示. 说明: 工人工资系数对产品等级的影响是在研发费用基础上的进一步调整. 比如, 研发费决定的产品等级为 3, 考虑工资系数后, 产品等级调节后的区间为 (2.1, 3.9). 考虑研发费和工资系数后的产品等级的提高要循序渐进, 每期最多提高一级. 研发费用只在模拟难度级别大于 4 时考虑; 否则, 产品等级设为 1.

12) 人员招聘、退休与解聘

(1) 新工人招聘与培训. 企业可以在每期期初招聘工人, 但招收人数不得超过当期期初工人总数的 50.0%. 本期决策招收的新工人在本期为培训期. 每个新工

表 B.33　研发费用

产品	等级 1	等级 2	等级 3	等级 4	等级 5
产品 A	100000	200000	300000	400000	500000
产品B	200000	350000	480000	600000	700000
产品C	300000	450000	580000	700000	800000

人的培训费为 800 元. 培训期间新工人的作用和工资相当于正式工人的 25.0%.
经过一期培训后, 新工人成为熟练工人.

(2) 工人退休或解聘. 企业每期有 3.0% 的工人正常退休. 企业在做决策时,
可以根据情况解聘工人. 决策单中的解聘工人数是退休和解聘人数之和. 根据政
府规定, 退休和解聘人数之和不能多于期初工人数的 10%. 本期退休或解聘的工
人不再参加本期的工作, 企业要发给退休和解聘的工人每人一次性生活安置费
2000 元.

13) 员工每小时基本工资

(1) 工作小时基本工资. 第一班正班为 3.0 元, 第二班加班为 4.50 元, 第三班
正班为 4.0 元, 第四班加班为 6.0 元. 每个工人只能上一种班, 加班人数不能多于
本班正班人数. 未值班的工人按第一班正班付工资.

(2) 员工激励. 以上的小时基本工资是本行业的基本工资, 也是各企业确定工
资的最低线. 企业可以用提高工资系数的办法激励员工. 设对应基本工资的工资
系数为 1, 若工资系数为 1.2, 则实际工资为基本工资乘以 1.2. 提高工资系数有助
于提高企业的产品质量, 减少废品率, 也可以提高产品的级别. 当然, 提高工资系
数会增加成本.

废品会浪费企业的资源、运费, 还会因为顾客退换产品造成折价 40% 的经济
损失.

工资系数变化只对模拟难度 5 以上的情景. 当难度等级小于 5 时系数设为 1,
在决策单上不包括工资系数, 也不考虑废品率.

14) 资金筹措

(1) 银行贷款. 模拟开始时各公司有现金 250 万元. 为了保证公司的运营, 每
期期末公司至少应有 250 万元现金, 若不足, 在该公司信用额度的范围内, 银行将
自动给予贷款补足. 企业也可以在决策时提出向银行贷款. 但是, 整个模拟期间贷
款的总数不得超过 800 万元的信用总额.

银行贷款的本利在本期末偿还, 年利率 8.0% (每期的利率为年利率的 $\frac{1}{4}$).

(2) 国债. 公司每期都可以买国债, 年利率为 6.0%. 若购买国债在本期付款,
本利在下期末兑现.

(3) 发债券. 公司为了筹集发展资金或应付财政困难, 可以发行债券. 当期发

行的债券可以在期初得到现金. 公司某期发行的债券额与尚未归还的债券之和不得超过公司该期初净资产的 50%.

各期要按 5.0% 的比例偿还债券本金, 并付利息. 债券年利率为 12.0%. 公司模拟开始几期, 可能已经发行了债券, 未偿还债券总量可在公司信息里查看.

本期发行的债券本利的偿还从下一期开始. 债券不能提前偿付或拖延.

15) 纳税与分红

(1) 税务. 公司缴税是公司对国家应尽的义务, 也是评价公司经营绩效的一项重要指标.

税金为本期净收益的 30.0%, 在本期末缴纳.

本期净收益为负值时, 可按该亏损额的 30.0% 在下一期 (或以后几期) 减税.

(2) 分红. 公司分红的条件: 首先应优先保证期末剩余的现金数量超过 250 万元. 其次分红数量不能超过公司该期末的税后利润. 注意: 考虑到资金的时效性, 公司累计缴税和累计分红按 7.0% 的年息计算.

16) 现金收支次序

现金收支次序为

期初现金　　　+ 银行贷款　　　+ 发行债券

− 部分债券本　− 债券息　　　　− 培训费

− 退休费　　　− 基本工资 (工人至少得到第一班正常的工资)

− 机器维护费　− 紧急求援贷款　− 购原材料

− 特殊班工资差额 (第二班差额及加班)− 研发费用

− 管理费　　　− 运输费　　　　− 广告费

− 促销费　　　+ 销售收入　　　− 存储费

+ 上期国债本息− 本期银行贷款本息

− 上期紧急求援贷款本息　　　　− 税金

− 买机器　　　− 分红　　　　　− 买国债

17) 警告

当资金不足时, 将按以上次序支出, 并修改决策. 若现金不够支付机器维护费以前的项目, 会得到紧急救援贷款. 此贷款年利率为 40%, 本息需在下期末偿还.

18) 评判标准

每期模拟结束后, 软件根据各企业的经营业绩评定一个综合成绩. 评判的标准包含七项指标: 本期利润、市场份额、累计分红、累计缴税、净资产、人均利润率、资本利润率. 其中计算人均利润率的人数包括本期解聘的和本期新雇的工人, 计算资本利润率的资本等于净资产加未偿还的债券.

评定方法是先按这些指标分别计算标准分, 再按设定权重计算出综合评分. 各项指标权重分别为 0.15, 0.15, 0.15, 0.10, 0.15, 0.15, 0.15, 其中市场份额是按各个产品在各个市场销售数量的占有率, 分别计算标准分后再求平均.

标准分的算法是先求全部公司某指标的均值和标准差, 用企业的指标减去均值, 再除以该指标的标准差. 标准分为零意味着企业的这一指标等于各企业的均值; 标准分为正, 表示该指标较好; 若为负, 表示该指标不佳. 在计算标准分时, 会考虑上期综合评分的影响, 也会根据企业的发展潜力进行调整. 若企业所留现金小于本期期初现金或本期费用, 或企业所存原材料少于本期使用原材料的 0.25 倍, 这意味着经营的连续性不佳, 其标准分将适当下调.

软件将公布各企业七项指标各自的名次与综合评分. 模拟结束后, 除了综合评分领先的企业可以总结交流经验, 其他企业也可以就某个成功的单项指标进行总结.

参考文献

[1] 徐玖平, 胡知能. 中级运筹学. 北京: 科学出版社, 2008

[2] J. J. Moders, S. E. Elmaghraby. 运筹学手册. 上海: 上海科学技术出版社, 1987

[3] 徐玖平, 胡知能, 王綏. 运筹学 (I 类). 北京: 科学出版社, 2007

[4] 张建中, 许绍吉. 线性规划. 北京: 科学出版社, 1990

[5] Frederick S. Hillier, Gerald J. Lieberman. Introduction to Operations Research (6th Ed.). Beijing: China Machine Press/ McGraw - Hill, 1999

[6] LINDO Systems Inc. LINDO6 Systems Help. Chicago: LINDO Systems, Inc, 1999

[7] LINDO Systems Inc. LINGO6 Systems Help. Chicago: LINDO Systems, Inc, 1999

[8] S. P. Bradley, A. C. Hax, T. L. Magnanti. Applied Mathematical Programming. Reading, MA: Addison-Wesley, 1977

[9] Frederick S. Hillier, Mark S. Hillier, Gerald J. Lieberman. 数据、模型与决策. 北京: 中国财政经济出版社, 2001

[10] H. P. Williams. Model Building in Mathematical Programming. Chichester: John Wiley & Sons, 1999

[11] 袁亚湘, 孙文瑜. 最优化理论与方法. 北京: 科学出版社, 1997

[12] 王日爽, 徐兵, 魏权龄. 应用动态规划. 北京: 国防工业出版社, 1987

[13] 张有为. 动态规划. 长沙: 湖南科学技术出版社, 1991

[14] 罗伯特·E. 拉森, 约翰·L. 卡斯梯. 动态规划原理. 北京: 清华大学出版社, 1984

[15] 刘光中. 动态规划 —— 理论及其应用. 成都: 成都科技大学出版社, 1990

[16] Mitsuo Gen, Runwei Cheng, Lin Lin. Network Models and Optimization: Multiobjective Genetic Algorithm Approach. Berlin: Springer, 2007

[17] J. D. Wiest, F. K. Levy. 统筹方法管理指南. 北京: 机械工业出版社, 1983

[18] 江景波等. 网络计划技术. 北京: 冶金工业出版社, 1983

[19] 冯允成. 活动网络分析. 北京: 北京航空航天大学出版社, 1991

[20] David R. Anderson, Dennis J. Sweeney, Thomas A. Williams. 数据、模型与决策. 北京: 机械工业出版社, 2003

[21] 徐玖平, 胡知能. 运筹学 —— 数据·模型·决策. 北京: 科学出版社, 2006

[22] Salah E. Elmaghraby. 网络计划模型与控制. 北京: 机械工业出版社, 1987

[23] 沈荣芳. 管理数学 —— 线性代数与运筹学. 北京: 机械工业出版社, 1988

[24] 王众讬, 张军. 网络计划技术. 沈阳: 辽宁人民出版社, 1984

[25] 谢政, 李建平. 网络算法与复杂性理论. 长沙: 国防科技大学出版社, 1995

[26] 徐光辉. 随机服务系统理论 (第二版). 北京: 科学出版社, 1988

[27] 杜端甫. 运筹图论. 北京: 北京航空航天大学出版社, 1990

[28] 卢开澄, 卢华明. 图论及其应用. 北京: 清华大学出版社, 1995

[29] 马振华等. 现代应用数学手册 —— 概率统计与随机过程卷. 北京: 清华大学出版社, 2000

[30] 谢金星, 薛毅. 优化建模与 LINDO/LINGO 软件. 北京: 清华大学出版社, 2005

[31] 徐玖平, 李军. 多目标决策的理论与方法. 北京: 清华大学出版社, 2005

[32] James P. Lgnizio. 目标规划及其扩展. 北京: 机械工业出版社, 1988

[33] 徐玖平, 吴巍. 多属性决策的理论与方法. 北京: 清华大学出版社, 2006

[34] 魏权龄. 评价相对有效性的 DEA 方法. 北京: 中国人民大学出版社, 1988

[35] 盛昭瀚, 朱乔, 吴广谋. DEA 理论、方法与应用. 北京: 科学出版社, 1996

[36] 牛映武. 运筹学. 西安: 西安交通大学出版社, 1993

[37] 徐光辉, 刘彦佩, 程侃. 运筹学基础手册. 北京: 科学出版社, 1999

[38] 陈珽. 决策分析. 北京: 科学出版社, 1987

[39] 岳超源. 决策理论与方法. 北京: 科学出版社, 2003

[40] O. L. Mangasarian, H. Stone. Two-person nonzero-sum games and quadratic programming. Journal Mathematica Annal Applications, 1964, 9: 348–355

[41] 官建成. 随机服务过程及其在管理中的应用. 北京: 北京航空航天大学出版社, 1994

[42] 曹晋华, 程侃. 可靠性数学引论 (修订版). 北京: 高等教育出版社, 2006

[43] F. A. Tillman, C. L. Hwang, W. Kuo. 系统可靠性最优化. 北京: 国防工业出版社, 1988

[44] 马庆国. 管理统计. 北京: 科学出版社, 2002

[45] David F. Findley, Brian C. Monsell, William R. Bell, Mark C. Otto, Bor-Chung Chen. New capabilities and methods of the x-12 ARIMA seasonal adjustment program. Journal of Business & Economic Statistics, 1998, 16(2): 127–152

[46] 刘宝碇, 赵瑞清, 王纲. 不确定规划及应用. 北京: 清华大学出版社, 2003

[47] ILOG Inc. ILOG CPLEX 10.1 User's Manual. ILOG Inc., 2006

基于信息技术平台的
立体化运筹学教材系列

目录简介

- 《运筹学 (I 类)》(第三版)　　　　　　　(已出版)
- 《运筹学 (II 类)》(第二版)　　　　　　　(已出版)
- 《运筹学 —— 数据·模型·决策》(第二版)　(已出版)
- 《中级运筹学》　　　　　　　　　　　　(已出版)
- 《高级运筹学》　　　　　　　　　　　　(未出版)

支持系统

☞ 教师手册　　　　　　☞ 案例分析
☞ 补充例题　　　　　　☞ 课堂练习
☞ 习题答案　　　　　　☞ 补充习题
☞ 测评试题　　　　　　☞ 试题答案
☞ 教学光盘　　　　　　☞ 教学软件

注: 在线支持: http://www.chinatex.org/book/OR/index_OR.htm
　　教学支持: 陈亮 (010-64026975, chenliang@mail.sciencep.com)